Springer-Lehrbuch

Günter Fandel · Michael Lorth
Steffen Blaga

Übungsbuch zur Produktions- und Kostentheorie

Zweite, verbesserte und erweiterte Auflage
mit 100 Abbildungen und 13 Tabellen

Springer

Professor Dr. Günter Fandel
Dr. Michael Lorth
Dipl.-Kfm. Steffen Blaga

Fernuniversität in Hagen
Fachbereich Wirtschaftswissenschaft
Universitätsstraße 41
58084 Hagen

E-mail: guenter.fandel@fernuni-hagen.de
E-mail: michael.lorth@fernuni-hagen.de
E-mail: steffen.blaga@fernuni-hagen.de

Bibliografische Information Der Deutschen Bibliothek
Die Deutsche Bibliothek verzeichnet diese Publikation in der Deutschen Nationalbibliografie; detaillierte bibliografische Daten sind im Internet über *http://dnb.ddb.de* abrufbar.

ISBN 3-540-25965-1 2. Auflage Springer Berlin Heidelberg New York
ISBN 3-540-20849-6 1. Auflage Springer Berlin Heidelberg New York

Springer ist ein Unternehmen von Springer Science+Business Media
springer.de

Printed in Germany

Umschlaggestaltung: design & production GmbH
Herstellung: Helmut Petri
Druck: Strauss Offsetdruck

SPIN 11425670 Gedruckt auf säurefreiem Papier – 42/3153 – 5 4 3 2 1 0

Für Gabriele, Maren und Katja

Vorwort zur zweiten Auflage

Zu unserer großen Freude ist die erste Auflage des Übungsbuches so gut von „unseren" Lesern aufgenommen worden, dass wir nach nur einem Jahr nun die zweite Auflage auf den Weg bringen können.

Konzeptionell und stilistisch ist die zweite der ersten Auflage treu geblieben, wurde doch gerade der Ansatz des Buches, produktions- und kostentheoretische Fragestellungen gegliedert nach den verschiedenen Klassen von Produktionsmodellen in geschlossenen Übungen miteinander zu verknüpfen, in zahlreichen Leserrückmeldungen besonders positiv hervorgehoben. Beibehalten wurde auch das Grundprinzip, zu den ohnehin sehr ausführlich dargestellten Lösungen auch alternative Lösungswege aufzuzeigen und im Rahmen des einen oder anderen Exkurses auf angrenzende Problemstellungen oder auch mögliche Irrwege hinzuweisen.

Änderungen finden sich dort, wo wir aufgrund von Leserhinweisen und eigenem Erkennen Korrekturen vorgenommen sowie Lösungswege für ein besseres Verständnis überarbeitet und um zusätzliche Erläuterungen und Abbildungen ergänzt haben. Die bedeutendste Umgestaltung des Buches resultiert jedoch aus der Aufnahme sechs neuer Aufgaben: Kapitel 3 umfasst nunmehr eine zusätzliche Aufgabe zur Effizienz- und Kostenbetrachtung auf der Basis der Aktivitätsanalyse, während Kapitel 4 um insgesamt drei Aufgaben ergänzt wurde: um eine Aufgabe zur Typbestimmung der zugrunde liegenden Produktionsfunktion, ferner um eine weitere Aufgabe zur Verfahrenswahl auf der Grundlage von Kostenfunktionen sowie schließlich um eine Aufgabe, in der die produktions- und kostentheoretischen Zusammenhänge bei den in der betriebswirtschaftlichen Literatur etwas „stiefmütterlich" behandelten dynamischen substitutionalen Produktionsfunktionen im Fokus stehen. Den verschiedenen Prozesslinien- und Kostenverläufen bei limitationaler Produktionsfunktion und der Verfahrenswahl bei nicht kombinierbaren LEONTIEF-Prozessen sind die beiden neuen Aufgaben des fünften Kapitels gewidmet.

Zu dieser zweiten Auflage des Übungsbuches haben wieder viele Personen mit ihrer konstruktiven Kritik und ihren Anregungen beigetragen. Für ihre rege Beteiligung bedanken wir uns vor allem bei den Lesern der ersten Auflage, insbesondere bei Herrn Rolf Baumanns und den Teilnehmern mehrerer Präsenzveranstaltungen. Weiterhin danken wir Frau Christina Kleine, Frau Eva-Maria Schulte-Loh sowie Herrn Sebastian Stütz für ihre Mithilfe bei der Erstellung und Überarbeitung zahlreicher Abbildungen. Herr Stütz und Frau Heike Raubenheimer haben zudem freundlicherweise Teile des Manuskriptes durchgesehen, wofür wir uns ebenfalls herzlich bei den beiden bedanken. Die Verantwortung für verbliebene Fehler tragen selbstverständlich weiterhin die Autoren.

Hagen, im März 2005

Günter Fandel
Michael Lorth
Steffen Blaga

Vorwort zur ersten Auflage

„Warum denn dieses Übungsbuch zur Produktions- und Kostentheorie?“, mag sich der eine oder andere Leser dieser Zeilen fragen. Wir gehen damit auf den Wunsch vieler Studierender der Fernuniversität in Hagen ein, für die Prüfungsvorbereitung Übungsmöglichkeiten zu haben, die über das normale Maß studienbegleitender Übungsaufgaben hinausgehen und sich in Problemstellung und Methodik stärker am Niveau von Diplomklausuren orientieren.

Wie wir in langjähriger Lehrtätigkeit festgestellt haben, sind es vor allem die produktions- und kostentheoretischen Modelle und Methoden, deren Auswahl und Anwendung in komplexeren produktionswirtschaftlichen Problemstellungen Schwierigkeiten bereiten. Eine der Hauptursachen liegt in der üblicherweise getrennten Einübung produktionstheoretischer und kostentheoretischer Inhalte bzw. Vorgehensweisen, welche wiederum auf die methodische Trennung von mengenorientierter Produktions- und wertorientierter Kostentheorie zurückzuführen ist. Eine derartige Aufspaltung besitzt im normalen Lehrbetrieb aufgrund der Überschaubarkeit und Abgegrenztheit der Lektionen Vorzüge; wenn allerdings die Auswahl und das Zusammenwirken der verschiedenen Instrumente im Lösungsfindungsprozess aufgezeigt und einstudiert werden sollen, wirkt sie sich nachteilig aus. Nun wird gerade die Fähigkeit, einen ganzen Kanon an Lösungsinstrumenten gezielt aufeinander abgestimmt einsetzen zu können, regelmäßig durch entsprechend umfangreiche Aufgabenstellungen in Diplomklausuren geprüft. Diese Fähigkeit soll mit Hilfe eines Übungsbuches vermittelt bzw. verfestigt werden, das – ausgehend von vergleichsweise überschaubaren Problemstellungen – sukzessive immer umfangreichere Übungsaufgaben bereitstellt.

Bei der Umsetzung dieses Vorhabens konnten wir auf einen reichen Fundus an produktions- und kostentheoretischen Aufgabenstellungen zurückgreifen, die in den letzten zehn Jahren an der Fernuniversität im Rahmen der Studiengänge Betriebswirtschaftslehre, Volkswirtschaftslehre sowie den Zusatzstudiengängen Wirtschaftswissenschaften für Ingenieure bzw. für Naturwissenschaftler in den Diplomklausuren der (Wahl-)Pflichtfächer Allgemeine Betriebswirtschaftslehre, Produktionswirtschaft und Industriebetriebslehre eingesetzt wurden. Um den Erfordernissen eines konzeptionell durchdachten Übungsbuches gerecht zu werden, wurden sämtliche in das Buch übernommene Aufgabenstellungen überarbeitet. Einige Aufgaben wurden neu gegliedert oder miteinander verknüpft, zum Teil erheblich erweitert oder dort, wo didaktisch unzweckmäßige Redundanzen vermieden werden sollten, auch im Umfang reduziert. Darüber hinaus konnten einige inhaltliche Lücken durch eigens für dieses Buch entworfene Aufgabenstellungen geschlossen werden.

Ganz besonderes Augenmerk wurde auf die Ausführlichkeit und die Verständlichkeit der Lösungen gerichtet. Dort, wo es uns sinnvoll erschien, haben wir mehrere (gleichwertige) Lösungswege angegeben oder den einen oder anderen Exkurs eingeschoben. Zahlreiche Abbildungen, deren Erstellung mitunter auch zur Aufgabenstellung gehört, veranschaulichen komplexere Zusammenhänge.

Die Verwirklichung eines solchen Buchprojektes wäre nicht ohne die Mitarbeit des gesamten Lehrstuhlteams gelungen. Besonders hervorzuheben sind hier Frau Doris Depner, die die wichtige Aufgabe der redaktionellen Überarbeitung zahlreicher Dateien und handschriftlicher Vorlagen übernommen hat, sowie Frau Christina Kleine und Frau Eva-Maria Schulte-Loh, die mit viel Engagement und Sorgfalt den Großteil der Abbildungen in eine ansprechende Form gebracht haben.

Hierfür gebührt Ihnen unser besonderer Dank. Weiterhin danken wir dem Mentor der Studienzentren in Castrop-Rauxel und Lüdinghausen, Herrn Rolf Baumanns, sowie den Teilnehmern von Präsenzveranstaltungen für ihre hilfreichen Fragen, Kommentare und Anregungen, von denen dieses Buch erheblich profitiert hat.

Trotz aller Bemühungen und Sorgfalt lässt es sich bei einer ersten Auflage kaum vermeiden, dass bei der Schlussdurchsicht doch noch einige Fehler unserer Aufmerksamkeit entgangen sind. Für entsprechende Hinweise sowie für jegliche Anregungen oder Kritik sind wir sehr dankbar. Gerne können Sie uns diese auch per E-Mail (autorenvorname.autorennachname@fernuni-hagen.de) zukommen lassen.

Hagen, im Januar 2004

Günter Fandel
Michael Lorth
Steffen Blaga

Inhaltsverzeichnis

1 Einführung 1

2 Allgemeine produktions- und kostentheoretische Grundlagen 5

Aufgabe 2.1 Produktionstheoretische Grundbegriffe zur Charakterisierung von Produktionsfunktionen 5

Aufgabe 2.2 Eigenschaften von Produktionsfunktionen 11

Aufgabe 2.3 Kostenbegriffe 14

Aufgabe 2.4 Kosteneinflussgrößen 17

Aufgabe 2.5 Kostenverläufe 21

Aufgabe 2.6 Skalenelastizität homogener Produktionsfunktionen........... 23

3 Aktivitätsanalyse 25

Aufgabe 3.1 Grundbegriffe der Aktivitätsanalyse 25

Aufgabe 3.2 Nichtumkehrbarkeit bei additiver Technologie 31

Aufgabe 3.3 Annahmen an und Eigenschaften von Technologien 33

Aufgabe 3.4 Aussagen zu aktivitätsanalytischen Zusammenhängen 41

Aufgabe 3.5 Dominanz und Effizienz (I) 49

Aufgabe 3.6 Dominanz und Effizienz (II) 52

Aufgabe 3.7 Dominanz und Effizienz (III) 55

Aufgabe 3.8 Dominanz und Effizienz (IV) 57

Aufgabe 3.9 Effizienz- und Kostenbetrachtung auf der Basis der Aktivitätsanalyse 61

4 Analyse substitutionaler Modelle 65

Aufgabe 4.1 Eigenschaften ertragsgesetzlicher Produktionsfunktionen 65

Aufgabe 4.2 Produktionstheoretische Grundlagen 69

Aufgabe 4.3 Additiv-separable Produktionsfunktion (I) 74

Aufgabe 4.4 Additiv-separable Produktionsfunktion (II) 80

Aufgabe 4.5 Typbestimmung einer vorgegebenen Produktionsfunktion (I) 84

Aufgabe 4.6 Typbestimmung einer vorgegebenen Produktionsfunktion (II) 89

Aufgabe 4.7 Typbestimmung einer vorgegebenen Produktionsfunktion (III) 95

Aufgabe 4.8 Effiziente Substitution 102

Aufgabe 4.9 Minimalkostenkombination im COBB-DOUGLAS-Produktionsmodell 108

Aufgabe 4.10 Kostenfunktion bei additiv-separabler Produktionsfunktion 114

Aufgabe 4.11 Kostenfunktion bei neoklassischer Produktionsfunktion 124

Aufgabe 4.12 Verfahrenswahl auf der Grundlage von Kostenfunktionen (I) 130

Aufgabe 4.13 Verfahrenswahl auf der Grundlage von Kostenfunktionen (II) 135

Aufgabe 4.14 Minimalkostenkombination und Kostenfunktion bei dynamischer Produktionsfunktion 149

5 Analyse limitationaler Modelle mit direktem Input-Output-Bezug 189

Aufgabe 5.1 Eigenschaften von LEONTIEF-Produktionsfunktionen 189

Aufgabe 5.2 Prozesslinien und Kostenverläufe bei limitationalen Produktionsfunktionen 193

Aufgabe 5.3 Verfahrenswahl bei nicht kombinierbaren LEONTIEF-Prozessen ... 205

Aufgabe 5.4 Kostenminimale Produktionsaufteilung bei Prozesskombination (I) ... 212

Aufgabe 5.5 Kostenminimale Produktionsaufteilung bei Prozesskombination (II) ... 221

Aufgabe 5.6 Kostenminimale Produktionsaufteilung bei Prozesskombination (III) ... 229

Aufgabe 5.7 Gesamtkostenfunktion bei kombinierbaren Prozessen ... 235

Aufgabe 5.8 Gesamtkostenfunktion bei kombinierbaren LEONTIEF-Prozessen und mehreren Faktorrestriktionen ... 243

Aufgabe 5.9 Verfahrenswahl auf der Grundlage von Kostenfunktionen (III) ... 253

Aufgabe 5.10 Verfahrenswahl bei LEONTIEF-Prozessen mit mehreren Restriktionen und Fixkosten ... 258

Aufgabe 5.11 Verfahrenswahl bei linear- und nichtlinear-limitationalen Prozessen und Fixkosten ... 265

Aufgabe 5.12 Kombinierbare LEONTIEF-Prozesse mit technischem Fortschritt ... 278

Aufgabe 5.13 Verfahrenswahl bei nicht kombinierbaren dynamischen LEONTIEF-Prozessen und zeitabhängigen Faktorpreisen ... 288

Aufgabe 5.14 Verfahrenswahl bei kombinierbaren dynamischen LEONTIEF-Prozessen und zeitabhängigen Faktorpreisen ... 301

Aufgabe 5.15 Verfahrenswahl bei kombinierbaren dynamischen LEONTIEF-Prozessen und zeitabhängigem Absatzpreis ... 312

6 Analyse limitationaler Modelle mit indirektem Input-Output-Bezug: GUTENBERG- und HEINEN-Modelle 327

Aufgabe 6.1 Kostenoptimale Anpassungsbereiche funktionsgleicher Maschinen auf der Basis vorgegebener Verbrauchsfunktionen 327

Aufgabe 6.2 Kostenoptimale Anpassung funktionsverschiedener Aggregate bei mehrstufiger Fertigung 331

Aufgabe 6.3 Kostenoptimale Anpassung kombinierbarer Aggregate auf der Grundlage vorgegebener Grenzkostenverläufe 341

Aufgabe 6.4 Kostenoptimale Anpassung funktionsgleicher Aggregate anhand voroptimierter Grenzkostenfunktionen (I) 347

Aufgabe 6.5 Kostenoptimale Anpassung funktionsgleicher Aggregate anhand voroptimierter Grenzkostenfunktionen (II) 352

Aufgabe 6.6 Kostenoptimale Anpassung bei drei funktionsgleichen Maschinen 360

Aufgabe 6.7 Intensitätssplitting bei vorgegebenen Intensitäten 368

Aufgabe 6.8 Intensitätssplitting mit optimal gewählten Leistungsintensitäten 371

Aufgabe 6.9 Anpassungsprozesse bei konstanter Leistungsintensität mehrerer funktions- und kostengleicher Aggregate 378

Aufgabe 6.10 Kombinierte intensitätsmäßige und quantitative Aggregatanpassung bei vorgegebener Grenzkostenfunktion 382

Aufgabe 6.11 Grundlagen der HEINEN-Produktionsfunktion 399

Aufgabe 6.12 Anwendungsbeispiel für die HEINEN-Produktionsfunktion 405

1 Einführung

Die thematische Ausrichtung und Abgrenzung dieses Übungsbuches folgt im Wesentlichen drei selbst gewählten Vorgaben:

(1) Im Mittelpunkt des Übungsbuches soll die Einübung produktions- und kostentheoretischer Modelle und Methoden stehen, da diese für die theoretische Fundierung und das Verständnis der Ansätze und Verfahren in den anderen produktionswirtschaftlichen Aufgabengebieten der Produktionsplanung und des Produktionsmanagements von zentraler Bedeutung sind.

(2) Ein Übungsbuch zur Produktions- und Kostentheorie sollte neben einfacheren Aufgaben, welche überwiegend die im Grundstudium oder im Rahmen der Allgemeinen Betriebswirtschaftslehre im Hauptstudium vermittelten Lerninhalte abdecken, zusätzlich auch komplexere bzw. schwierigere Fragestellungen umfassen, wie sie üblicherweise in der Diplomprüfung eines betriebswirtschaftlichen Vertiefungsfaches vorkommen (können).

(3) Schließlich sollte ein Übungsbuch eine gewisse innere Homogenität aufweisen, indem die Inhalte der einzelnen Teile bzw. Kapitel in einer ihnen angemessenen Breite und Tiefe inhaltlich ausgewogen und geschlossen behandelt werden.

Dementsprechend wurde das vorliegende Übungsbuch inhaltlich allein auf Fragestellungen aus dem Bereich der (betriebswirtschaftlichen) Produktions- und Kostentheorie ausgerichtet. Die Einbeziehung anderer produktionswirtschaftlicher Themenbereiche, wie z.B. der Produktionsplanung oder des Produktionsmanagements, ließe sich, will man einen bestimmten maximalen Seitenumfang und Buchhandelspreis nicht überschreiten, nur unter erheblichen Zugeständnissen an die Breite und Tiefe der Aufgaben bewerkstelligen und wäre mit den oben genannten Vorgaben nicht zu vereinbaren.

Das didaktische Konzept des Übungsbuches basiert auf einem doppelten Steigerungsprinzip. Zum einen wird ausgehend von vergleichsweise einfachen Aufgabenstellungen, die in ein bestimmtes Modell bzw. in eine bestimmte Methodik einführen sollen, mit fortschreitender Übung sukzessive die Komplexität bzw. der Schwierigkeitsgrad der Problemstellungen erhöht, bis schließlich produktions- und kostentheoretische Aspekte eng miteinander verzahnt werden. Zum anderen sind die Aufgabenstellungen im Regelfall in mehrere Teilaufgaben mit ebenfalls ansteigendem Schwierigkeitsgrad unterteilt. Dies ermöglicht es dem Leser, sich mit zunehmendem Übungserfolg nach und nach an immer anspruchsvollere Aufgabenstellungen heranzuwagen und so seine individuellen Problemlösungsfähigkeiten kontinuierlich zu steigern.

Ein derartiger Ansatz stellt jedoch gewisse Anforderungen an die Struktur des Buches, denn aufgrund der zuweilen engen Verknüpfung produktions- und kostentheoretischer Aspekte in ein und derselben Aufgabe liegt es nahe, von der in der Mehrzahl der Lehr- und Übungsbücher vorgenommenen Zweiteilung in einen produktionstheoretischen und in einen kostentheoretischen (Buch-)Teil abzuweichen und die einzelnen Aufgaben nach ihrer Zugehörigkeit zu einer bestimmten Klasse von Produktionsmodellen zu gliedern. Auf diese Weise lassen sich die so genannten „Fortsetzungsgeschichten" vermeiden, die aus der Aufspaltung komplexerer Aufgaben in einen produktionstheoretischen und einen kostentheoretischen Teil resultieren und die Lesbarkeit bzw. Handhabung eines Übungsbuches merklich beeinträchtigen. Besonders deutlich kommen die Vorteile des hier propagierten integrativen Ansatzes zum Tragen, wenn – wie in den Kapiteln 4 und 5 – dynamische Technologieveränderungen in Form von technischem Fortschritt auf dynamische Faktorpreisveränderungen treffen und sich produktionstheoretische und kostentheoretische Aufgabenteile kaum mehr sinnvoll separieren lassen.

Zum Einstieg in die Materie werden in Kapitel 2 in knapper Form zunächst einige produktions- und kostentheoretische Grundbegriffe und -zusammenhänge rekapituliert. Im Mittelpunkt von Kapitel 3 stehen dann aktivitätsanalytische Überlegungen auf der Grundlage von Technologien; diese bereiten den Boden für die in den Kapiteln 4 bis 6 nachfolgenden Untersuchungen substitutionaler sowie limitationaler Produktionsmodelle, Letztere mit direktem oder mit indirektem Input-Output-Bezug. Von wenigen Ausnahmen abgesehen sind die Aufgabenstellungen eher quantitativer Natur, erfordern also mehrheitlich den Einsatz quantitativer

Methoden. Gleichwohl lassen sich viele Berechnungen durch eine geschickte Argumentation vermeiden. Dementsprechend wird in den sich direkt den jeweiligen Aufgabenstellungen anschließenden Lösungsvorschlägen großer Wert auf die detaillierte Erläuterung ökonomischer bzw. betriebswirtschaftlicher Zusammenhänge und Interpretationen gelegt. Darüber hinaus werden zu einigen Aufgabenstellungen gleich mehrere Lösungswege angeboten. Solche und andere bewusst in Kauf genommene inhaltliche Redundanzen sollen durch die wiederholte bzw. alternative Anwendung des produktions- und kostentheoretischen Instrumentariums den souveränen Umgang mit diesen Methoden vermitteln helfen.

2 Allgemeine produktions- und kostentheoretische Grundlagen

Aufgabe 2.1 Produktionstheoretische Grundbegriffe zur Charakterisierung von Produktionsfunktionen

a) Definieren Sie die folgenden produktionstheoretischen Grundbegriffe formal und erläutern Sie diese:

(i) Produktivität,

(ii) partielle Grenzproduktivität,

(iii) partielles Grenzprodukt,

(iv) totales Grenzprodukt,

(v) Produktionselastizität,

(vi) Skalenelastizität.

b) Geben Sie jeweils ein formales Kriterium für abnehmende, konstante und zunehmende

(i) Grenzerträge bzw.

(ii) Skalenerträge an.

c) Grenzen Sie kurz substitutionale und limitationale Produktionsprozesse voneinander ab.

d) Was bedeutet „periphere Substitution" und was "alternative Substitution"?

e) Was drückt der Komplementaritätsgrad aus?

Lösung zu Aufgabe 2.1

zu a)

(i)

Die Produktivität bzw. das Durchschnittsprodukt eines Faktors i ist durch das Verhältnis

$$\frac{x}{r_i}$$

von Ausbringungsmenge x zur Einsatzmenge r_i des Faktors i definiert und gibt an, wie viele Mengeneinheiten des Endproduktes pro eingesetzte Mengeneinheit des Faktors i produziert werden. Der Kehrwert der Produktivität ist der Produktionskoeffizient $a_i = r_i/x$ des Faktors i.

(ii)

Die partielle Grenzproduktivität

$$\frac{\partial x}{\partial r_i}$$

zwischen der Ausbringung x und dem Faktor i zeigt die Auswirkung einer beliebig kleinen Veränderung der Faktoreinsatzmenge r_i auf die Ausbringungsmenge x an. Nimmt die Ausbringungsmenge bei steigendem Faktoreinsatz zu, dann spricht man von positiven Grenzerträgen; bleibt sie unverändert, dann liegen Grenzerträge von null und bei abnehmender Ausbringungsmenge negative Grenzerträge vor.

(iii)

Das partielle Grenzprodukt

$$dx = \frac{\partial x}{\partial r_i} \cdot dr_i$$

zwischen dem Faktor i und der Ausbringung x zeigt die tatsächliche Änderung dx der Ausbringungsmenge bei einer hinreichend kleinen Veränderung der Faktormenge um dr_i an.

(iv)

Das totale Grenzprodukt

$$dx = \sum_{i=1}^{I} \frac{\partial x}{\partial r_i} \cdot dr_i$$

gibt an, um wie viele Mengeneinheiten dx sich die Ausbringungsmenge x verändert, wenn die Einsatzmengen aller Produktionsfaktoren i, $i = 1,\ldots,I$, um bestimmte marginale Größen dr_i variiert werden. Das totale Grenzprodukt entspricht der Summe aller partiellen Grenzprodukte.

(v)

Die Produktionselastizität

$$\varepsilon_i = \frac{\frac{\partial x}{x}}{\frac{\partial r_i}{r_i}} = \frac{\partial x}{\partial r_i} \cdot \frac{r_i}{x}$$

von Output x bzgl. der Faktoreinsatzmenge r_i gibt an, um wie viel Prozent $\partial x / x$ sich die Outputmenge x ändert, wenn die Einsatzmenge r_i um einen marginalen Prozentsatz $\partial r_i / r_i$ variiert wird. Sie entspricht zugleich dem Produkt aus der Grenzproduktivität und dem Produktionskoeffizienten des Faktors i.

(vi)

Die Skalenelastizität

$$t = \frac{\frac{dx}{x}}{\frac{d\lambda}{\lambda}} = \frac{dx}{d\lambda} \cdot \frac{\lambda}{x}$$

gibt an, um wie viel Prozent dx/x sich die Ausbringungsmenge x verändert, wenn die Einsatzmengen aller Produktionsfaktoren um den gleichen marginalen

Prozentsatz $d\lambda/\lambda$ variiert werden. Bei homogenen Produktionsfunktionen stimmt die Skalenelastizität mit dem Homogenitätsgrad überein.

zu b)

(i)

Das Vorzeichen der Veränderung der Ausbringungsmenge x bei einer marginalen Variation der Faktoreinsatzmenge r_i wird durch das Vorzeichen der partiellen Grenzproduktivität $\partial x/\partial r_i$ angegeben. Um feststellen zu können, ob das Ausmaß einer solchen Veränderung der Ausbringungsmenge bei einer marginalen Veränderung des Faktoreinsatzes mit steigendem Einsatzniveau des Faktors i zunimmt, konstant bleibt oder abnimmt, so dass man von zunehmenden, konstanten oder abnehmenden Grenzerträgen sprechen kann, muss man die Veränderung der partiellen Grenzproduktivität betrachten. Hierbei gilt:

$$\frac{\partial\left(\frac{\partial x}{\partial r_i}\right)}{\partial r_i} = \frac{\partial^2 x}{\partial r_i^2} \begin{Bmatrix} > \\ = \\ < \end{Bmatrix} 0 \Leftrightarrow \begin{Bmatrix} \text{zunehmende} \\ \text{konstante} \\ \text{abnehmende} \end{Bmatrix} \text{Grenzerträge.}$$

(ii)

Da die Skalenelastizität bei homogenen Produktionsfunktionen dem Homogenitätsgrad entspricht und gemäß den verschiedenen Homogenitätsgraden eine Skalenelastizität größer, gleich oder kleiner eins mit zunehmenden, konstanten oder abnehmenden Skalenerträgen verbunden ist, gilt:

$$t = \frac{dx}{d\lambda} \cdot \frac{\lambda}{x} \begin{Bmatrix} > \\ = \\ < \end{Bmatrix} 1 \Leftrightarrow \begin{Bmatrix} \text{zunehmende} \\ \text{konstante} \\ \text{abnehmende} \end{Bmatrix} \text{Skalenerträge.}$$

zu c)

Bei limitationalen Produktionsprozessen kann eine bestimmte Ausbringungsmenge nur durch ein technisch bedingtes festes Verhältnis der Faktoreinsatzmengen zueinander effizient hergestellt werden. Das Einsatzverhältnis zweier Faktoren muss dabei jedoch nicht notwendigerweise konstant sein, sondern kann vom Ausbringungsniveau abhängen. Der Begriff der Limitationalität rührt daher, dass die Ausbringung durch die sich auf der Grundlage der geltenden Input-Output-Beziehungen als Engpassfaktor herausstellenden Ressourcenmenge nach oben streng limitiert ist.

Im Gegensatz zu limitationalen Produktionsprozessen stehen die Faktoreinsatzmengen bei substitutionalen Produktionszusammenhängen nicht in einem konstanten Einsatzverhältnis zueinander. Vielmehr lassen sich die Produktionsfaktoren bei effizienter Produktion in einem gewissen Umfang gegenseitig austauschen bzw. ersetzen, ohne das Produktionsniveau zu verändern. Zudem kann die Produktion bei effizientem Faktoreinsatz durch den vermehrten Einsatz nur eines Produktionsfaktors ausgeweitet werden.

zu d)

Periphere Substitution bedeutet, dass zur Produktion einer positiven Ausbringungsmenge die Einsatzmengen der Faktoren nur insoweit begrenzt ausgetauscht (substituiert) werden können, wie von jedem Faktor positive Mengen eingesetzt werden.

Dagegen spricht man von alternativer Substitution, wenn im Produktionsprozess ein Produktionsfaktor durch eine endliche Erhöhung der Einsatzmenge eines anderen Produktionsfaktors völlig ersetzt werden kann.

zu e)

Der Komplementaritätsgrad

$$k_{i\tilde{i}} = -\left.\frac{ds_{i\tilde{i}}}{dr_{\tilde{i}}}\right|_{\bar{x}} = \left.\frac{d^2 r_i}{dr_{\tilde{i}}^2}\right|_{\bar{x}} \geq 0$$

zwischen zwei Faktoren i und $\tilde{i}$ gibt die (negative) Veränderung der Grenzrate der Substitution bei Faktoreinsatzmengenveränderungen auf einer Isoquante an. Aufgrund seiner Definition als zweiter Ableitung des Einsatzes von Faktor i nach dem Einsatz von Faktor $\tilde{i}$ misst der Komplementaritätsgrad zugleich die Krümmung der zum Produktionsniveau $\bar{x}$ gehörenden Isoquante in dem betrachteten Produktionspunkt. Er beträgt bei linearen Produktionsfunktionen, deren Isoquanten Geraden sind, null und wird im effizienten Produktionspunkt limitationaler Produktionsfunktionen unendlich groß. Werte dazwischen nimmt er bei als konkav unterstellten Produktionsfunktionen mit konvexen Isoquanten an. Der Komplementaritätsgrad dient also als Indikator dafür, in welchem Maß die Produktionsfaktoren aufeinander angewiesen (komplementär) sind.

Aufgabe 2.2 Eigenschaften von Produktionsfunktionen

Die nachfolgenden Abbildungen 2.2.1 bis 2.2.3 veranschaulichen die Verläufe unterschiedlicher Ertragsfunktionen $x = f(r_1, \bar{r}_2)$ bei partieller Faktorvariation von Faktor 1. Kennzeichnen Sie in der zugehörigen Tabelle, welche der angegebenen Merkmale auf die dargestellten Ertragsfunktionsverläufe zutreffen.

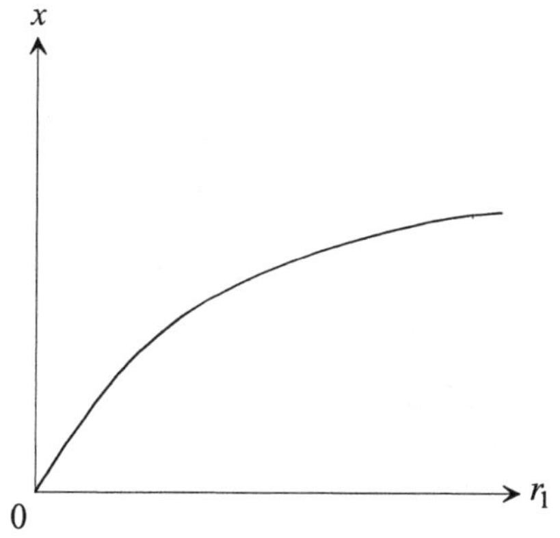

Abb. 2.2.1: Ertragsfunktion I

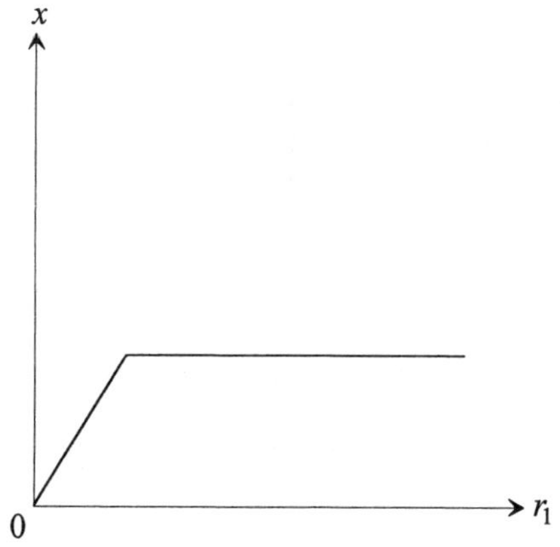

Abb. 2.2.2: Ertragsfunktion II

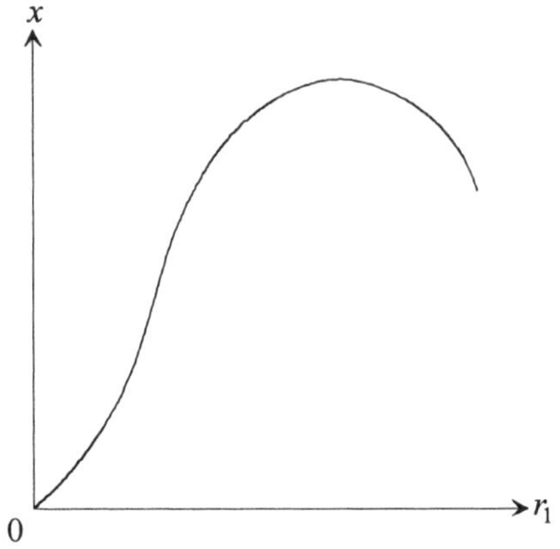

Abb. 2.2.3: Ertragsfunktion III

Merkmal	**Abb. 2.2.1**	**Abb. 2.2.2**	**Abb. 2.2.3**
Limitationale Produktionsfunktion (LEONTIEF-Produktionsfunktion bei Variation eines Faktors)			
Substitutionale Produktionsfunktion:			
ertragsgesetzlich (bei Variation eines Faktors)			
neoklassisch (bei Variation eines Faktors)			
Grenzerträge:			
konstant			
zunehmend			
abnehmend			

Lösung zu Aufgabe 2.2

Tab. 2.2.1: Eigenschaften der Ertragsfunktionen I bis III

Merkmal	**Abb. 2.2.1**	**Abb. 2.2.2**	**Abb. 2.2.3**
Limitationale Produktionsfunktion (LEONTIEF-Produktionsfunktion bei Variation eines Faktors)		✓	
Substitutionale Produktionsfunktion:			
Ertragsgesetzlich (bei Variation eines Faktors)			✓
neoklassisch (bei Variation eines Faktors)	✓		
Grenzerträge:			
konstant		✓	
zunehmend			✓
abnehmend	✓		✓

Aufgabe 2.3 Kostenbegriffe

Grenzen Sie den wertmäßigen und den pagatorischen Kostenbegriff gegeneinander ab und gehen Sie näher auf das so genannte „Dilemma der Kostenbewertung“ ein.

Lösung zu Aufgabe 2.3

Die beiden am häufigsten in der Literatur vorzufindenden und diskutierten Kostendefinitionen, die man zu unterscheiden hat, sind der wertmäßige und der pagatorische Kostenbegriff. Beide Kostenfunktionen sind gleichermaßen monetär orientiert.

Dem wertmäßigen Kostenbegriff zufolge versteht man unter den Kosten den mit den Faktorpreisen bewerteten Verzehr an Sachgütern und Dienstleistungen während einer Abrechnungsperiode, die zum Zwecke der Erhaltung der betrieblichen Leistungsbereitschaft, der Leistungserstellung und Leistungsverwertung benötigt werden. Hinzukommen kann ein weiterer betrieblicher Wertabgang, wie er beispielsweise durch Steuern verursacht wird, die mit dem Betriebszweck des Unternehmens in Zusammenhang stehen. Die Kosten setzen sich also nach dieser Definition zusammen aus dem während einer Produktionsperiode anfallenden Werteverzehr an dispositiven Faktoren sowie an Elementar- und Zusatzfaktoren, die der Produktion der Güter im Betrieb und ihrer Vermarktung dienen.

Der im Wesentlichen auf SCHMALENBACH (1925) zurückgehende wertmäßige Kostenbegriff knüpft nicht an Zahlungsströmen an, die mit der Ressourcenbeschaffung verbunden sind, sondern er zielt auf eine entscheidungsorientierte Bewertung des Güterverzehrs im Unternehmen ab. Er bemüht sich, diesen Güterverzehr im Rahmen des allgemeinen betrieblichen Entscheidungsfeldes zu betrachten und die beste alternative Verwendungsmöglichkeit – man spricht in diesem Zusammenhang auch von den Opportunitätskosten – der eingesetzten Güter im Bewertungsansatz mit einzufangen. Dies erfolgt dadurch, dass man als Wertansatz für den Faktorverbrauch das Grenznutzenkonzept wählt. Demzufolge müssen für eine geeignete Bewertung des Güterverzehrs nach den Grenznutzen den Beschaffungspreisen der Faktoren die ihrem jeweiligen innerbetrieblichen Knappheitsgrad entsprechenden Wertdifferenzen hinzugerechnet werden. Daher können die wertmäßigen Kosten sogar für ein und denselben Produktionsfaktor von Entscheidungssituation zu Entscheidungssituation und damit natürlich auch insbesondere von Unternehmen zu Unternehmen stark abweichen.

Der Ansatzpunkt des wertmäßigen Kostenbegriffs liegt also prinzipiell in der innerbetrieblichen Faktorbewegung. Sein Sinn besteht darin, die knappen Faktoren denjenigen Verwendungsmöglichkeiten zuzuführen, die nach gewissen unternehmerischen Zielvorstellungen optimal sind. Damit sind die wertmäßigen Kosten auch im Allgemeinen innerhalb desselben Entscheidungsfeldes nicht notwendigerweise konstant, sondern sie verändern sich mit den Verfügbarkeitsschranken der Faktoren und ergeben sich streng genommen erst aus der optimalen Allokation. Diese Tatsache, dass die Kostenbestimmung nach dem wertmäßigen Kostenbegriff aus der optimalen Produktion erfolgt, zugleich aber auch ihre Voraussetzung ist, bezeichnet man als Dilemma der Kostenbewertung.

Mitunter ist also der Grenznutzen bzw. Opportunitätskostensatz einer Ressource nur schwer festzustellen, und häufig verzichtet man aus Gründen der Arbeitsersparnis sogar auf seine Berechnung. Unter der Annahme vollständiger Konkurrenz auf den Beschaffungsmärkten – was die automatische Zuführung der Ressourcen zu den profitabelsten Verwendungsmöglichkeiten impliziert – geht man dann vielmehr der Einfachheit halber von der Unterstellung aus, dass die dort zu beobachtenden Preise in etwa die Grenznutzen der Inputs widerspiegeln. Zur Lösung des Dilemmas der Kostenbewertung und im Hinblick auf eine praktikable Vorgehensweise werden daher beim wertmäßigen Kostenbegriff in der Regel Wiederbeschaffungspreise als Bewertungsmaßstäbe verwendet.

Dem wertmäßigen Kostenbegriff steht der pagatorische Kostenbegriff gegenüber; er knüpft an die mit dem betrieblichen Güterverzehr verbundenen Zahlungsströme an und beruht auf den tatsächlich beobachtbaren Geldausgaben. Der Ressourcenverbrauch wird folglich mit den Anschaffungspreisen bewertet. Kalkulatorische Kosten, wie beispielsweise der kalkulatorische Unternehmerlohn, besitzen dabei keinen Kostencharakter, da die ausschließliche Orientierung der Kostenerfassung das für die einzusetzenden Produktionsfaktoren zu entrichtende Entgelt ist. Dieser von Koch (1958) in die Diskussion eingebrachte pagatorische Kostenbegriff vernachlässigt bewusst die Einbeziehung des betrieblichen Entscheidungsfeldes; er ist nicht entscheidungsorientiert. Sein methodischer Ausgangspunkt ist vielmehr in den außerbetrieblichen Faktorbewegungen zu suchen, wobei die benötigte Information in den für die Beschaffung der Faktoren getätigten Ausgaben des Unternehmens zu sehen ist. Pagatorische Kosten lassen sich für alle Unternehmen einheitlich empirisch ermitteln. Anschaffungspreise werden häufig dann bei der Planung der Produktion angesetzt, wenn nur mangelhafte Informationen über aktuelle Marktpreise der Beschaffungsgüter zum Zeitpunkt ihres Einsatzes zur Verfügung stehen oder von der erforderlichen Informationsbeschaffung aus Wirtschaftlichkeitsgründen abgesehen wird, da sie zu teuer würde.

Die Verwendung des wertmäßigen oder des pagatorischen Kostenbegriffs orientiert sich vornehmlich an dem Zweck, der durch die jeweilige Unternehmensrechnung verfolgt wird, so dass man sich nicht unbedingt im Vorhinein auf eine der beiden Begriffsdefinitionen festlegen muss. Bei produktions- und kostentheoretischen Überlegungen unterstellt man allerdings meist, dass die für eine bestimmte Produktion erforderlichen Faktoreinsatzmengen erst im Anschluss an die kostenoptimale Entscheidung beschafft oder – soweit sie bereits vorhanden sind – ohne Einengung des zukünftigen Entscheidungsspielraumes im Produktionsbereich zur Verfügung gestellt bzw. ersetzt werden. Gerade unter dem letzten Aspekt liegt eine Rechnung mit Wiederbeschaffungspreisen nahe.

Aufgabe 2.4 Kosteneinflussgrößen

Erläutern Sie die Kosteneinflussgrößen im Produktionsbereich eines Unternehmens und zeigen Sie jeweils auf, in welcher Weise sich diese auf die Kostenentstehung auswirken. Inwieweit sind die einzelnen Kosteneinflussgrößen kurz-, mittel- oder langfristig noch der unternehmerischen Entscheidung zugänglich, also als Aktionsvariablen statt als Daten einer Entscheidungssituation anzusehen?

Lösung zu Aufgabe 2.4

Folgende Kosteneinflussgrößen im Produktionsbereich eines Unternehmens lassen sich unterscheiden:

- Betriebsgröße
  Unter der Betriebsgröße versteht man allgemein die Gesamtheit der Fertigungskapazitäten, differenziert nach Art und Menge sowie maximaler Leistungsabgabe der vorhandenen Potentialfaktoren. Je nach Typ, Anzahl und Altersstruktur der zur Verfügung stehenden Betriebsmittel sowie der Größe und der qualitativen oder altersmäßigen Zusammensetzung der Belegschaft weisen die Unternehmen unterschiedliche Betriebsgrößen auf, die wiederum unterschiedliche Kosten verursachen. Kurzfristig lässt sich die Betriebsgröße nicht verändern, da Personalveränderungen entsprechende Vorlaufzeiten der Vorbereitung und die Verschrottung, Abschaffung oder Erneuerung von Produktionsanlagen sorgfältig überlegte Investitionsentscheidungen erfordern. Langfristig können jedoch über die Anzahl und Zusammensetzung der Potentialfaktoren Änderungen der Betriebsgröße vorgenommen werden, die sich über ein verändertes Leistungspotential auf die Kostenhöhe des Unternehmens auswirken.

- Fertigungsprogramm
  Das Fertigungsprogramm ist durch die Produktarten und -mengen gekennzeichnet, die von dem betrachteten Unternehmen in einer Produktionsperiode hergestellt werden. Seine Auswirkungen auf die Kostenhöhe des Unternehmens resultieren aus den unmittelbar damit verbundenen Ressourcen-

bedarfen, die zur Produktionsdurchführung gedeckt werden müssen. Werden die Ausbringungsmengen oder gar die Zusammensetzung des Fertigungssortiments verändert bzw. Anpassungen des Produktionsverfahrens oder der Fertigungstiefe durch entsprechende Entscheidungen über Eigenerstellung und Fremdbezug vorgenommen, dann wirkt sich dies auf die Einsatzverhältnisse bzw. -mengen der Betriebsmittel, Arbeitskräfte und Werkstoffe und die hiermit verbundenen Kosten aus. Im Gegensatz zur Produktpalette, welche die Grundausrichtung der betrieblichen Gütererzeugung festlegt und nur langfristig veränderbar ist, kann das Fertigungsprogramm kurzfristig variiert werden, sofern nicht bereits außerhalb des Produktionsbereichs des Unternehmens, wie z.B. in der Absatzabteilung, entsprechende Festlegungen erfolgt sind.

– Gestaltung des Fertigungsablaufs
  Die Gestaltung des Fertigungsablaufs, d.h. die Form der Produktionsdurchführung, umfasst die drei Aspekte Grad der Automatisierung, Fertigungstyp (Werkstatt- oder Fließfertigung) und Fertigungsart (Massen-, Serien-, Sorten- oder Einzelfertigung) des Unternehmens. Von der Fertigungsart hängt insbesondere ab, welche Betriebsmittel, d.h. welche Produktionsanlagen zum Einsatz gelangen. So ist der Grad der Automatisierung und das in die Betriebsmittel investierte Kapital in der Massenfertigung typischerweise höher als in der Sorten- oder Einzelfertigung, bei der wiederum zusätzliche Rüst- und/oder Lagerhaltungskosten anfallen. Es ist daher anschaulich klar, dass diese Unterschiede in der Fertigungsart auch unterschiedliche Kostenwirkungen entfalten.

  In ähnlicher Weise gilt dies auch für den Fertigungstyp. So verursacht die Zentralisation der Verrichtungen bei Werkstattfertigung einen dezentralen Produktdurchlauf im Betrieb, der längere Transportwege, höhere Transportzeiten und eine umfangreichere Lagerhaltung bedingt. Letztere kommt in der strengsten Form der Fließfertigung, der Fertigung am Fließband, kaum zum Tragen; ebenso fallen in der Regel Rüstvorgänge weg, und die Vereinheitlichung bestimmter Arbeitsverrichtungen im Rahmen der Fließfertigung stellt häufig geringere Anforderungen an die Qualifikation der Arbeitskräfte als die Werkstattfertigung, was sich wiederum unmittelbar auf die Lohnkosten auswirkt. Ein Wechsel des Fertigungstyps wird sich daher unmittelbar auf die Höhe der Produktionskosten niederschlagen.

Da eine Änderung im Ablauf des Fertigungsprozesses regelmäßig Anpassungen bei der Ausstattung des Unternehmens mit Betriebsmitteln und Arbeitskräften erfordert, kann die konkrete Ausgestaltung des Fertigungsablaufs nur langfristig verändert werden; kurzfristig muss sie als gegebenen hingenommen werden.

– Faktorqualitäten

Faktorqualitäten drücken Eigenschaften von Produktionsfaktoren hinsichtlich der Verwendbarkeit im Produktionsprozess bzw. der Eignung für die Herstellung bestimmter Produkte aus. Es ist offenkundig, dass sich die Ergiebigkeit der Werkstoffe, die Leistungsfähigkeit der Maschinen und die körperliche Eignung bzw. die geistige Qualifikation von Arbeitskräften im produktiven Leistungsvermögen und infolgedessen auch in der Höhe der Produktionskosten des Unternehmens widerspiegeln. Darüber hinaus wirken sich über die Betriebsleitung auch die Güte der Planung, Organisation, Kontrolle und Entscheidung, also Merkmale, welche die Qualität des dispositiven Faktors determinieren, unmittelbar auf die Höhe der Produktionskosten aus.

Neben stetigen (kurzfristigen) Veränderungen der Faktorqualitäten (z.B. Lernkurve) und ihren mehr kontinuierlich verlaufenden Auswirkungen auf die Kostenhöhe sind auch plötzliche Kostenverschiebungen durch abrupte (mutative) Veränderungen der Faktorqualitäten, z.B. durch Umstellung des Fertigungsverfahrens, denkbar; Letzteres erfordert allerdings eine längerfristige Vorbereitung. Weiterhin können die Faktorqualitäten auch bereits durch andere Abteilungen des Unternehmens, beispielsweise durch die Einkaufsabteilung, festgelegt worden sein, so dass sie – zumindest kurzfristig – nicht mehr im Produktionsbereich des Unternehmens disponiert werden können.

– Beschäftigung

Hierunter versteht man die Anzahl der Produktionseinheiten, die von einem Unternehmen (oder Potentialfaktor) pro Periode ausgebracht werden. Die Beschäftigung beeinflusst mittelbar über die Einsatzmengenverhältnisse der kombinierten Produktionsfaktoren das Kostenniveau der Produktion. Da Potentialfaktoren regelmäßig für eine mehrere Perioden umfassende Nutzung im Unternehmen vorgesehen sind, können diese nicht so flexibel bzw. kurzfristig an Beschäftigungsschwankungen angepasst werden wie der Einsatz von Verbrauchsfaktoren, so dass diese unterschiedliche Anpassungsfähigkeit zwangsläufig zu Änderungen in den Faktorproportionen führt. Hierbei zu Tage tretende Überkapazitäten sind wegen des ruhenden Verschleißes und der technischen Alterung der Aggregate ebenso kostenverursachend wie eine maximale Kapazitätsauslastung mit erhöhter Wartung und Abnutzung der Anlagen.

Die in Produktionseinheiten ausgedrückte Beschäftigung entspricht in der Regel dem Produkt der Leistungsintensität und der Produktionszeit, weshalb auch die verschiedenen Formen der Anpassung der Aggregate an die Beschäftigungsschwankungen das Kostenniveau beeinflussen. So verursachen längere Produktionszeiten höhere Abschreibungen und Lohnzahlungen, während höhere Leistungsintensitäten einen beschleunigten Verschleiß der Aggregate und Akkordzuschläge für die Arbeitskräfte implizieren.

Üblicherweise lassen sich die Einsatzzeiten und die Leistungsintensitäten der Aggregate kurzfristig verändern, so dass der Unternehmensleitung ein relativ großer Spielraum für die kostenoptimale Festlegung der Kosteneinflussgröße Beschäftigung zur Verfügung steht.

- Faktorpreise
  Die Kosten sind durch die Multiplikation der Faktoreinsatzmengen mit den entsprechenden Faktorpreisen definiert. Somit beeinflussen die Faktorpreise direkt die Produktionskosten des Unternehmens, wenn sich bei zeitlicher Konstanz aller Faktoreinsatzmengen die Preise bestimmter Faktoren ändern. Ein indirekter Einfluss der Faktorpreise auf die Höhe der Kosten ergibt sich, wenn eine Faktorpreisänderung zur Substitution von Faktoren durch den vermehrten Einsatz anderer Faktoren führt. In einem solchen Fall kommt es auch zu Verschiebungen im Mengengerüst der Kosten.

  In der Regel kann ein Unternehmen auf die Faktorpreise nur sehr begrenzt Einfluss nehmen. So werden Lohnsätze üblicherweise in Verhandlungen zwischen den Tarifparteien für Tariflaufzeiten von über einem Jahr festgelegt. Auch die Beschaffungspreise für die Produktionsfaktoren sind häufig nur in einem recht engen Korridor verhandelbar. Infolgedessen sind die Faktorpreise aus der Sicht des Unternehmens eher als ein Datum denn als Aktionsvariablen unternehmerischer Entscheidungen anzusehen.

Aufgabe 2.5 Kostenverläufe

a) Erläutern Sie kurz die folgenden Kostenverläufe und geben Sie jeweils ein Beispiel für die Entstehung solcher Kosten an:

(i) lineare Kosten,

(ii) progressive Kosten,

(iii) degressive Kosten und

(iv) regressive Kosten.

b) Stellen Sie die Kostenverläufe aus Aufgabenteil a) in einem gemeinsamen Diagramm graphisch dar.

Lösung zu Aufgabe 2.5

zu a)

(i)

Bei linearem Kostenverlauf steigen die Gesamtkosten mit Erhöhung der Ausbringungsmenge linear an. Beispiel für einen derartigen Kostenverlauf sind die Materialkosten, die bei der Herstellung eines Produktes aufgrund des Rohstoffverbrauchs oder des Einsatzes von Zwischenprodukten anfallen.

(ii)

Ein progressiver Kostenverlauf resultiert aus einem bei Erhöhung der Produktion überproportionalen Anstieg der Gesamtkosten. Verursacht werden solche Kostenverläufe beispielsweise durch Lohnkosten, wenn sich eine Produktionsausweitung nur durch die Ableistung von Überstunden, für die entsprechende Überstundenzuschläge zu entrichten sind, bewerkstelligen lässt.

(iii)

Ein degressiver Kostenverlauf kommt zustande, wenn die Gesamtkosten bei einer Erhöhung der Ausbringungsmenge nur unterproportional zunehmen. Degressive Kostenverläufe sind vor allem bei Lernprozessen in der Produktion zu beobachten, wenn steigende Produktionsstückzahlen mit einer wachsenden Arbeitsroutine der eingesetzten Arbeitskräfte einhergehen und Letztere zeitabhängig entlohnt werden.

(iv)

Nehmen die Gesamtkosten mit steigender Ausbringungsmenge ab, dann liegt ein regressiver Kostenverlauf vor. Regressive Kostenverläufe sind in der Praxis nur äußerst selten anzutreffen, so dass sich nur wenige plausible Beispiele angeben lassen. Zu diesen gehören die viel zitierten Heizkosten im Kino oder aber Nachtwächterkosten.

zu b)

Die verschiedenen (Gesamt-)Kostenverläufe sind exemplarisch in der folgenden Abbildung veranschaulicht:

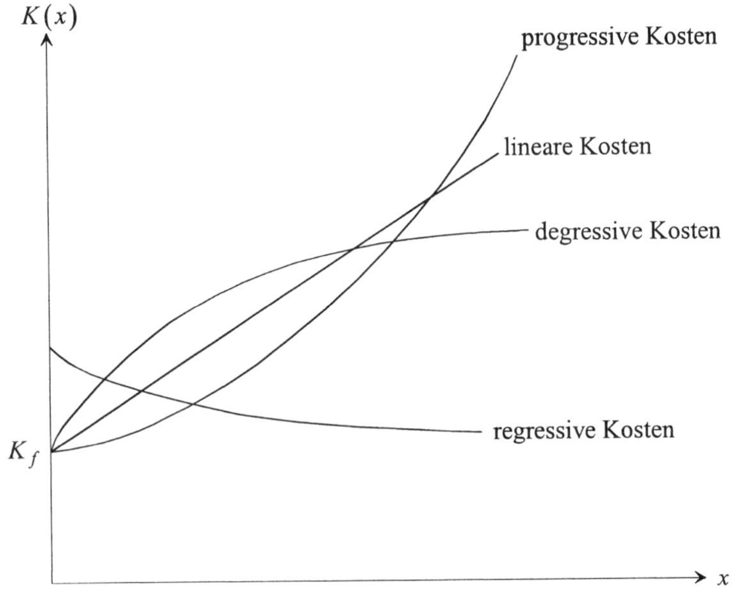

Abb. 2.5.1: Kostenverläufe

Aufgabe 2.6 Skalenelastizität homogener Produktionsfunktionen

Zeigen Sie, dass die Skalenelastizität einer homogenen Produktionsfunktion $x = f(r_1, r_2, \ldots, r_I)$ ihrem Homogenitätsgrad entspricht. Gehen Sie dabei von der stetigen Differenzierbarkeit der zugrunde liegenden Produktionsfunktion aus.

Lösung zu Aufgabe 2.6

Die Skalenelastizität t einer Produktionsfunktion ist definiert als

$$t = \frac{\frac{dx}{x}}{\frac{d\lambda}{\lambda}} = \frac{dx}{d\lambda} \cdot \frac{\lambda}{x}.$$

Diese gibt an, um wie viel Prozent dx/x sich die Ausbringungsmenge x bei einer Variation der Einsatzmengen aller Produktionsfaktoren um den gleichen marginalen Prozentsatz $d\lambda/\lambda$ verändert (vgl. Aufgabe 2.1). Wird bei einer Produktionsfunktion das Einsatzniveau aller Faktoren um denselben Proportionalitätsfaktor $\lambda > 0$ variiert, dann erhält man das bei effizientem Faktoreinsatz nach einer solchen Niveauvariation resultierende Ausbringungsniveau durch Einsetzen von λr_i anstelle von r_i, $i = 1, \ldots, I$, in die Funktionsvorschrift $x = f(r_1, r_2, \ldots, r_I)$. Dementsprechend kann die Skalenelastizität auch folgendermaßen definiert werden:

$$t = \frac{d f(\lambda r_1, \lambda r_2, \ldots, \lambda r_I)}{d\lambda} \cdot \frac{\lambda}{f(\lambda r_1, \lambda r_2, \ldots, \lambda r_I)}.$$

Berücksichtigt man nun, dass homogene Produktionsfunktionen per definitionem die Eigenschaft

$$f(\lambda r_1, \lambda r_2, \ldots, \lambda r_I) = \lambda^{\bar{t}} \cdot f(r_1, r_2, \ldots, r_I)$$

besitzen, wobei $\bar{t}$ hier den Homogenitätsgrad bezeichnet, dann erhält man insgesamt die folgende Schlusskette:

$$
\begin{aligned}
t &= \frac{d\,f(\lambda r_1,\lambda r_2,\ldots,\lambda r_I)}{d\lambda}\cdot\frac{\lambda}{f(\lambda r_1,\lambda r_2,\ldots,\lambda r_I)}\\
&= \frac{d\left[\lambda^{\tilde{t}}\cdot f(r_1,r_2,\ldots,r_I)\right]}{d\lambda}\cdot\frac{\lambda}{\lambda^{\tilde{t}}\cdot f(r_1,r_2,\ldots,r_I)}\\
&= \tilde{t}\cdot\lambda^{\tilde{t}-1}\cdot f(r_1,r_2,\ldots,r_I)\cdot\frac{\lambda}{\lambda^{\tilde{t}}\cdot f(r_1,r_2,\ldots,r_I)}\\
&= \tilde{t}\cdot\frac{\lambda^{\tilde{t}}\cdot f(r_1,r_2,\ldots,r_I)}{\lambda^{\tilde{t}}\cdot f(r_1,r_2,\ldots,r_I)}\\
&= \tilde{t}\quad \text{q.e.d.}
\end{aligned}
$$

3 Aktivitätsanalyse

Aufgabe 3.1 Grundbegriffe der Aktivitätsanalyse

a) Erläutern Sie, was man im Sinne der Aktivitätsanalyse nach KOOPMANS

(i) unter einer Aktivität und

(ii) unter einer Technologie versteht.

b) Welche Annahmen an die Technologien trifft man üblicherweise?

c) Welche speziellen Ausprägungsformen von Technologien unterscheidet man?

d) Erläutern Sie ausführlich den Effizienzbegriff der Aktivitätsanalyse.

Lösung zu Aufgabe 3.1

zu a)

(i)

Nach KOOPMANS versteht man unter einer Aktivität „the combination of certain qualitatively defined commodities in fixed quantitative ratios as 'inputs' to produce as 'outputs' certain other commodities in fixed quantitative rations to the inputs“ (KOOPMANS, T. C. (1951): Analysis of production as an efficient combination of activities, in: KOOPMANS, T. C. (Hrsg.): Activity Analysis of Production and Allocation, New York 1951, S. 35f.). Eine Aktivität beschreibt demnach eine mögliche produktionsmäßige Realisierung des technischen Wissens, das einem

Unternehmen zur Erzeugung von Produkten zur Verfügung steht. Dabei werden nur die Quantitäten der Güter, die das jeweilige Produktionsverfahren charakterisieren, angegeben. Synonym wird eine Aktivität gelegentlich auch als Produktionsverfahren und Produktionspunkt bezeichnet. Eine Aktivität gibt durch ihre Mengenkomponenten zugleich auch immer an, auf welchem Niveau die Produktion ausgeführt worden ist. Da in Produktionsprozessen von Unternehmen nur endlich viele Güter eine Rolle spielen, gehen in ein Produktionsmodell auch nur endlich viele Güter k, mit $k = 1,\ldots,K$, ein. Von diesen K Gütern seien I Produktionsfaktoren, S Zwischenprodukte und J Endprodukte, so dass

$$K = I + S + J.$$

Jede Aktivität, d.h. jede im Produktionsmodell auftretende Kombination von Produktionsfaktoren, Zwischen- und Endprodukten lässt sich nun als Gütervektor $v \in \mathbb{R}^K$ darstellen, wobei v_k als Komponente der Aktivität v die Menge des jeweiligen Gutes k, mit $k = 1,\ldots,K$, angibt:

$$v = \begin{pmatrix} v_1 \\ \vdots \\ v_K \end{pmatrix} = (v_1,\ldots,v_K)^T.$$

Es ist leicht nachzuvollziehen, dass Inputs und Outputs im Rahmen solcher Gütervektoren einer unterschiedlichen Handhabung bedürfen, da die einen mit bestimmten Mengen in die Produktion eingehen und die anderen mit bestimmten Mengen aus der Fertigung hervorgehen. Dieser Notwendigkeit zur Differenzierung wird durch eine Konvention in der Schreibweise Rechnung getragen. So werden Faktoreinsatzmengen innerhalb einer Aktivität mit einem negativen Vorzeichen versehen, wohingegen Ausbringungsmengen ein positives Vorzeichen erhalten. Im allgemeinen Fall lässt sich damit jede Komponente v_k einer Aktivität v wie folgt interpretieren:

- Gilt $v_k < 0$, dann werden $|v_k|$ Einheiten von Gut k als Input benötigt;
- gilt $v_k > 0$, dann werden $|v_k|$ Einheiten von Gut k erzeugt;
- ist $v_k = 0$, so spielt das Gut k für die Input-Output-Kombination keine Rolle oder wird im selben Prozess wieder verbraucht.

(ii)

Als Technologie T wird die Menge der technischen Produktionsmöglichkeiten einer Unternehmung bezeichnet, die man erhält, wenn man alle Aktivitäten, die ein Unternehmen durchführen kann, in einer Menge zusammenfasst. In formaler Schreibweise hat man:

$$T = \left\{ v \in \mathbb{R}^K \middle| v \text{ ist ein dem Unternehmen bekanntes Produktionsverfahren} \right\}.$$

zu b)

Allgemein gelten für Technologien die folgenden Annahmen, die auf Plausibilitätsüberlegungen und aus der Praxis unmittelbar einsichtigen Argumentationen beruhen:

- Möglichkeit beliebigen Inputs ohne Output:
  Es besteht die Möglichkeit, dass Produktionsfaktoren verbraucht werden, ohne dabei ein Produktionsergebnis zu erzielen. Es sind also auch Aktivitäten v in der Technologie T zugelassen, bei denen alle Komponenten v_k kleiner oder gleich null sind, d.h. reine Faktorverschwendung bzw. Gütervernichtung repräsentieren. Formal lässt sich die Forderung darstellen als:

  $$\mathbb{R}_-^K \subset T, \text{ mit } \mathbb{R}_-^K = \left\{ v \in \mathbb{R}^K \middle| v_k \leq 0 \text{ für alle } k, k = 1,\ldots,K \right\},$$

  wodurch insbesondere auch der Nullvektor, d.h. der weder durch Faktorverbrauch noch durch Outputerzielung gekennzeichnete Produktionsstillstand mit berücksichtigt wird.

- Es gibt Produktionen mit einem positiven Ergebnis:
  Für jede Technologie T muss gelten, dass zumindest eine Aktivität $v \in T$ existiert, für die gilt: $v_k > 0$ für mindestens ein $k = 1,\ldots,K$. Diese Annahme soll verhindern, dass Technologien nur aus Gütervernichtung oder Produktionsstillstand bestehen. Gleichzeitig soll damit gewährleistet sein, dass Unternehmen auch über die Möglichkeit einer Produktion verfügen.

  Formal lässt sich dieser Sachverhalt darstellen durch:

  $$C\mathbb{R}_-^K \cap T \neq \varnothing \text{ mit } C\mathbb{R}_-^K := \mathbb{R}^K - \mathbb{R}_-^K.$$

- Irreversibilität der Produktion:
  Die Annahme der Irreversibilität bzw. der Nichtumkehrbarkeit von Produktionen bedeutet, dass aus bereits produzierten Outputgütern die eingesetzten Inputgüter nicht wieder zurückgewonnen werden können. So kann es technologisch zwar möglich sein, verschiedene Faktorarten durch Demontage der Endprodukte oder durch Recycling wiederzugewinnen, eine in der ursprünglichen Aktivität eingesetzte (und verbrauchte) Energie bleibt hiervon jedoch ausgenommen. In aktivitätsanalytischer Schreibweise lässt sich diese Forderung so ausdrücken, dass es außer dem Nullvektor keine Aktivität $v \in T$ gibt bzw. geben kann, zu der eine Umkehrung $\tilde{v} = -v \in T$ existiert. Es gilt also: $T \cap (-T) = \{0\}$, mit $-T = \{-v | v \in T\}$.

  Zusammen mit der ersten Annahme $\left(\mathbb{R}_{-}^{K} \subset T \right)$ verhindert diese Forderung auch die Existenz eines Schlaraffenlandes, da aus $\mathbb{R}_{-}^{K} \subset T$ in Verbindung mit $T \cap (-T) = \{0\}$ folgt, dass $\mathbb{R}_{+}^{K} \not\subset T$ bzw. $\mathbb{R}_{+}^{K} \cap T = \{0\}$. Die Erzeugung von Outputquantitäten ohne den Einsatz von Faktormengen ist somit ausgeschlossen.

- Abgeschlossenheit der Technologie:
  Die Annahme der Abgeschlossenheit einer Technologie T ist vor allem mathematisch begründet und besagt, dass die Technologie T ihren Rand umfasst. Die Abgeschlossenheit der Technologie benötigt man, wenn auf dieser Menge Zielfunktionen maximiert bzw. minimiert werden sollen.

zu c)

Durch die Annahmen, die allgemein an Technologien gestellt werden, sind die Ausprägungsformen von Technologien eingeschränkt. Im Wesentlichen lassen sich fünf spezielle Typen von Technologien unterscheiden: Größendegressive, -progressive, -proportionale sowie additive und lineare Technologien. Während es sich bei den drei erstgenannten Ausprägungen um Grundformen von Technologien handelt, stellen die Merkmale der Additivität und der Linearität Erweiterungen dieser Grundformen dar. Im Einzelnen lassen sich die angeführten Technologieformen wie folgt näher beschreiben:

- Größendegressive Technologien:
  Eine Technologie T weist die Eigenschaft der Größendegression auf, wenn für jedes $v \in T$ und für jedes λ, $0 \leq \lambda \leq 1$, auch $\lambda v \in T$ gilt. Interpretiert man den Faktor λ als Niveaugröße, so bedeutet diese Eigenschaft, dass jede Produktion $v \in T$ in ihrem Niveau zwar beliebig verringert aber nicht beliebig erhöht werden kann.

- Größenprogressive Technologien:
  Eine Technologie T ist durch Größenprogression gekennzeichnet, wenn für jede Aktivität $v \in T$ gilt, dass sie in ihrem Niveau beliebig erhöht werden kann, die Möglichkeit einer beliebigen Reduzierung jedoch nicht gegeben ist. Formal: Aus $v \in T$ und $\lambda \geq 1$ folgt $\lambda v \in T$.

- Größenproportionale Technologien:
  Weist eine Technologie T sowohl die Eigenschaft der Größendegression als auch die der Größenprogression auf, d.h. gilt für jede Produktion $v \in T$, dass sie ohne Veränderung der Input-Output-Verhältnisse auf höherem $(\lambda \geq 1)$ oder niedrigerem Niveau $(0 \leq \lambda \leq 1)$ ausgeführt werden kann, so ist die Technologie größenproportional. Formal muss somit erfüllt sein: Aus $v \in T$ und $\lambda \geq 0$ folgt $\lambda v \in T$.

- Additive Technologien:
  Ist es technologisch möglich, zwei beliebige Aktivitäten $v, w \in T$, $v \neq w$, in Kombination zur Produktion zu nutzen, so lassen sich v und w zu einer einzigen Aktivität $\hat{v}$ in der Weise zusammenfassen, dass man die beiden Gütervektoren addiert. Ist diese Möglichkeit für alle Aktivitäten $v, w \in T$, $v \neq w$, gegeben, d.h. gilt für alle $v, w \in T$ $v + w \in T$, dann weist die Technologie T die Eigenschaft der Additivität auf.

- Lineare Technologien:
  Technologien T, die die Eigenschaften sowohl der Additivität als auch der Größenproportionalität besitzen, werden als lineare Technologien bezeichnet.

zu d)

Durch die Menge der durchführbaren Aktivitäten einer Technologie T ist die Alternativenmenge, d.h. die Menge der Wahlmöglichkeiten im Sinne der zulässigen Input-Output-Kombinationen vollständig beschrieben. Bei der Frage, welche Aktivitäten verwirklicht werden sollten, wird man sich auf solche Produktionen konzentrieren, die sich gemäß dem Wirtschaftlichkeitsprinzip bzw. dem hieraus abgeleiteten Effizienzkriterium als wirtschaftlich bzw. effizient erweisen.

Eine Produktion $v \in T$ ist effizient, wenn bei gegebenen Faktoreinsatzmengen maximale Produktmengen erzielt und dabei keine Faktormengen verschwendet werden. In dieser Version des Effizienzkriteriums spricht man auch von dem Postulat der technischen Maximierung.

Alternativ lässt sich das Effizienzkriterium auch über das Postulat der technischen Minimierung zum Ausdruck bringen, wonach eine Produktion $v \in T$ genau dann effizient ist, wenn die vorgegebene Produktmenge durch minimale Faktoreinsatzmengen hergestellt und dabei keine Produktquantitäten verschenkt werden.

Während die technische Maximierung outputorientiert ist, stellt die technische Minimierung auf eine inputorientierte Sichtweise ab. Eine weitere Formulierung des Effizienzbegriffs, welche die Input- und die Outputseite gleichzeitig im Sinne einer technischen Optimierung zu erfassen versucht, lautet:

Eine Produktion $v \in T$ heißt effizient, wenn es keine andere Produktion $w \in T$ gibt, welche dieselben bzw. mehr Outputmengen mit geringeren bzw. denselben Faktoreinsatzmengen herstellt. Formal ausgedrückt ist eine Produktion $v \in T$ demnach effizient, wenn es keine andere Produktion $w \in T$ gibt, mit $w \geq v$ und $w_k > v_k$ für mindestens ein $k \in \{1,\ldots,K\}$.

Hierin verbirgt sich implizit die Dominanzdefinition, nach der eine Produktion $w \in T$ eine Aktivität $v \in T$ dominiert, wenn gilt: $w \geq v$ und $w_k > v_k$ für mindestens ein $k \in \{1,\ldots,K\}$. Demnach heißt eine Produktion $v \in T$ effizient, wenn sie von keiner anderen Produktion $w \in T$ dominiert wird.

Wie sich zeigen lässt, liegen effiziente Produktionspunkte nie im Inneren, sondern immer nur auf dem Rand einer Technologie T. Ferner sind nicht alle Randpunkte einer Technologie effizient, da Randpunkte, für die beispielsweise gilt: $v_k = 0$ für mindestens ein $k \in \{1,\ldots,K\}$ und $v_{\tilde{k}} < 0$ für mindestens ein $\tilde{k} \in \{1,\ldots,K\}$, $\tilde{k} \neq k$, vom Produktionsstillstand, der stets effizient ist, dominiert werden.

Aufgabe 3.2 Nichtumkehrbarkeit bei additiver Technologie

a) Erläutern Sie kurz die Annahme der Nichtumkehrbarkeit von Produktionen sowie die Eigenschaft der Additivität.

b) Gegeben sei die folgende Produktionsmatrix (Aktivitäten = Spaltenvektoren):

$$A = \begin{pmatrix} -5 & -4 & 12 & 2 \\ -2 & 0 & 7 & -1 \\ 2 & -5 & 0 & 2 \\ 3 & 1 & -8 & 0 \end{pmatrix}$$

Ist die Annahme der Nichtumkehrbarkeit von Produktionen der durch die Produktionsmatrix A definierten Technologie T erfüllt, wenn die Aktivitäten der Produktionsmatrix A (nur) additiv kombinierbar sind?

Lösung zu Aufgabe 3.2

zu a)

Die Annahme der Nichtumkehrbarkeit von Produktionen bedeutet, dass aus bereits produzierten Outputgütern die eingesetzten Inputgüter nicht wieder zurückgewonnen werden können. In allgemeiner aktivitätsanalytischer Schreibweise lässt sich diese Forderung so ausdrücken, dass es außer dem Nullvektor keine Aktivität $v \in T$ gibt bzw. geben kann, zu der eine Umkehrung $\tilde{v} = -v \in T$ existiert. Es gilt also:

$$T \cap (-T) = \{0\}.$$

Die Eigenschaft der Additivität bedeutet, dass beliebige Aktivitäten einer Technologie zu einer Aktivität zusammengefasst werden können, indem die einzelnen Aktivitäten entweder nacheinander oder simultan ausgeführt werden. Seien also v und w zwei Aktivitäten aus einer Technologie T, dann muss bei einer additiven Technologie gelten: $v + w \in T$.

zu b)

Damit in dem hier vorliegenden Fall die Annahme der Nichtumkehrbarkeit von Produktionen erfüllt ist, darf es keine additive Kombination $\alpha \cdot v^1 + \beta \cdot v^2 + \gamma \cdot v^3 + \delta \cdot v^4 = 0$ mit den Aktivitäten v^1, v^2, v^3, v^4, als den Spaltenvektoren der Produktionsmatrix A und den ganzzahligen positiven Koeffizienten $\alpha, \beta, \gamma, \delta \in \mathbb{N}$ geben. Wäre diese Bedingung nicht erfüllt, dann wäre es möglich, zu mindestens einer der vier Aktivitäten die entsprechende Umkehrung durch eine geeignete additive Kombination der übrigen Aktivitäten zu finden.

Die obige Bedingung lässt sich auch als Gleichungssystem schreiben:

$$\begin{array}{rrrrll} -5\alpha & -4\beta & +12\gamma & +2\delta & =0 & (1) \\ -2\alpha & +\ 0 & +\ 7\gamma & -\ \delta & =0 & (2) \\ 2\alpha & -5\beta & +\ 0 & +2\delta & =0 & (3) \\ 3\alpha & +\ \beta & -\ 8\gamma & +\ 0 & =0 & (4) \end{array}$$

Existiert zu diesem Gleichungssystem eine Lösung, dann ist die Annahme der Nichtumkehrbarkeit von Produktionen verletzt. Subtrahiert man nun von der Gleichung (1) die Gleichungen (3) und (4), so erhält man

$$-10\alpha + 0 + 20\gamma + 0 = 0$$

bzw.

$$\alpha = 2\gamma. \qquad (5)$$

Subtrahiert man von Gleichung (1) die Gleichung (3) und setzt Gleichung (5) ein, dann erhält man

$$\beta = 2\gamma. \qquad (6)$$

Schließlich braucht man nur noch Gleichung (5) in Gleichung (2) einzusetzen und erhält

$$\delta = 3\gamma. \qquad (7)$$

Zusammenfassend gilt also, dass sich durch die Kombination der Aktivitäten nach der Regel $\alpha = \beta = 2\gamma = \frac{2}{3}\delta$, $\alpha, \beta, \gamma, \delta \in \mathbb{N}$, Produktionen umkehren lassen, also die Annahme der Nichtumkehrbarkeit verletzt ist.

Aufgabe 3.3 Annahmen an und Eigenschaften von Technologien

a) Die in den nachfolgenden Abbildungen 3.3.1 bis 3.3.4 dargestellten schraffierten Flächen sollen die Produktionsmöglichkeiten einer Unternehmung beschreiben, wobei Outputmengen ein positives und Inputmengen ein negatives Vorzeichen aufweisen. Überprüfen Sie, welche der in der unten stehenden Tabelle aufgeführten allgemeinen Annahmen an Technologien jeweils erfüllt sind.

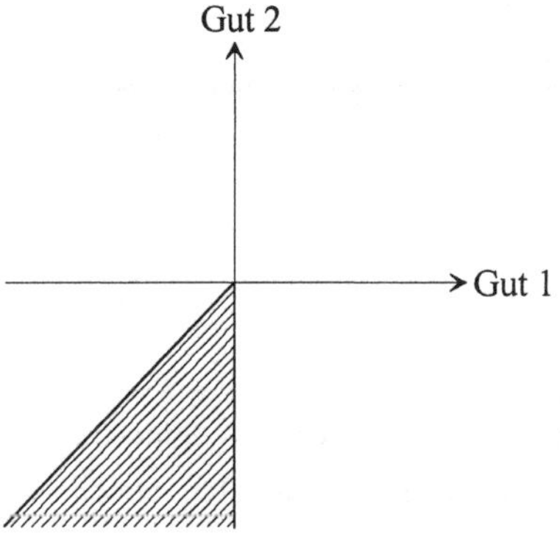

Abb. 3.3.1

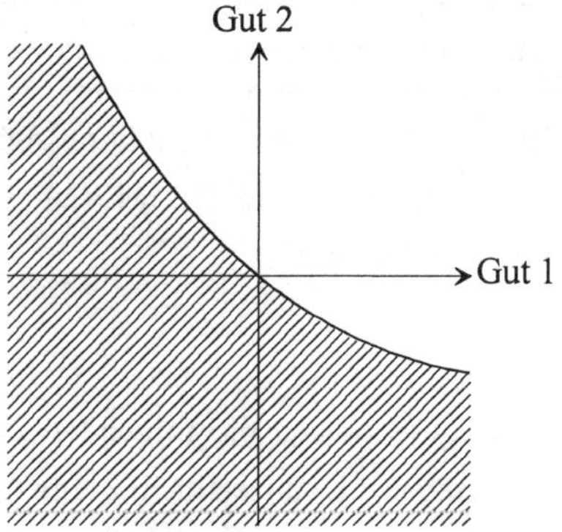

Abb. 3.3.2

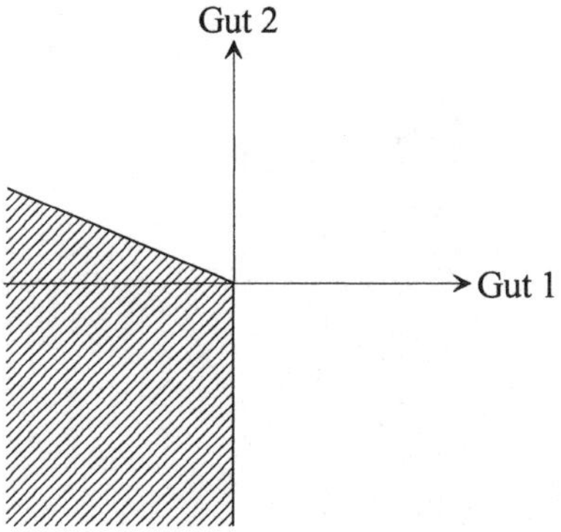

Abb. 3.3.3

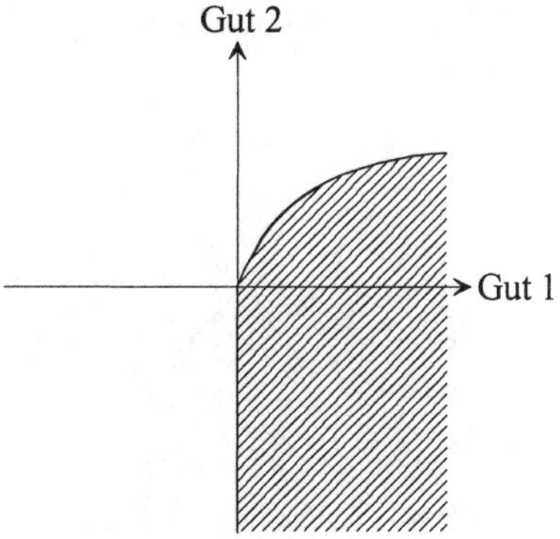

Abb. 3.3.4

Annahme an Technologien	**Abb. 3.3.1**	**Abb. 3.3.2**	**Abb. 3.3.3**	**Abb. 3.3.4**
Beliebiger Faktoreinsatz ohne Output ist möglich.				
Der Produktionsstillstand gehört zur Menge der Produktionsmöglichkeiten.				
Es gibt Produktionen mit positivem Ergebnis.				
Produktionen sind nicht umkehrbar.				
Es kann kein Output erzeugt werden, ohne Input einzusetzen.				
Bei der dargestellten Produktionsmöglichkeitenmenge handelt es sich um eine Technologie.				

b) Gegeben seien die folgenden zweidimensionalen Technologien (schraffierte Flächen): Kennzeichnen Sie in den unten stehenden Tabellen, welche der dort angegebenen Aussagen für die jeweilige Technologie richtig und welche falsch sind.

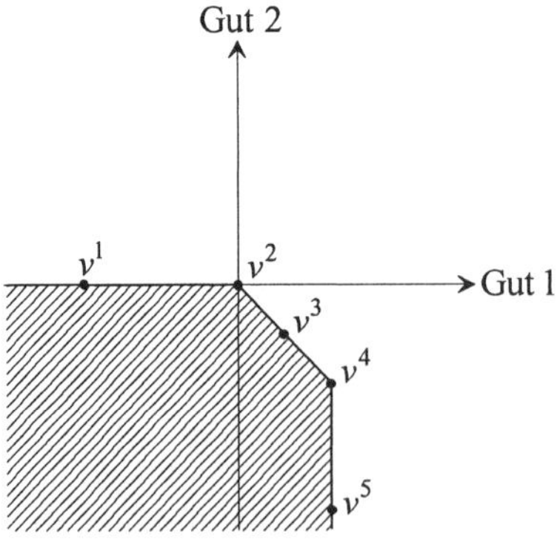

Abb. 3.3.5

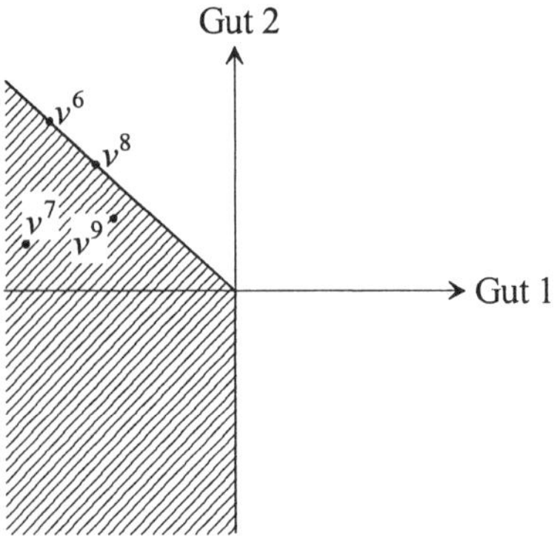

Abb. 3.3.6

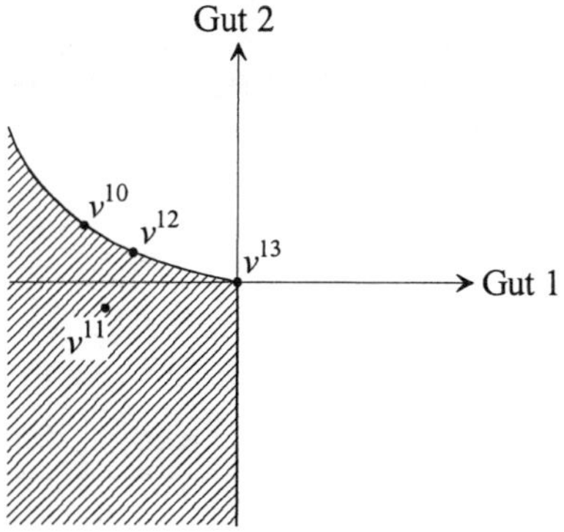

Abb. 3.3.7

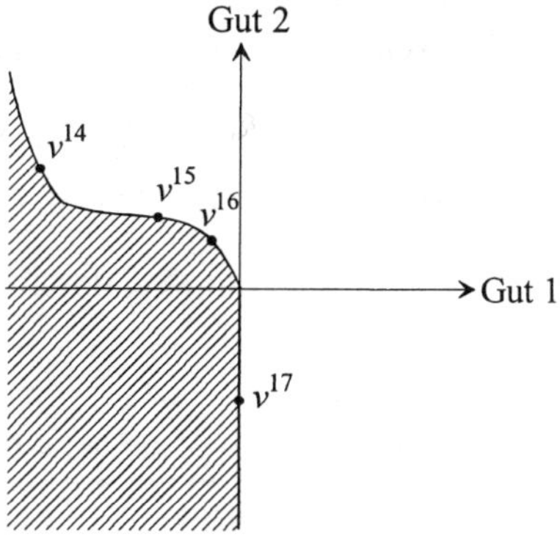

Abb. 3.3.8

Aussagen zur Technologie in Abb. 3.3.5:	**richtig**	**falsch**
Die Technologie in Abb. 3.3.5 ist größendegressiv.		
Die Aktivität v^2 dominiert Aktivität v^3.		
Die Aktivität v^4 dominiert Aktivität v^5.		
Die Aktivität v^1 ist ineffizient.		
Die Aktivität v^4 ist effizient.		

Aussagen zur Technologie in Abb. 3.3.6:	**richtig**	**falsch**
Die Technologie in Abb. 3.3.6 ist größenproportional.		
Die Technologie in Abb. 3.3.6 ist linear.		
Die Aktivität v^6 wird von Aktivität v^9 dominiert.		
Die Aktivität v^8 dominiert v^9.		
Die Aktivität v^9 ist effizient.		
Die Aktivität v^7 wird von Aktivität v^8 dominiert.		
Die Aktivität v^7 ist effizient.		

Aussagen zur Technologie in Abb. 3.3.7:	**richtig**	**falsch**
Die Technologie in Abb. 3.3.7 ist nicht größenprogressiv.		
Es ist technologisch möglich, die Aktivitäten v^{10} und v^{12} zusammenzufassen (zu addieren).		
Die Aktivität v^{11} wird von Aktivität v^{13} dominiert.		

Aussagen zur Technologie in Abb. 3.3.8:	**richtig**	**falsch**
Die Technologie in Abb. 3.3.8 ist größendegressiv.		
Die Aktivität v^{14} ist effizient.		
Die Aktivität v^{16} ist ineffizient, weil sie von Aktivität v^{15} dominiert wird.		
Die Aktivität v^{17} ist effizient, weil sie von keiner anderen Aktivität dominiert wird.		
Weil bei Aktivität v^{14} mehr Output produziert wird als bei Aktivität v^{15}, ist die Aktivität v^{15} ineffizient.		
Weil bei Aktivität v^{14} mit mehr Input auch mehr Output produziert wird als bei Aktivität v^{16}, ergibt sich keine Dominanzbeziehung zwischen den Aktivitäten v^{16} und v^{14}.		

c) Sei eine Aktivität v aus der Technologie $T \subset \mathbb{R}^2$ effizient. Zeigen Sie mit Hilfe einer geeigneten graphischen Darstellung, dass

(i) die Eigenschaft der Größenprogression eine notwendige, aber nicht hinreichende Bedingung dafür ist, dass auch die Aktivität λv, mit $\lambda \geq 1$, effizient ist.

(ii) die Eigenschaft der Linearität eine hinreichende, aber nicht notwendige Bedingung dafür ist, dass auch die Aktivität λv, mit $\lambda \geq 1$, effizient ist.

Lösung zu Aufgabe 3.3

zu a)

Tab. 3.3.1: Annahmen an Technologien

Annahme an Technologien	Abb. 3.3.1	Abb. 3.3.2	Abb. 3.3.3	Abb. 3.3.4
Beliebiger Faktoreinsatz ohne Output ist möglich.		✓	✓	
Der Produktionsstillstand gehört zur Menge der Produktionsmöglichkeiten.	✓	✓	✓	✓
Es gibt Produktionen mit positivem Ergebnis.		✓	✓	✓
Produktionen sind nicht umkehrbar.	✓		✓	✓
Es kann kein Output erzeugt werden, ohne Input einzusetzen.	✓	✓	✓	
Bei der dargestellten Produktionsmöglichkeitenmenge handelt es sich um eine Technologie.			✓	

zu b)

Tab. 3.3.2: Aussagen zu den Technologien der Abbildungen 3.3.5 – 3.3.8

Aussagen zur Technologie in Abb. 3.3.5:	richtig	falsch
Die Technologie in Abb. 3.3.5 ist größendegressiv.	✓	
Die Aktivität v^2 dominiert Aktivität v^3.		✓
Die Aktivität v^4 dominiert Aktivität v^5.	✓	
Die Aktivität v^1 ist ineffizient.	✓	
Die Aktivität v^4 ist effizient.	✓	

Aussagen zur Technologie in Abb. 3.3.6:	**richtig**	**falsch**
Die Technologie in Abb. 3.3.6 ist größenproportional.	✓	
Die Technologie in Abb. 3.3.6 ist linear.	✓	
Die Aktivität v^6 wird von Aktivität v^9 dominiert.		✓
Die Aktivität v^8 dominiert v^9.		✓
Die Aktivität v^9 ist effizient.		✓
Die Aktivität v^7 wird von Aktivität v^8 dominiert.	✓	
Die Aktivität v^7 ist effizient.		✓

Aussagen zur Technologie in Abb. 3.3.7:	**richtig**	**falsch**
Die Technologie in Abb. 3.3.7 ist nicht größenprogressiv.		✓
Es ist technologisch möglich, die Aktivitäten v^{10} und v^{12} zusammenzufassen (zu addieren).	✓	
Die Aktivität v^{11} wird von Aktivität v^{13} dominiert.	✓	

Aussagen zur Technologie in Abb. 3.3.8:	**richtig**	**falsch**
Die Technologie in Abb. 3.3.8 ist größendegressiv.		✓
Die Aktivität v^{14} ist effizient.	✓	
Die Aktivität v^{16} ist ineffizient, weil sie von Aktivität v^{15} dominiert wird.		✓
Die Aktivität v^{17} ist effizient, weil sie von keiner anderen Aktivität dominiert wird.		✓
Weil bei Aktivität v^{14} mehr Output produziert wird als bei Aktivität v^{15}, ist die Aktivität v^{15} ineffizient.		✓
Weil bei Aktivität v^{14} mit mehr Input auch mehr Output produziert wird als bei Aktivität v^{16}, ergibt sich keine Dominanzbeziehung zwischen den Aktivitäten v^{16} und v^{14}.	✓	

zu c)

(i)

Unabhängig davon, ob die betrachtete Aktivität $v \in T \subset \mathbb{R}^2$ effizient ist oder nicht, muss in jedem Fall die Technologie größenprogressiv sein, weil sonst λv, $\lambda \geq 1$, nicht mehr zur Technologie gehört. Die Bedingung der Größenprogression ist also notwendig.

Allerdings ist sie nicht hinreichend dafür, dass λv, $\lambda \geq 1$, auch effizient ist, wenn v effizient ist. So könnte beispielsweise die Aktivität v auf dem streng konvex gekrümmten effizienten Rand der in Abbildung 3.3.9 dargestellten Technologie liegen.

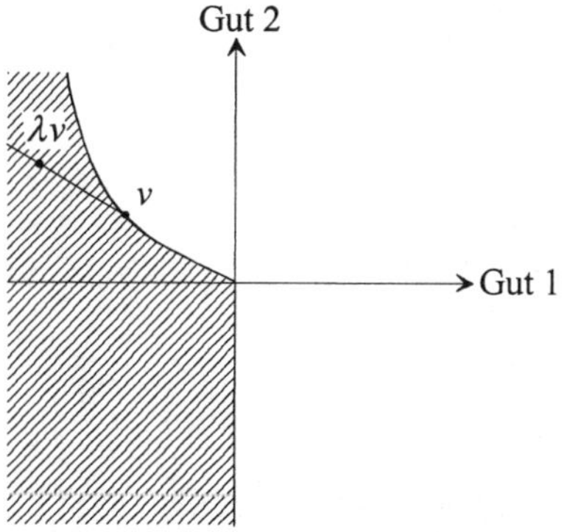

Abb. 3.3.9

Diese Technologie ist offensichtlich größenprogressiv, da λv, $\lambda \geq 1$, unabhängig davon, an welcher Stelle des effizienten Randes die Aktivität v liegt, stets zur Technologie gehört. Durch die konvexe Krümmung des effizienten Randes liegt jedoch die Aktivität λv, $\lambda > 1$, in jedem Fall im Inneren der Technologie und ist folglich nicht effizient. Demnach stellt die Eigenschaft der Größenprogression nicht sicher, dass die Aktivität λv, $\lambda \geq 1$, effizient ist.

(ii)

Eine lineare Technologie verknüpft die beiden Eigenschaften der Größenproportionalität und der Additivität. Liegt nun eine Aktivität $v \in T \subset \mathbb{R}^2$ auf dem effizienten Rand der Technologie, der in der Zeichenebene aufgrund der Größenproportionalität immer eine Halbgerade durch den Ursprung ist, dann ist sofort anschaulich klar, dass jede Aktivität λv, $\lambda \geq 1$, ebenfalls auf dieser Halbgeraden liegt und somit effizient ist. Mit anderen Worten: Die Eigenschaft der Linearität ist für diesen Zusammenhang hinreichend, da sie auch die Eigenschaft der Größenproportionalität einschließt.

Aber sie ist nicht notwendig, denn es gibt Technologien $T \subset \mathbb{R}^2$, die nicht größenprogressiv oder additiv sind, bei denen aber dennoch die Aktivität λv, $\lambda \geq 1$, stets auf dem effizienten Rand der Technologie liegt. So zeigt beispielsweise Abbildung 3.3.10 eine größenprogressive und additive, aber nicht größendegressive und damit auch nicht lineare Technologie. Geht man nun von einer beliebigen Aktivität $v \in T$ auf dem effizienten Rand der dargestellten Technologie aus, dann liegt jede beliebige Aktivität λv, $\lambda \geq 1$, ebenfalls auf dem effizienten Rand.

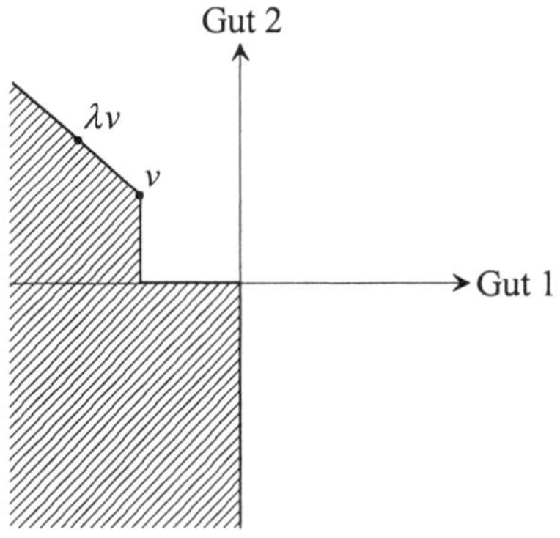

Abb. 3.3.10

Aufgabe 3.4 Aussagen zu aktivitätsanalytischen Zusammenhängen

Tragen Sie in die nachfolgende Tabelle ein, welche der dort angegebenen Aussagen stets, nie oder nur unter bestimmten zusätzlichen Voraussetzungen zutreffen.

Die Aussage:	trifft stets zu	trifft nie zu	trifft nur unter zusätzlichen Voraussetzungen zu
(1) Bei der Darstellung einer Input-Output-Kombination als Aktivität brauchen solche Güter nicht in einer Komponente des Gütervektors (der Aktivität) erfasst werden, die bei dieser Input-Output-Kombination keine Rolle spielen.			
(2) Eine Technologie T erfüllt die Annahme der Nichtumkehrbarkeit von Produktionen, wenn es keine Aktivität $v \in T$, $v \neq 0$, gibt, für die gilt: $-v \in T$.			
(3) Eine Aktivität $w \in T$ wird von einer Aktivität $v \in T$ dominiert, wenn bei Aktivität v von allen Faktoren geringere Mengen als bei Aktivität w eingesetzt werden.			
(4) Unterscheiden sich zwei Aktivitäten $v,w \in T$ in Bezug auf die Anzahl der eingesetzten Faktorarten, dann kann die Aktivität mit der größeren Zahl eingesetzter Faktorarten dennoch diejenige mit der geringeren Anzahl Faktoren dominieren.			

Die Aussage:	trifft stets zu	trifft nie zu	trifft nur unter zusätzlichen Voraus-setzungen zu
(5) Seien $v,w \in T$, mit $v \geq w$. Dann ist v effizient.			
(6) Sei $v \in T$ effizient. Dann ist λv, mit $\lambda \geq 1$, ebenfalls effizient, falls die Technologie T größenprogressiv ist.			
(7) Die Produktionsfunktion beschreibt alle Aktivitäten, die auf dem Rand einer die üblichen Annahmen erfüllenden Technologie liegen.			
(8) Die Technologie $T \subset \mathbb{R}^2$ sei größenprogressiv und additiv, aber nicht größendegressiv. Weiterhin sei die Aktivität $v \in T$ effizient und die Aktivität $w \in T$ ineffizient. Dann ist $v + w$ ineffizient.			
(9) Die Technologie $T \subset \mathbb{R}^2$ sei größenprogressiv und additiv, aber nicht größendegressiv. Weiterhin seien die Aktivitäten $v,w \in T$ effizient, mit $v \neq 0$, $w \neq 0$. Dann ist $v + w$ ineffizient.			
(10) Die Technologie $T \subset \mathbb{R}^2$ sei größendegressiv, die Aktivität $v \in T$ effizient und die Aktivität $w \in T$ ineffizient. Falls $v + w \in T$, dann ist $v + w$ ineffizient.			

Lösung zu Aufgabe 3.4

Tab. 3.4.1: Aussagen zu Aktivitäten und Technologien

Die Aussage:	**trifft stets zu**	**trifft nie zu**	**trifft nur unter zusätzlichen Voraus-setzungen zu**
(1) Bei der Darstellung einer Input-Output-Kombination als Aktivität brauchen solche Güter nicht in einer Komponente des Gütervektors (der Aktivität) erfasst werden, die bei dieser Input-Output-Kombination keine Rolle spielen.			✓
(2) Eine Technologie T erfüllt die Annahme der Nichtumkehrbarkeit von Produktionen, wenn es keine Aktivität $v \in T,\ v \neq 0$, gibt, für die gilt: $-v \in T$.	✓		
(3) Eine Aktivität $w \in T$ wird von einer Aktivität $v \in T$ dominiert, wenn bei Aktivität v von allen Faktoren geringere Mengen als bei Aktivität w eingesetzt werden.			✓
(4) Unterscheiden sich zwei Aktivitäten $v,w \in T$ in Bezug auf die Anzahl der eingesetzten Faktorarten, dann kann die Aktivität mit der größeren Zahl eingesetzter Faktorarten dennoch diejenige mit der geringeren Anzahl Faktoren dominieren.		✓	
(5) Seien $v,w \in T$, mit $v \geq w$. Dann ist v effizient.			✓

Die Aussage:	trifft stets zu	trifft nie zu	trifft nur unter zusätzlichen Voraussetzungen zu
(6) Sei $v \in T$ effizient. Dann ist λv, mit $\lambda \geq 1$, ebenfalls effizient, falls die Technologie T größenprogressiv ist.			✓
(7) Die Produktionsfunktion beschreibt alle Aktivitäten, die auf dem Rand einer die üblichen Annahmen erfüllenden Technologie liegen.		✓	
(8) Die Technologie $T \subset \mathbb{R}^2$ sei größenprogressiv und additiv, aber nicht größendegressiv. Weiterhin sei die Aktivität $v \in T$ effizient und die Aktivität $w \in T$ ineffizient. Dann ist $v + w$ ineffizient.	✓		
(9) Die Technologie $T \subset \mathbb{R}^2$ sei größenprogressiv und additiv, aber nicht größendegressiv. Weiterhin seien die Aktivitäten $v,w \in T$ effizient, mit $v \neq 0$, $w \neq 0$. Dann ist $v + w$ ineffizient.			✓
(10) Die Technologie $T \subset \mathbb{R}^2$ sei größendegressiv, die Aktivität $v \in T$ effizient und die Aktivität $w \in T$ ineffizient. Falls $v + w \in T$, dann ist $v + w$ ineffizient.			✓

Begründungen:

zu (1): Bei der aktivitätsanalytischen Darstellung von Input-Output-Kombinationen entspricht die Anzahl der Komponenten der Gütervektoren (Aktivitäten) der Anzahl $K = J + S + I$ der an den Kombinationsprozessen insgesamt beteiligten Güter, wobei J die Anzahl der Endprodukte, S diejenige der Zwischenprodukte und I die der Produktionsfaktoren angibt. Folglich hat man einen K-dimensionalen reellen Güterraum: den $\mathbb{R}^K$, auf dem die Technologie T eines Unternehmens als Menge aller dem Unternehmen bekannten Aktivitäten definiert ist.

Nun kann es sein, dass an einer bestimmten Input-Output-Kombination nicht sämtliche Güter des $\mathbb{R}^K$ beteiligt sind. In diesem Fall müsste die Aktivität, welche diese Input-Output-Kombination repräsentiert, an den entsprechenden Stellen (Vektorkomponenten), an denen die Mengen der in diesem Fall nicht involvierten Güter üblicherweise aufgeführt werden, Nullen aufweisen. Ließe man diese Komponenten einfach weg, dann stünden die Mengen identischer Güter bei verschiedenen Aktivitäten an unterschiedlicher Stelle, so dass man die einem Unternehmen bekannten Aktivitäten nicht mehr sinnvoll in der Technologie T zusammenfassen und im Rahmen von Dominanzüberlegungen miteinander vergleichen könnte.

Folglich dürfen Güter nur dann bei der Festlegung der Vektorkomponenten im Rahmen der aktivitätsanalytischen Darstellung von Input-Output-Kombinationen außer Betracht bleiben, wenn diese in keiner einzigen dem Unternehmen bekannten Input-Output-Kombinationen eine Rolle spielen.

zu (2): Diese Aussage entspricht der genauen Definition der Annahme der Nichtumkehrbarkeit von Produktionen. Sie trifft daher stets zu.

zu (3): Damit eine Aktivität $v \in T$ eine andere Aktivität $w \in T$ dominiert, müssen die beiden Bedingungen $v \geq w$ sowie $v_k > w_k$ für mindestens ein $k \in \{1,\ldots,K\}$ erfüllt sein.

Aussage (3) setzt lediglich voraus, dass bei der Aktivität v von allen Faktoren geringere Mengen eingesetzt werden als bei der Aktivität w; über die anderen Gütermengen, insbesondere über die Outputmengen, wurden keinerlei Feststellungen getroffen. Dementsprechend kann es vorkommen, dass bei der Aktivität v zwar geringere Faktormengen eingesetzt, zugleich aber auch von mindestens einem Outputgut geringere Mengen hergestellt werden als bei Aktivität w. In diesem Fall wäre eine

Dominanz der Aktivität v gegenüber der Aktivität w zu verneinen. Folglich trifft Aussage (3) nur unter zusätzlichen Voraussetzungen zu.

zu (4): Angenommen, bei der Aktivität $v \in T$ wird eine größere Anzahl verschiedener Faktoren eingesetzt als bei der Aktivität $w \in T$. Dann bedeutet dies, dass bei Aktivität w einige Vektorkomponenten mit Nullen besetzt sein müssen, da ja beide Aktivitäten die gleiche Anzahl an Komponenten aufweisen müssen (vgl. Begründung zu Aussage (1)). An den gleichen Stellen weist jedoch die Aktivität v negative Werte auf, so dass das Dominanzkriterium $v \geq w$ auf keinen Fall erfüllt sein kann. Aussage (4) trifft also niemals zu.

zu (5): Die in Aussage (5) formulierte Bedingung $v \geq w$ ist für eine Dominanzbeziehung zwischen den Aktivitäten v und w nicht hinreichend. Vielmehr muss auch die Bedingung $v_k > w_k$ für mindestens ein $k \in \{1,\ldots,K\}$ erfüllt sein (vgl. Begründung zu Aussage (3)). Zudem kann es sein, dass es eine andere Aktivität $\tilde{w} \in T$ gibt, welche die Aktivität v dominiert. In diesem Fall wäre v nicht einmal im Fall von $v_k > w_k$ für mindestens ein $k \in \{1,\ldots,K\}$ effizient. Dementsprechend gilt Aussage (5) nur unter zusätzlichen Voraussetzungen.

zu (6): Die Eigenschaft der Größenprogression ist lediglich notwendig, nicht aber hinreichend dafür, dass die aus der Erhöhung des Niveaus der effizienten Aktivität $v \in T$ hervorgegangene Aktivität λv, $\lambda \geq 1$, ebenfalls effizient ist. Beispielsweise liegt bei einer Technologie T mit einem streng konvexen effizienten Rand die Aktivität λv, $\lambda > 1$, nicht mehr auf diesem Rand und ist folglich auch nicht mehr effizient (vgl. Aufgabe 3.3, Aufgabenteil c) (i)). Daher müssen hinsichtlich der konkreten Gestalt bzw. der Eigenschaften der Technologie weitere Voraussetzungen erfüllt sein, damit Aussage (6) zutrifft.

zu (7): Die Produktionsfunktion beschreibt nur diejenigen Aktivitäten, die auf dem effizienten Rand einer die üblichen Annahmen erfüllenden Technologie liegen. Dagegen werden Aktivitäten, die auf dem ineffizienten Teil des Technologierandes liegen, nicht von der Produktionsfunktion erfasst. Da aufgrund der Annahme der Abgeschlossenheit der Technologie und der Möglichkeit beliebigen Faktoreinsatzes ohne Erzeugung positiver

Outputmengen der Technologierand stets auch ineffiziente Produktionen umfasst, trifft Aussage (7) niemals zu.

zu (8): Zum Nachweis der Richtigkeit der Aussage (8) genügt es, allein auf die Eigenschaft der Additivität der Technologie T abzustellen. Gemäß Voraussetzung habe man zwei Aktivitäten $v,w \in T \subset \mathbb{R}^2$, von denen nur v effizient ist. Aufgrund der Additivität von T weiß man, dass die Aktivität $v+w$ ebenfalls zur Technologie gehört. Nun ist es aufgrund der Ineffizienz der Aktivität w möglich, eine die Aktivität w dominierende Aktivität $\tilde{w} \in T$ anzugeben, mit $\tilde{w} \geq w$ und $\tilde{w}_k > w_k$ für mindestens ein $k \in \{1,2\}$. Wegen der Additivität gehört offensichtlich auch die Aktivität $v+\tilde{w}$ zur Technologie T. Darüber hinaus dominiert diese Aktivität $v+\tilde{w}$ wegen $v+\tilde{w} \geq v+w$ und $v_k+\tilde{w}_k > v_k+w_k$ für mindestens ein $k \in \{1,2\}$ die Aktivität $v+w$. Folglich kann die Aktivität $v+w$ nicht effizient sein, was genau der Aussage (8) entspricht.

zu (9): Betrachtet man zunächst die in Abbildung 3.4.1 dargestellte größenprogressive und additive, aber nicht größendegressive Technologie, dann ist sofort anschaulich klar, dass die durch Addition der beiden effizienten Aktivitäten $v,w \in T$ entstandene Aktivität $v+w \in T$ nicht mehr auf dem effizienten Rand der Technologie liegt. Dagegen entsteht in dem in Abbildung 3.4.2 dargestellten Fall einer ebenfalls größenprogressiven und additiven, aber nicht größendegressiven Technologie durch die Addition der beiden effizienten Aktivitäten $v,w \in T$ wieder eine effiziente Aktivität $v+w \in T$. Folglich bedarf es zusätzlicher Voraussetzungen, damit Aussage (9) zutrifft.

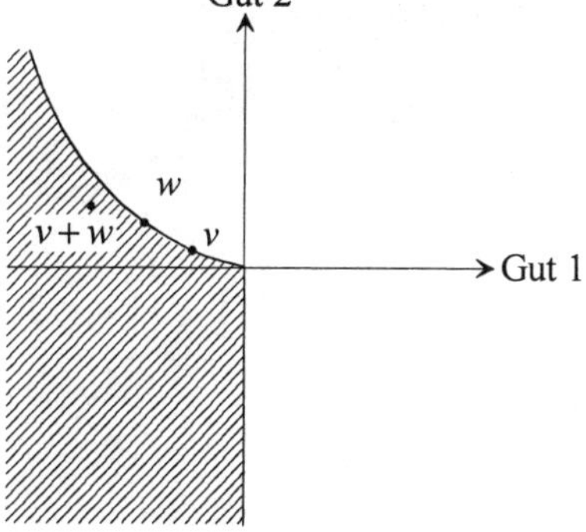

Abb. 3.4.1

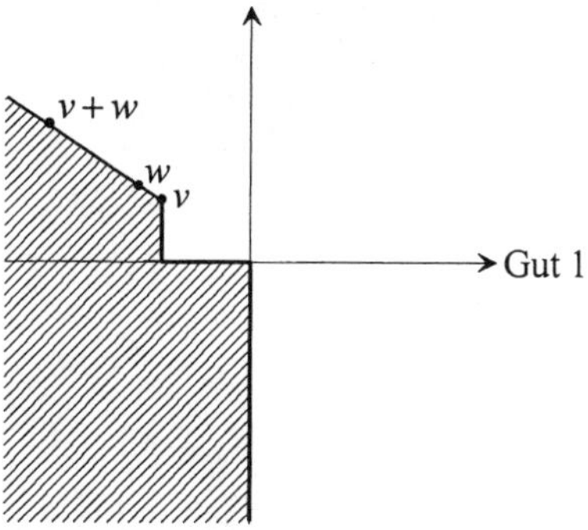

Abb. 3.4.2

zu (10): Um zu zeigen, dass auch diese Aussage nur unter zusätzlichen Voraussetzungen gilt, betrachtet man wieder beispielhaft zwei unterschiedliche Technologien. Die in Abbildung 3.4.3 dargestellte Technologie ist offensichtlich größendegressiv und zusätzlich auch noch additiv. Infolgedessen gehört die Summe $v+w$ zweier Aktivitäten $v,w \in T$ wieder zur Technologie. Addiert man nun zu einer beliebigen effizienten Aktivität $v \in T$ eine beliebige ineffiziente Aktivität $w \in T$, dann ist die Aktivität $v+w \in T$ aufgrund der Argumentation zu Aussage (8) stets ineffizient, was der Folgerung in Aussage (10) entspricht. Die in Abbildung 3.4.4 dargestellte Technologie ist ebenfalls größendegressiv, weist aber einen streng konkav gekrümmten effizienten Rand auf und ist infolgedessen nicht additiv. Geht man nun von der effizienten Aktivität $v \in T$ aus, dann ist anschaulich klar, dass man stets eine ineffiziente Aktivität $w \in T$ mit der Eigenschaft finden kann, dass die Aktivität $v+w$ genau auf dem effizienten Rand der Technologie liegt. Die Schlussfolgerung in Aussage (10) trifft hier also nicht automatisch zu. Demnach müssen für die Gültigkeit von Aussage (10) zusätzliche Voraussetzungen erfüllt sein.

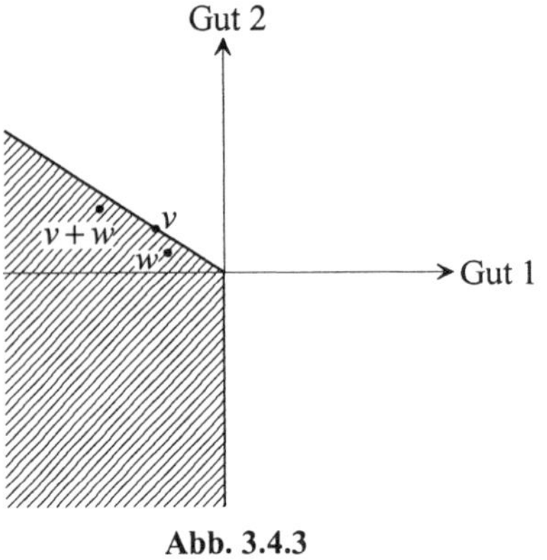

Abb. 3.4.3

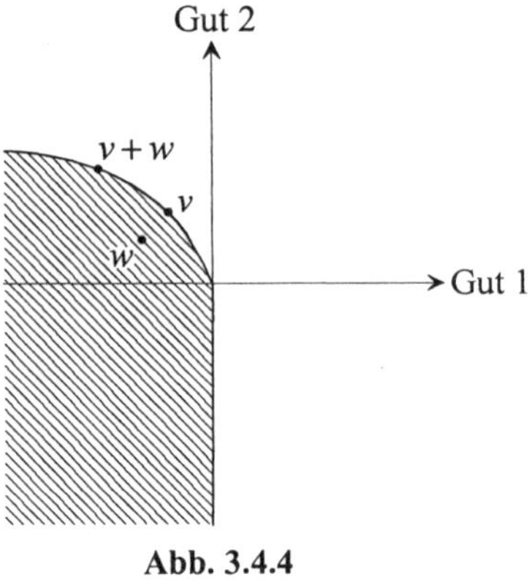

Abb. 3.4.4

Aufgabe 3.5 Dominanz und Effizienz (I)

Ermitteln Sie, welche der in den Abbildungen 3.5.1, 3.5.2 und 3.5.3 eingezeichneten Aktivitäten v^{π}, $\pi = 1,...,10$, effizient und welche ineffizient sind, wenn r_i^{π} die Einsatzmenge des Faktors i und x_j^{π} die Ausbringungsmenge des Gutes j hinsichtlich Produktionspunkt π bezeichnet und sich die übrigen Komponenten v_k^{π}, $k \neq i,j$, der verschiedenen Aktivitätenvektoren nicht unterscheiden. Zeigen Sie dabei die einzelnen Dominanzbeziehungen auf, die zur Kennzeichnung der effizienten bzw. ineffizienten Aktivitäten führen.

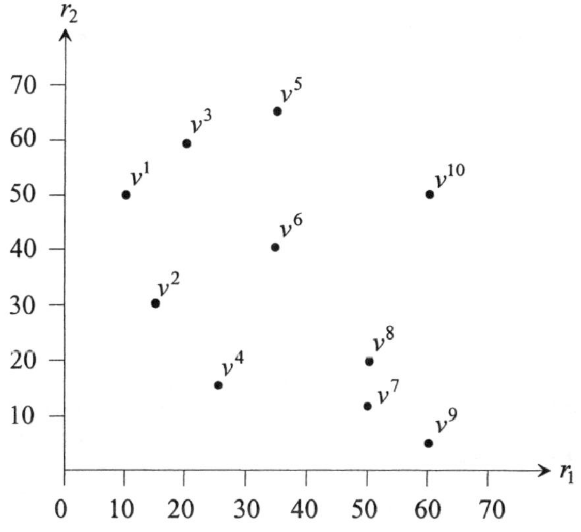

Abb. 3.5.1: Aktivitäten im $(r_1;r_2)$- Diagramm

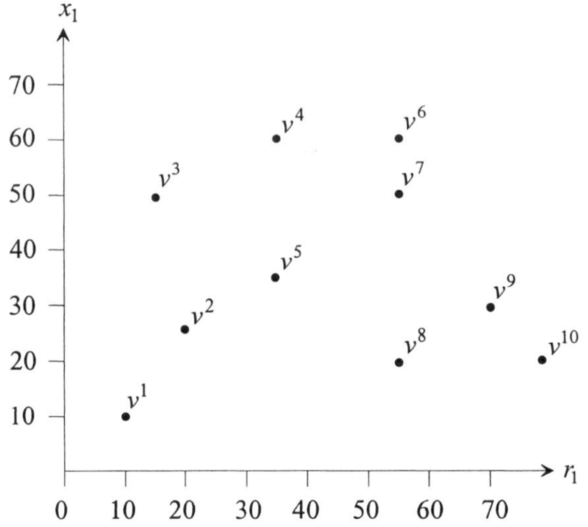

Abb. 3.5.2: Aktivitäten im $(r_1;x_1)$- Diagramm

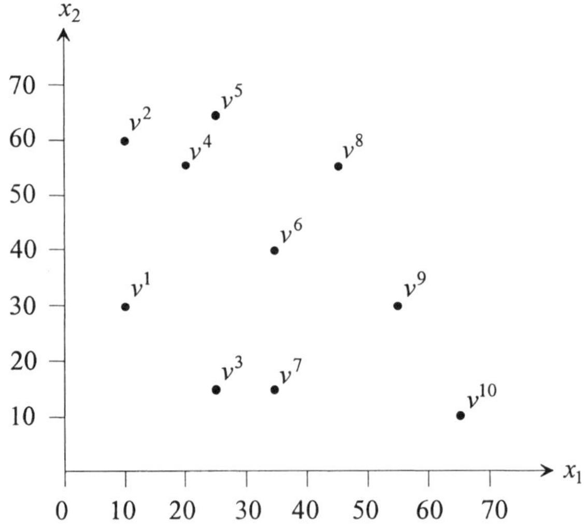

Abb. 3.5.3: Aktivitäten im $(x_1;x_2)$- Diagramm

Lösung zu Aufgabe 3.5

Abbildung 3.5.1:

Effizient sind die Aktivitäten: v^1, v^2, v^4, v^7, v^9.

Ineffizient sind die Aktivitäten: v^3, v^5, v^6, v^8, v^{10}.

Begründung:

v^1 dominiert v^3, v^5, v^{10}; v^2 dominiert v^3, v^5, v^6, v^{10};

v^4 dominiert v^5, v^6, v^8, v^{10}; v^7 dominiert v^8, v^{10};

v^9 dominiert v^{10}.

Die Aktivitäten v^1, v^2, v^4, v^7 und v^9 werden selbst von keiner anderen Aktivität dominiert und sind folglich effizient.

Abbildung 3.5.2:

Effizient sind die Aktivitäten: v^1, v^3, v^4.

Ineffizient sind die Aktivitäten: v^2, v^5, v^6, v^7, v^8, v^9, v^{10}.

Begründung:

v^3 dominiert v^2, v^5, v^7, v^8, v^9, v^{10};

v^4 dominiert v^5, v^6, v^7, v^8, v^9, v^{10}.

Die Aktivitäten v^1, v^3 und v^4 werden selbst von keiner anderen Aktivität dominiert und sind folglich effizient.

Abbildung 3.5.3:

Effizient sind die Aktivitäten: v^5, v^8, v^9, v^{10}.

Ineffizient sind die Aktivitäten: v^1, v^2, v^3, v^4, v^6, v^7.

Begründung:

v^5 dominiert v^1, v^2, v^3, v^4; v^8 dominiert v^1, v^3, v^4, v^6, v^7;

v^9 dominiert v^1, v^3, v^7.

Die Aktivitäten v^5, v^8, v^9 und v^{10} werden selbst von keiner anderen Aktivität dominiert und sind folglich effizient.

Aufgabe 3.6 Dominanz und Effizienz (II)

Ermitteln Sie, welche der in Abbildung 3.6.1 eingezeichneten Aktivitäten v^π, $\pi = 1,...,9$, effizient und welche ineffizient sind, wenn α und β die folgenden Gütermengen messen:

Teilaufgabe	α	β
a)	Outputmengen	Outputmengen
b)	Inputmengen	Outputmengen
c)	Inputmengen	Inputmengen
d)	Outputmengen	unerwünschte Nebenproduktmengen

Die übrigen Komponenten v_k^π der verschiedenen Aktivitätenvektoren v^π seien jeweils für alle angegeben Aktivitäten identisch (Ceteris-paribus-Bedingung).

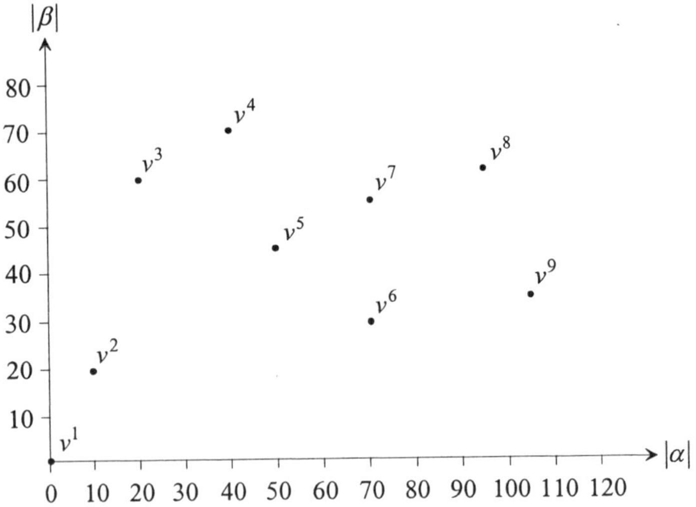

Abb. 3.6.1: Aktivitäten im $(\alpha;\beta)$- Diagramm

Lösung zu Aufgabe 3.6

zu a)

Unter der Annahme, α und β seien Outputmengen, führt die Effizienzanalyse zu folgendem Ergebnis:

Effizient sind die Aktivitäten: v^4, v^8, v^9.

Ineffizient sind die Aktivitäten: v^1, v^2, v^3, v^5, v^6, v^7.

Begründung:

v^4 dominiert v^1, v^2, v^3;

v^8 dominiert v^1, v^2, v^3, v^5, v^6, v^7;

v^9 dominiert v^1, v^2, v^6.

Die Aktivitäten v^4, v^8 und v^9 werden selbst von keiner anderen Aktivität dominiert und sind folglich effizient.

zu b)

Unter der Annahme, α stelle Inputmengen dar und β gebe Outputmengen an, ergeben sich folgende Dominanzbeziehungen:

Sowohl v^3 als auch v^4 dominieren die Aktivitäten v^5, v^6, v^7 und v^9 gemäß den bekannten Wirtschaftlichkeitsprinzipien; zusätzlich dominiert v^4 die Aktivität v^8. Die Aktivitäten v^5, v^6, v^7, v^8 und v^9 sind somit ineffizient. Die Aktivitäten v^2, v^3 und v^4 werden von keiner anderen Aktivität dominiert; sind also effizient.

Um beurteilen zu können, ob die Aktivität v^1 effizient ist, müssen mehrere Fallsituationen betrachtet werden:

- Bezeichnen die dargestellten Aktivitäten Produktionsverfahren, in denen aus einer Inputart lediglich ein Output hergestellt wird $(I = J = 1)$, so handelt es sich bei der Aktivität v^1 um den Produktionsstillstand. v^1 wäre wie die Aktivitäten v^2, v^3 und v^4 effizient.

- In allen anderen Fällen hängt die Effizienz der Aktivität v^1 davon ab, dass sie nicht durch den Produktionsstillstand dominiert wird.

zu c)

Unter der Annahme, α und β seien Inputmengen, zeigt die Effizienzanalyse, dass die Aktivität v^1 alle anderen Produktionspunkte gemäß dem Postulat der technischen Minimierung dominiert. v^1 wird von keiner der anderen Aktivitäten dominiert und ist folglich effizient.

zu d)

Unter der Annahme, mit α würden (erwünschte) Outputmengen und mit β Quantitäten des einzigen unerwünschten Nebengutes (Output!) angegeben, dann erscheint es sinnvoll, die Mengen des unerwünschten Nebengutes, die im Rahmen der Produktion entstehen, analog der Inputs zu bewerten, d.h. sie zu minimieren.

Bezeichne in einer Aktivität mit drei Güterkomponenten zum Beispiel r die Inputmenge, x^+ die Outputmenge eines erwünschten, zu maximierenden Endproduktes und x^- die Quantitäten des unerwünschten (zu minimierenden) Nebenprodukts, so ließe sich eine zugehörige Aktivität

$$v^\pi = \begin{pmatrix} r \\ x^+ \\ x^- \end{pmatrix} \text{ mit } \begin{Bmatrix} r \leq 0 \\ x^+ \geq 0 \\ x^- \geq 0 \end{Bmatrix}$$

zum Zweck der Effizienzanalyse analog wie folgt behandeln:

$$v^\pi = \begin{pmatrix} r \\ x^+ \\ -x^- \end{pmatrix}.$$

Als effiziente Aktivitäten lassen sich demnach die Produktionspunkte v^1, v^2, v^6 und v^9 identifizieren, da sie von keiner anderen Aktivität dominiert werden.

Die Aktivitäten v^3, v^4, v^5, v^7 und v^8 sind hingegen ineffizient, da sie alle von der Aktivität v^9 dominiert werden.

Aufgabe 3.7 Dominanz und Effizienz (III)

Ermitteln Sie mit Hilfe von Dominanzüberlegungen, welche der angegebenen Produktionspunkte $v^\pi \in \mathbb{R}^5$, $\pi = 1,\ldots,6$, effizient sind und welche Aktivitäten von einer (oder mehreren) anderen Aktivität(en) dominiert werden.

$$v^1 = (-6,\ -3,\ -2,\ 3,\ 6)^T,$$
$$v^2 = (-5,\ -3,\ -1,\ 4,\ 4)^T,$$
$$v^3 = (-6,\ -4,\ -2,\ 3,\ 5)^T,$$
$$v^4 = (-6,\ -3,\ -1,\ 4,\ 6)^T,$$
$$v^5 = (-7,\ -3,\ -2,\ 4,\ 4)^T,$$
$$v^6 = (\ 0,\ 0,\ 0,\ 0,\ 0)^T.$$

Lösung zu Aufgabe 3.7

Die Aktivität v^6 repräsentiert den Produktionsstillstand und ist folglich effizient. Da bei allen anderen Aktivitäten v^π, $\pi = 1,\ldots,5$, mindestens eine Outputart erzeugt wird, wird keine dieser Produktionsmöglichkeiten vom Produktionsstillstand v^6 dominiert. Ansonsten lassen sich die einzelnen Dominanzbeziehungen am einfachsten ermitteln, indem man die Aktivitäten paarweise miteinander vergleicht.

Tab. 3.7.1: Dominanzbeziehungen

Aktivität v^π	**Aktivität** $v^{\tilde{\pi}}$	v^π **dominiert** $v^{\tilde{\pi}}$	$v^{\tilde{\pi}}$ **dominiert** v^π	**keine Aussage möglich**
v^1	v^2			✓
v^1	v^3	✓		
v^1	v^4		✓	
v^1	v^5			✓

Aktivität v^{π}	**Aktivität** $v^{\bar{\pi}}$	v^{π} **dominiert** $v^{\bar{\pi}}$	$v^{\bar{\pi}}$ **dominiert** v^{π}	**keine Aussage möglich**
v^2	v^3			✓
v^2	v^4			✓
v^2	v^5	✓		
v^3	v^4		✓	
v^3	v^5			✓
v^4	v^5	✓		

Man erkennt, dass neben dem durch die Aktivität v^6 beschriebenen Produktionsstillstand lediglich die Aktivitäten v^2 und v^4 zur Menge der effizienten Aktivitäten gehören. Die Produktionspunkte v^1, v^3 und v^5 sind – wie gezeigt wurde – nicht effizient. Dabei verdeutlichen beispielsweise die festgestellten Dominanzbeziehungen von Aktivität v^1 sehr anschaulich die Tatsache, dass eine Aktivität nicht notwendigerweise effizient sein muss, sofern sie eine andere Aktivität dominiert. Vielmehr kann sie – wie hier durch v^4 – selbst dominiert werden.

Aufgabe 3.8 Dominanz und Effizienz (IV)

Ermitteln Sie anhand von Dominanzüberlegungen, welche der angegebenen Produktionspunkte $v^\pi \in I\!R^5$, $\pi = 1,\ldots,6$, effizient sind und welche Aktivitäten von einer (oder mehreren) anderen Aktivität(en) dominiert werden.

$$v^1 = (-6,\ -8,\ -160,\ 28,\ 32)^T,$$
$$v^2 = (-4,\ \alpha,\ -180,\ 32,\ 24)^T,\ \alpha \le -2,$$
$$v^3 = (-4,\ -8,\ -160,\ 32,\ 32)^T,$$
$$v^4 = (-4,\ -8,\ -300,\ 20,\ 24)^T,$$
$$v^5 = (-4,\ -4,\ -180,\ \beta,\ 28)^T,\ 25 \le \beta \le 35,$$
$$v^6 = (-6,\ -8,\ -200,\ 28,\ 28)^T.$$

Lösung zu Aufgabe 3.8

Wie bereits in Aufgabe 3.7 können die einzelnen Dominanzbeziehungen durch Vergleich der Aktivitäten ermittelt werden, wobei hier besonders auf die Abhängigkeit der Dominanzbeziehungen von den Parametern α und/oder β geachtet werden muss. Im Einzelnen hat man:

- Vergleich der Aktivitäten v^1 und v^2:
  Aufgrund gegenläufiger Ausbringungsverhältnisse in den Outputkomponenten der Aktivitäten v^1 und v^2 (es gilt: $v_4^1 < v_4^2$ sowie $v_5^1 > v_5^2$) erübrigt sich der Vergleich der Inputkomponenten dieser Produktionspunkte. Unabhängig etwaiger α-Werte lässt sich zwischen v^1 und v^2 keine Dominanzbeziehung feststellen.

- Vergleich der Aktivitäten v^1 und v^5:
  Wegen $v_1^1 < v_1^5$ und $v_5^1 > v_5^5$. ergibt sich unabhängig von β keine Dominanzbeziehung zwischen v^1 und v^5.

- Vergleich der Aktivitäten v^2 und v^3:
  Da unter Einsatz von Aktivität v^3 mit geringerem Verbrauch von Faktor 3 von beiden Endprodukten höhere Produktionsniveaus als bei v^2 erreicht

werden können, gilt: v^3 dominiert v^2 für $-8 \geq \alpha$. Für $-8 < \alpha \leq -2$ lässt sich keine Dominanzbeziehung feststellen.

- Vergleich der Aktivitäten v^2 und v^4:
  Da mit Aktivität v^4 von beiden Endprodukten nicht mehr Mengeneinheiten produziert werden als unter Verwendung von v^2, die Faktorverbräuche der Inputs 1 und 3 aber dabei nicht geringer ausfallen, d.h. $v_i^4 \leq v_i^2$ für $i = 1{,}3$ gilt, hängt die Effizienz von v^4 hier lediglich von den Verbrauchsmengen des zweiten Faktors ab. So lässt sich für $-8 \leq \alpha \leq -2$ eine Dominanz von v^2 gegenüber v^4 feststellen, wohingegen für $\alpha < -8$ diese Vorteilhaftigkeit nicht gegeben ist, da dann gilt: $v_2^2 < v_2^4$.
- Vergleich der Aktivitäten v^2 und v^5:
  Wegen $I = 3 > 2 = J$ ist es beim Vergleich der beiden parametrischen Aktivitäten ratsam, zunächst die Outputseite zu betrachten. Wegen $v_5^2 = 24 < 28 = v_5^5$ ist es leicht nachvollziehbar, dass angesichts gegenläufiger Ausbringungsverhältnisse keine Dominanzbeziehung zwischen den beiden Produktionsalternativen festgestellt werden kann, solange Endprodukt 1 in Aktivität v^5 eine niedrigere Produktion aufweist als in v^2, was für β Werte im Intervall $[25;32)$ der Fall ist. Werden mit v^5 hingegen Ausbringungsmengen von Produkt 1 im Bereich $32 \leq \beta \leq 35$ erzielt, lässt sich eine Vorteilhaftigkeit nur über den Vergleich der Faktoreinsatzmengen ermitteln. Wegen $v_1^2 = v_1^5$ und $v_3^2 = v_3^5$ reduziert sich diese Problemstellung auf den Einzelvergleich des Faktoreinsatzes von Input 2. Man erkennt, dass nur für $-4 < \alpha \leq -2$ keine Dominanz vorliegt. Für $-4 \geq \alpha$ wird Aktivität v^2 von v^5 für $\beta \in [32;35]$ dominiert, da gilt: $v_k^2 \leq v_k^5$, $k = 1,\ldots,4$ und $v_5^2 < v_5^5$.

Die verbleibenden Aktivitätenvergleiche, deren Ergebnisse ebenfalls in der nachfolgenden Tabelle 3.8.1 enthalten sind, sollen hier nicht näher beschrieben werden, da sie keinerlei Besonderheiten aufweisen, die nicht anhand der Argumentation der vorstehenden Ausführungen behandelt werden könnten.
Folglich sind die Aktivitäten v^3 und v^5 stets effizient, während die Aktivität v^2 nur unter bestimmten Umständen zur Menge der effizienten Produktionspunkte zählt. Abbildung 3.8.1 veranschaulicht diesen Sachverhalt graphisch:

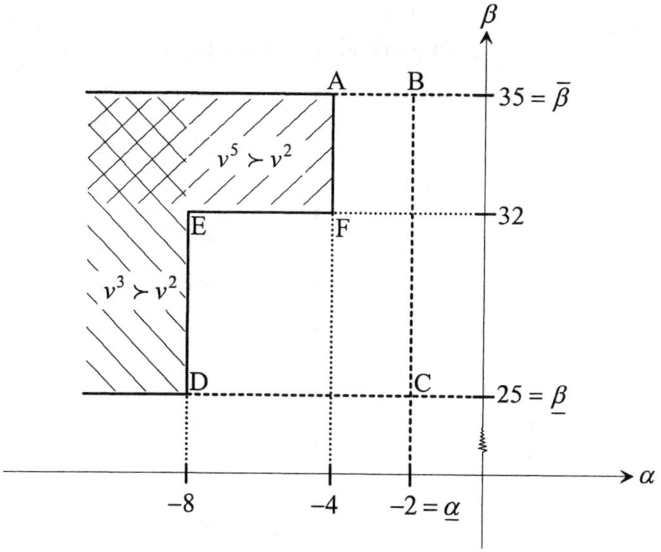

Abb. 3.8.1: Parameterbereiche für Effizienz oder Ineffizienz von v^2

Man erkennt, dass v^2 lediglich in dem durch den Polyeder $ABCDEF$ beschriebenen Zulässigkeitsbereich effizient ist. Beschreibe T_e die Menge der effizienten Produktionspunkte gilt somit formal:

$$T_e = \begin{cases} \{v^2, v^3, v^5\}, & -4 < \alpha \leq -2, \\ \{v^2, v^3, v^5\}, & -8 < \alpha \leq -4 \text{ und } 25 \leq \beta < 32, \\ \{v^3, v^5\} & \text{sonst.} \end{cases}$$

Ineffizient sind die Aktivitäten v^1, v^4, v^6 sowie unter den oben genannten Voraussetzungen auch v^2.

Tab. 3.8.1: Dominanzbeziehungen

Aktivität v^{π}	Aktivität $v^{\bar{\pi}}$	v^{π} dominiert $v^{\bar{\pi}}$	$v^{\bar{\pi}}$ dominiert v^{π}	keine Aussage möglich
v^1	v^2			✓
v^1	v^3		✓	
v^1	v^4			✓

Aktivität v^{π}	**Aktivität** $v^{\bar{\pi}}$	v^{π} **dominiert** $v^{\bar{\pi}}$	$v^{\bar{\pi}}$ **dominiert** v^{π}	**keine Aussage möglich**
v^1	v^5			✓
v^1	v^6	✓		
v^2	v^3		✓ $(-8 \geq \alpha)$	✓ $(-8 < \alpha \leq -2)$
v^2	v^4	✓ $(-8 \leq \alpha \leq -2)$		✓ $(-8 > \alpha)$
v^2	v^5		✓ $\begin{pmatrix} 32 \leq \beta \leq 35 \\ \text{und} \\ -4 \geq \alpha \end{pmatrix}$	✓ $(25 \leq \beta < 32)$ oder $\begin{pmatrix} 32 \leq \beta \leq 35 \\ \text{und} \\ -4 < \alpha \leq -2 \end{pmatrix}$
v^2	v^6			✓
v^3	v^4	✓		
v^3	v^5			✓
v^3	v^6	✓		
v^4	v^5		✓	
v^4	v^6			✓
v^5	v^6	✓ $(28 \leq \beta \leq 35)$		✓ $(25 \leq \beta < 28)$

Aufgabe 3.9 Effizienz- und Kostenbetrachtung auf der Basis der Aktivitätsanalyse

Einem Ein-Produkt-Unternehmen stehen zur Herstellung des Endproduktes die folgenden fünf Produktionsmöglichkeiten $v^\pi \in I\!R^5$, $\pi = 1,...,5$, zur Verfügung:

$$v^1 = (-6, -3, -2, 3)^T,$$
$$v^2 = (-5, -4, -1, 4)^T,$$
$$v^3 = (-6, -4, -2, 3)^T,$$
$$v^4 = (-6, -3, -2, 4)^T,$$
$$v^5 = (-7, -3, -1, 3)^T.$$

a) Untersuchen Sie die Aktivitäten v^π, $\pi = 1,\ldots,5$, auf bestehende Dominanzbeziehungen und geben Sie die Menge der effizienten Aktivitäten T_e an.

b) Ermitteln Sie unter der Annahme einer größenproportionalen Technologie für die in Teilaufgabe a) bestimmte Menge der effizienten Aktivitäten T_e die mit den minimalen Kosten verbundene Produktionsalternative des Unternehmens, wenn $\overline{x} = 24$ Mengeneinheiten des Endproduktes produziert werden sollen und für die Faktorpreise q_i, $i = 1,2,3$, gilt:

$$q_1 = 3\,[€/ME],\; q_2 = 2\,[€/ME] \text{ und } q_3 = 8\,[€/ME].$$

c) Gehen Sie nun von folgenden Faktorpreisen $\tilde{q}_i$, $i = 1,2,3$, aus:

$$\tilde{q}_1 = 5\,[€/ME],\; \tilde{q}_2 = \alpha\,[€/ME] \text{ und } \tilde{q}_3 = 4\,[€/ME].$$

Für welche Produktionsalternative(n) sollte sich das Unternehmen bei Verfolgung eines Kostenminimierungsziels unter der Annahme einer größenproportionalen Technologie nunmehr entscheiden, wenn nach wie vor $\overline{x} = 24$ Mengeneinheiten des Outputs produziert werden sollen und für den Faktorpreis der zweiten Inputart gilt:

$$6 \le \tilde{q}_2 = \alpha \le 14\,[€/ME]?$$

Lösung zu Aufgabe 3.9

zu a)

Die Dominanzbetrachtung der Aktivitäten lässt sich, wie in Tabelle 3.9.1 dargestellt, zusammenfassen:

Tab. 3.9.1: Dominanzbeziehungen

Aktivität v^{π}	Aktivität $v^{\bar{\pi}}$	v^{π} dominiert $v^{\bar{\pi}}$	$v^{\bar{\pi}}$ dominiert v^{π}	keine Aussage möglich
v^1	v^2			✓
v^1	v^3	✓		
v^1	v^4		✓	
v^1	v^5			✓
v^2	v^3	✓		
v^2	v^4			✓
v^2	v^5			✓
v^3	v^4		✓	
v^3	v^5			✓
v^4	v^5			✓

Es zeigt sich, dass lediglich die Aktivitäten v^2, v^4 und v^5 effiziente Produktionsalternativen darstellen, formal also gilt: $T_e = \{v^2, v^4, v^5\}$, mit $T_e \subseteq T$.

zu b)

Da unter der Annahme einer größenproportionalen Technologie für alle Aktivitäten $v^{\pi} \in T$ auch $\lambda^{\pi} \cdot v^{\pi} \in T$, mit $\lambda^{\pi} \geq 0$, gelten muss, bietet es sich an, die in Teilaufgabe a) ermittelten effizienten Aktivitäten zunächst an das gewünschte Produktionsniveau in Höhe von $\bar{x} = 24\,[\text{ME}]$ anzupassen.

So müssten die Aktivitäten v^2 und v^4 auf einem 6-fach höheren, die Produktionsmöglichkeit v^5 hingegen auf einem 8-fach höheren Niveau ausgeführt werden. Durch Multiplikation der gegebenen Produktionspunkte v^π mit den entsprechenden Intensitätsgraden λ^π erhält man die intensitätsmäßig angepassten Aktivitäten $\tilde{v}^\pi$, mit $\pi \in \{2,4,5\}$:

$$\tilde{v}^2 = \lambda^2 \cdot v^2 = 6 \cdot (-5,\ -4,\ -1,\ 4)^{\mathrm{T}} = (-30,\ -24,\ -6,\ 24)^{\mathrm{T}},$$
$$\tilde{v}^4 = \lambda^4 \cdot v^4 = 6 \cdot (-6,\ -3,\ -2,\ 4)^{\mathrm{T}} = (-36,\ -18,\ -12,\ 24)^{\mathrm{T}},$$
$$\tilde{v}^5 = \lambda^5 \cdot v^5 = 8 \cdot (-7,\ -3,\ -1,\ 3)^{\mathrm{T}} = (-56,\ -24,\ -8,\ 24)^{\mathrm{T}}.$$

Auf Basis der so ermittelten Faktormengenverbräuche $\left|\tilde{v}_k^\pi\right|$, $\pi = 2,4,5$, $k = 1,2,3$, und den gegebenen Faktorpreisen p_k ergeben sich hier als aktivitätsindividuelle Kosten $K^\pi(\bar{x}) = \sum_{k=1}^{3} \left|\tilde{v}_k^\pi\right| \cdot p_k$ für die Ausbringungsmenge $\bar{x} = 24\,[\mathrm{ME}]$:

$$K^\pi(\bar{x} = 24) = \left|\begin{pmatrix} -30 & -24 & -6 \\ -36 & -18 & -12 \\ -56 & -24 & -8 \end{pmatrix}\right| \cdot \begin{pmatrix} 3 \\ 2 \\ 8 \end{pmatrix} = \begin{pmatrix} 90+48+48 \\ 108+36+96 \\ 168+48+64 \end{pmatrix} = \begin{pmatrix} 186 \\ 240 \\ 280 \end{pmatrix} = \begin{pmatrix} K^2(\bar{x}) \\ K^4(\bar{x}) \\ K^5(\bar{x}) \end{pmatrix}.$$

Wegen $K^2(\bar{x}) = 186\,[€] < K^4(\bar{x}) = 240\,[€] < K^5(\bar{x}) = 280\,[€]$ sollte sich das Unternehmen aus Sicht der Zielsetzung einer Kostenminimierung zur Produktion der angestrebten Outputmenge für die niveauvariierte Aktivität $\tilde{v}^2$ entscheiden.

zu c)

Bei dem Faktorpreissystems $\tilde{Q} = \begin{pmatrix} \tilde{q}_1 \\ \tilde{q}_2 \\ \tilde{q}_3 \end{pmatrix} = \begin{pmatrix} 5 \\ \alpha \\ 4 \end{pmatrix}$, mit $6 \le \tilde{q}_2 = \alpha \le 14$, stellt sich die Entscheidungssituation hingegen wie folgt dar:

$$\tilde{K}^\pi(\bar{x} = 24) = \left|\begin{pmatrix} -30 & -24 & -6 \\ -36 & -18 & -12 \\ -56 & -24 & -8 \end{pmatrix}\right| \cdot \begin{pmatrix} 5 \\ \alpha \\ 4 \end{pmatrix} = \begin{pmatrix} 174+24\alpha \\ 228+18\alpha \\ 312+24\alpha \end{pmatrix} = \begin{pmatrix} \tilde{K}^2(\bar{x}) \\ \tilde{K}^4(\bar{x}) \\ \tilde{K}^5(\bar{x}) \end{pmatrix}.$$

Da für alle $\alpha > 0$ (und somit auch für alle $\alpha \in [6;14]$) gilt:

$$\tilde{K}^2(\bar{x}) = 174 + 24\alpha < \tilde{K}^5(\bar{x}) = 312 + 24\alpha,$$

muss zur Lösung der Kostenminimierungsaufgabe hier lediglich ein Kostenvergleich zwischen $\tilde{K}^2(\bar{x})$ und $\tilde{K}^4(\bar{x})$ erfolgen.

Man erhält:

$$174 + 24\alpha \leq 228 + 18\alpha$$
$$\Rightarrow \qquad 6\alpha \leq 54$$
$$\Rightarrow \qquad \alpha \leq 9.$$

Wegen $\alpha \leq 9 \in [6;14]$ hängt die Kostenvorteilhaftigkeit der Produktion mittels Aktivität $\tilde{v}^2$ gegenüber derjenigen mit Produktionspunkt $\tilde{v}^4$ nun vom Preis des zweiten Faktors $\tilde{q}_2$ ab. Aus Sicht der Kostenminimierungsmaxime stellt sich die ökonomisch rationale Produktionsstrategie für das Unternehmen somit folgendermaßen dar:

$$\text{Für } \tilde{q}_2 = \begin{cases} 6 \leq \alpha < 9 & \Rightarrow \quad \tilde{v}^2 \text{ kostenminimal,} \\ 9 & \Rightarrow \quad \tilde{v}^2 \text{ und } \tilde{v}^4 \text{ kostenindifferent,} \\ 9 < \alpha \leq 14 & \Rightarrow \quad \tilde{v}^4 \text{ kostenminimal.} \end{cases}$$

Demnach sollte das Unternehmen bei einem Faktorpreis $\tilde{q}_2$ für Input 2 mit $6 \leq \tilde{q}_2 < 9$ eine Niveauvariation der Aktivität v^2 wählen, währenddessen es für $\tilde{q}_2 \in (9;14]\,[€/\text{ME}]$ für das Fertigungsunternehmen ökonomisch sinnvoll wäre, das Verfahren v^4 zur Herstellung der geforderten Outputquantitäten heranzuziehen. Bei einem Preis für Faktor 2 in Höhe von $9\,[€/\text{ME}]$ sind beide Verfahren kostenindifferent, weshalb aus Kostenminimierungssicht keine ökonomische Vorteilhaftigkeit eines der beiden Verfahren gegeben ist.

4 Analyse substitutionaler Modelle

Aufgabe 4.1 Eigenschaften ertragsgesetzlicher Produktionsfunktionen

Kennzeichnen Sie in den nachfolgenden Aussagen, die sich allesamt auf charakteristische Merkmale einer ertragsgesetzlichen Produktionsfunktion beziehen, die richtige(n) Antwort(en), indem Sie die dafür vorgesehenen Felder mit einem Kreuz versehen.

a) Bei der ertragsgesetzlichen Produktionsfunktion handelt es sich um eine

O limitationale Produktionsfunktion.

O substitutionale Produktionsfunktion.

O klassische Produktionsfunktion.

O neoklassische Produktionsfunktion.

b) Die Gültigkeit des Ertragsgesetzes glaubte man ursprünglich insbesondere beobachten zu können

O in der Automobilindustrie.

O im Bankwesen.

O in der Landwirtschaft.

O in keinem der zuvor genannten Bereiche.

Die nachfolgenden Fragen beziehen sich auf eine ertragsgesetzliche Produktionsfunktion bei partieller Faktorvariation von Faktor i.

c) Eine entsprechende ertragsgesetzliche Produktionsfunktion ist spezifiziert durch

O ausschließlich fallende Ertragszuwächse.

O zunächst fallende und dann steigende Ertragszuwächse.

O zunächst steigende und dann fallende Ertragszuwächse.

O ausschließlich steigende Ertragszuwächse.

d) Wann entspricht der Grenzertrag dem Durchschnittsertrag?

O Nie.

O Im Maximum der Grenzertragsfunktion.

O Im Maximum der Durchschnittsertragsfunktion.

O Im Tangentialpunkt des Fahrstrahls mit der Gesamtertragsfunktion.

O Immer (d.h. Grenzertrag und Durchschnittsertrag sind bei partieller Faktorvariation identisch).

e) Im Maximum der Gesamtertragsfunktion gilt

O $\frac{\partial x}{\partial r_i} = 0.$

O $\frac{\partial x}{\partial r_i} < 0.$

O $\frac{x}{r_i} = 0.$

O $\frac{\partial\left(\frac{x}{r_i}\right)}{\partial r_i} < 0.$

Lösung zu Aufgabe 4.1

zu a)

Bei der ertragsgesetzlichen Produktionsfunktion handelt es sich um eine

O limitationale Produktionsfunktion.

⊗ substitutionale Produktionsfunktion.

⊗ klassische Produktionsfunktion.

O neoklassische Produktionsfunktion.

zu b)

Die Gültigkeit des Ertragsgesetzes glaubte man ursprünglich insbesondere beobachten zu können

O in der Automobilindustrie.

O im Bankwesen.

⊗ in der Landwirtschaft.

O in keinem der zuvor genannten Bereiche.

zu c)

Eine entsprechende ertragsgesetzliche Produktionsfunktion ist spezifiziert durch

O ausschließlich fallende Ertragszuwächse.

O zunächst fallende und dann steigende Ertragszuwächse.

⊗ zunächst steigende und dann fallende Ertragszuwächse.

O ausschließlich steigende Ertragszuwächse.

zu d)

Wann entspricht der Grenzertrag dem Durchschnittsertrag?

○ Nie.

○ Im Maximum der Grenzertragsfunktion.

⊗ Im Maximum der Durchschnittsertragsfunktion.

⊗ Im Tangentialpunkt des Fahrstrahls mit der Gesamtertragsfunktion.

○ Immer (d.h. Grenzertrag und Durchschnittsertrag sind bei partieller Faktorvariation identisch).

zu e)

Im Maximum der Gesamtertragsfunktion gilt

⊗ $\frac{\partial x}{\partial r_i} = 0.$

○ $\frac{\partial x}{\partial r_i} < 0.$

○ $\frac{x}{r_i} = 0.$

⊗ $\frac{\partial \left(\frac{x}{r_i} \right)}{\partial r_i} < 0.$

Aufgabe 4.2 Produktionstheoretische Grundlagen

Gegeben sei die substitutionale Produktionsfunktion

$$x = f(r_1, r_2) = 3 \cdot r_1 \cdot r_2^2.$$

a) Bestimmen Sie für beide Produktionsfaktoren 1 und 2 jeweils

(i) das Durchschnittsprodukt,

(ii) den Produktionskoeffizient und

(iii) die Grenzproduktivität.

b) Beschreiben Sie verbal für den Fall der partiellen Faktorvariation den Verlauf der Produktionsfunktionen $f(r_1, \overline{r}_2)$ und $f(\overline{r}_1, r_2)$.

c) Bestimmen Sie die Grenzraten der Substitution $s_{ij} = -\frac{dr_i}{dr_j}$, $i, j = 1,2$, $i \neq j$.

d) Bestimmen Sie die Gleichungen der Produktionsisoquante für Ausbringungsniveaus x und skizzieren Sie für die Produktionsmengen $\overline{x} = 3$, $\overline{x} = 27$ und $\overline{x} = 81$ den Verlauf der Produktionsisoquanten in einem $(r_1; r_2)$-Diagramm.

Lösung zu Aufgabe 4.2

zu a)

Bei den in den Aufgabenteilen (i) bis (iii) zu bestimmenden ökonomischen Größen handelt es sich ausnahmslos um produktionstheoretische Grundbegriffe der Partialanalyse; sie beschreiben die Auswirkung der Variation einer Faktoreinsatzmenge bei Konstanz aller anderen Faktoreinsatzmengen.

(i)

Die Produktivitäten bzw. die Durchschnittsprodukte der beiden Faktoren sind bestimmt durch:

$$\frac{f(r_1,\bar{r}_2)}{r_1} = \frac{3 \cdot r_1 \cdot \bar{r}_2^2}{r_1} = 3\bar{r}_2^2 \text{ für Faktor 1 bzw.}$$

$$\frac{f(\bar{r}_1,r_2)}{r_2} = \frac{3 \cdot \bar{r}_1 \cdot r_2^2}{r_2} = 3\bar{r}_1 r_2 \text{ für Faktor 2.}$$

Während die Produktivität von Faktor 1, d.h. die einer Einheit der eingesetzten Menge des ersten Faktors zurechenbare Ausbringungsmenge x, für alle $r_1 > 0$ einen konstanten Wert annimmt, verändert sich das Durchschnittsprodukt des zweiten Faktors proportional zur Veränderung der Faktoreinsatzmenge r_2.

(ii)

Für die Produktionskoeffizienten der Faktoren i, $i = 1,2$, die die Kehrwerte der unter (i) bestimmten Produktivitäten darstellen und somit den Verbrauch des betrachteten Faktors i in Abhängigkeit einer Einheit der produzierten Ausbringungsmenge x angeben, gilt:

$$\frac{1}{\frac{f(r_1,\bar{r}_2)}{r_1}} = \frac{r_1}{f(r_1,\bar{r}_2)} = \frac{1}{3\bar{r}_2^2} \text{ für Faktor 1 bzw.}$$

$$\frac{1}{\frac{f(\bar{r}_1,r_2)}{r_2}} = \frac{r_2}{f(\bar{r}_1,r_2)} = \frac{1}{3\bar{r}_1 r_2} \text{ für Faktor 2.}$$

(iii)

Die Grenzproduktivitäten, die die Veränderung der Ausbringungsmenge bei infinitesimaler Variation der Einsatzmenge des untersuchten Faktors i, $i = 1,2$, angeben, lauten:

$$\frac{\partial f(r_1,r_2)}{\partial r_1} = 3r_2^2 \text{ bzw. } \frac{\partial f(r_1,r_2)}{\partial r_2} = 6r_1 r_2.$$

Unter Berücksichtigung der partialanalytisch unterstellten Konstanz der Faktoreinsätze $\bar{r}_2$ bzw. $\bar{r}_1$ zeigt sich (erwartungsgemäß), dass auch die Grenzproduktivität von Faktor 1 für alle $r_1 \geq 0$ einen konstanten Wert annimmt, wohingegen sich die Grenzproduktivität des zweiten Faktors proportional zu einer beliebig kleinen Veränderung der Faktoreinsatzmenge r_2 verändert. Wegen

$$\frac{\partial f(r_1,\bar{r}_2)}{\partial r_1} = 3\bar{r}_2^2 > 0 \text{ und } \frac{\partial f(\bar{r}_1,r_2)}{\partial r_2} = 6\bar{r}_1 r_2 > 0$$

führt eine Erhöhung (Senkung) von r_1 bzw. r_2 zu einer Vergrößerung (Verminderung) der Ausbringungsmenge.

zu b)

Bereits unter a) wurden vereinzelt die Verläufe der Graphen der ermittelten Grundbegriffe formal näher beschrieben. So weisen die konstanten Werte des Durchschnittsprodukts und insbesondere die der Grenzproduktivität von Faktor 1, die die Steigung der Produktionsfunktion $f(\tilde{r}_1,\bar{r}_2)$ an der Stelle $\tilde{r}_1$ angibt, auf einen größenproportionalen Verlauf der Produktionsfunktion $f(r_1,\bar{r}_2)$ hin. Konkret gilt:

$$x = f(r_1,\bar{r}_2) = 3 \cdot r_1 \cdot \bar{r}_2^2 = f(r_1,c) = 3c \cdot r_1.$$

Die Ausbringungsmenge x verändert sich proportional zu einer Variation der Faktoreinsatzmenge des ersten Faktors. Graphisch gesehen wird die Produktionsfunktion damit durch eine Ursprungsgerade mit der Steigung $m = 3c$ beschrieben.

Für die Ertragsfunktion $f(\bar{r}_1,r_2)$ gilt entsprechend:

$$x = f(\bar{r}_1,r_2) = 3 \cdot \bar{r}_1 \cdot r_2^2 = f(c,r_2) = 3c \cdot r_2^2.$$

Eine Variation der Faktormenge von Faktor 2 schlägt sich in einer überproportionalen Veränderung der Ausbringungsmenge x nieder. Der Funktionsgraph besitzt die Form des rechten Astes einer nach oben geöffneten Parabel, die im Koordinatenursprung beginnt und gegenüber einer Normalparabel eine Streckung vom Grade $\eta = 3c$ aufweist.

Unter der Annahme einer homogenen Produktionsfunktion ließen sich diese Ergebnisse auch indirekt über das WICKSELL-JOHNSON-Theorem herleiten. Dieses aus der Totalanalyse von Produktionsstrukturen bekannte Theorem besagt, dass die Skalenelastizität t gleich der Summe aller Produktionselastizitäten ε_i, $i = 1,2$, ist. Da die Skalenelastizität – wie sich zeigen lässt – bei homogenen

Produktionsfunktionen dem Homogenitätsgrad entspricht, lassen sich die Verläufe der Produktionsfunktionen $f(r_1,\bar{r}_2)$ und $f(\bar{r}_1,r_2)$ durch die Produktionselastizität des jeweils variierbaren Faktors i, $i=1,2$, beschreiben, der sich in der gegebenen Produktionsfunktion in den Exponenten der Faktoreinsatzmengen widerspiegelt. Gemäß dem proportionalen Funktionsverlauf von $f(r_1,\bar{r}_2)$ müsste demnach $\varepsilon_1 = 1$ gelten; für den durch Überproportionalität gekennzeichneten Verlauf der Produktionsfunktion $f(\bar{r}_1,r_2)$ entsprechend $\varepsilon_2 > 1$ bzw. hier konkret: $\varepsilon_2 = 2$.

Diese Forderung ist für $x = f(r_1,r_2) = 3 \cdot r_1 \cdot r_2^2$

sowohl durch

$$x = f(r_1,c) = 3c \cdot r_1 = 3c \cdot r_1^{\varepsilon_1} \Rightarrow \varepsilon_1 = 1$$

als auch

$$x = f(c,r_2) = 3c \cdot r_2^2 = 3c \cdot r_2^{\varepsilon_2} \Rightarrow \varepsilon_2 = 2$$

erfüllt.

Alternativ lassen sich die Produktionselastizitäten über das Produkt aus Grenzproduktivität und Produktionskoeffizient eines Faktors i, $i=1,2$, bestimmen:

$$\varepsilon_1 = \frac{\partial x}{\partial r_1} \cdot \frac{r_1}{x} = 3r_2^2 \cdot \frac{1}{3r_2^2} = 1 \text{ bzw. } \varepsilon_2 = \frac{\partial x}{\partial r_2} \cdot \frac{r_2}{x} = 6r_1r_2 \cdot \frac{1}{3r_1r_2} = 2.$$

zu c)

Für die positiv definierte Grenzrate der Substitution $s_{i\hat{i}} = -\frac{dr_i}{dr_{\hat{i}}}$, die der Messung der Substitutionalität zwischen zwei Faktoren i und $\hat{i}$, mit $i \neq \hat{i}$, dient und bis auf das Vorzeichen mit der Steigung der Isoquante im betrachteten Produktionspunkt übereinstimmt, gilt hier:

$$s_{12} = -\frac{dr_1}{dr_2} = \frac{\frac{\partial x}{\partial r_2}}{\frac{\partial x}{\partial r_1}} = \frac{6r_1r_2}{3r_2^2} = 2\frac{r_1}{r_2} \text{ bzw. } s_{21} = -\frac{dr_2}{dr_1} = \frac{\frac{\partial x}{\partial r_1}}{\frac{\partial x}{\partial r_2}} = \frac{3r_2^2}{6r_1r_2} = \frac{r_2}{2r_1} = \frac{1}{s_{12}}.$$

zu d)

Löst man die Produktionsvorschrift $\overline{x} = f(r_1, r_2)$ nach Faktor i auf, so erhält man die Isoquantengleichung $r_i = g(r_{\hat{i}}, \overline{x})$, $i, \hat{i} = 1,2$, $i \neq \hat{i}$, die für eine beliebige Ausbringungsmenge $\overline{x}$ das Faktoreinsatzverhältnis der Faktoren i und $\hat{i}$ angibt. Durch geeignetes Umformen erhält man hier:

$$r_1 = g(r_2, \overline{x}) = \frac{\overline{x}}{3r_2^2} \text{ bzw. } r_2 = g(r_1, \overline{x}) = \sqrt{\frac{\overline{x}}{3r_1}}.$$

Für die konkreten Ausbringungsniveaus der Aufgabenstellung ergeben sich somit folgende Isoquantengleichungen: Abbildung 4.2.1 veranschaulicht diese graphisch.

$$r_1 = g(r_2, \overline{x}) = \frac{\overline{x}}{3r_2^2} = \frac{3}{3r_2^2} = \frac{1}{r_2^2} \quad \text{bzw. } r_2 = g(r_1, 3) = \sqrt{\frac{3}{3r_1}} = \sqrt{\frac{1}{r_1}} \quad \text{für } \overline{x} = 3,$$

$$r_1 = g(r_2, 27) = \frac{27}{3r_2^2} = \frac{9}{r_2^2} \quad \text{bzw. } r_2 = g(r_1, 27) = \sqrt{\frac{27}{3r_1}} = \sqrt{\frac{9}{r_1}} \quad \text{für } \overline{x} = 27,$$

$$r_1 = g(r_2, 81) = \frac{81}{3r_2^2} = \frac{27}{r_2^2} \quad \text{bzw. } r_2 = g(r_1, 81) = \sqrt{\frac{81}{3r_1}} = \sqrt{\frac{27}{r_1}} \quad \text{für } \overline{x} = 81.$$

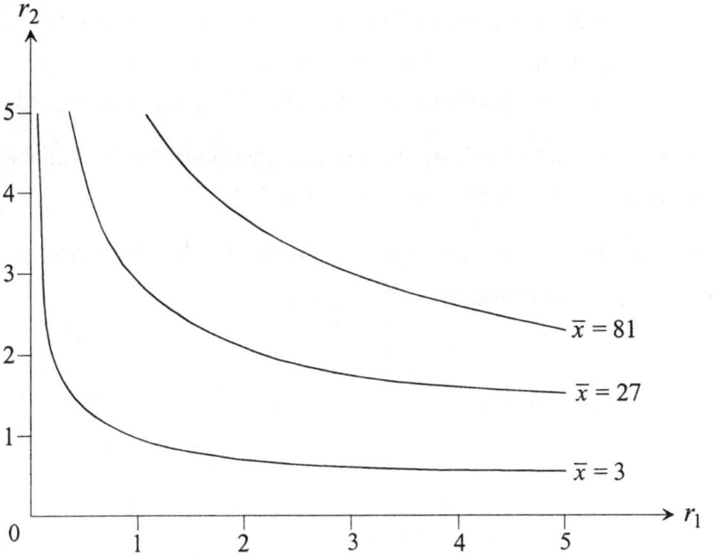

Abb. 4.2.1: Isoquanten zu den Produktionsniveaus $\overline{x} = 3$, $\overline{x} = 27$ und $\overline{x} = 81$

Aufgabe 4.3 Additiv-separable Produktionsfunktion (I)

Ein Unternehmen produziert mit Hilfe zweier Produktionsfaktoren 1 und 2 und den Faktoreinsatzmengen r_1 und r_2 auf Basis der Produktionsfunktion

$$x = f(r_1, r_2) = \frac{1}{2} \cdot r_2 + 2\sqrt{r_1 \cdot r_2}$$

die Outputmenge x.

a) Ist die Produktionsfunktion substitutional oder limitational?

b) Bestimmen Sie auf der Grundlage der angegebenen Produktionsfunktion $f(r_1, r_2)$ für Faktor 2

(i) die Produktivität,

(ii) die Grenzproduktivität,

(iii) die Produktionselastizität sowie

(iv) die Grenzrate der Substitution s_{21}.

c) Ermitteln Sie für die unter b) bestimmten ökonomischen Größen die konkreten Werte, wenn vom ersten Faktor neun Mengeneinheiten $(\overline{r}_1 = 9)$ und vom zweiten Faktor 16 Mengeneinheiten $(\overline{r}_2 = 16)$ eingesetzt werden.

d) Bestimmen Sie die Gleichung der Produktionsisoquanten für beliebige Ausbringungsmengen $\overline{x}$ in der Form: $r_1 = g(r_2, \overline{x})$.

e) Stellen Sie den Verlauf der Isoquante für das Produktionsniveau $\overline{x} = \frac{21}{2}$ in einem $(r_1; r_2)$-Faktordiagramm dar.

Lösung zu Aufgabe 4.3

zu a)

Die gegebene Produktionsfunktion ist substitutional, da ein konstantes Ausbringungsniveau $\overline{x}$ durch unterschiedliche Kombinationen der Faktoreinsatzmengen

r_1 und r_2 der beiden Faktoren effizient hergestellt werden kann. Ebenso ist es möglich, die Outputmenge durch partielle Faktorvariation des Faktors 1 oder 2 zu verändern.

Wegen:

$$f(\bar{r}_1,r_2) = f(0,r_2) = \frac{1}{2}\cdot r_2 + 2\sqrt{0\cdot r_2} = \frac{1}{2}\cdot r_2$$

und wegen

$$f(r_1,\bar{r}_2) = f(r_1,0) = \frac{1}{2}\cdot 0 + 2\sqrt{r_1\cdot 0} = 0,$$

ist die alternative Substituierbarkeit der Produktionsfaktoren nicht in jedem Falle gegeben. So ist es zwar möglich, beliebige Ausbringungsmengen x, durch den alleinigen Einsatz des zweiten Produktionsfaktors herzustellen, also die Faktoreinsatzmengen des ersten Faktors durch solche des zweiten Inputs zu ersetzen; dies gilt jedoch umgekehrt nicht in gleicher Weise für Faktor 2. Die Produktion positiver Outputmengen $(x > 0)$ verlangt somit zwingend den Faktoreinsatz des zweiten Inputs.

zu b)

Die in den Aufgabenteilen (i) bis (iv) geforderten ökonomischen Größen bei partieller Faktorvariation des zweiten Faktors lassen sich wie folgt bestimmen:

(i)

Produktivität oder Durchschnittsprodukt $\frac{f(r_1,r_2)}{r_2}$:

$$\frac{f(r_1,r_2)}{r_2} = \frac{\left(\frac{1}{2}\cdot r_2 + 2\sqrt{r_1\cdot r_2}\right)}{r_2} = \frac{1}{2} + \frac{2\sqrt{r_1}}{\sqrt{r_2}}.$$

(ii)

(partielle) Grenzproduktivität $\frac{\partial f(r_1,r_2)}{\partial r_2}$:

$$\frac{\partial f(r_1,r_2)}{\partial r_2} = \frac{\partial\left(\frac{1}{2}\cdot r_2 + 2\sqrt{r_1\cdot r_2}\right)}{\partial r_2} = \frac{1}{2} + 2\cdot\frac{1}{2}\cdot\frac{\sqrt{r_1}}{\sqrt{r_2}} = \frac{1}{2} + \frac{\sqrt{r_1}}{\sqrt{r_2}}.$$

(iii)

Produktionselastizität $\varepsilon_2 = \frac{\partial f(r_1,r_2)}{\partial r_2} \cdot \frac{r_2}{f(r_1,r_2)}$:

$$\frac{\partial f(r_1,r_2)}{\partial r_2} \cdot \frac{r_2}{f(r_1,r_2)} = \frac{\left(\frac{1}{2} + \frac{\sqrt{r_1}}{\sqrt{r_2}}\right)}{\left(\frac{1}{2} + \frac{2\sqrt{r_1}}{\sqrt{r_2}}\right)} = \frac{\sqrt{r_2} + 2\sqrt{r_1}}{\sqrt{r_2} + 4\sqrt{r_1}}.$$

(iv)

Grenzrate der Substitution $s_{21} = -\frac{dr_2}{dr_1}$:

$$s_{21} = -\frac{dr_2}{dr_1} = \frac{\frac{\partial f(r_1,r_2)}{\partial r_1}}{\frac{\partial f(r_1,r_2)}{\partial r_2}} = \frac{\frac{\sqrt{r_2}}{\sqrt{r_1}}}{\left(\frac{1}{2} + \frac{\sqrt{r_1}}{\sqrt{r_2}}\right)} = \frac{\sqrt{r_2}}{\frac{\sqrt{r_1}}{2} + \frac{r_1}{\sqrt{r_2}}}.$$

zu c)

Die unter b) bestimmten Größen nehmen für $\bar{r}_1 = 9$ und $\bar{r}_2 = 16$ die folgenden Werte an:

- Produktivität oder Durchschnittsprodukt $\frac{f(r_1,r_2)}{r_2}$:

$$\left.\frac{f(r_1,r_2)}{r_2}\right|_{\substack{\bar{r}_1=9\\ \bar{r}_2=16}} = \frac{1}{2} + \frac{2\sqrt{9}}{\sqrt{16}} = \frac{8}{4} = 2$$

- (partielle) Grenzproduktivität $\frac{\partial f(r_1,r_2)}{\partial r_2}$:

$$\left.\frac{\partial f(r_1,r_2)}{\partial r_2}\right|_{\substack{\bar{r}_1=9\\ \bar{r}_2=16}} = \frac{1}{2} + \frac{\sqrt{9}}{\sqrt{16}} = \frac{5}{4} = 1{,}25.$$

- Produktionselastizität $\varepsilon_2 = \frac{\partial f(r_1,r_2)}{\partial r_2} \cdot \frac{r_2}{f(r_1,r_2)}$:

$$\left.\frac{\partial f(r_1,r_2)}{\partial r_2} \cdot \frac{r_2}{f(r_1,r_2)}\right|_{\substack{r_1=9\\r_2=16}} = \frac{\sqrt{16}+2\sqrt{9}}{\sqrt{16}+4\sqrt{9}} = \frac{5}{8} = 0{,}625.$$

Alternativ ließe sich die Produktionselastizität direkt auf Basis der zuvor bestimmten Werte von Durchschnittsprodukt und Grenzproduktivität ermitteln:

$$\left.\frac{\partial f(r_1,r_2)}{\partial r_2} \cdot \frac{r_2}{f(r_1,r_2)}\right|_{\substack{r_1=9\\r_2=16}} = \left.\frac{\partial f(r_1,r_2)}{\partial r_2} \cdot \frac{1}{\frac{f(r_1,r_2)}{r_2}}\right|_{\substack{r_1=9\\r_2=16}} = \frac{5}{4} \cdot \frac{1}{2} = \frac{5}{8} = 0{,}625.$$

- Grenzrate der Substitution $s_{21} = -\frac{dr_2}{dr_1}$:

$$s_{21} = -\left.\frac{dr_2}{dr_1}\right|_{\substack{r_1=9\\r_2=16}} = \left.\frac{\frac{\partial f(r_1,r_2)}{\partial r_1}}{\frac{\partial f(r_1,r_2)}{\partial r_2}}\right|_{\substack{r_1=9\\r_2=16}} = \frac{\sqrt{16}}{\frac{\sqrt{9}}{2}+\frac{9}{\sqrt{16}}} = \frac{16}{15} = 1{,}0667.$$

zu d)

Durch geeignetes Umformen erhält man als allgemeine Isoquantengleichung $r_1 = g(r_2,\bar{x})$ in Abhängigkeit einer bestimmten Produktionsmenge $\bar{x}$:

$$\bar{x} = f(r_1,r_2) = \frac{1}{2} \cdot r_2 + 2\sqrt{r_1 \cdot r_2}$$

$$\Rightarrow \quad \sqrt{r_1} = \frac{\left(\bar{x} - \frac{1}{2} \cdot r_2\right)}{2\sqrt{r_2}}$$

$$\Rightarrow \quad r_1 = \frac{\left(\bar{x} - \frac{1}{2} \cdot r_2\right)^2}{4 \cdot r_2} = g(r_2,\bar{x}).$$

Ohne konkrete Werte dieser Funktion berechnen zu müssen, ist leicht zu erkennen, dass der Faktorverbrauch des ersten Faktors mit steigendem r_2 gegen null strebt. Bei $r_2 = 2\overline{x}$ besitzt die Funktion sogar eine Nullstelle, wodurch die bereits unter Aufgabenteil a) beschriebene Möglichkeit zum Ausdruck kommt, Produktionsmengen x, $x > 0$, unter alleinigem Einsatz des zweiten Faktors herzustellen. Da Faktoreinsatzniveaus $r_2 > 2\overline{x}$ wieder zu einem Anstieg des Verbrauchs des ersten Faktors führen, können solche Produktionen – gemäß dem Postulat der technischen Minimierung – nicht effizient sein.

Abbildung 4.3.1 veranschaulicht diesen Sachverhalt für ein Outputniveau $\overline{x} = \frac{21}{2}$.

Es gilt:

$$\lim_{r_2 \to 2\overline{x}} g(r_2,\overline{x}) = \lim_{r_2 \to 2\overline{x}} \left(\frac{\left(\overline{x} - \frac{1}{2} \cdot r_2\right)^2}{4 \cdot r_2} \right) = 0$$

und

$$\lim_{r_2 \to \infty} g(r_2,\overline{x}) = \lim_{r_2 \to \infty} \left(\frac{\left(\overline{x} - \frac{1}{2} \cdot r_2\right)^2}{4 \cdot r_2} \right) = \infty.$$

Eine Produktion unter alleinigem Einsatz des ersten Faktors ist hingegen nicht möglich, wie die Grenzwertbetrachtung für $r_2 \to 0$ zeigt:

$$\lim_{r_2 \to 0} g(r_2,\overline{x}) = \lim_{r_2 \to 0} \left(\frac{\left(\overline{x} - \frac{1}{2} \cdot r_2\right)^2}{4 \cdot r_2} \right) = \infty.$$

zu e)

Durch Einsetzen von $\overline{x} = \dfrac{21}{2}$ in $g(r_2,\overline{x})$ erhält man:

$$r_1 = g(r_2,\overline{x}) = \frac{\left(\frac{21}{2} - \frac{1}{2} \cdot r_2\right)^2}{4 \cdot r_2} = \frac{\left(\frac{21 - r_2}{2}\right)^2}{4 \cdot r_2} = \frac{\frac{(21 - r_2)^2}{4}}{4 \cdot r_2} = \frac{(21 - r_2)^2}{16 \cdot r_2},$$

wobei gilt:

$$\lim_{r_2 \to 21} g(r_2,\overline{x})\Big|_{\overline{x} = \frac{21}{2}} = \lim_{r_2 \to 21} \left(\frac{(21 - r_2)^2}{16 \cdot r_2} \right) = 0$$

und

$$\lim_{r_2\to\infty} g(r_2,\bar{x})\Big|_{\bar{x}=\frac{21}{2}} = \lim_{r_2\to\infty}\left(\frac{(21-r_2)^2}{16\cdot r_2}\right) = \infty.$$

Graphisch lässt sich der Isoquantenverlauf für die Ausbringungsmenge $\bar{x} = \frac{21}{2}$ wie folgt skizzieren:

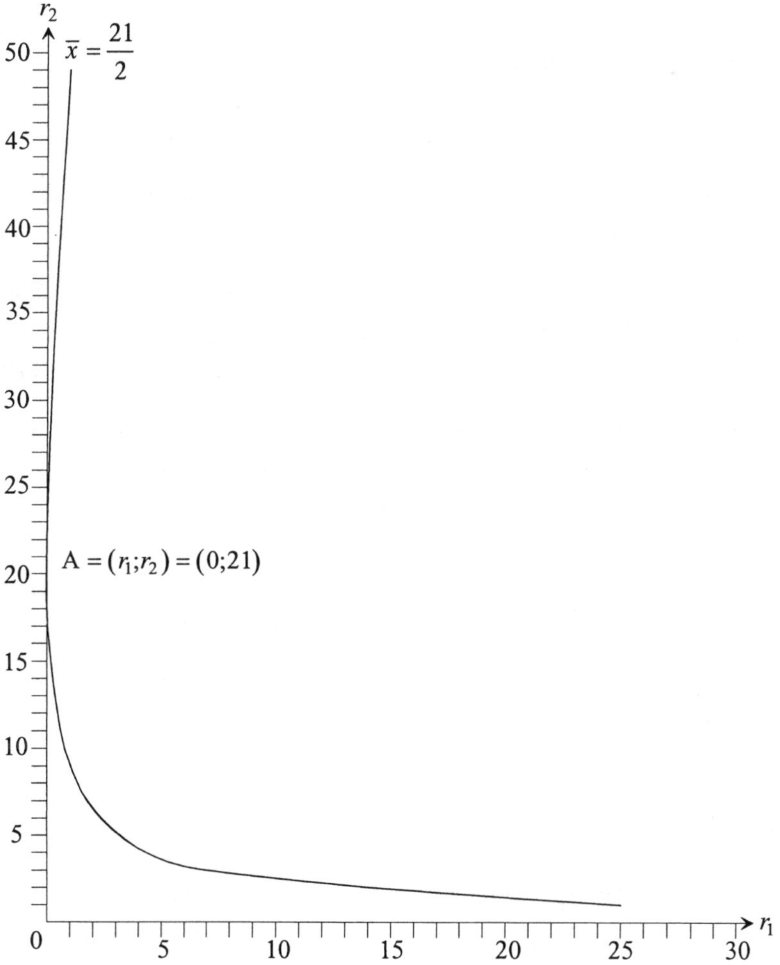

Abb. 4.3.1: Isoquantenverlauf

Der in Aufgabenteil d) beschriebene Sachverhalt einer ineffizienten Produktion für Faktoreinsatzmengen $r_2 > 21$ wird durch den bei Punkt A nach rechts oben weglaufenden Teil der Isoquante sehr schön veranschaulicht.

Aufgabe 4.4 Additiv-separable Produktionsfunktion (II)

Gegeben sei die substitutionale Produktionsfunktion:

$$x = f(r_1, r_2) = \frac{7}{2} \cdot r_2 + \frac{3}{2} \cdot \sqrt{r_1 \cdot r_2}.$$

a) Es sollen $\bar{x} = 40$ Mengeneinheiten produziert werden. Ermitteln Sie die hierfür notwendigen Einsatzmengen r_1 von Faktor 1, wenn entweder $\bar{r}_2 = 5$ oder $\bar{r}_2 = 8$ Mengeneinheiten von Faktor 2 in den Produktionsprozess eingehen.

b) Welche Steigung weist die Isoquante für $\bar{x} = 40$ an den unter a) bestimmten Faktoreinsatzverhältnissen auf?

c) Ermitteln Sie die Funktion, die die möglichen Produktionsvolumina bei alleiniger Variation des Faktors 1 angibt, wenn der zweite Faktor mit einem konstanten Niveau von $\bar{r}_2 = 4$ Mengeneinheiten in die Produktion einfließt.

d) Bestimmen Sie auf der Grundlage der unter c) ermittelten Funktion das Durchschnittsprodukt und die Grenzproduktivität von Faktor 1, wenn hiervon $\bar{r}_1 = 9$ Faktoreinheiten eingesetzt werden.

e) Wie entwickeln sich Produktivität und Grenzproduktivität bei Steigerung der Einsatzmenge von Faktor 1 unter der Bedingung $\bar{r}_2 = 4$?

Lösung zu Aufgabe 4.4

zu a)

Da mehrere Berechnungen durchgeführt werden müssen, bietet es sich an, auf Basis der allgemeinen Isoquantengleichung $r_1 = g(r_2, \bar{x})$ zunächst die Isoquante für $\bar{x} = 40$ Mengeneinheiten herzuleiten. Wegen

$$\bar{x} = f(r_1,r_2) = \frac{7}{2}\cdot r_2 + \frac{3}{2}\cdot\sqrt{r_1\cdot r_2} \Rightarrow \sqrt{r_1} = \frac{2\bar{x}-7r_2}{3\cdot\sqrt{r_2}}$$

$$\Rightarrow \quad r_1 = \frac{(2\bar{x}-7r_2)^2}{9\cdot r_2} = g(r_2,\bar{x}),$$

gilt für $\bar{x} = 40$:

$$r_1 = g(r_2,\bar{x})\big|_{\bar{x}=40} = \frac{(80-7r_2)^2}{9r_2}.$$

Der zur Produktion von $\bar{x} = 40$ Outputeinheiten notwendige Bedarf an Faktoreinsatzmengen r_1 des ersten Faktors lässt sich nun durch entsprechendes Einsetzen der alternativen Faktormengen $\bar{r}_2 = 5$ oder $\bar{r}_2 = 8$ in $g(r_2,\bar{x})$ bestimmen:

$$r_1 = g(r_2,40)\big|_{\bar{r}_2=5} = \frac{(80-35)^2}{45} = 45\,[\text{ME}],$$

$$r_1 = g(r_2,40)\big|_{\bar{r}_2=8} = \frac{(80-56)^2}{72} = 8\,[\text{ME}].$$

zu b)

Die Steigung der Isoquante gibt für jedes durch sie beschriebene Faktormengeneinsatzverhältnis zur Produktion einer Ausbringungsmenge $\bar{x}$ das Maß der Substituierbarkeit zweier Faktoren an und stimmt somit – bis auf das Vorzeichen – mit der Grenzrate der Substitution überein. Diese lässt sich allgemein als erste Ableitung der Isoquante entwickeln:

$$s_{12} = -\frac{dr_1}{dr_2}\bigg|_{\bar{x}=40} = -\frac{\partial g(r_2,\bar{x})}{\partial r_2}\bigg|_{\bar{x}=40} = -\left(\frac{49}{9}-\frac{6400}{9r_2^2}\right).$$

Als Steigung der Isoquante für $\bar{x} = 40$ wurde ermittelt:

$$\frac{dr_1}{dr_2}\bigg|_{\bar{x}=40} = \frac{49}{9}-\frac{6400}{9r_2^2}.$$

Für die Faktoreinsatzmenge $\bar{r}_2 = 5$ bzw. $\bar{r}_2 = 8$ beträgt die Steigung der Isoquante somit:

$$\left.\frac{dr_1}{dr_2}\right|_{\substack{\bar{x}=40\\ \bar{r}_2=5}} = \frac{49}{9} - \frac{6.400}{225} = -\frac{5.175}{225} = -23[\text{ME}],$$

und

$$\left.\frac{dr_1}{dr_2}\right|_{\substack{\bar{x}=40\\ \bar{r}_2=8}} = \frac{49}{9} - \frac{100}{9} = -\frac{51}{9} = -5,\bar{6}[\text{ME}].$$

Demnach benötigt man bei der Faktormengenkombination $(r_1;\bar{r}_2) = (45;5)$ – infinitesimal betrachtet – genau 23 Mengeneinheiten des ersten Faktors, um bei unverändertem Ausbringungsniveau von $\bar{x} = 40$ Outputeinheiten den Wegfall einer Mengeneinheit von Faktor 2 zu kompensieren.

Bei der Faktormengenkombination $(r_1;\bar{r}_2) = (8;8)$ reichen dagegen $5,\bar{6}$ Einheiten von Faktor 1 aus, um – wiederum infinitesimal gesehen und auf eine Ausbringungsmenge von $\bar{x} = 40$ bezogen – eine Mengeneinheit des zweiten Faktors zu ersetzen.

zu c)

Die so genannte Ertragsfunktion lässt sich aus der Produktionsfunktion ableiten, indem das Einsatzniveau eines an der Produktion beteiligten Faktors (hier: Faktor 2 mit $\bar{r}_2 = 4$) als Konstante in die Produktionsvorschrift eingesetzt wird:

$$x = f(r_1,r_2)|_{\bar{r}_2=4} = \frac{7}{2}\cdot 4 + \frac{3}{2}\cdot\sqrt{r_1\cdot 4} = 14 + 3\cdot\sqrt{r_1}.$$

zu d)

Für die Produktivität von Faktor 1 ergibt sich allgemein:

$$\frac{f(r_1,4)}{r_1} = \frac{14+3\cdot\sqrt{r_1}}{r_1};$$

für $\bar{r}_1 = 9$:

$$\left.\frac{f(r_1,4)}{r_1}\right|_{\bar{r}_1=9} = \frac{14+9}{9} = \frac{23}{9} = 2,\overline{55}.$$

Die Grenzproduktivität ergibt sich als 1. Ableitung der Ertragsfunktion nach r_1:

$$\frac{\partial f(r_1,4)}{\partial r_1} = \frac{\partial\left(14+3\cdot\sqrt{r_1}\right)}{\partial r_1} = \frac{3}{2\cdot\sqrt{r_1}}$$

und beläuft sich für $\bar{r}_1 = 9$ auf:

$$\left.\frac{\partial f(r_1,4)}{\partial r_1}\right|_{\bar{r}_1=9} = \frac{3}{2\cdot\sqrt{9}} = \frac{1}{2}.$$

zu e)

Die Entwicklung des Durchschnittsprodukts und der Grenzproduktivität der Ertragsfunktion $x = f(r_1,4)$ für zunehmende Faktoreinsatzmengen $r_1 \to \infty$ lässt sich zweckmäßigerweise über Grenzwertbetrachtungen abschätzen.

Da gilt:

$$\lim_{r_1\to\infty}\left(\frac{f(r_1,4)}{r_1}\right) = \lim_{r_1\to\infty}\left(\frac{14+3\cdot\sqrt{r_1}}{r_1}\right) = 0,$$

$$\lim_{r_1\to\infty}\left(\frac{\partial f(r_1,4)}{\partial r_1}\right) = \lim_{r_1\to\infty}\left(\frac{3}{2\cdot\sqrt{r_1}}\right) = 0,$$

zcigt cs sich, dass sowohl das Durchschnittsprodukt als auch dic Grenzproduktivität von Faktor 1 für $r_1 \to \infty$ kontinuierlich gegen null fallen.

Aufgabe 4.5 Typbestimmung einer vorgegebenen Produktionsfunktion (I)

Für ein Unternehmen, das durch den Einsatz der Faktormengen r_1 und r_2 zweier Produktionsfaktoren 1 und 2 ein Endprodukt mit der Menge x herstellt, gelte die Produktionsfunktion:

$$x = f(r_1,r_2) = \frac{r_1^{\alpha} \cdot r_2^{\beta}}{(r_1 + r_2)^2} \quad \text{mit } \alpha > 1 \text{ und } \beta > 1.$$

a) Bestimmen Sie den Homogenitätsgrad der angegebenen Produktionsfunktion.

b) Bestimmen Sie für $\overline{r}_2 = 3 = \text{const.}$ und $\alpha = \beta = 2$ das Durchschnittsprodukt- sowie die Grenzproduktivität von Faktor 1.

c) Um welchen Typ von Produktionsfunktion handelt es sich bei der angegebenen Produktionsbeziehung? Verdeutlichen Sie Ihre Antwort, indem Sie für die Annahmen aus b) die Verläufe der Produktionsfunktion sowie der Funktionen des Durchschnittproduktes und der Grenzproduktivität graphisch in einem $(r_1;x)$-Diagramm darstellen.

Lösung zu Aufgabe 4.5

zu a)

Die Funktion $x = f(r_1,r_2)$ ist wegen

$$\begin{aligned} f(\lambda r_1, \lambda r_2) &= \frac{(\lambda r_1)^{\alpha} \cdot (\lambda r_2)^{\beta}}{(\lambda r_1 + \lambda r_2)^2} = \frac{\lambda^{\alpha+\beta} \cdot \left(r_1^{\alpha} \cdot r_1^{\beta}\right)}{\lambda^2 \cdot (r_1 + r_2)^2} \\ &= \lambda^{\alpha+\beta-2}\left(\frac{r_1^{\alpha} \cdot r_1^{\beta}}{(r_1 + r_2)^2}\right) \end{aligned}$$

homogen vom Grade $\alpha + \beta - 2$, d.h. die Veränderung der Ausbringungsmenge bei Veränderung aller Faktoreinsatzmengen um denselben Prozentsatz (Niveauvariation) hängt von den jeweiligen Werten der Parameter α und β ab. Für

$\alpha > 1$ und $\beta > 1$ gilt somit: Die Funktion $x = f(r_1, r_2)$ ist unterlinearhomogen, sofern $\alpha + \beta < 3$. Für $\alpha + \beta = 3$ ergibt sich ein Homogenitätsgrad von 1, d.h. die Produktionsfunktion ist linearhomogen. Die Produktionsmenge verändert sich proportional zur Niveauvariation. Eine Verdopplung der Faktoreinsatzmengen würde damit auch zu einer Verdopplung der Ausbringungsmenge des Endproduktes führen. Für $\alpha + \beta > 3$ verhält sich die Veränderung der Ausbringungsmenge zu einer Veränderung der Einsatzfaktoren überlinearhomogen.

zu b)

Für $\bar{r}_2 = 3$ und $\alpha = \beta = 2$ vereinfacht sich die Produktionsfunktion zu

$$x = f(r_1, \bar{r}_2) = \frac{r_1^2 \cdot 3^2}{(r_1 + 3)^2} = \frac{9r_1^2}{(r_1 + 3)^2}.$$

Die Funktion der Produktivität bei partieller Faktorvariation von Input 1 lautet:

$$\frac{f(r_1, \bar{r}_2)}{r_1} = \frac{\frac{9r_1^2}{(r_1 + 3)^2}}{r_1} = \frac{9r_1^2}{r_1 \cdot (r_1 + 3)^2} = \frac{9r_1}{(r_1 + 3)^2}.$$

Man erkennt, dass diese Funktion für steigende r_1-Werte asymptotisch gegen null strebt. Die Funktion besitzt zudem wegen

$$\frac{\partial\left(\frac{x}{r_1}\right)}{\partial r_1} = \frac{27 - 9r_1}{(r_1 + 3)^3} \stackrel{!}{=} 0$$

bei $r_1 = 3$ eine Extremstelle. ($r_1 = -3$ ist nicht definiert)

Da die zweite Ableitung der Funktion des Durchschnittsproduktes an der Stelle $r_1 = 3$ zudem negativ ist, handelt es sich hierbei um ein lokales Maximum.

Die Funktion der Grenzproduktivität von Faktor 1 bestimmt sich wie folgt:

$$\frac{\partial f(r_1, \bar{r}_2)}{\partial r_1} = \frac{18r_1 \cdot (r_1 + 3)^2 - \left(2 \cdot (r_1 + 3) \cdot 9r_1^2\right)}{\left((r_1 + 3)^2\right)^2} = \frac{18r_1 \cdot (r_1 + 3)^2 - \left(18r_1^2 \cdot (r_1 + 3)\right)}{(r_1 + 3)^4}$$

$$= \frac{18r_1 \cdot (r_1 + 3) - 18r_1^2}{(r_1 + 3)^3} = \frac{18r_1^2 + 54r_1 - 18r_1^2}{(r_1 + 3)^3} = \frac{54r_1}{(r_1 + 3)^3}.$$

Auch diese Funktion nähert sich für $r_1 \to \infty$ asymptotisch einem Wert von null an. Es existiert somit kein $r_1 > 0$, für welches gilt:

$$\frac{\partial f(r_1,\bar{r}_2)}{\partial r_1} = 0.$$

Wie die Analyse der zweiten Ableitung zeigt, besitzt die Produktionsfunktion bzw. die Funktion der Grenzproduktivität jedoch einen Wendepunkt bzw. einen Extremwert bei $r_1 = \frac{3}{2}$:

$$\frac{\partial^2 f(r_1,\bar{r}_2)}{\partial r_1^2} = \frac{54\cdot(r_1+3)^3 - \left(3\cdot(r_1+3)^2\cdot 54r_1\right)}{\left((r_1+3)^3\right)^2} = \frac{(r_1+3)^2\cdot(54\cdot(r_1+3)-3\cdot 54r_1)}{(r_1+3)^6}$$

$$= \frac{54r_1+162-162r_1}{(r_1+3)^4} = \frac{162-108r_1}{(r_1+3)^4} \overset{!}{=} 0 \quad \Rightarrow \quad r_1 = \frac{3}{2}.$$

Da für $r_1 = \frac{3}{2}$ zudem gilt:

$$\frac{\partial^3 f(r_1,\bar{r}_2)}{\partial r_1^3} = \frac{(-108)\cdot(r_1+3)^4 - \left((162-108r_1)\cdot 4\cdot(r_1+3)^3\right)}{\left((r_1+3)^4\right)^2}$$

$$= \frac{(r_1+3)^3\cdot((-108)\cdot(r_1+3)-(648-432r_1))}{(r_1+3)^8}$$

$$= \frac{432r_1-648-108r_1-324}{(r_1+3)^5} = \frac{324r_1-972}{(r_1+3)^5} \quad \text{mit} \quad \left.\frac{\partial^3 f(r_1,\bar{r}_2)}{\partial r_1^3}\right|_{r_1=\frac{3}{2}} < 0,$$

handelt es sich beim Extremwert der Funktion der Grenzproduktivität um ein lokales Maximum.

zu c)

Wie die Überlegungen aus b) zeigen, ist die Funktion $f(r_1,\bar{r}_2)$ für $0 \le r_1 \le \frac{3}{2}$ durch zunehmende und für Faktorverbrauchsmengen $r_1 \ge \frac{3}{2}$ durch abnehmende Grenzproduktivitäten gekennzeichnet. Es handelt sich bei $f(r_1,\bar{r}_2)$ um eine klassische Produktionsfunktion mit ertragsgesetzlichem Verlauf. Ein Bereich negativer Grenzproduktivitäten, wie er üblicherweise in der graphischen Veranschaulichung einer ertragsgesetzlichen Produktionsvorschrift dargestellt ist, existiert bei der untersuchten Funktion $f(r_1,\bar{r}_2)$ nicht. Die Existenz eines solchen Bereiches stellt allerdings weder eine hinreichende noch eine notwendige Bedingung für das Vorliegen einer klassischen Produktionsfunktion mit ertragsgesetzlichem Verlauf dar. Nebenbei erwähnt, beinhaltet ein solcher Bereich keine effizienten Produktionsmöglichkeiten im Sinne der Wirtschaftlichkeitsprinzipien, da zu jeder Ausbringungsmenge $\tilde{x} \in f(r_1,\bar{r}_2)$ mit $\partial f(r_1,\bar{r}_2)/\partial r_1 < 0$ ein identisches Produktionsniveau $\hat{x} \in f(r_1,\bar{r}_2)$ im Bereich positiver Grenzerträge $(\partial f(r_1,\bar{r}_2)/\partial r_1 \geq 0)$ existiert, für das gilt:

$$r_1(\hat{x}) < r_1(\tilde{x}).$$

Abbildung 4.5.1 zeigt die Verläufe der einzelnen Funktionen.

Tab. 4.5.1: Wertetabelle zu Abbildung 4.5.1

r_1	$f(r_1,\bar{r}_2)$	$\frac{f(r_1,\bar{r}_2)}{r_1}$	$\frac{\partial f(r_1,\bar{r}_2)}{\partial r_1}$
0	0	0	0
0,5	0,1836	0,3673	0,6297
1	0,5625	0,5625	0,8438
1,5	1,0000	0,6667	0,8889
2	1,4400	0,7200	0,8640
2,5	1,8595	0,7438	0,8114
3	2,2500	0,7500	0,7500
3,5	2,6095	0,7456	0,6882
4	2,9388	0,7347	0,6297

mit $f(r_1,\bar{r}_2) = \frac{9r_1^2}{(r_1+3)^2}$, $\frac{f(r_1,\bar{r}_2)}{r_1} = \frac{9r_1}{(r_1+3)^2}$ und $\frac{\partial f(r_1,\bar{r}_2)}{\partial r_1} = \frac{54r_1}{(r_1+3)^3}$.

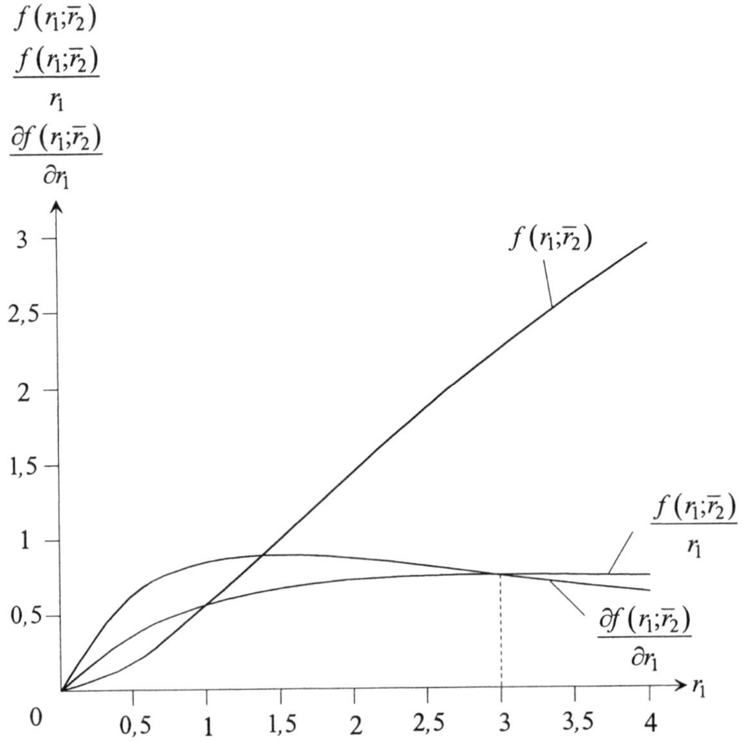

Abb. 4.5.1: Verlauf von Ertragsfunktion, Durchschnittsprodukt und Grenzproduktivität bei ertragsgesetzlicher Produktionsfunktion

Aufgabe 4.6 Typbestimmung einer vorgegebenen Produktionsfunktion (II)

Ein Unternehmen stellt ein Endprodukt mit Hilfe zweier Produktionsfaktoren 1 und 2 und den Faktoreinsatzmengen r_1 und r_2 auf Basis der Produktionsfunktion

$$x = f(r_1, r_2) = 2 \cdot \frac{r_2 \cdot r_1^2}{3 + r_1^2}$$

her.

a) Ist die Produktionsfunktion homogen?

b) Untersuchen Sie den Verlauf der Ertragsfunktion $f(r_1, \overline{r}_2)$, die sich ergibt, wenn die Faktoreinsatzmenge des zweiten Faktors auf einem konstanten Niveau $\overline{r}_2$, $\overline{r}_2 > 1$, festgehalten wird. Wie verhalten sich die Produktivität und die Grenzproduktivität des ersten Faktors in Abhängigkeit von der Faktoreinsatzmenge r_1 (Grenzverhalten, Maxima/Minima)? In welchem Intervall von r_1 ist die Produktion hinsichtlich des ersten Faktors elastisch, in welchem unelastisch?

c) Skizzieren Sie für $\overline{r}_2 = 6$ die Verläufe der Ertragsfunktion, der Funktion der Produktivität, der Funktion der Grenzproduktivität sowie der Funktion der Produktionselastizität in Abhängigkeit von der Faktoreinsatzmenge r_1. Wie lässt sich die Ertrags- bzw. die Produktionsfunktion charakterisieren?

Lösung zu Aufgabe 4.6

zu a)

Durch Einsetzen von λr_1 und λr_2 für r_1 bzw. r_2 in die Gleichung der Produktionsfunktion erkennt man unmittelbar, dass die Produktionsfunktion f nicht homogen ist:

$$f(\lambda r_1, \lambda r_2) = 2 \cdot \frac{(\lambda r_2)(\lambda r_1)^2}{3+(\lambda r_1)^2} = 2 \cdot \frac{\lambda^3 r_1^2 r_2}{3+\lambda^2 r_1^2} \neq \lambda^t \cdot f(r_1, r_2).$$

zu b)

Die Ertragsfunktion $f(r_1, \bar{r}_2)$ lautet:

$$f(r_1, \bar{r}_2) = 2\bar{r}_2 \cdot \frac{r_1^2}{3+r_1^2}.$$

Das Grenzverhalten der Ertragsfunktion an den Rändern ihres Definitionsbereichs ergibt sich aus:

$$f(0, \bar{r}_2) = 0,$$

$$\lim_{r_1 \to \infty} f(r_1, \bar{r}_2) = \lim_{r_1 \to \infty} \left(2\bar{r}_2 \cdot \frac{r_1^2}{3+r_1^2} \right) = 2\bar{r}_2 \cdot \lim_{r_1 \to \infty} \left(\frac{r_1^2}{3+r_1^2} \right) = 2\bar{r}_2.$$

Zur Ermittlung eventueller Extrema der Ertragsfunktion bestimmt man zweckmäßigerweise zunächst die Funktion der Grenzproduktivität des Faktors 1:

$$\frac{\partial f(r_1, \bar{r}_2)}{\partial r_1} = \frac{\partial \left(2\bar{r}_2 \cdot \frac{r_1^2}{3+r_1^2} \right)}{\partial r_1} = 2\bar{r}_2 \cdot \frac{2r_1 \cdot (3+r_1^2) - r_1^2 \cdot 2r_1}{(3+r_1^2)^2} = 12\bar{r}_2 \cdot \frac{r_1}{(3+r_1^2)^2}.$$

Diese Funktion ist für $r_1 > 0$ stets positiv, d.h. die Ausbringung wächst stetig mit zunehmendem Einsatz von Faktor 1 (kein Sättigungspunkt). Allerdings nimmt das Wachstum der Ausbringungsmenge für große Ausbringungs- bzw. Faktoreinsatzniveaus wegen

$$\lim_{r_1 \to \infty} \frac{\partial f(r_1, \bar{r}_2)}{\partial r_1} = \lim_{r_1 \to \infty} \left[12\bar{r}_2 \cdot \frac{r_1}{(3+r_1^2)^2} \right] = 0$$

ab. Weiterhin hat man

$$\lim_{r_1 \to 0} \frac{\partial f(r_1, \bar{r}_2)}{\partial r_1} = \lim_{r_1 \to 0} \left[12\bar{r}_2 \cdot \frac{r_1}{(3+r_1^2)^2} \right] = 0.$$

Die maximale Grenzproduktivität des Faktors 1 ergibt sich durch Nullsetzen der Ableitung der Funktion der Grenzproduktivität nach dem Faktoreinsatz r_1 (Bedingung erster Ordnung) und anschließendes Einsetzen der ermittelten Faktoreinsatzmenge $\hat{r}_1$ in die Funktion der Grenzproduktivität:

$$\frac{\partial\left[\frac{\partial f(r_1,\bar{r}_2)}{\partial r_1}\right]}{\partial r_1} = 12\bar{r}_2 \cdot \frac{\left(3+r_1^2\right)^2 - r_1 \cdot 2\left(3+r_1^2\right)\cdot 2r_1}{\left(3+r_1^2\right)^4} = 36\bar{r}_2 \cdot \frac{1-r_1^2}{\left(3+r_1^2\right)^3} \overset{!}{=} 0$$

$$\Rightarrow \qquad \hat{r}_1 = 1,$$

$$\left.\frac{\partial f(r_1,\bar{r}_2)}{\partial r_1}\right|_{r_1=1} = 12\bar{r}_2 \cdot \frac{1}{(3+1)^2} = \frac{3}{4}\bar{r}_2.$$

Die Produktivität des Faktors 1 ist definiert als

$$\frac{f(r_1,\bar{r}_2)}{r_1} = 2\bar{r}_2 \cdot \frac{r_1}{3+r_1^2}$$

und geht an den Grenzen ihres Definitionsbereichs wegen

$$\lim_{r_1\to 0} \frac{f(r_1,\bar{r}_2)}{r_1} = 2\bar{r}_2 \cdot \lim_{r_1\to 0} \frac{r_1}{3+r_1^2} = 0,$$

$$\lim_{r_1\to \infty} \frac{f(r_1,\bar{r}_2)}{r_1} = 2\bar{r}_2 \cdot \lim_{r_1\to \infty} \frac{r_1}{3+r_1^2} = 0$$

gegen null. Ihr Maximum errechnet sich aus:

$$\frac{\partial \frac{f(r_1,\bar{r}_2)}{r_1}}{\partial r_1} = \frac{\partial\left(2\bar{r}_2 \cdot \frac{r_1}{3+r_1^2}\right)}{\partial r_1} = 2\bar{r}_2 \cdot \frac{\left(3+r_1^2\right) - r_1 \cdot 2r_1}{\left(3+r_1^2\right)^2} = 2\bar{r}_2 \cdot \frac{3-r_1^2}{\left(3+r_1^2\right)^2} \overset{!}{=} 0$$

$$\Rightarrow \qquad \hat{\hat{r}}_1 = \sqrt{3},$$

$$\left.\frac{f(r_1,\bar{r}_2)}{r_1}\right|_{r_1=\sqrt{3}} = 2\bar{r}_2 \cdot \frac{\sqrt{3}}{3+3} = \frac{1}{\sqrt{3}}\bar{r}_2.$$

Einsetzen der Funktionen der Grenzproduktivität und der Produktivität des Faktors 1 in die Bestimmungsgleichung der Produktionselastizität liefert schließlich die in diesem Fall vom Einsatzniveau des zweiten Faktors unabhängige Produktionselastizität von Faktor 1:

$$\varepsilon_1 = \frac{\dfrac{\partial f(r_1,\bar{r}_2)}{f(r_1,\bar{r}_2)}}{\dfrac{\partial r_1}{r_1}} = \frac{\dfrac{\partial f(r_1,\bar{r}_2)}{\partial r_1}}{\dfrac{f(r_1,\bar{r}_2)}{r_1}} = \frac{12\bar{r}_2 \cdot \dfrac{r_1}{\left(3+r_1^2\right)^2}}{2\bar{r}_2 \cdot \dfrac{r_1}{3+r_1^2}} = \frac{6}{3+r_1^2}.$$

Wegen

$$\lim_{r_1 \to 0} \varepsilon_1 = 2,$$

$$\lim_{r_1 \to \infty} \varepsilon_1 = 0,$$

$$\varepsilon_1 = 1 \Leftrightarrow r_1 = \sqrt{3}$$

ist die Produktion für $r_1 \in \left[0,\sqrt{3}\right)$ elastisch, bei $r_1 = \sqrt{3}$ einheitselastisch und für $r_1 \in \left(\sqrt{3},\infty\right)$ unelastisch.

zu c)

Durch Einsetzen von $\bar{r}_2 = 6$ in die Ertragsfunktion erhält man unmittelbar:

$$f(r_1,6) = \frac{12r_1^2}{3+r_1^2},$$

$$f(0,6) = 0,$$

$$\lim_{r_1 \to \infty} f(r_1,6) = 2 \cdot 6 = 12.$$

Entsprechend ergibt sich für die Funktion der Grenzproduktivität des Faktors 1:

$$\frac{\partial f(r_1,6)}{\partial r_1} = \frac{72r_1}{\left(3+r_1^2\right)^2},$$

$$\lim_{r_1 \to 0} \frac{\partial f(r_1,6)}{\partial r_1} = 0,$$

$$\lim_{r_1 \to \infty} \frac{\partial f(r_1,6)}{\partial r_1} = 0.$$

Die maximale Grenzproduktivität des Faktors 1 wird beim Faktoreinsatzniveau $\hat{r}_1 = 1$ erreicht und beträgt

$$\left.\frac{\partial f(r_1,6)}{\partial r_1}\right|_{r_1=1} = \frac{9}{2}.$$

Hinsichtlich der Produktivität des Faktors 1 beim Einsatzniveau $\bar{r}_2 = 6$ des zweiten Faktors gilt:

$$\frac{f(r_1,6)}{r_1} = \frac{12r_1}{3+r_1^2},$$

$$\lim_{r_1 \to 0} \frac{f(r_1,6)}{r_1} = 0,$$

$$\lim_{r_1 \to \infty} \frac{f(r_1,6)}{r_1} = 0.$$

Ihr Maximalwert wird beim Einsatzniveau $\hat{\hat{r}}_1 = \sqrt{3}$ erreicht und beträgt

$$\left.\frac{f(r_1,6)}{r_1}\right|_{r_1=\sqrt{3}} = 2\sqrt{3}.$$

Die Produktionselastizität des Faktors 1 ist vom Einsatzniveau des zweiten Faktors unabhängig, so dass unverändert gilt:

$$\varepsilon_1 = \frac{\dfrac{\partial f(r_1,\bar{r}_2)}{f(r_1,\bar{r}_2)}}{\dfrac{\partial r_1}{r_1}} = \frac{\dfrac{\partial f(r_1,\bar{r}_2)}{\partial r_1}}{\dfrac{f(r_1,\bar{r}_2)}{r_1}} = \frac{12\bar{r}_2 \cdot \dfrac{r_1}{\left(3+r_1^2\right)^2}}{2\bar{r}_2 \cdot \dfrac{r_1}{3+r_1^2}} = \frac{6}{3+r_1^2},$$

$$\lim_{r_1 \to 0} \varepsilon_1 = 2,$$

$$\lim_{r_1 \to \infty} \varepsilon_1 = 0,$$

$$\varepsilon_1 = 1 \Leftrightarrow r_1 = \sqrt{3}.$$

In Abbildung 4.6.1 werden die entsprechenden Verläufe graphisch veranschaulicht. Aufgrund obiger Analyse und der in der Abbildung 4.6.1 dargestellten Funktionsverläufe kann man davon ausgehen, dass die Ertragsfunktion $f(r_1,6)$ einen ertragsgesetzlichen Verlauf (ohne Sättigungspunkt bzw. Sättigungsmenge) aufweist.

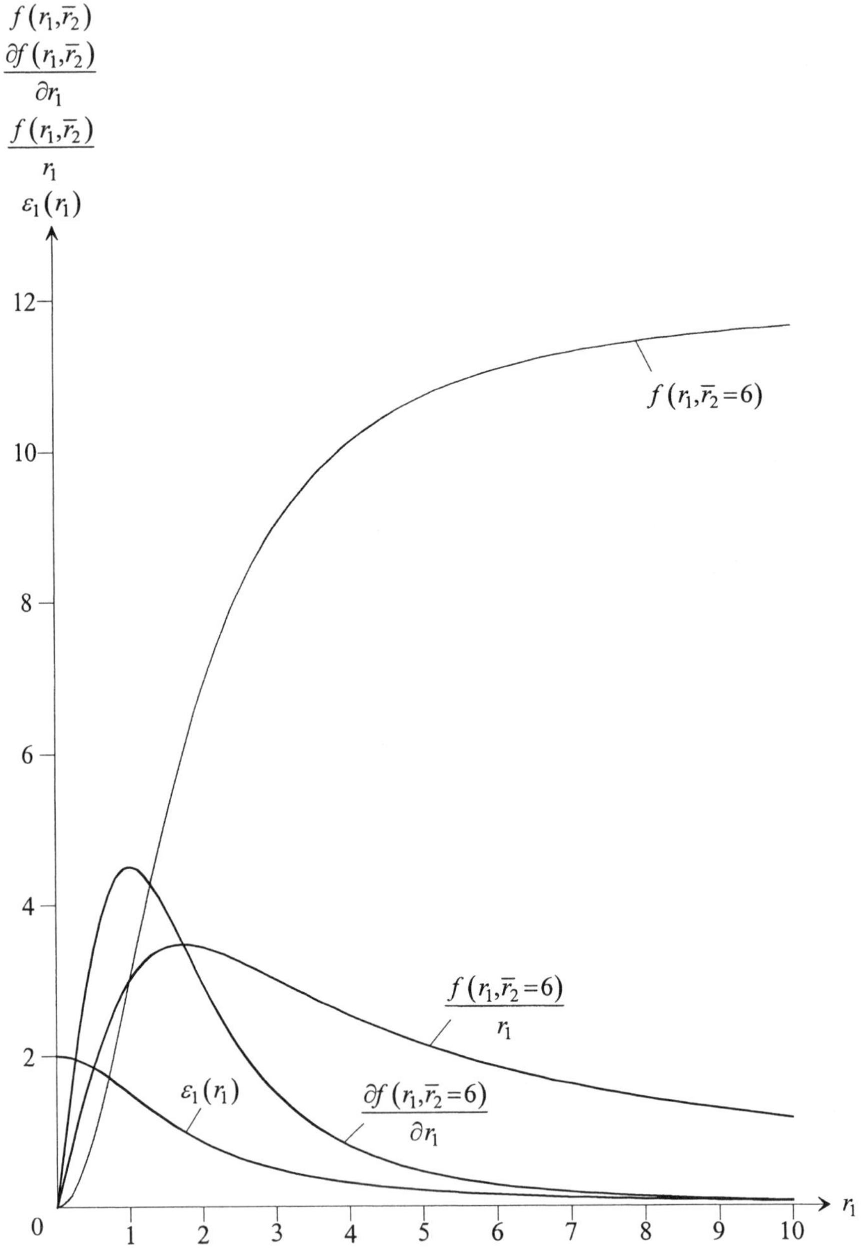

Abb. 4.6.1: Verlauf von Ertragsfunktion, Durchschnittsprodukt, Grenzproduktivität und Produktionselastizität bei ertragsgesetzlicher Produktionsfunktion

Aufgabe 4.7 Typbestimmung einer vorgegebenen Produktionsfunktion (III)

Für ein Unternehmen, das durch den Einsatz der Faktormengen r_1 und r_2 zweier Produktionsfaktoren 1 und 2 die Menge x eines Endproduktes herstellt, wurde die folgende substitutionale Produktionsfunktion ermittelt:

$$x = f(r_1, r_2) = -\frac{1}{216.000.000} r_1^3 r_2^3 + \frac{1}{60.000} r_1^2 r_2^2 + \frac{1}{40} r_1 r_2$$

a) Ist die Produktionsfunktion homogen – und falls ja: welchen Homogenitätsgrad weist die Produktionsfunktion auf?

b) Nehmen Sie an, die Einsatzmenge des zweiten Faktors sei mit $\bar{r}_2 = 30$ fest vorgegeben, so dass nur noch die Einsatzmenge r_1 des ersten Faktors variiert werden kann (partielle Faktorvariation). Untersuchen Sie das Verhalten der Grenzproduktivität sowie der Produktivität bei partieller Faktorvariation (Vorzeichen, Maxima/Minima, Konvexität/Konkavität).

c) Was lässt sich aus den Überlegungen in Aufgabenteil b) in Bezug auf den Verlauf der Ertragsfunktion $f(r_1, \bar{r}_2 = 30)$ schließen? Erläutern Sie die Zusammenhänge anhand zweier direkt übereinander angeordneter Diagramme, wobei Sie in dem oberen Diagramm den Graphen der Ertragsfunktion bei partieller Variation der Einsatzmenge des ersten Faktors im Bereich $0 \leq r_1 \leq 120$ darstellen, während in einem direkt darunter angeordneten, zweiten Diagramm mit identischer Abszissen-, aber geeignet angepasster Ordinatenskalierung die Graphen der Funktion der Produktivität sowie der Funktion der Grenzproduktivität skizziert werden. Um welchen Typ von Produktionsfunktion handelt es sich hierbei?

Lösung zu Aufgabe 4.7

zu a)

Eine eventuell vorhandene Homogenitätseigenschaft der Produktionsfunktion lässt sich durch Einsetzen von λr_1 und λr_2 für r_1 bzw. r_2 in die Gleichung der Produktionsfunktion überprüfen:

$$\begin{aligned} f(\lambda r_1, \lambda r_2) &= -\frac{1}{216.000.000}(\lambda r_1)^3(\lambda r_2)^3 + \frac{1}{60.000}(\lambda r_1)^2(\lambda r_2)^2 + \frac{1}{40}(\lambda r_1)(\lambda r_2) \\ &= -\frac{\lambda^6}{216.000.000} r_1^3 r_2^3 + \frac{\lambda^4}{60.000} r_1^2 r_2^2 + \frac{\lambda^2}{40} r_1 r_2 \\ &\neq \lambda^t \cdot f(r_1, r_2). \end{aligned}$$

Demnach ist die Produktionsfunktion f inhomogen.

zu b)

Für die weiteren Untersuchungsschritte ist es zweckmäßig, zunächst die Ertragsfunktion $f(r_1, \bar{r}_2)$ für das vorgegebene Einsatzniveau $\bar{r}_2 = 30$ des zweiten Faktors anzugeben:

$$\begin{aligned} f(r_1, \bar{r}_2 = 30) &= -\frac{1}{216.000.000} r_1^3 \cdot 30^3 + \frac{1}{60.000} r_1^2 \cdot 30^2 + \frac{1}{40} r_1 \cdot 30 \\ &= -\frac{1}{8.000} r_1^3 + \frac{3}{200} r_1^2 + \frac{3}{4} r_1. \end{aligned}$$

Mittels Differentiation dieser Ertragsfunktion nach der Einsatzmenge r_1 des ersten Faktors erhält man die Funktion der (partiellen) Grenzproduktivität des ersten Faktors:

$$\frac{\partial f(r_1, \bar{r}_2 = 30)}{\partial r_1} = -\frac{3}{8.000} r_1^2 + \frac{3}{100} r_1 + \frac{3}{4}.$$

Die Funktionsvorschrift, ein Polynom zweiten Grades mit einem negativen Koeffizienten vor dem quadratischen Glied, lässt erkennen, dass der zugehörige Graph eine nach unten offene Parabel ist. Da die Grenzproduktivität bei minimalem Faktoreinsatz $r_1 = 0$ wegen

$$\left.\frac{\partial f(r_1, \bar{r}_2 = 30)}{\partial r_1}\right|_{r_1 = 0} = -\frac{3}{8.000} \cdot 0^2 + \frac{3}{100} \cdot 0 + \frac{3}{4} = \frac{3}{4} > 0$$

positiv ist, leuchtet zudem unmittelbar ein, dass die (nach unten offene) Parabel die Abszisse eines $(r_1; \partial f / \partial r_1)$-Diagramms im ökonomisch sinnvollen Bereich ($r_1 \geq 0$) höchstens einmal schneiden und entsprechend die Grenzproduktivität im ökonomisch relevanten Bereich auch nur einmal das Vorzeichen wechseln kann, denn der zweite Abszissenschnittpunkt der Parabel muss zwangsläufig im ökonomisch irrelevanten Bereich ($r_1 < 0$) liegen. Die Nullstelle der Funktion der Grenzproduktivität des Faktors 1, bei deren Überschreiten das Vorzeichen der Grenzproduktivität im ökonomisch relevanten Bereich von positiv auf negativ wechselt, ergibt sich aus

$$\frac{\partial f(r_1, \bar{r}_2 = 30)}{\partial r_1} = -\frac{3}{8.000} r_1^2 + \frac{3}{100} r_1 + \frac{3}{4} = 0$$

$$\Leftrightarrow \qquad 0 = r_1^2 - 80 r_1 - 2.000$$

$$\Rightarrow \qquad r_1 = 40 \pm \frac{1}{2}\sqrt{(-80)^2 - 4 \cdot (-2.000)}$$

$$= 40 \pm 60$$

$$\Rightarrow \qquad r_1^{\circ} = 100.$$

Zur Ermittlung der Faktoreinsatzmenge $\hat{r}_1$, bei der die Grenzproduktivität des Faktors 1 maximal wird, differenziert man die Funktion der Grenzproduktivität nach r_1 und setzt die Ableitung gleich null:

$$\frac{\partial^2 f(r_1, \bar{r}_2 = 30)}{\partial r_1^2} = -\frac{3}{4.000} r_1 + \frac{3}{100} \stackrel{!}{=} 0$$

$$\Rightarrow \qquad \hat{r}_1 = 40.$$

Dass es sich hierbei tatsächlich um eine Maximalstelle handelt, folgt unmittelbar aus dem generell negativen Vorzeichen der zweiten Ableitung

$$\frac{\partial^3 f(r_1, \bar{r}_2 = 30)}{\partial r_1^3} = -\frac{3}{4.000} < 0$$

der Grenzproduktivität nach der Faktoreinsatzmenge r_1 und dem hiermit verbundenen streng konkaven Kurvenverlauf des zugehörigen Graphen. Im Ergebnis steigt also die Grenzproduktivität des Faktors 1 wegen

$$\left.\frac{\partial^2 f(r_1,\bar{r}_2=30)}{\partial r_1^2}\right|_{r_1<40} > 0$$

mit zunehmendem Faktoreinsatz r_1 an, erreicht bei $\hat{r}_1 = 40$ ihren Maximalwert

$$\left.\frac{\partial f(r_1,\bar{r}_2=30)}{\partial r_1}\right|_{\hat{r}_1=40} = -\frac{3}{8.000}\cdot 40^2 + \frac{3}{100}\cdot 40 + \frac{3}{4} = \frac{27}{20}$$

und fällt für größere Faktoreinsatzmengen $r_1 > 40$ aufgrund von

$$\left.\frac{\partial^2 f(r_1,\bar{r}_2=30)}{\partial r_1^2}\right|_{r_1>40} < 0$$

wieder ab.

Dividiert man die Ertragsfunktion $f(r_1,\bar{r}_2=30)$ durch die die Faktoreinsatzmenge r_1, so erhält man die Funktion der Produktivität

$$\frac{f(r_1,\bar{r}_2=30)}{r_1} = -\frac{1}{8.000}r_1^2 + \frac{3}{200}r_1 + \frac{3}{4}$$

des ersten Faktors, die an der unteren Grenze ihres Definitionsbereichs offensichtlich positiv ist:

$$\left.\frac{f(r_1,\bar{r}_2=30)}{r_1}\right|_{r_1=0} = \frac{3}{4} > 0.$$

Der Funktionsgraph ist wiederum eine nach unten offene Parabel, deren Maximum sich aus

$$\frac{\partial \frac{f(r_1,\bar{r}_2=30)}{r_1}}{\partial r_1} = -\frac{1}{4.000}r_1 + \frac{3}{200} \overset{!}{=} 0$$

$$\Rightarrow \quad \hat{\hat{r}}_1 = 60,$$

$$\left.\frac{f(r_1,\bar{r}_2=30)}{r_1}\right|_{\hat{\hat{r}}_1=60} = -\frac{1}{8.000}\cdot 60^2 + \frac{3}{200}\cdot 60 + \frac{3}{4} = \frac{6}{5}$$

errechnet. Wegen

$$\left.\frac{\partial \frac{f(r_1,\bar{r}_2=30)}{r_1}}{\partial r_1}\right|_{r_1<60} > 0$$

und

$$\left.\frac{\partial \frac{f(r_1,\bar{r}_2=30)}{r_1}}{\partial r_1}\right|_{r_1>60} < 0$$

steigt die Produktivität des ersten Faktors im Bereich $0 \leq r_1 < 60$ mit zunehmendem Faktoreinsatz r_1 an und fällt nach dem Überschreiten des Maximums bei $\hat{\hat{r}}_1 = 60$ wieder streng monoton ab. Dabei verläuft der zugehörige Funktionsgraph aufgrund von

$$\frac{\partial^2 \frac{f(r_1,\bar{r}_2=30)}{r_1}}{\partial r_1^2} = -\frac{1}{4.000} < 0$$

über den gesamten Definitionsbereich streng konkav. Rein rechnerisch können die Funktionswerte bei Überschreiten der Nullstelle

$$\frac{f(r_1,\bar{r}_2=30)}{r_1} = -\frac{1}{8.000}r_1^2 + \frac{3}{200}r_1 + \frac{3}{4} = 0$$

$$\Leftrightarrow \qquad 0 = r_1^2 - 120 r_1 - 6.000$$

$$\Rightarrow \qquad r_1 = 60 \pm \frac{1}{2}\sqrt{(-120)^2 - 4 \cdot (-6.000)}$$

$$= 60 \pm 40 \cdot \sqrt{6}$$

$$\Rightarrow \qquad r_1^{\circ\circ} \approx 157{,}98$$

sogar negativ werden, jedoch sind negative Produktivitäten ökonomisch nicht sinnvoll interpretierbar und werden folglich aus der Betrachtung ausgeschlossen.

zu c)

In Abbildung 4.7.1 sind im unteren Diagramm die Graphen der in Aufgabenteil b) untersuchten Funktionen der Produktivität und der Grenzproduktivität bei partieller Variation des Faktors 1 im Bereich $0 \leq r_1 \leq 120$ eingetragen, während im oberen Diagramm der Verlauf der zugehörigen Ertragsfunktion graphisch veranschaulicht wird.

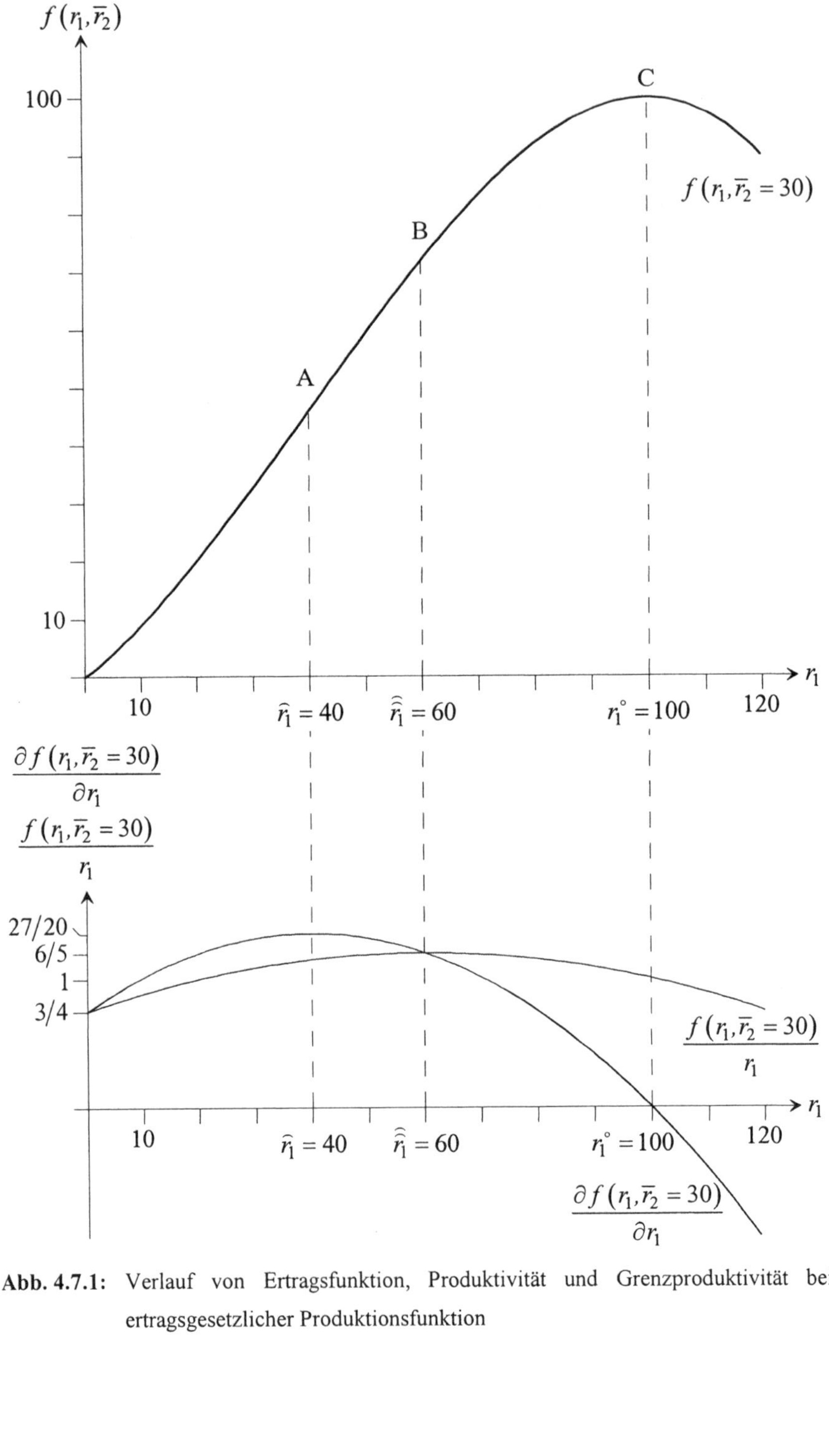

Abb. 4.7.1: Verlauf von Ertragsfunktion, Produktivität und Grenzproduktivität bei ertragsgesetzlicher Produktionsfunktion

Wie aus den Überlegungen zu Aufgabenteil b) bekannt und anhand der im unteren Diagramm abgebildeten Funktionsgraphen leicht nachzuvollziehen ist, steigen im Bereich $0 \leq r_1 < 40 = \hat{r}_1$ sowohl die (positive) Produktivität als auch die (positive) Grenzproduktivität des Faktors 1 mit zunehmendem Faktoreinsatz r_1 an. Dies bedeutet für den Kurvenverlauf der zugehörigen Ertragsfunktion, dass auch der Graph der Ertragsfunktion ansteigen muss – und zwar in der Weise, dass nicht nur die Steigung der Tangente an den Graphen (gemessen durch die Grenzproduktivität), sondern auch die Steigung des Fahrstrahls vom Koordinatenursprung an den Graphen (gemessen durch die Produktivität) mit wachsendem r_1 größer wird (konvex verlaufendes Kurvenstück $0A$ im oberen Diagramm der Abbildung 4.7.1).

Im Bereich $\hat{r}_1 = 40 \leq r_1 < 60 = \hat{\hat{r}}_1$ nimmt dagegen bei einer Erhöhung des Faktoreinsatzes r_1 die Grenzproduktivität des Faktors und damit die Steigung der Tangente an die Ertragskurve bei gleichzeitig zunehmender Produktivität und damit zunehmender Fahrstrahlsteigung ab (konkav verlaufendes Kurvenstück AB im oberen Diagramm).

Wird der Faktoreinsatz r_1 im Bereich $\hat{\hat{r}}_1 = 60 \leq r_1 < 100 = r_1^\circ$ erhöht, dann sinken sowohl die Grenzproduktivität als auch die Produktivität des Faktors 1, so dass sowohl die Tangente als auch der Fahrstrahl an den Graphen der Ertragsfunktion flacher verlaufen (konkav verlaufendes Kurvenstück BC im oberen Diagramm).

Bei einem Faktoreinsatz von $r_1^\circ = 100$ wird schließlich der so genannte Sättigungspunkt erreicht (Punkt C im oberen Diagramm). Jede weitere Erhöhung der Faktoreinsatzmenge r_1 bewirkt aufgrund der nun negativen Grenzproduktivität (= Steigung der Tangente an die Ertragskurve) eine Reduzierung des Ertrages; der Graph der Ertragsfunktion fällt. Entsprechend nimmt auch die Produktivität des Faktors 1 (= Steigung des Fahrstrahls) weiter ab.

Im Ergebnis erhält man einen ertragsgesetzlichen Verlauf der Ertrags- bzw. Produktionsfunktion $f(r_1, \bar{r}_2 = 30)$ mit im Bereich $0 \leq r_1 < 40 = \hat{r}_1$ zunehmenden und für $r_1 > 40$ abnehmenden Grenzerträgen.

Aufgabe 4.8 Effiziente Substitution

Gegeben sei die Funktion

$$x = f(r_1,r_2) = 18r_1r_2 - 6r_1^2 - 2r_2^2,$$

die den Rand der Produktionsmöglichkeitenmenge einer Unternehmung beschreibt.

a) Ist die Funktion homogen – und wenn ja, von welchem Grade? Welche Bedeutung hat dies für die Isoklinen?

b) Bestimmen Sie die Gleichung(en) der Isoklinen in der Form $r_2 = r_2(r_1,c)$, wobei c eine Konstante ist.

c) Welche formalen Bedingungen gelten für die Grenzraten der Substitution $s_{21} = -dr_2/dr_1$ bzw. $s_{12} = -dr_1/dr_2$ jeweils an den Rändern des Bereiches effizienter Substitution?

d) Wie lauten die Isoklinengleichungen an den Rändern des Bereichs effizienter Substitution?

e) Zeichnen Sie die Randisoklinen in ein $(r_1;r_2)$-Diagramm ein. Skizzieren Sie ferner die Isoquante für ein frei von Ihnen gewähltes Ausbringungsniveau $\overline{x}$ und markieren Sie den Bereich effizienter Substitution.

f) Welche Bedingungen muss die Faktoreinsatzmenge r_2 in Relation zur Faktoreinsatzmenge r_1 erfüllen, damit $x = f(r_1,r_2)$ eine Produktionsfunktion darstellt?

Lösung zu Aufgabe 4.8

zu a)

Die Funktion $x = f(r_1,r_2)$ ist wegen

$$f(\lambda r_1,\lambda r_2)=18\cdot(\lambda r_1)\cdot(\lambda r_2)-6(\lambda r_1)^2-2(\lambda r_2)^2$$
$$=\lambda^2\left(18r_1r_2-6r_1^2-2r_2^2\right)$$

homogen vom Grade 2, d.h. bei einer Verdoppelung aller Faktoreinsatzmengen (Niveauvariation) vervierfacht sich die Ausbringungsmenge.

Als Isokline bezeichnet man den geometrischen Ort aller Punkte im Faktorraum, an denen dieselbe Grenzrate der Substitution $s_{i\tilde{i}}=-dr_i/dr_{\tilde{i}}$ zwischen zwei Faktoren i und $\tilde{i}$, $i\neq\tilde{i}$, vorliegt. Die Grenzrate der Substitution $s_{i\tilde{i}}$ zwischen den beiden Faktoren i und $\tilde{i}$, $i\neq\tilde{i}$, ist bei einer homogenen (Produktions-)Funktion $x=f(r_1,r_2,\ldots,r_I)$, mit $f(\lambda r_1,\lambda r_2,\ldots,\lambda r_I)=\lambda^t f(r_1,r_2,\ldots,r_I)$, wegen

$$s_{i\tilde{i}}=-\frac{d\lambda r_i}{d\lambda r_{\tilde{i}}}=\frac{\dfrac{\partial f(\lambda r_1,\lambda r_2,\ldots,\lambda r_I)}{\partial\lambda r_{\tilde{i}}}}{\dfrac{\partial f(\lambda r_1,\lambda r_2,\ldots,\lambda r_I)}{\partial\lambda r_i}}=\frac{\lambda^t\cdot\dfrac{\partial f(r_1,r_2,\ldots,r_I)}{\partial\lambda r_{\tilde{i}}}}{\lambda^t\cdot\dfrac{\partial f(r_1,r_2,\ldots,r_I)}{\partial\lambda r_i}}=\frac{\dfrac{\partial f(r_1,r_2,\ldots,r_I)}{\partial r_{\tilde{i}}}}{\dfrac{\partial f(r_1,r_2,\ldots,r_I)}{\partial r_i}}$$

vom Niveau des Faktoreinsatzes unabhängig, so dass die Produktionspunkte im Faktorraum mit gleicher Grenzrate der Substitution auf einem Ursprungsstrahl liegen. Demnach sind also die Isoklinen einer homogenen (Produktions-)Funktion Halbgeraden durch den Ursprung.

zu b)

Zur Ermittlung der Isoklinengleichungen setzt man die Grenzrate der Substitution $s_{i\tilde{i}}=-dr_i/dr_{\tilde{i}}$ zwischen den beiden Faktoren i und $\tilde{i}$, $i\neq\tilde{i}$, auf einen konstanten Wert $c_{i\tilde{i}}$ und formuliert die sich ergebende Beziehung zwischen den Faktoreinsatzmengen geeignet um. Für $i=2$ und $\tilde{i}=1$ ergibt sich:

$$s_{21}=-\frac{dr_2}{dr_1}=\frac{\dfrac{\partial f(r_1,r_2)}{\partial r_1}}{\dfrac{\partial f(r_1,r_2)}{\partial r_2}}=\frac{18r_2-12r_1}{18r_1-4r_2}=c_{21}$$

$$\Leftrightarrow\quad 18r_2-12r_1=(18r_1-4r_2)\cdot c_{21}$$
$$r_2\cdot(9+2c_{21})=3r_1\cdot(3c_{21}+2)$$
$$r_2=\frac{9c_{21}+6}{2c_{21}+9}r_1.$$

Analog folgt für $i=1$ und $\tilde{i}=2$:

$$s_{12} = -\frac{dr_1}{dr_2} = \frac{\frac{\partial f(r_1,r_2)}{\partial r_2}}{\frac{\partial f(r_1,r_2)}{\partial r_1}} = \frac{18r_1 - 4r_2}{18r_2 - 12r_1} = c_{12}$$

$$\Leftrightarrow \quad 18r_1 - 4r_2 = (18r_2 - 12r_1) \cdot c_{12}$$

$$r_1 \cdot (9 + 6c_{12}) = r_2 \cdot (9c_{12} + 2)$$

$$\frac{6c_{12} + 9}{9c_{12} + 2} r_1 = r_2.$$

zu c)

Die Substitution zwischen zwei Faktoren i und $\tilde{i}$, $i \neq \tilde{i}$, ist nur so lange sinnvoll bzw. effizient, wie die Grenzrate der Substitution positiv bzw. die Steigung der entsprechenden Isoquante negativ ist. Wäre die Grenzrate der Substitution null, dann bedeutete dies, dass man bei unveränderter Einsatzmenge des einen Faktors die Einsatzmenge des anderen Faktors um eine marginale Mengeneinheit erhöhen oder absenken könnte, ohne dass die Isoquante verlassen, d.h. das Ausbringungsniveau verändert wird. Eine negative Grenzrate der Substitution bzw. positive Isoquantensteigung böte sogar die Möglichkeit, beide Faktoreinsatzmengen zu reduzieren, ohne die Ausbringungsmenge ebenfalls absenken zu müssen. In der graphischen Anschauung bedeutet dies, dass nur der Teil der Isoquante effiziente Produktionen beschreibt, der eine negative Isoquantensteigung aufweist. Ein horizontaler, vertikaler oder steigender Isoquantenverlauf kennzeichnet dagegen ineffiziente Produktionen.

An den Rändern des Bereichs effizienter Substitution verläuft die Isoquante horizontal bzw. vertikal. Für Bereiche effizienter Substitution, die im Inneren des Faktorraums liegen, dessen Ränder also nicht mit den Rändern des Faktorraums zusammenfallen, lassen sich die entsprechenden Bereichsgrenzen mit Hilfe der Grenzrate der Substitution ermitteln. Trägt man die Einsatzmenge des ersten Faktors entlang der Abszisse und die Einsatzmenge von Faktor 2 entlang der Ordinate eines $(r_1;r_2)$-Diagramms auf, dann verläuft die Isoquante am „oberen Rand" des Bereichs effizienter Substitution senkrecht, so dass gilt: $s_{12} = -dr_1/dr_2 = 0$. Am „unteren Rand" ist dagegen aufgrund des horizontalen Isoquantenverlaufs $s_{21} = -dr_2/dr_1 = 0$.

zu d)

Aufgrund der Überlegungen zu Aufgabenteil c) lässt sich die Gleichung der zum oberen Rand des Bereichs effizienter Substitution korrespondierenden Isokline direkt durch Einsetzen von $s_{12} = c_{12} = 0$ bestimmen:

$$r_2 = \frac{6c_{12}+9}{9c_{12}+2} r_1 = \frac{6 \cdot 0+9}{9 \cdot 0+2} r_1 = \frac{9}{2} r_1.$$

Analog ermittelt man die Gleichung der zum unteren Rand effizienter Substitution gehörenden Isokline durch Einsetzen von $s_{21} = c_{21} = 0$:

$$r_2 = \frac{9c_{21}+6}{2c_{21}+9} r_1 = \frac{9 \cdot 0+6}{2 \cdot 0+9} r_1 = \frac{2}{3} r_1.$$

zu e)

Im Faktorraum sind die Randisoklinen Halbgeraden mit den Steigungen $\frac{9}{2}$ bzw. $\frac{2}{3}$. An den Produktionspunkten, die auf der oberen Randisokline liegen, verlaufen die Isoquanten stets senkrecht, an den Produktionspunkten auf der unteren Randisokline immer waagerecht. Im Kegel zwischen den beiden Randisoklinen weisen die Isoquanten einen fallenden und oberhalb der oberen sowie unterhalb der unteren Randisokline jeweils einen steigenden Verlauf auf.

Um eine konkrete Beispielisoquante bestimmen und in einem Faktordiagramm graphisch darstellen zu können, empfiehlt es sich, zunächst aus der Funktion $x = f(r_1, r_2)$ die Bestimmungsgleichung $r_2 = r_2(r_1, \bar{x})$ der Isoquanten in Abhängigkeit von einem vorgegebenen Ausbringungsniveau $\bar{x}$ herzuleiten:

$$\bar{x} = 18r_1r_2 - 6r_1^2 - 2r_2^2$$

$$\Leftrightarrow \quad 2r_2^2 - 18r_1r_2 + 6r_1^2 + \bar{x} = 0$$

$$\Leftrightarrow \quad r_2^2 - 9r_1r_2 + 3r_1^2 + \frac{\bar{x}}{2} = 0$$

$$\Rightarrow \quad r_2 = \frac{9}{2} r_1 \pm \frac{1}{2} \cdot \sqrt{(-9r_1)^2 - 4 \cdot \left(3r_1^2 + \frac{\overline{x}}{2}\right)}$$

$$= \frac{9}{2} r_1 \pm \frac{1}{2} \cdot \sqrt{69 r_1^2 - 2\overline{x}},$$

$$r_1 \geq \sqrt{\frac{2\overline{x}}{69}}.$$

Wählt man nun ein Produktionsniveau von z.B. $\overline{x} = 10$, so erhält man die Isoquantengleichung

$$r_2 = \frac{9}{2} r_1 \pm \frac{1}{2} \cdot \sqrt{69 r_1^2 - 20},$$

$$r_1 \geq \sqrt{\frac{20}{69}}.$$

Der Isoquantenverlauf ist in dem Faktordiagramm (Abbildung 4.8.1) veranschaulicht. Der Bereich effizienter Substitution entspricht dem Kurvenstück AB auf der Isoquante.

zu f)

Damit die Funktion $x = f(r_1, r_2)$ eine Produktionsfunktion darstellt, muss ihr Geltungsbereich so eingeschränkt werden, dass sie nur Produktionen im effizienten Bereich der Substitution beschreibt. Letzteres ist dann der Fall, wenn für die Faktoreinsatzmenge r_2 in Relation zur Faktoreinsatzmenge r_1 gilt:

$$\frac{2}{3} r_1 < r_2 < \frac{9}{2} r_1.$$

Die obere und die untere Schranke für r_2 ergeben sich unmittelbar aus den Randisoklinengleichungen.

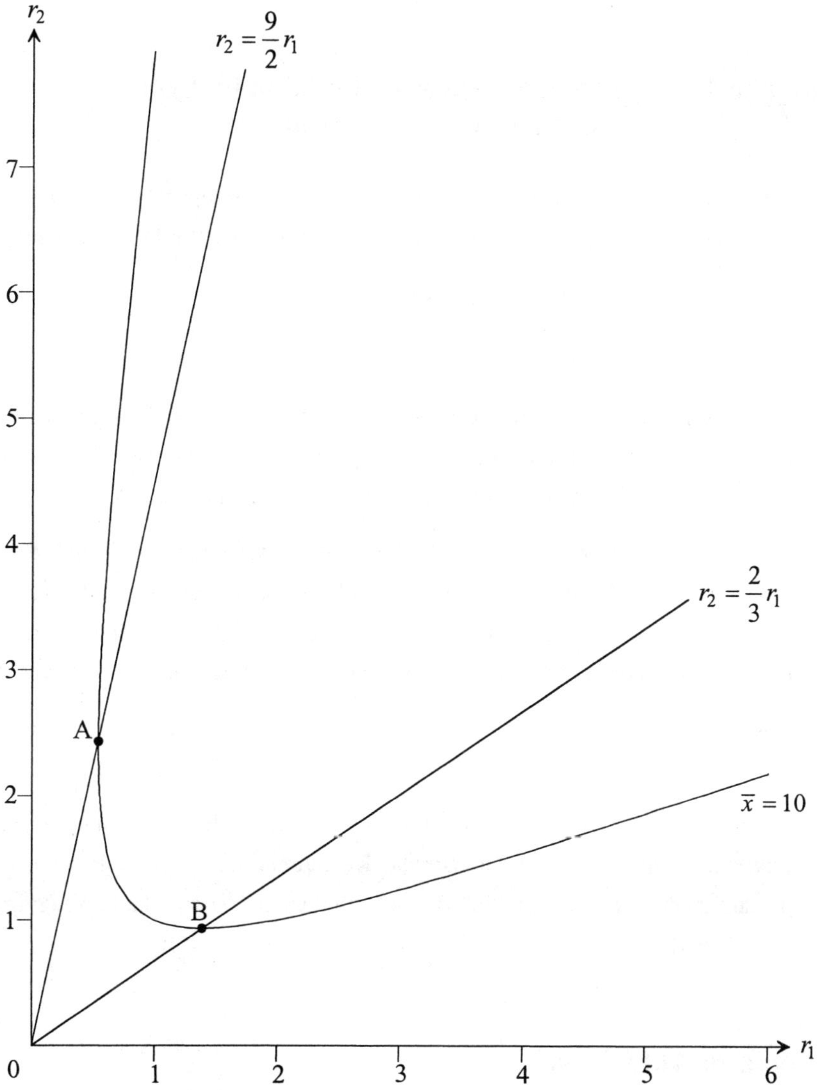

Abb. 4.8.1: Isoquanten- und Isoklinenverlauf

Aufgabe 4.9 Minimalkostenkombination im COBB-DOUGLAS-Produktionsmodell

Ein Unternehmen stellt ein Endprodukt mit Hilfe zweier Produktionsfaktoren 1 und 2 und den Faktoreinsatzmengen r_1 und r_2 auf Basis der Produktionsfunktion

$$x = f(r_1,r_2) = 4 \cdot r_1^{\alpha} \cdot r_2^{\beta}, \text{ mit } \alpha,\beta \in [0;1)$$

her.

a) Um welchen substitutionalen Produktionsfunktionstyp handelt es sich bei der angegebenen Produktionsvorschrift $x = f(r_1,r_2)$? Beschreiben Sie die für diesen Typ von Produktionsfunktion charakteristischen Merkmale näher.

b) Leiten Sie unter Verwendung des LAGRANGE-Ansatzes für $\bar{\alpha} = \frac{2}{3}$ und $\bar{\beta} = \frac{1}{3}$ die so genannte Optimalitätsbedingung, d.h. das kostenminimale Einsatzverhältnis der beiden Produktionsfaktoren her, wenn $\bar{x} = 48$ Mengeneinheiten zu produzieren sind und für die Faktorpreise gilt: $q_1 = 4$ und $q_2 = 16$ [€/ME].

c) Bestimmen Sie die minimalen Gesamtkosten für ein Ausbringungsniveau von $\bar{x} = 48$ Mengeneinheiten.

d) Ermitteln Sie für beliebige Ausbringungsniveaus x die Gleichung der Produktionsisoquanten und stellen Sie das Kostenminimierungsproblem aus den Teilaufgaben b) und c) für $\bar{x} = 48$ in einem $(r_1;r_2)$-Faktordiagramm graphisch dar.

Lösung zu Aufgabe 4.9

zu a)

Wegen

$$x = a_0 r_1^{a_1} r_2^{a_2}, \text{ mit } 0 < a_0 = \text{const.}, \quad 0 \le a_i = \text{const.} < 1, \quad i = 1,2,$$

handelt es sich bei der angegebenen Produktionsvorschrift um eine Produktionsfunktion vom Typ COBB und DOUGLAS (C-D-Produktionsfunktion), die zu den neoklassischen Produktionsfunktionen gezählt wird, da sie keine Bereiche zunehmender Grenzerträge aufweist. Vielmehr ist die C-D-Produktionsfunktion dadurch gekennzeichnet, dass wegen $0 \leq a_i < 1$, $i = 1{,}2$, im Falle der partiellen Faktorvariation des i-ten Faktors von Anfang an nur abnehmende Ertragszuwächse auftreten (können). Da es sich bei der Produktionsfunktion vom Typ COBB und DOUGLAS um eine homogene Produktionsvorschrift handelt, entspricht der Homogenitätsgrad der Skalenelastizität, die – gemäß dem WICKSELL-JOHNSON-Theorem – gleich der Summe der Produktionselastizitäten ist, die sich beim vorliegenden Produktionsfunktionstyp in den Exponenten der Faktorverbrauchsmengen widerspiegeln. Die C-D-Produktionsfunktion setzt zudem die beliebige Teilbarkeit der Güter voraus.

zu b)

Durch Einsetzen von $\overline{\alpha} = \frac{2}{3}$ und $\overline{\beta} = \frac{1}{3}$ in die Produktionsvorschrift $f(r_1, r_2)$ erhält man als allgemeine Produktionsfunktion:

$$x = f(r_1, r_2) = 4 \cdot r_1^{\frac{2}{3}} \cdot r_2^{\frac{1}{3}}.$$

Unter Berücksichtigung des herzustellenden Ausbringungsniveaus von $\overline{x} = 48$ Mengeneinheiten ergibt sich entsprechend:

$$\overline{x} = f(r_1, r_2) = 4 \cdot r_1^{\frac{2}{3}} \cdot r_2^{\frac{1}{3}} = 48.$$

Angesichts der vorliegenden peripheren Substituierbarkeit der Einsatzmengen der Faktoren 1 und 2 sowie deren beliebiger Teilbarkeit ist es leicht nachvollziehbar, dass zur Produktion der geforderten Ausbringungsmengen beliebig viele Aktivitäten (Faktormengenkombinationen) zur Verfügung stehen. Da Produktionsfunktionen per Definition nur effiziente Aktivitäten abbilden, muss die Entscheidung hinsichtlich der Vorteilhaftigkeit eines Produktionsverfahrens gegenüber einem anderen Verfahren somit auf der Grundlage eines zusätzlichen Kriteriums erfolgen. Bei Bekanntheit der Faktorpreise bietet sich hierfür der Ansatz der Minimalkostenkombination (MKK) an, der für ein konstantes Produktionsniveau $\overline{x}$ immer diejenige Faktormengenkombination $\left(r_1^*;r_2^*\right)$ bestimmt, welche die geforderte Ausbringungsmenge mit den minimalen Gesamtkosten herstellt.

Für die gesuchte Faktormengenkombination $\left(r_1^*;r_2^*\right)$ muss demnach hier gelten:

$$min\ \ K(x) = q_1 \cdot r_1(x) + q_2 \cdot r_2(x) = 4r_1(x) + 16r_2(x)$$

unter der Nebenbedingung

$$\bar{x} = f(r_1,r_2) = 4 \cdot r_1^{\frac{2}{3}} \cdot r_2^{\frac{1}{3}} = 48 \text{ bzw. } \bar{x} - f(r_1,r_2) = 48 - \left(4 \cdot r_1^{\frac{2}{3}} \cdot r_2^{\frac{1}{3}}\right) = 0.$$

Die Lösung des Optimierungsproblems erfolgt durch die Minimierung der LAGRANGE-Funktion L:

$$min\ \ L(r_1,r_2,\lambda) = q_1 \cdot r_1 + q_2 \cdot r_2 + \lambda \cdot [\bar{x} - f(r_1,r_2)].$$

Entsprechendes Einsetzen der gegebenen Werte, Größen und Funktionen ergibt:

$$min\ \ L(r_1,r_2,\lambda) = 4 \cdot r_1 + 16 \cdot r_2 + \lambda \cdot \left(48 - 4 \cdot r_1^{\frac{2}{3}} \cdot r_2^{\frac{1}{3}}\right).$$

Aus den partiellen Ableitungen erhält man die notwendigen Bedingungen für die Minimalkostenkombination:

$$\frac{\partial L(r_1,r_2,\lambda)}{\partial r_1} = 4 - \lambda \cdot \frac{8}{3} \cdot \frac{r_2^{\frac{1}{3}}}{r_1^{\frac{1}{3}}} \stackrel{!}{=} 0 \Rightarrow \lambda = \frac{3 \cdot r_1^{\frac{1}{3}}}{2 \cdot r_2^{\frac{1}{3}}} \qquad \text{(I)}$$

$$\frac{\partial L(r_1,r_2,\lambda)}{\partial r_2} = 16 - \lambda \cdot \frac{4}{3} \cdot \frac{r_1^{\frac{2}{3}}}{r_2^{\frac{2}{3}}} \stackrel{!}{=} 0 \Rightarrow \lambda = 12 \cdot \frac{r_2^{\frac{2}{3}}}{r_1^{\frac{2}{3}}} \qquad \text{(II)}$$

$$\frac{\partial L(r_1,r_2,\lambda)}{\partial \lambda} = 48 - 4 \cdot r_1^{\frac{2}{3}} \cdot r_2^{\frac{1}{3}} \stackrel{!}{=} 0 \Rightarrow 48 = 4 \cdot r_1^{\frac{2}{3}} \cdot r_2^{\frac{1}{3}} \qquad \text{(III)}$$

Gleichsetzen von (I) und (II) führt zur Optimalitätsbedingung:

$$\frac{3 \cdot r_1^{\frac{1}{3}}}{2 \cdot r_2^{\frac{1}{3}}} = \frac{12 \cdot r_2^{\frac{2}{3}}}{r_1^{\frac{2}{3}}} \Rightarrow 3r_1 = 24r_2 \Rightarrow r_1 = 8r_2.$$

Für das Unternehmen ist es demnach kostenoptimal, zur Produktion beliebiger Ausbringungsmengen die Faktoren 1 und 2 im Verhältnis 8:1 einzusetzen.

zu c)

Durch Einsetzen der Optimalitätsbedingung $r_1 = 8r_2$ in Gleichung (III) aus Teilaufgabe b) erhält man als kostenminimalen Verbrauch des zweiten Faktors für das Ausbringungsniveau von $\overline{x} = 48$ Mengeneinheiten:

$$48 = 4 \cdot (8r_2)^{\frac{2}{3}} \cdot r_2^{\frac{1}{3}} \Rightarrow 48 = 16 \cdot r_2^{\frac{2}{3}} \cdot r_2^{\frac{1}{3}} \Rightarrow r_2^* = 3\,[\text{ME}].$$

Zur Realisierung der Minimalkostenkombination bei einer angestrebten Ausbringung von $\overline{x} = 48$ Outputeinheiten werden demnach $r_1^* = 8 \cdot r_2 = 8 \cdot 3 = 24$ Mengeneinheiten des ersten Faktors benötigt.

Die mit einem solchen Produktionsniveau verbundenen minimalen Gesamtkosten betragen $K(\overline{x} = 48) = K\left(r_1^*(\overline{x} = 48), r_2^*(\overline{x} = 48)\right) = 4 \cdot 24 + 16 \cdot 3 = 144$ [€].

zu d)

Die allgemeine Isoquantengleichung $r_i = g\left(r_{\hat{i}}, \overline{x}\right)$, $i, \hat{i} = 1{,}2$, erhält man durch geeignetes Umformen der gegebenen Produktionsfunktion $x = f(r_1, r_2)$ nach einem an der Produktion beteiligten Faktor i.

Aus

$$\overline{x} = 4r_1^{\frac{2}{3}} \cdot r_2^{\frac{1}{3}}$$

folgt als Isoquantengleichung $r_2 = g(r_1, \overline{x})$:

$$r_2^{\frac{1}{3}} = \frac{\overline{x}}{4r_1^{\frac{2}{3}}} \Rightarrow r_2 = g(r_1, \overline{x}) = \frac{\overline{x}^3}{64r_1^2}.$$

Für die Ausbringungsmenge $\overline{x} = 48$ [ME] gilt entsprechend:

$$r_2 = g(r_1, \overline{x})\big|_{\overline{x}=48} = \frac{48^3}{64r_1^2} = \frac{1.728}{r_1^2}.$$

Das vorliegende Kostenminimierungsproblem lässt sich damit wie folgt in einem $(r_1; r_2)$-Faktordiagramm darstellen:

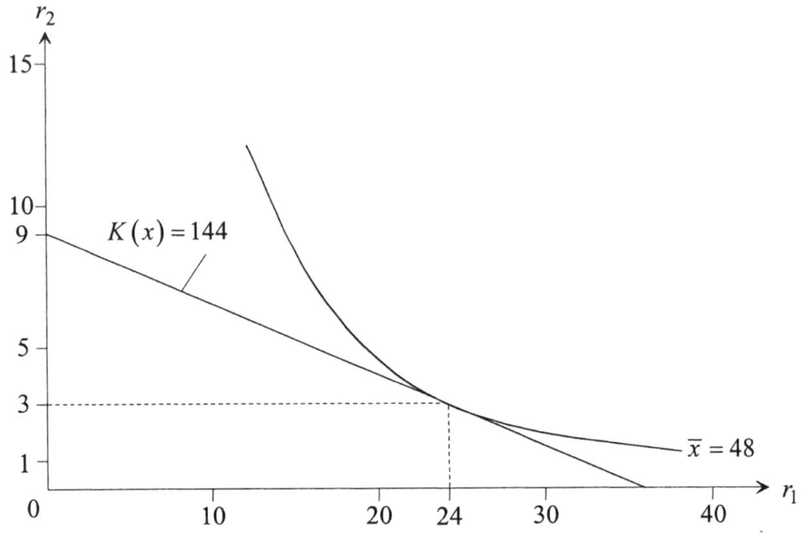

Abb. 4.9.1: Minimalkostenkombination für $\overline{x} = 48$

Die positiven Achsenabschnitte der Budgetgeraden für $K(\overline{x} = 48) = 144\,[€]$ liegen für $r_1 = 0$ bzw. $r_2 = 0$ bei:

$$K(0, r_2) = 4 \cdot r_1 + 16 \cdot r_2 = 16 \cdot r_2 = 144 \Rightarrow r_2 = 9\,[\text{ME}]$$

bzw.

$$K(r_1, 0) = 4 \cdot r_1 + 16 \cdot r_2 = 4 \cdot r_1 = 144 \Rightarrow r_1 = 36\,[\text{ME}].$$

Die Isoquante nähert sich bei steigenden Faktoreinsatzmengen $r_i \to \infty$, $i = 1{,}2$, wegen

$$\lim_{r_1 \to \infty} g(r_1, \overline{x})\Big|_{\overline{x}=48} = \lim_{r_1 \to \infty} \left(\frac{1.728}{r_1^2} \right) = 0$$

und

$$\lim_{r_2 \to \infty} g(r_2, \overline{x}) = \lim_{r_2 \to \infty} \left(\frac{\sqrt{\overline{x}^3}}{8 \cdot \sqrt{r_2}} \right) \Rightarrow \lim_{r_2 \to \infty} g(r_2, \overline{x})\Big|_{\overline{x}=48} = \lim_{r_2 \to \infty} \left(\sqrt{\frac{1.728}{r_2}} \right) = 0$$

für beide Faktoren asymptotisch einem Grenzwert von null an, erreicht diesen jedoch nie, was auch bereits durch die in Aufgabenteil a) beschriebene periphere Substitutionalität der Produktionsfaktoren zum Ausdruck kommt.

Wie aus der Graphik ersichtlich, wird die Minimalkostenkombination durch das Faktoreinsatzverhältnis repräsentiert, bei dem die Isoquante die Budgetgerade tangiert, was insofern der Minimierungsvorschrift sowie der Nebenbedingung des Optimierungsansatzes aus Aufgabenteil b) entspricht. Es ließe sich leicht zeigen, dass Faktormengenkombinationen, die diese Tangentialbedingung nicht erfüllen, die konstante Ausbringungsmenge zwar effizient herstellen können, jedoch niemals zu minimalen Gesamtkosten produzieren würden. Bei der Minimalkostenkombination stimmen somit die Steigungen von Budgetgerade und Isoquante überein, weshalb die Optimalitätsbedingung auch wie folgt beschrieben werden kann:

Die Steigung der Budgetgerade (Kostenisoquante oder auch Isokostenlinie) ist definiert durch:

$$tan\,\alpha = \frac{\Delta r_2}{\Delta r_1} = \frac{\frac{\overline{K}}{q_2}}{\frac{\overline{K}}{q_1}} = \frac{q_1}{q_2},$$

d.h. in ihr spiegelt sich das Faktorpreisverhältnis wider. Die Steigung der Produktionsisoquante im Punkt $\left(r_1^*;r_2^*\right)$ kann hingegen durch die Grenzrate der Substitution, d.h. durch das Verhältnis der Grenzproduktivitäten der Faktoren beschrieben werden. Für die Optimalitätsbedingung gilt demnach:

$$\frac{q_1}{q_2} = s_{21} = -\frac{dr_2}{dr_1} = \frac{\frac{\partial f(r_1,r_2)}{\partial r_1}}{\frac{\partial f(r_1,r_2)}{\partial r_2}}.$$

Im Kostenminimum müssen sich also die Faktorpreise zueinander verhalten wie die Grenzproduktivitäten der Faktoren:

$$\frac{q_1}{q_2} = \left.\frac{\frac{\partial f(r_1,r_2)}{\partial r_1}}{\frac{\partial f(r_1,r_2)}{\partial r_2}}\right|_{\substack{q_1=4\\ q_2=16\\ r_1^*=24\\ r_2^*=3}} \Rightarrow \frac{4}{16} == \frac{\frac{8\cdot r_2^{\frac{1}{3}}}{3\cdot r_1^{\frac{1}{3}}}}{\frac{4\cdot r_1^{\frac{2}{3}}}{3\cdot r_2^{\frac{2}{3}}}} = 2\frac{r_2}{r_1} = 2\frac{r_2^*}{r_1^*} = \frac{6}{24} \Rightarrow \frac{1}{4} = \frac{1}{4} \qquad \text{q.e.d.}$$

Aufgabe 4.10 Kostenfunktion bei additiv-separabler Produktionsfunktion

Gegeben sei die Produktionsfunktion:

$$x = f(r_1,r_2) = 2r_1^{\frac{2}{3}} + \frac{1}{2}r_2.$$

a) Ist die Produktionsfunktion peripher oder alternativ substitutional?

b) Bestimmen Sie die Isoquantengleichung für ein vorgegebenes Ausbringungsniveau $\overline{x}$ und zeichnen Sie die Isoquante für $\overline{x} = 8$ in ein $(r_1;r_2)$-Diagramm ein. Wie ändert sich die Lage der Isoquante bei Änderung des Ausbringungsniveaus?

c) Ermitteln Sie die Minimalkostenkombination für das Ausbringungsniveau $\overline{x} = 8$, wenn für die Faktorpreise gilt: $q_1 = 8$ und $q_2 = 3$ [€/ME].

d) Bestimmen Sie für die in Aufgabenteil c) gegebenen Faktorpreise den Expansionspfad für beliebige Ausbringungsniveaus x und stellen Sie diesen in einem $(r_1;r_2)$-Diagramm graphisch dar.

e) Wie lautet bei den in Aufgabenteil c) gegebenen Faktorpreisen die Kostenfunktion in Abhängigkeit vom Ausbringungsniveau x?

f) Welche Minimalkostenkombination ergibt sich für das Ausbringungsniveau $\overline{x} = 8$, wenn die Faktorpreise $q_1 = 1$ und $q_2 = 1$ [€/ME] betragen?

g) Ermitteln Sie für die in Aufgabenteil f) gegebenen Faktorpreise den Expansionspfad und zeichnen Sie diesen in ein $(r_1;r_2)$-Diagramm ein.

h) Leiten Sie die Kostenfunktion für die in Aufgabenteil f) gegebenen Faktorpreise her.

Lösung zu Aufgabe 4.10

zu a)

Da positive Outputmengen auch durch den Einsatz nur eines Faktors hergestellt werden können, ist die Produktionsfunktion alternativ substitutional.

zu b)

Die Bestimmungsgleichung der Isoquanten in der Form $r_2 = r_2(r_1, \bar{x})$ erhält man durch geeignetes Umformen der Produktionsfunktion $x = f(r_1, r_2)$:

$$\bar{x} = 2r_1^{\frac{2}{3}} + \frac{1}{2}r_2$$

$$\Leftrightarrow 2\bar{x} - 4r_1^{\frac{2}{3}} = r_2.$$

Löst man die Produktionsfunktion stattdessen nach r_1 auf, dann ergibt sich die äquivalente Formulierung

$$r_1 = \left(\frac{\bar{x}}{2} - \frac{1}{4}r_2\right)^{\frac{3}{2}}.$$

Aus der ersten Formulierung der Isoquantengleichung ist unmittelbar ersichtlich, dass die Ausbringungsmenge $\bar{x}$ nur als Absolutglied in der Funktionsvorschrift auftritt. Infolgedessen verschiebt sich die Isoquante bei graphischer Darstellung in einem Faktordiagramm (siehe z.B. Abbildung 4.10.1) im Fall einer Erhöhung (Senkung) des Ausbringungsniveaus $\bar{x}$ vertikal nach oben (unten). Dementsprechend ist die Steigung der Isoquante (Grenzrate der Substitution)

$$\frac{dr_2}{dr_1} = -4 \cdot \frac{2}{3} r_1^{-\frac{1}{3}} = -\frac{8}{3} r_1^{-\frac{1}{3}}$$

unabhängig vom Faktoreinsatz r_2, d.h. die Isoquantensteigung hängt nur vom Einsatzniveau r_1 des ersten Faktors ab (Separabilität).

Abbildung 4.10.1 zeigt den Isoquantenverlauf für das Ausbringungsniveau $\bar{x} = 8$.

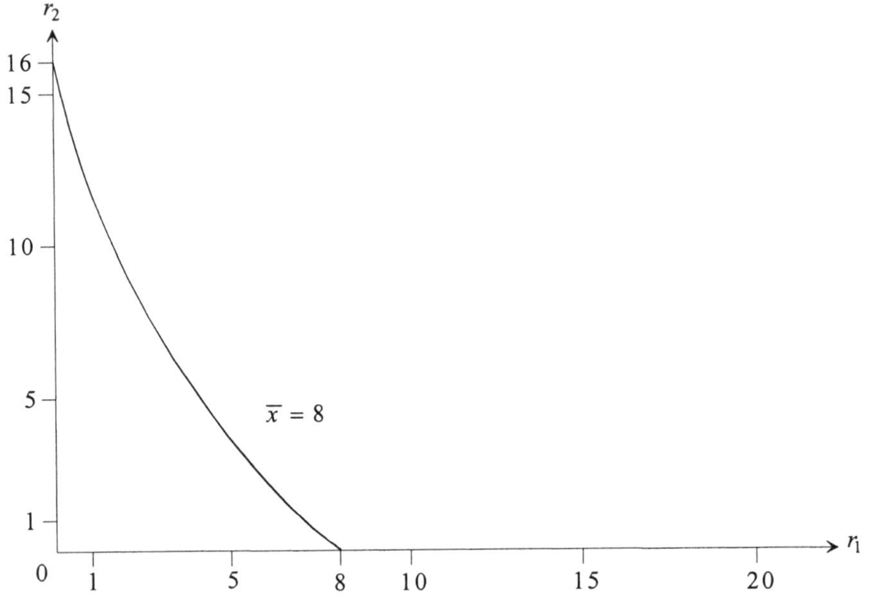

Abb. 4.10.1: Isoquantenverlauf für $\overline{x} = 8$

zu c)

Die Minimalkostenkombination für ein vorgegebenes Ausbringungsniveau $\overline{x}$ lässt sich bei einer Produktionsfunktion mit alternativer Substitutionalität und gegebenen (konstanten) Faktorpreisen am einfachsten durch Vergleich der Steigung der Isokostengeraden mit der Steigung der Isoquante bestimmen. Hierzu ermittelt man zunächst die Bestimmungsgleichung der Isokostengerade(n):

$$\overline{K} = q_1 \cdot r_1 + q_2 \cdot r_2$$

$$\Leftrightarrow r_2 = \frac{\overline{K}}{q_2} - \frac{q_1}{q_2} \cdot r_1.$$

Für $q_1 = 8$ und $q_2 = 3$ beträgt dann die Steigung der Isokostengerade

$$\left.\frac{dr_2}{dr_1}\right|_{\substack{K=\overline{K} \\ q_1=8, q_2=3}} = -\frac{8}{3}.$$

Betrachtet man als Nächstes die Isoquante, dann ist diese nur für Produktionspunkte bzw. Faktorkombinationen mit nichtnegativen Faktoreinsatzmengen definiert $(r_1, r_2 \geq 0)$. Setzt man $r_1 \geq 0$ voraus, dann muss für Produktionspunkte auf der Isoquante hinsichtlich des Einsatzes des zweiten Faktors gelten:

$$r_2 = 2\bar{x} - 4r_1^{\frac{2}{3}} \geq 0.$$

Durch Umformen dieser Bedingung erhält man die von der vorgegebenen Ausbringungsmenge $\bar{x}$ abhängige obere Schranke des Zulässigkeitsbereichs der Einsatzmenge von Faktor 1:

$$2\bar{x} - 4r_1^{\frac{2}{3}} \geq 0$$

$$\Leftrightarrow \quad \left(\frac{\bar{x}}{2}\right)^{\frac{3}{2}} \geq r_1.$$

Folglich hat man für $\bar{x} = 8$:

$$0 \leq r_1 \leq \left(\frac{\bar{x}}{2}\right)^{\frac{3}{2}} = 8.$$

Hinsichtlich des Einsatzes des Faktors 2 ergibt sich analog:

$$r_1^{\frac{2}{3}} = \frac{\bar{x}}{2} - \frac{1}{4}r_2 \geq 0$$

$$\Leftrightarrow \qquad \frac{\bar{x}}{2} \geq \frac{1}{4}r_2$$

$$\Leftrightarrow \qquad 0 \leq r_2 \leq 2\bar{x} = 16.$$

Bezüglich der Steigung der zum Ausbringungsniveau $\bar{x} = 8$ gehörenden Isoquante gilt dann bei Verwendung der entsprechenden Bedingung für Faktor 1:

$$\left.\frac{dr_2}{dr_1}\right|_{\substack{\bar{x}=8 \\ 0<r_1\leq 8}} = -\frac{8}{3}r_1^{-\frac{1}{3}} \in \left(-\infty, -\frac{4}{3}\right].$$

Wegen

$$\left.\frac{dr_2}{dr_1}\right|_{\substack{K=\bar{K} \\ q_1=8, q_2=3}} = -\frac{8}{3} \in \left(-\infty, -\frac{4}{3}\right]$$

lässt sich die Minimalkostenkombination für das Ausbringungsniveau $\bar{x} = 8$ unmittelbar durch Gleichsetzen der Steigungen der Isokostengerade und der Isoquante bestimmen (Tangentialbedingung), da die Minimalkostenkombination in diesem Fall im Innern des Faktorraumes liegt. Hieraus folgt:

$$\left.\frac{dr_2}{dr_1}\right|_{\substack{\bar{x}=8\\0<r_1\leq 8}} = -\frac{8}{3}r_1^{-\frac{1}{3}} \overset{!}{=} -\frac{8}{3} = \left.\frac{dr_2}{dr_1}\right|_{K=\bar{K}}$$

$$\Leftrightarrow r_1^* = 1$$

und weiterhin:

$$r_2^* = 2\bar{x} - 4\left(r_1^*\right)^{\frac{2}{3}} = 16 - 4 \cdot (1)^{\frac{2}{3}} = 12.$$

Im Ergebnis erhält man die Minimalkostenkombination $\left(r_1^*, r_2^*\right) = (1{,}12)$.

zu d)

Aus den Aufgabenteilen b) und c) ist bekannt, dass die Minimalkostenkombination bei den Faktorpreisen $q_1 = 8$ und $q_2 = 3$ vorsieht, vom ersten Faktor stets nur eine Einheit, d.h. $r_1^* = 1$, einzusetzen, sofern die Minimalkostenkombination durch den Tangentialpunkt zwischen der Isokostengerade und der Isoquante charakterisiert ist. Verschiedene Ausbringungsniveaus werden dabei durch die entsprechende Anpassung der Einsatzmenge des zweiten Faktors realisiert. Allerdings ist diese Anpassungsmöglichkeit beschränkt, denn die Faktoreinsatzmenge von Faktor 2 lässt sich im Rahmen einer Absenkung der Ausbringungsmenge nur bis zum Niveau $r_2^* = 0$ zurückführen. Bei Erreichen dieser Grenze werden jedoch mit einer Mengeneinheit des ersten Faktors ($r_1^* = 1$) immer noch $x = 2 \cdot (1)^{\frac{2}{3}} = 2$ Mengeneinheiten des Outputs produziert. Für Ausbringungsmengen $0 \leq x < 2$ muss folglich auch die Faktoreinsatzmenge r_1 gemäß der Vorschrift

$$x = 2r_1^{\frac{2}{3}} + \frac{1}{2} \cdot 0 \Leftrightarrow r_1 = \left(\frac{x}{2}\right)^{\frac{3}{2}}$$

verringert werden. In diesen Fällen ist die Minimalkostenkombination nicht länger durch die Tangentialbedingung charakterisiert.

Der Expansionspfad besteht infolgedessen aus zwei Teilen. Für Ausbringungsniveaus $x \geq 2$ entspricht er der Halbgeraden $\left(r_1^* = 1; r_2 = 2\bar{x} - 4\right)$; für $0 \leq x < 2$ fällt der Expansionspfad im Bereich $[0;1]$ mit der r_1-Achse (Abszisse) zusammen (siehe Abb. 4.10.2).

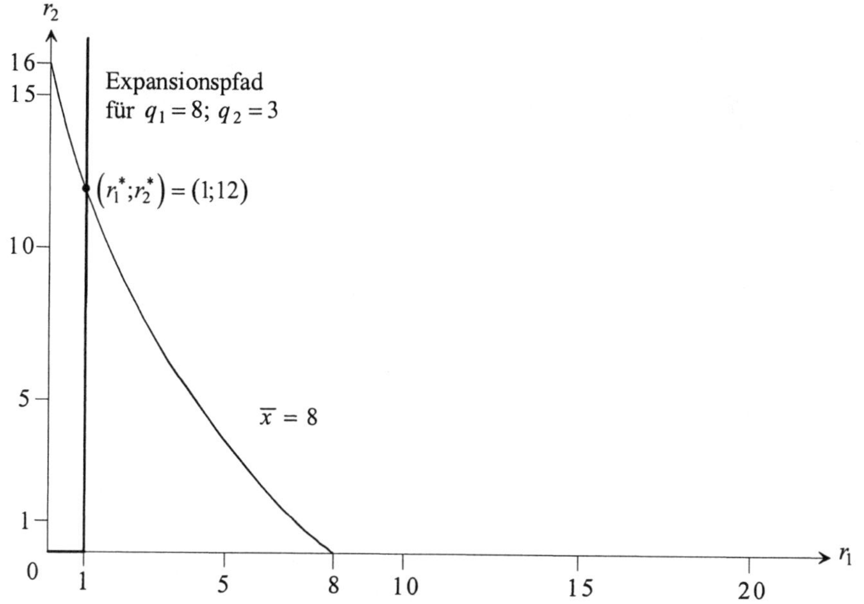

Abb. 4.10.2: Expansionspfad für $q_1 = 8$ und $q_2 = 3$

zu e)

Aufgrund des zweigeteilten Expansionspfades besteht die Kostenfunktion ebenfalls aus zwei Teilen.

Für Ausbringungsniveaus $x \geq 2$ erhält man durch Einsetzen von $r_1^* = 1$ und $r_2^* = 2x - 4$ in die Bestimmungsgleichung der allgemeinen Kostenfunktion:

$$\begin{aligned} K(x) &= q_1 \cdot r_1^* + q_2 \cdot r_2^* \\ &= 8 \cdot 1 + 3 \cdot (2x - 4) \\ &= 6x - 4. \end{aligned}$$

Für Ausbringungsniveaus $0 \leq x < 2$ gilt hingegen:

$$r_1^* = \left(\frac{x}{2}\right)^{\frac{3}{2}}, r_2^* = 0$$

$$\Rightarrow \quad K(x) = 8 \cdot \left(\frac{x}{2}\right)^{\frac{3}{2}} + 3 \cdot 0$$

$$= 8 \cdot \left(\frac{x}{2}\right)^{\frac{3}{2}}.$$

Insgesamt hat man also die folgende Kostenfunktion:

$$K(x) = \begin{cases} 8 \cdot \left(\frac{x}{2}\right)^{\frac{3}{2}} & \text{für } 0 \leq x < 2, \\ 6x - 4 & \text{für } x \geq 2. \end{cases}$$

zu f)

Die Ergebnisse der Überlegungen zu Aufgabenteil c) lassen sich hier direkt anwenden. Bei den Faktorpreisen $q_1 = 1$ und $q_2 = 1$ beträgt die Steigung der Isokostengeraden:

$$\left.\frac{dr_2}{dr_1}\right|_{\substack{K=\bar{K} \\ q_1=q_2=1}} = -1.$$

Wegen

$$\left.\frac{dr_2}{dr_1}\right|_{\substack{K=\bar{K} \\ q_1=q_2=1}} = -1 > -\frac{4}{3} = \left.\frac{dr_2}{dr_1}\right|_{\substack{\bar{x}=8 \\ r_1=8}}$$

verläuft die Isokostengerade stets flacher als die Isoquante zum Ausbringungsniveau $\bar{x} = 8$, so dass sich die Minimalkostenkombination $\left(r_1^*, r_2^*\right)$ als Randoptimum mit

$$r_2^* = 0, r_1^* = \left(\frac{\bar{x}}{2}\right)^{\frac{3}{2}} = (4)^{\frac{3}{2}} = 8$$

ergibt.

zu g)

Aufgrund der Überlegungen aus den vorherigen Aufgabenteilen ist anschaulich klar, dass es bei gegebenen Faktorpreisen $q_1 = q_2 = 1$ für hinreichend kleine Ausbringungsmengen x stets optimal ist, auf den Einsatz von Faktor 2 zu verzichten und ausschließlich Faktor 1 einzusetzen, so dass der Expansionspfad in diesem Bereich mit der r_1-Achse (Abszisse) zusammenfällt. Da allerdings die Isoquante zur Abszisse hin immer flacher verläuft und sich zudem mit steigenden Ausbringungsmengen vertikal nach oben verschiebt, gibt es einen bestimmten Schwellenwert $\hat{x}$, ab dem eine Minimalkostenkombination, die im Inneren des Faktorraums liegt, optimal ist. Eine solche innere Lösung (Minimalkostenkombination) muss die Tangentialbedingung

$$\left.\frac{dr_2}{dr_1}\right|_{x>\hat{x}} = -\frac{8}{3} r_1^{-\frac{1}{3}} = -1 = -\frac{q_1}{q_2} = \left.\frac{dr_2}{dr_1}\right|_{K=\bar{K}}$$

erfüllen. Hieraus resultiert die optimale Einsatzmenge von Faktor 1:

$$\hat{r}_1 = \left(\frac{8}{3}\right)^3 \approx 18{,}96.$$

Da $\hat{r}_1$ offensichtlich wieder konstant ist und lediglich $\hat{r}_2$ gemäß der Vorschrift

$$\hat{r}_2 = 2\bar{x} - 4\hat{r}_1^{\frac{2}{3}} = 2\bar{x} - 4\left[\left(\frac{8}{3}\right)^3\right]^{\frac{2}{3}} = 2\bar{x} - \frac{256}{9}$$

an eine vorgegebene Ausbringungsmenge $\bar{x}$, $\bar{x} \geq \hat{x}$, angepasst werden muss, verläuft hier der Expansionspfad senkrecht. Die kritische Ausbringungsmenge $\hat{x}$ ergibt sich dabei aus der Nichtnegativitätsbedingung $\hat{r}_2 \geq 0$:

$$2\bar{x} - \frac{256}{9} \geq 0$$

$$\Leftrightarrow \bar{x} \geq \frac{128}{9} = 14{,}\bar{2} = \hat{x}.$$

Der Verlauf des Expansionspfades ist in Abbildung 4.10.3 graphisch veranschaulicht.

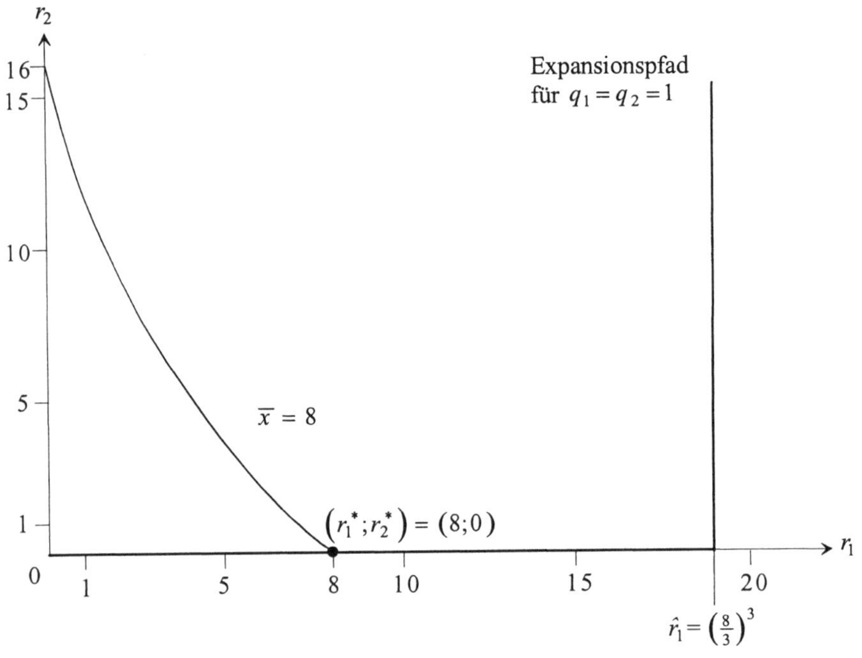

Abb. 4.10.3: Expansionspfad für $q_1 = q_2 = 1$

zu h)

Wie schon in Aufgabenteil e) erhält man auch bei den Faktorpreisen $q_1 = q_2 = 1$ eine zweigeteilte Kostenfunktion. Für Ausbringungsmengen x, $0 \leq x \leq \frac{128}{9}$, gilt:

$$r_1^* = \left(\frac{x}{2}\right)^{\frac{3}{2}}, r_2^* = 0$$

$$\Rightarrow K(x) = 1 \cdot \left(\frac{x}{2}\right)^{\frac{3}{2}} + 1 \cdot 0 = \left(\frac{x}{2}\right)^{\frac{3}{2}}.$$

Dagegen resultiert die Kostenfunktion für $x > \frac{128}{9}$ aus:

$$\hat{r}_1 = \left(\frac{8}{3}\right)^3, \hat{r}_2 = 2x - \frac{256}{9}$$

$$\Rightarrow K(x) = 1 \cdot \left(\frac{8}{3}\right)^3 + 1 \cdot \left(2x - \frac{256}{9}\right) = 2x - \frac{256}{27}.$$

Insgesamt erhält man also die Kostenfunktion:

$$K(x) = \begin{cases} \left(\frac{x}{2}\right)^{\frac{3}{2}} & \text{für } 0 \leq x \leq \frac{128}{9}, \\ 2x - \frac{256}{27} & \text{für } x > \frac{128}{9}. \end{cases}$$

Aufgabe 4.11 Kostenfunktion bei neoklassischer Produktionsfunktion

Gegeben sei die Produktionsfunktion:

$$x = f(r_1, r_2, r_3) = 2 \cdot r_1^{\frac{1}{2}} \cdot r_2^{\frac{1}{4}} \cdot r_3^{\frac{1}{4}}.$$

a) Um welche Art von Produktionsfunktion handelt es sich hierbei? Welchen Homogenitätsgrad hat diese Produktionsfunktion?

b) Bestimmen Sie die Kostenfunktion $\tilde{K}(x)$ bei partieller Faktorvariation des Faktors 1 und konstantem Einsatzniveau $\overline{r}_2 = \overline{r}_3 = 16$ der übrigen Faktoren, wenn für die Faktorpreise gilt: $q_1 = 8$, $q_2 = 4$ und $q_3 = 1$ [€/ME].

c) Bestimmen Sie die Kostenfunktion $\hat{K}(x)$ bei partieller Faktorvariation des Faktors 1, wenn bei ansonsten gleichen Angaben wie unter b) für Faktor 1 folgende Beschaffungspreisfunktion gilt:

$$q_1(r_1) = max\left\{8 - \frac{2}{25} r_1; 6\right\}.$$

d) Bestimmen Sie die Kostenfunktion $K(x)$ bei totaler Faktorvariation mit den konstanten Preisen $q_1 = 8$, $q_2 = 4$ und $q_3 = 1$ [€/ME]. Wie lässt sich der Kostenverlauf ökonomisch begründen?

Lösung zu Aufgabe 4.11

zu a)

Die Produktionsfunktion ist wegen

$$x = f(r_1, r_2, r_3) = 2 \cdot r_1^{\frac{1}{2}} \cdot r_2^{\frac{1}{4}} \cdot r_3^{\frac{1}{4}} = \alpha_0 \cdot r_1^{\alpha_1} \cdot r_2^{\alpha_2} \cdot r_3^{\alpha_3},$$

$$0 < \alpha_0 = \text{const.}, \quad 0 \le \alpha_i = \text{const.} < 1, \quad i = 1,2,3,$$

eine COBB-DOUGLAS-Produktionsfunktion mit abnehmenden Grenzerträgen bei partieller Faktorvariation. Zudem ist die Produktionsfunktion wegen

$$f(\lambda r_1,\lambda r_2,\lambda r_3)=2\cdot(\lambda r_1)^{\frac{1}{2}}\cdot(\lambda r_2)^{\frac{1}{4}}\cdot(\lambda r_3)^{\frac{1}{4}}$$
$$=\lambda^{\frac{1}{2}+\frac{1}{4}+\frac{1}{4}}\cdot\left(2\cdot r_1^{\frac{1}{2}}\cdot r_2^{\frac{1}{4}}\cdot r_3^{\frac{1}{4}}\right)$$
$$=\lambda f(r_1,r_2,r_3)$$

linearhomogen.

zu b)

Gemäß Aufgabenstellung darf nur Faktor 1 partiell variiert werden, weil die beiden anderen Faktoreinsätze auf ein konstantes Niveau festgesetzt wurden. Das Einsetzen von $\overline{r}_2=\overline{r}_3=16$ in die Produktionsfunktion liefert zunächst:

$$x=2\cdot r_1^{\frac{1}{2}}\cdot r_2^{\frac{1}{4}}\cdot r_3^{\frac{1}{4}}=2\cdot r_1^{\frac{1}{2}}\cdot 16^{\frac{1}{4}}\cdot 16^{\frac{1}{4}}=8\cdot r_1^{\frac{1}{2}}.$$

Durch Auflösen nach r_1 erhält man:

$$r_1=\left(\frac{x}{8}\right)^2.$$

Hieraus lässt sich nun direkt die Kostenfunktion $\tilde{K}(x)$ bei partieller Faktorvariation berechnen:

$$\tilde{K}(x)=\sum_{i=1}^{3}q_i\cdot r_i(x)=8\cdot\left(\frac{x}{8}\right)^2+4\cdot 16+1\cdot 16=\frac{x^2}{8}+80.$$

zu c)

Im Unterschied zu Aufgabenteil b) ist nun der Faktorpreis des ersten Faktors nicht mehr im gesamten Definitionsbereich konstant, sondern gemäß der Beschaffungspreisfunktion

$$q_1(r_1)=max\left\{8-\frac{2}{25}r_1;6\right\}$$

variabel. Bei einer Ausweitung des Einsatzes von Faktor 1 nimmt demnach der Faktorpreis dieses ersten Faktors bis zum Erreichen einer bestimmten Faktoreinsatzmenge $\hat{r}_1$ linear ab und ist ab diesem Schwellenwert dann konstant. Die Faktoreinsatzmenge $\hat{r}_1$ lässt sich unmittelbar durch Gleichsetzen der beiden Argumente in der Maximumfunktion errechnen:

$$
\begin{aligned}
& 8-\frac{2}{25}\hat{r}_1=6 \\
\Leftrightarrow \quad & 2=\frac{2}{25}\hat{r}_1 \\
\Leftrightarrow \quad & 25=\hat{r}_1 .
\end{aligned}
$$

Setzt man $\hat{r}_1$ in die Produktionsfunktion bei partieller Faktorvariation ein, so liefert dies die zugehörige Ausbringungsmenge $\hat{x}$:

$$\hat{x}=8\cdot\hat{r}_1^{\frac{1}{2}}=8\cdot 25^{\frac{1}{2}}=40.$$

Als Kostenfunktion $\hat{K}(x)$ bei partieller Faktorvariation und mengenabhängigem Preis des ersten Faktors erhält man schließlich:

$$
\begin{aligned}
\hat{K}(x) &= \begin{cases} \left[8-\frac{2}{25}r_1(x)\right]\cdot r_1(x)+80 & \text{für } 0\le x\le \hat{x}=40, \\ 6\cdot\left(\frac{x}{8}\right)^2+80 & \text{für } x\ge \hat{x}=40. \end{cases} \\
&= \begin{cases} 8\cdot\left(\frac{x}{8}\right)^2-\frac{2}{25}\cdot\left(\frac{x}{8}\right)^4+80 & \text{für } 0\le x\le \hat{x}=40, \\ \frac{3}{32}x^2+80 & \text{für } x\ge \hat{x}=40. \end{cases} \\
&= \begin{cases} \frac{x^2}{8}-\frac{x^4}{51.200}+80 & \text{für } 0\le x\le \hat{x}=40, \\ \frac{3}{32}x^2+80 & \text{für } x\ge \hat{x}=40. \end{cases}
\end{aligned}
$$

Diese Kostenfunktion, deren Verlauf Abbildung 4.11.1 graphisch veranschaulicht, setzt sich aus zwei Teilen zusammen: Der erste Teil gibt die Produktionskosten an, die bei einer partiellen Variation des Faktors 1 anfallen, wenn zugleich der Faktorpreis q_1 dieses ersten Faktors linear sinkt. Der zweite Teil beschreibt dagegen den Kostenverlauf, der sich aus der partiellen Faktorvariation bei konstantem Preis des Faktors 1 ergibt. Es ist nun anschaulich klar, dass das Festhalten des Faktorpreises q_1 auf einem konstantem Niveau ab dem Schwellenwert $\hat{x}=40$ die Produktionskosten mit jeder Erhöhung der Ausbringungsmenge $x>\hat{x}$ stärker ansteigen lässt als im Falle einer weiteren Absenkung des Faktorpreises q_1. Infolgedessen weist die Kostenfunktion $\hat{K}(x)$ an der Stelle $\hat{x}=40$ einen Knick auf.

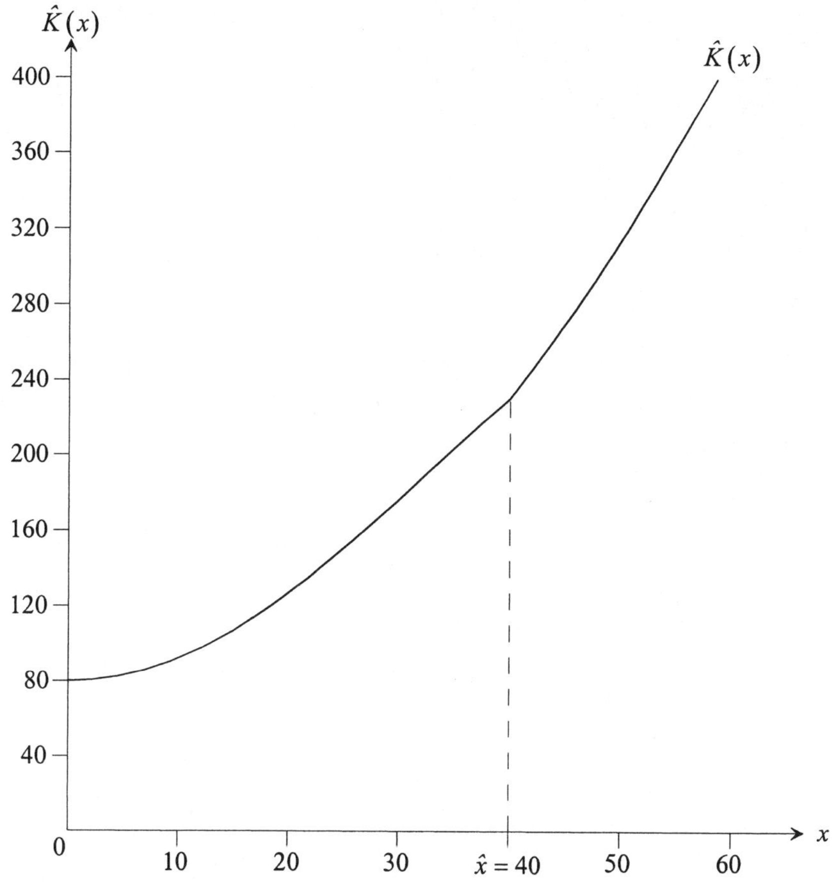

Abb. 4.11.1: Kostenfunktion $\hat{K}(x)$ bei partieller Faktorvariation und abschnittsweise sinkendem bzw. konstantem Faktorpreis

zu d)

Bei uneingeschränkter Faktorvariation sind die Minimalkostenkombinationen durch die folgenden notwendigen Bedingungen charakterisiert:

$$\frac{\frac{\partial x}{\partial r_1}}{\frac{\partial x}{\partial r_2}} \overset{!}{=} \frac{q_1}{q_2} \Leftrightarrow \frac{2 \cdot \frac{1}{2} \cdot r_1^{-\frac{1}{2}} \cdot r_2^{\frac{1}{4}} \cdot r_3^{\frac{1}{4}}}{2 \cdot r_1^{\frac{1}{2}} \cdot \frac{1}{4} \cdot r_2^{-\frac{3}{4}} \cdot r_3^{\frac{1}{4}}} = 2 \cdot \frac{r_2}{r_1} \overset{!}{=} \frac{8}{4} \Leftrightarrow r_1 = r_2,$$

$$\frac{\frac{\partial x}{\partial r_1}}{\frac{\partial x}{\partial r_3}} \overset{!}{=} \frac{q_1}{q_3} \Leftrightarrow \frac{2 \cdot \frac{1}{2} \cdot r_1^{-\frac{1}{2}} \cdot r_2^{\frac{1}{4}} \cdot r_3^{\frac{1}{4}}}{2 \cdot r_1^{\frac{1}{2}} \cdot r_2^{\frac{1}{4}} \cdot \frac{1}{4} \cdot r_3^{-\frac{3}{4}}} = 2 \cdot \frac{r_3}{r_1} \overset{!}{=} \frac{8}{1} \Leftrightarrow r_3 = 4r_1,$$

$$\frac{\frac{\partial x}{\partial r_2}}{\frac{\partial x}{\partial r_3}} \overset{!}{=} \frac{q_2}{q_3} \Leftrightarrow \frac{2 \cdot r_1^{\frac{1}{2}} \cdot \frac{1}{4} \cdot r_2^{-\frac{3}{4}} \cdot r_3^{\frac{1}{4}}}{2 \cdot r_1^{\frac{1}{2}} \cdot r_2^{\frac{1}{4}} \cdot \frac{1}{4} \cdot r_3^{-\frac{3}{4}}} = \frac{r_3}{r_2} \overset{!}{=} \frac{4}{1} \Leftrightarrow r_3 = 4r_2.$$

Das Einsetzen von $r_2 = r_2(r_1)$ und von $r_3 = r_3(r_1)$ in die Produktionsfunktion liefert die kostenminimale Einsatzmenge von Faktor 1 in Abhängigkeit von der Ausbringungsmenge x:

$$x = 2 \cdot r_1^{\frac{1}{2}} \cdot r_1^{\frac{1}{4}} \cdot (4r_1)^{\frac{1}{4}} = 2 \cdot 2^{\frac{1}{2}} \cdot r_1 = 8^{\frac{1}{2}} \cdot r_1 \quad \Leftrightarrow \quad r_1 = \frac{x}{8^{\frac{1}{2}}}.$$

Hieraus erhält man dann weiter:

$$r_2 = r_1 = \frac{x}{8^{\frac{1}{2}}},$$

$$r_3 = 4 \cdot r_1 = 4 \cdot \frac{x}{8^{\frac{1}{2}}} = 2^{\frac{1}{2}} \cdot x,$$

so dass insgesamt die folgende Kostenfunktion resultiert:

$$K(x) = \sum_{i=1}^{3} q_i \cdot r_i(x) = 8 \cdot \frac{x}{8^{\frac{1}{2}}} + 4 \cdot \frac{x}{8^{\frac{1}{2}}} + 1 \cdot 4 \cdot \frac{x}{8^{\frac{1}{2}}} = 16 \cdot \frac{x}{8^{\frac{1}{2}}} = 4 \cdot 2^{\frac{1}{2}} \cdot x.$$

Diese Kostenfunktion ist linear. Dies ist darauf zurückzuführen, dass die Produktionsfunktion homogen ist, denn dann sind die zugehörigen Isoklinen, d.h. der geometrische Ort aller Punkte im Faktorraum, an denen dieselbe Grenzrate der Substitution (Steigung der Tangente an die Isoquante) vorliegt, Halbgeraden durch den Ursprung. Bei konstanten Faktorpreisen ist demnach auch der Expansionspfad, d.h. der geometrische Ort aller Minimalkostenkombinationen bzw. der geometrische Ort aller Produktionspunkte im Faktorraum, an denen die Grenzrate der Substitution genau dem (negativen) umgekehrten Faktorpreisverhältnis entspricht, eine Halbgerade durch den Ursprung, so dass das Faktoreinsatzverhältnis der Minimalkostenkombinationen für unterschiedliche Ausbringungsmengen stets konstant bleibt. Darüber hinaus bewirkt die Linearhomogenität der

Produktionsfunktion, dass sich die Faktoreinsatzmengen nicht nur – aufgrund des konstanten Faktoreinsatzverhältnisses – proportional zueinander, sondern zugleich auch proportional zur Ausbringungsmenge verhalten. Infolgedessen besteht zwischen der Summe der mit den konstanten Faktorpreisen bewerteten Faktoreinsatzmengen, also den Produktionskosten, und der Ausbringungsmenge ebenfalls ein proportionaler Zusammenhang. Im Ergebnis führt dies zu einem linearen Kostenverlauf.

Aufgabe 4.12 Verfahrenswahl auf der Grundlage von Kostenfunktionen (I)

Ein Unternehmen produziert ein Endprodukt (Ausbringungsmenge x) mit Hilfe zweier Faktoren 1 und 2 (Faktoreinsatzmengen r_1 bzw. r_2). Zur Produktion stehen zwei verschiedene Produktionsmöglichkeiten I und II zur Wahl, zu denen die folgenden Produktionsfunktionen gehören:

Produktionsmöglichkeit I:

$$x = \frac{16 \cdot r_1 \cdot r_2}{r_1 + 25 r_2},$$

Produktionsmöglichkeit II:

$$x = \frac{9 \cdot r_1 \cdot r_2}{4 r_1 + 9 r_2}.$$

Die Faktorpreise q_1 und q_2 seien der Unternehmung fest vorgegeben.

a) Bestimmen Sie für beide Produktionsmöglichkeiten π, $\pi \in \{\text{I,II}\}$, die zugehörige Gesamtkostenfunktion $K^{\pi}(x, q_1, q_2)$.

b) Für welche Faktorpreisverhältnisse q_1/q_2 ist die Produktionsmöglichkeit I kostengünstiger als die Produktionsmöglichkeit II?

c) Welche Produktionsmöglichkeit sollte das Unternehmen wählen, wenn für die Faktorpreise gilt: $q_1 = 1$, $q_2 = 4$ [€/ME]? Wie hoch sind dann die Kosten, wenn $\bar{x} = 160$ Mengeneinheiten des Endproduktes hergestellt werden sollen?

Lösung zu Aufgabe 4.12

zu a)

Zur Ermittlung der Kostenfunktionen leitet man für jede Produktionsmöglichkeit zunächst aus den notwendigen Bedingungen für die Minimalkostenkombinationen die kostenminimalen Einsatzverhältnisse der beiden Faktoren ab, setzt diese dann in die entsprechende Produktionsfunktion ein und ermittelt die kostenminimalen Einsatzmengen der Faktoren in Abhängigkeit von der Ausbringungsmenge x. Das Einsetzen der kostenminimalen Faktoreinsatzmengen in die allgemeine Kostenfunktion $K^{\pi}(x,q_1,q_2) = q_1 \cdot r_1^{\pi}(x) + q_2 \cdot r_2^{\pi}(x)$, $\pi \in \{\text{I,II}\}$, liefert schließlich die gesuchte Kostenfunktion der Produktionsmöglichkeit π.

(i)

Berechnung der notwendigen Bedingungen der Minimalkostenkombinationen von Produktionsmöglichkeit I:

$$\frac{\dfrac{\partial x}{\partial r_1^{\text{I}}}}{\dfrac{\partial x}{\partial r_2^{\text{I}}}} = \frac{\dfrac{16 \cdot r_2^{\text{I}} \cdot \left(r_1^{\text{I}} + 25 r_2^{\text{I}}\right) - 16 \cdot r_1^{\text{I}} \cdot r_2^{\text{I}} \cdot 1}{\left(r_1^{\text{I}} + 25 r_2^{\text{I}}\right)^2}}{\dfrac{16 \cdot r_1^{\text{I}} \cdot \left(r_1^{\text{I}} + 25 r_2^{\text{I}}\right) - 16 \cdot r_1^{\text{I}} \cdot r_2^{\text{I}} \cdot 25}{\left(r_1^{\text{I}} + 25 r_2^{\text{I}}\right)^2}} = 25 \cdot \frac{\left(r_2^{\text{I}}\right)^2}{\left(r_1^{\text{I}}\right)^2} \stackrel{!}{=} \frac{q_1}{q_2}.$$

Durch Auflösen nach r_2^{I} erhält man die kostenminimale Einsatzmenge des Faktors 2 in Abhängigkeit von der Faktoreinsatzmenge r_1^{I}:

$$r_2^{\text{I}} = \frac{r_1^{\text{I}}}{5} \cdot \sqrt{\frac{q_1}{q_2}}.$$

Einsetzen in die Produktionsfunktion für Produktionsmöglichkeit I und Auflösen nach r_1^{I} führt zur optimalen Einsatzmenge des Faktors 1 in Abhängigkeit von der Ausbringung x:

$$x = \frac{16 \cdot r_1^{\text{I}} \cdot \dfrac{r_1^{\text{I}}}{5} \cdot \sqrt{\dfrac{q_1}{q_2}}}{r_1^{\text{I}} + 25 \cdot \dfrac{r_1^{\text{I}}}{5} \cdot \sqrt{\dfrac{q_1}{q_2}}}$$

$$\Leftrightarrow \quad x \cdot \left(1 + 5\sqrt{\frac{q_1}{q_2}}\right) = \frac{16 r_1^{\text{I}}}{5} \cdot \sqrt{\frac{q_1}{q_2}}$$

$$\Leftrightarrow \quad x \cdot \left(\frac{5}{16} \cdot \sqrt{\frac{q_2}{q_1}} + \frac{25}{16}\right) = r_1^{\text{I}}.$$

Setzt man nun r_1^{I} und r_2^{I} in die allgemeine Kostengleichung ein, so erhält man die Kostenfunktion:

$$
\begin{aligned}
K^{\mathrm{I}}(x,q_1,q_2) &= q_1 \cdot x \cdot \left(\frac{5}{16}\cdot\sqrt{\frac{q_2}{q_1}}+\frac{25}{16}\right)+q_2\cdot\frac{1}{5}\cdot x\cdot\left(\frac{5}{16}\cdot\sqrt{\frac{q_2}{q_1}}+\frac{25}{16}\right)\cdot\sqrt{\frac{q_1}{q_2}} \\
&= q_1 \cdot x \cdot \left(\frac{5}{16}\cdot\sqrt{\frac{q_2}{q_1}}+\frac{25}{16}\right)+q_2\cdot\frac{1}{5}\cdot x\cdot\left(\frac{5}{16}+\frac{25}{16}\cdot\sqrt{\frac{q_1}{q_2}}\right) \\
&= x\cdot\left(\frac{5}{16}\cdot\sqrt{q_1\cdot q_2}+\frac{25}{16}q_1+\frac{1}{16}q_2+\frac{5}{16}\cdot\sqrt{q_1\cdot q_2}\right) \\
&= x\cdot\left(\frac{10}{16}\cdot\sqrt{q_1\cdot q_2}+\frac{25}{16}q_1+\frac{1}{16}q_2\right) \\
&= x\cdot\left(\frac{5}{4}\cdot\sqrt{q_1}+\frac{1}{4}\cdot\sqrt{q_2}\right)^2.
\end{aligned}
$$

(ii)

Berechnung der notwendigen Bedingungen der Minimalkostenkombinationen von Produktionsmöglichkeit II:

$$
\frac{\dfrac{\partial x}{\partial r_1^{\mathrm{II}}}}{\dfrac{\partial x}{\partial r_2^{\mathrm{II}}}}=\frac{\dfrac{9\cdot r_2^{\mathrm{II}}\cdot\left(4r_1^{\mathrm{II}}+9r_2^{\mathrm{II}}\right)-9\cdot r_1^{\mathrm{II}}\cdot r_2^{\mathrm{II}}\cdot 4}{\left(4r_1^{\mathrm{II}}+9r_2^{\mathrm{II}}\right)^2}}{\dfrac{9\cdot r_1^{\mathrm{II}}\cdot\left(4r_1^{\mathrm{II}}+9r_2^{\mathrm{II}}\right)-9\cdot r_1^{\mathrm{II}}\cdot r_2^{\mathrm{II}}\cdot 9}{\left(4r_1^{\mathrm{II}}+9r_2^{\mathrm{II}}\right)^2}}=\frac{9\left(r_2^{\mathrm{II}}\right)^2}{4\left(r_1^{\mathrm{II}}\right)^2}\stackrel{!}{=}\frac{q_1}{q_2}.
$$

Auflösen nach r_2^{II} ergibt:

$$
r_2^{\mathrm{II}}=\frac{2r_1^{\mathrm{II}}}{3}\cdot\sqrt{\frac{q_1}{q_2}}.
$$

Durch Einsetzen von r_2^{II} in die Produktionsfunktion für die zweite Produktionsmöglichkeit und Auflösen nach r_1^{II} lässt sich dann die optimale Einsatzmenge des Faktors 1 in Abhängigkeit von der Ausbringungsmenge x bestimmen:

$$
x=\frac{9\cdot r_1^{\mathrm{II}}\cdot\dfrac{2r_1^{\mathrm{II}}}{3}\cdot\sqrt{\dfrac{q_1}{q_2}}}{4r_1^{\mathrm{II}}+9\cdot\dfrac{2r_1^{\mathrm{II}}}{3}\cdot\sqrt{\dfrac{q_1}{q_2}}}
$$

$$\Leftrightarrow \quad x \cdot \left(4+6\sqrt{\frac{q_1}{q_2}}\right)=6r_1 \cdot \sqrt{\frac{q_1}{q_2}}$$

$$\Leftrightarrow \quad x \cdot \left(\frac{2}{3} \cdot \sqrt{\frac{q_2}{q_1}}+1\right)=r_1.$$

Einsetzen von r_1^{II} und r_2^{II} in die allgemeine Kostengleichung führt schließlich zur Kostenfunktion:

$$\begin{aligned}
K^{\mathrm{II}}(x,q_1,q_2) &= q_1 \cdot x \cdot \left(\frac{2}{3} \cdot \sqrt{\frac{q_2}{q_1}}+1\right)+q_2 \cdot x \cdot \frac{2}{3} \cdot \left(\frac{2}{3} \cdot \sqrt{\frac{q_2}{q_1}}+1\right) \cdot \sqrt{\frac{q_1}{q_2}} \\
&= q_1 \cdot x \cdot \left(\frac{2}{3} \cdot \sqrt{\frac{q_2}{q_1}}+1\right)+q_2 \cdot x \cdot \left(\frac{4}{9}+\frac{2}{3} \cdot \sqrt{\frac{q_1}{q_2}}\right) \\
&= x \cdot \left(\frac{2}{3} \cdot \sqrt{q_1 \cdot q_2}+q_1+\frac{4}{9}q_2+\frac{2}{3} \cdot \sqrt{q_1 \cdot q_2}\right) \\
&= x \cdot \left(\frac{4}{3} \cdot \sqrt{q_1 \cdot q_2}+q_1+\frac{4}{9}q_2\right) \\
&= x \cdot \left(\sqrt{q_1}+\frac{2}{3} \cdot \sqrt{q_2}\right)^2.
\end{aligned}$$

zu b)

Damit Produktionsmöglichkeit I kostengünstiger als Produktionsmöglichkeit II ist, muss die folgende Bedingung erfüllt sein:

$$K^{\mathrm{I}}(x,q_1,q_2) < K^{\mathrm{II}}(x,q_1,q_2)$$

$$\Leftrightarrow \quad x \cdot \left(\frac{5}{4} \cdot \sqrt{q_1}+\frac{1}{4} \cdot \sqrt{q_2}\right)^2 < x \cdot \left(\sqrt{q_1}+\frac{2}{3} \cdot \sqrt{q_2}\right)^2$$

$$\Leftrightarrow \quad \frac{5}{4} \cdot \sqrt{q_1}+\frac{1}{4} \cdot \sqrt{q_2} < \sqrt{q_1}+\frac{2}{3} \cdot \sqrt{q_2}$$

$$\Leftrightarrow \quad \frac{1}{4} \cdot \sqrt{q_1} < \frac{5}{12} \cdot \sqrt{q_2}$$

$$\Leftrightarrow \quad \frac{q_1}{q_2} < \frac{25}{9}.$$

zu c)

Bei den Faktorpreisen $q_1 = 1$ und $q_2 = 4$ [€/ME] ist Produktionsmöglichkeit I zu bevorzugen, da hinsichtlich des Entscheidungskriteriums aus b) gilt:

$$\frac{q_1}{q_2} = \frac{1}{4} < \frac{25}{9}.$$

Die Kosten für die Produktion von 160 Mengeneinheiten des Endproduktes betragen dann:

$$K^1(\overline{x} = 160, q_1 = 1, q_2 = 4) = 160 \cdot \left(\frac{5}{4} \cdot \sqrt{1} + \frac{1}{4} \cdot \sqrt{4}\right)^2 = 160 \cdot \left(\frac{5}{4} + \frac{1}{2}\right)^2 = 490\,[€].$$

Aufgabe 4.13 Verfahrenswahl auf der Grundlage von Kostenfunktionen (II)

Einem Unternehmen stehen zur Herstellung eines Endproduktes der Menge x [ME] zwei verschiedene Produktionsverfahren I bzw. II zur Verfügung. Während beim ersten Produktionsverfahren gemäß der Produktionsfunktion

$$x = f(r_1, r_2) = 3 \cdot r_1^{\frac{1}{2}} \cdot r_2^{\frac{1}{2}}$$

nur die Faktoren 1 und 2 mit den Faktoreinsatzmengen r_1 und r_2 [ME] eingesetzt werden, wird das Endprodukt beim zweiten Produktionsverfahren mit Hilfe der Produktionsfaktoren 3 und 4 mit den Faktoreinsatzmengen r_3 und r_4 [ME] auf der Grundlage der Produktionsfunktion

$$x = g(r_3, r_4) = r_3^{\frac{3}{4}} \cdot r_4^{\frac{3}{4}}$$

hergestellt. Die Faktoreinsätze sowie die Produktionseinheiten seien beliebig teilbar. Weiterhin gelte hinsichtlich der Faktorpreise: $q_1 = 2$, $q_2 = 8$, $q_3 = 1$ und $q_4 = 16$ [€/ME].

a) Ermitteln Sie für jedes der beiden Produktionsverfahren die zugehörige Kostenfunktion $K^\pi(x)$, $\pi = \text{I,II}$, zur Herstellung einer beliebigen Ausbringungsmenge x.

b) Geben Sie die Gesamtkostenfunktion $K(x)$ zur Herstellung der Ausbringungsmenge x für den Fall an, dass die Produktionsverfahren I und II nicht miteinander kombiniert werden können, und veranschaulichen Sie graphisch den Verlauf der Gesamtkostenfunktion.

c) Gehen Sie nun davon aus, dass das Unternehmen zur Herstellung der Ausbringungsmenge x die beiden Produktionsverfahren I und II gleichzeitig oder nacheinander ausführen kann. Lassen sich durch eine solche Kombination der Produktionsverfahren Gesamtkosten einsparen, und wenn ja, in welcher Höhe?

d) Nehmen Sie an, mit Beginn der Fertigung auf der Grundlage des Verfahrens π, $\pi = \text{I,II}$, fallen einmalige Anlauf- bzw. Fixkosten K^π_{Anlauf} an. Bei Überschreiten welchen Schwellenwertes $\hat{K}^{\mathrm{I}}_{Anlauf}$ der Anlauf- bzw. Fixkosten des ersten Produktionsverfahrens wird dieses Verfahren aus der Sicht des Unternehmens für die Herstellung der (Gesamt-)Ausbringungsmenge x obsolet, wenn bei Inanspruchnahme des zweiten Produktionsverfahrens Anlauf- bzw. Fixkosten K^{II}_{Anlauf} in Höhe von 50 € entstehen?

Lösung zu Aufgabe 4.13

zu a)

Analog zur Vorgehensweise in Aufgabe 4.12 leitet man zur Bestimmung der Kostenfunktionen auf der Grundlage der beiden Produktionsfunktionen zunächst aus den notwendigen Bedingungen für die Minimalkostenkombinationen wieder die kostenminimalen Einsatzverhältnisse der jeweiligen Faktoren ab, setzt diese dann in die entsprechende Produktionsfunktion ein und ermittelt die kostenminimalen Einsatzmengen der Faktoren in Abhängigkeit von der herzustellenden Ausbringungsmenge x. Diese kostenminimalen Faktoreinsatzmengen setzt man dann in die allgemeinen Kostenfunktionen $K^{\mathrm{I}}(x,q_1,q_2) = q_1 \cdot r_1(x) + q_2 \cdot r_2(x)$ bzw. $K^{\mathrm{II}}(x,q_3,q_4) = q_3 \cdot r_3(x) + q_4 \cdot r_4(x)$ ein und erhält schließlich die gesuchten Kostenfunktionen der beiden Produktionsverfahren I und II.

Da beide Produktionsfunktionen des Unternehmens die bekannte Struktur

$$x = f(r_i, r_{i'}) = \alpha_0 \cdot r_i^{\alpha_i} \cdot r_{i'}^{\alpha_{i'}},$$

$$0 < \alpha_0 = \text{const.}, \quad 0 \le \alpha_i = \text{const.} < 1, \quad 0 \le \alpha_{i'} = \text{const.} < 1,$$

von COBB-DOUGLAS-Produktionsfunktionen aufweisen, lässt sich die Herleitung der beiden gesuchten Kostenfunktionen verkürzen, wenn man zunächst die Kostenfunktion auf der Grundlage der allgemeinen Struktur ermittelt und anschließend die Koeffizienten einsetzt. Ausgangspunkt ist die notwendige Bedingung erster Ordnung für die Minimalkostenkombination(en):

$$-\frac{dr_{i'}}{dr_i} = \frac{\frac{\partial x}{\partial r_i}}{\frac{\partial x}{\partial r_{i'}}} \overset{!}{=} \frac{q_i}{q_{i'}} \Leftrightarrow \frac{\alpha_0 \cdot \alpha_i \cdot r_i^{\alpha_i - 1} \cdot r_{i'}^{\alpha_{i'}}}{\alpha_0 \cdot r_i^{\alpha_i} \cdot \alpha_{i'} \cdot r_{i'}^{\alpha_{i'} - 1}} = \frac{\alpha_i \cdot r_{i'}}{\alpha_{i'} \cdot r_i} \overset{!}{=} \frac{q_i}{q_{i'}}$$

bzw.

$$\frac{r_{i'}}{r_i} = \frac{\alpha_{i'}}{\alpha_i} \cdot \frac{q_i}{q_{i'}}.$$

Mittels Einsetzen dieser Bedingung in der Form $r_{i'} = r_{i'}(r_i)$ in die Produktionsfunktion bestimmt man die kostenminimale Einsatzmenge von Faktor i in Abhängigkeit von der Ausbringungsmenge x:

$$x = \alpha_0 \cdot r_i^{\alpha_i} \cdot \left(\frac{\alpha_{i'}}{\alpha_i} \cdot \frac{q_i}{q_{i'}} \cdot r_i \right)^{\alpha_{i'}}$$

$$= \alpha_0 \cdot \left(\frac{\alpha_{i'}}{\alpha_i} \cdot \frac{q_i}{q_{i'}} \right)^{\alpha_{i'}} \cdot r_i^{\alpha_i + \alpha_{i'}}$$

$$\Rightarrow \quad r_i(x) = \left[\left(\frac{\alpha_{i'}}{\alpha_i} \cdot \frac{q_i}{q_{i'}} \right)^{-\alpha_{i'}} \cdot \frac{x}{\alpha_0} \right]^{\frac{1}{\alpha_i + \alpha_{i'}}}.$$

Hieraus erhält man durch Einsetzen in die Bedingung erster Ordnung für die Minimalkostenkombination die kostenminimale Einsatzmenge

$$r_{i'} = \frac{\alpha_{i'}}{\alpha_i} \cdot \frac{q_i}{q_{i'}} \cdot r_i$$

$$= \frac{\alpha_{i'}}{\alpha_i} \cdot \frac{q_i}{q_{i'}} \cdot \left[\left(\frac{\alpha_{i'}}{\alpha_i} \cdot \frac{q_i}{q_{i'}} \right)^{-\alpha_{i'}} \cdot \frac{x}{\alpha_0} \right]^{\frac{1}{\alpha_i + \alpha_{i'}}}$$

$$= \left[\left(\frac{\alpha_{i'}}{\alpha_i} \cdot \frac{q_i}{q_{i'}} \right)^{\alpha_i} \cdot \frac{x}{\alpha_0} \right]^{\frac{1}{\alpha_i + \alpha_{i'}}}$$

des Faktors i', so dass insgesamt die folgende Kostenfunktion resultiert:

$$K(x) = q_i \cdot r_i(x) + q_{i'} \cdot r_{i'}(x)$$

$$= q_i \cdot \left[\left(\frac{\alpha_{i'}}{\alpha_i} \cdot \frac{q_i}{q_{i'}} \right)^{-\alpha_{i'}} \cdot \frac{x}{\alpha_0} \right]^{\frac{1}{\alpha_i + \alpha_{i'}}} + q_{i'} \cdot \left[\left(\frac{\alpha_{i'}}{\alpha_i} \cdot \frac{q_i}{q_{i'}} \right)^{\alpha_i} \cdot \frac{x}{\alpha_0} \right]^{\frac{1}{\alpha_i + \alpha_{i'}}}$$

$$= \left[q_i \cdot \left(\frac{\alpha_{i'}}{\alpha_i} \cdot \frac{q_i}{q_{i'}} \right)^{\frac{-\alpha_{i'}}{\alpha_i + \alpha_{i'}}} + q_{i'} \cdot \left(\frac{\alpha_{i'}}{\alpha_i} \cdot \frac{q_i}{q_{i'}} \right)^{\frac{\alpha_i}{\alpha_i + \alpha_{i'}}} \right] \cdot \left(\frac{x}{\alpha_0} \right)^{\frac{1}{\alpha_i + \alpha_{i'}}}.$$

Nun kann man die Koeffizienten der beiden Produktionsfunktionen einsetzen und erhält:

$$\begin{aligned}
K^{\mathrm{I}}(x) &= \left[q_1 \cdot \left(\frac{\alpha_2}{\alpha_1} \cdot \frac{q_1}{q_2} \right)^{\frac{-\alpha_2}{\alpha_1+\alpha_2}} + q_2 \cdot \left(\frac{\alpha_2}{\alpha_1} \cdot \frac{q_1}{q_2} \right)^{\frac{\alpha_1}{\alpha_1+\alpha_2}} \right] \cdot \left(\frac{x}{\alpha_0} \right)^{\frac{1}{\alpha_1+\alpha_2}} \\
&= \left[2 \cdot \left(\frac{\frac{1}{2}}{\frac{1}{2}} \cdot \frac{2}{8} \right)^{\frac{-1/2}{1/2+1/2}} + 8 \cdot \left(\frac{\frac{1}{2}}{\frac{1}{2}} \cdot \frac{2}{8} \right)^{\frac{1/2}{1/2+1/2}} \right] \cdot \left(\frac{x}{3} \right)^{\frac{1}{1/2+1/2}} \\
&= \left[2 \cdot \left(\frac{1}{4} \right)^{-\frac{1}{2}} + 8 \cdot \left(\frac{1}{4} \right)^{\frac{1}{2}} \right] \cdot \frac{x}{3} \\
&= \frac{8}{3} x,
\end{aligned}$$

$$\begin{aligned}
K^{\mathrm{II}}(x) &= \left[q_3 \cdot \left(\frac{\alpha_4}{\alpha_3} \cdot \frac{q_3}{q_4} \right)^{\frac{-\alpha_4}{\alpha_3+\alpha_4}} + q_4 \cdot \left(\frac{\alpha_4}{\alpha_3} \cdot \frac{q_3}{q_4} \right)^{\frac{\alpha_3}{\alpha_3+\alpha_4}} \right] \cdot \left(\frac{x}{\alpha_0} \right)^{\frac{1}{\alpha_3+\alpha_4}} \\
&= \left[1 \cdot \left(\frac{\frac{3}{4}}{\frac{3}{4}} \cdot \frac{1}{16} \right)^{\frac{-3/4}{3/4+3/4}} + 16 \cdot \left(\frac{\frac{3}{4}}{\frac{3}{4}} \cdot \frac{1}{16} \right)^{\frac{3/4}{3/4+3/4}} \right] \cdot x^{\frac{1}{3/4+3/4}} \\
&= \left[\left(\frac{1}{16} \right)^{-\frac{1}{2}} + 16 \cdot \left(\frac{1}{16} \right)^{\frac{1}{2}} \right] \cdot x^{\frac{2}{3}} \\
&= 8x^{\frac{2}{3}}.
\end{aligned}$$

zu b)

Können die beiden Produktionsverfahren nicht miteinander kombiniert werden, dann gilt für die Gesamtkostenfunktion:

$$K(x) = \min_{\pi \in \{\mathrm{I},\mathrm{II}\}} K^{\pi}(x),$$

weil zur Produktion jeder beliebigen Ausbringungsmenge x stets das kostengünstigere der beiden Verfahren herangezogen wird. Um feststellen zu können, welches Verfahren bei welcher Ausbringungsmenge die geringeren Produktionskosten verursacht, müssen die Kostenfunktionen $K^{\mathrm{I}}(x)$ und $K^{\mathrm{II}}(x)$ für alle relevanten Ausbringungsmengen miteinander verglichen werden. Wurden auf diese Weise die Intervalle für die Ausbringungsmenge x ermittelt, in denen jeweils ein bestimmtes der beiden Verfahren kostenminimal ist, dann setzt sich die Gesamtkostenfunktion $K(x)$ abschnittsweise aus den in den jeweiligen Intervallen vorherrschenden Kostenfunktionen $K^{\mathrm{I}}(x)$ und $K^{\mathrm{II}}(x)$ zusammen.

Der Vergleich der Kostenfunktionen $K^{\mathrm{I}}(x)$ und $K^{\mathrm{II}}(x)$ der beiden Produktionsverfahren I und II ergibt:

$$\begin{aligned} & K^{\mathrm{I}}(x) \leq K^{\mathrm{II}}(x) \\ \Leftrightarrow \quad & \frac{8}{3}x \leq 8x^{\frac{2}{3}} \\ \Leftrightarrow \quad & x^{\frac{1}{3}} \leq 3 \\ \Leftrightarrow \quad & x \leq 27. \end{aligned}$$

Demnach wird das Unternehmen kleine Ausbringungsmengen x, $0 \leq x \leq 27$, auf der Grundlage von Verfahren I produzieren, während zur Herstellung größerer Ausbringungsmengen $x > 27$ optimalerweise auf Produktionsverfahren II zurückgegriffen werden sollte. Die Zuweisung der Fertigung von $\tilde{x} = 27$ $[\mathrm{ME}]$ zu Produktionsverfahren I ist dabei willkürlich gewählt; das Unternehmen könnte zur Herstellung dieser Ausbringungsmenge genauso gut auf Verfahren II zurückgreifen, da beide Produktionsverfahren hier gleich hohe Kosten verursachen. Im Ergebnis erhält man die Gesamtkostenfunktion

$$K(x) = \begin{cases} \frac{8}{3}x & \text{für } 0 \leq x \leq 27, \\ 8x^{\frac{2}{3}} & \text{für } 27 < x. \end{cases}$$

In Abbildung 4.13.1 sind sowohl die Kostenfunktionen $K^{\mathrm{I}}(x)$ und $K^{\mathrm{II}}(x)$ der beiden Produktionsverfahren I und II als auch die Gesamtkostenfunktion $K(x)$ abgebildet. Letztere wird von der in der Abbildung hervorgehobenen Kurve $0ABC$ wiedergegeben.

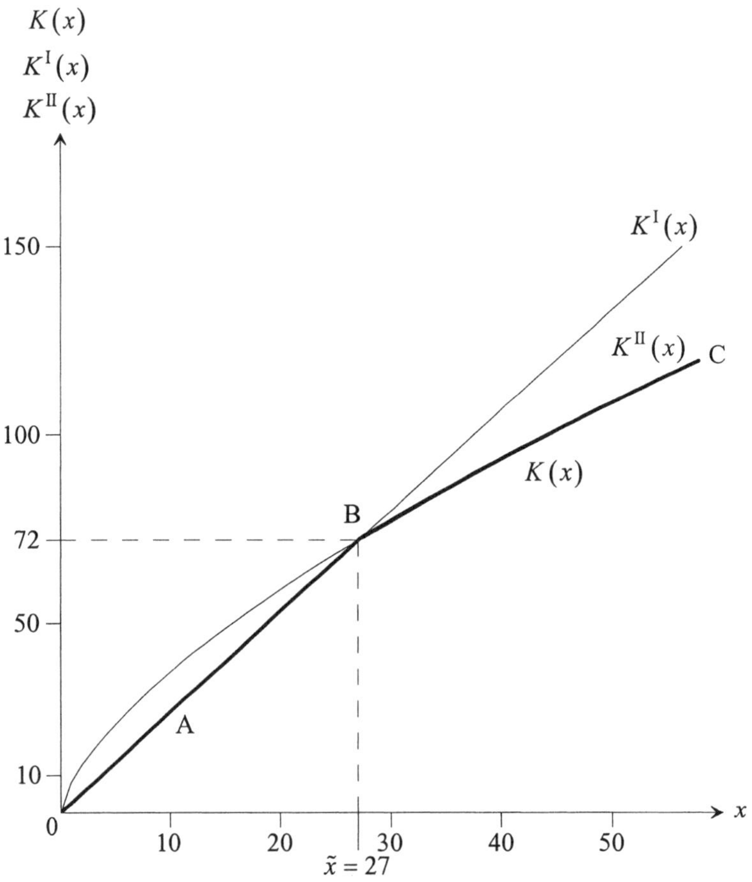

Abb. 4.13.1: Gesamtkostenfunktion bei nicht kombinierbaren Produktionsverfahren

zu c)

Können, wie im Folgenden unterstellt wird, die beiden Produktionsverfahren auch miteinander kombiniert werden, indem ein Anteil λ, $0 \leq \lambda \leq 1$, der Gesamtausbringungsmenge x mit Produktionsverfahren I und der verbleibende Anteil $1-\lambda$ von x mit Produktionsverfahren II hergestellt wird, dann stehen zur Herstellung der Gesamtausbringungsmenge x grundsätzlich drei Strategien zur Auswahl:

(1) der Einsatz nur von Verfahren I ($\lambda = 0$),

(2) die (echte) Kombination der Verfahren I und II ($0 < \lambda < 1$) und

(3) der Einsatz nur von Verfahren II ($\lambda = 1$).

Um entscheiden zu können, für welche Gesamtausbringungsmenge x welches Produktionsverfahren bzw. welche Verfahrenskombination eingesetzt werden sollte, muss zunächst die entsprechende Kostenfunktion bei unterstellter Kombination der Produktionsverfahren ermittelt werden. Hierzu ist für jede beliebige Gesamtausbringungsmenge $x \geq 0$ die folgende Minimierungsaufgabe zu lösen:

$$\min_{\lambda} K^{\mathrm{I,II}}(x,\lambda) = \frac{8}{3} \cdot (\lambda x) + 8 \cdot [(1-\lambda)x]^{\frac{2}{3}}$$

unter der Nebenbedingung:

$$0 \leq \lambda \leq 1,$$

Mit Hilfe des aus der Optimierung resultierenden Mischungsanteils

$$\lambda^*(x) = arg \min_{0 \leq \lambda \leq 1} K^{\mathrm{I,II}}(x,\lambda),$$

der von der gewählten Gesamtausbringungsmenge x abhängt, lässt sich dann die Kostenfunktion bei Kombinierbarkeit der Produktionsverfahren angeben.

Methodisch würde man nun zur Bestimmung des optimalen Mischungsanteils $\lambda^*(x)$ üblicherweise die obige Zielfunktion nach λ differenzieren und anschließend die erste Ableitung gleich null setzen. Dieses Vorgehen führt hier jedoch nicht zu einer Minimierung, sondern zu einer Maximierung der Produktionskosten, weil die Zielfunktion als Summe einer linearen und einer konkaven Funktion von λ wieder konkav in λ ist. Letzteres lässt sich auch leicht mittels zweifacher Differentiation der Zielfunktion nach λ anhand des negativen Vorzeichens der zweiten Ableitung nachweisen:

$$\begin{aligned}\frac{\partial K^{\mathrm{I,II}}(x,\lambda)}{\partial \lambda} &= \frac{8}{3}x + 8 \cdot \frac{2}{3} \cdot [(1-\lambda)]^{\frac{2}{3}-1} \cdot (-1) \cdot x^{\frac{2}{3}} \\ &= \frac{8}{3}x - \frac{16}{3} \cdot [(1-\lambda)]^{-\frac{1}{3}} \cdot x^{\frac{2}{3}},\end{aligned}$$

$$\begin{aligned}\frac{\partial^2 K^{\mathrm{I,II}}(x,\lambda)}{\partial \lambda^2} &= -\frac{16}{3} \cdot \left(-\frac{1}{3}\right) \cdot (1-\lambda)^{-\frac{1}{3}-1} \cdot (-1) \cdot x^{\frac{2}{3}} \\ &= -\frac{16}{9} \cdot \underbrace{(1-\lambda)^{-\frac{4}{3}}}_{\substack{>0 \\ \text{für } 0 \leq \lambda < 1}} \cdot \underbrace{x^{\frac{2}{3}}}_{\substack{>0 \\ \text{für } x>0}} \underset{\substack{0 \leq \lambda < 1, \\ x>0}}{<} 0.\end{aligned}$$

Offensichtlich existiert kein „inneres Kostenminimum“ mit $0 < \lambda^*(x) < 1$; vielmehr ergibt sich aufgrund des geschlossenen Definitionsbereichs von λ ein Randoptimum mit entweder $\lambda^*(x) = 0$ oder aber $\lambda^*(x) = 1$, so dass entsprechend gilt:

$$\lambda^*(x) = arg \min_{\lambda \in \{0,1\}} K^{\mathrm{I,II}}(x,\lambda).$$

Hieraus resultiert zusammen mit

$$K^{\mathrm{I,II}}(x,\lambda = 0) \equiv K^{\mathrm{II}}(x)$$

und

$$K^{\mathrm{I,II}}(x,\lambda = 1) \equiv K^{\mathrm{I}}(x)$$

die Gesamtkostenfunktion:

$$\begin{aligned} K^{\mathrm{I,II}}(x) &= \min_{\lambda \in \{0,1\}} K^{\mathrm{I,II}}(x,\lambda) \\ &= \min_{\pi \in \{\mathrm{I,II}\}} K^{\pi}(x). \end{aligned}$$

Ökonomisch bedeutet dies, dass man zur Herstellung einer beliebigen Gesamtausbringungsmenge x stets nur eines der beiden Produktionsverfahren einsetzen wird; eine Kombination der beiden Verfahren I bzw. II führt zu einer Kostenerhöhung gegenüber dem alleinigen Einsatz des jeweils kostengünstigeren der beiden Produktionsverfahren. Demnach ergibt sich bei Kombinierbarkeit exakt dieselbe Produktionsauf- bzw. -verteilung wie in dem in Aufgabenteil b) beschriebenen Fall ohne Kombinationsmöglichkeit und folglich auch die dieselbe Gesamtkostenfunktion $K^{\mathrm{I,II}}(x) \equiv K(x)$.

Dieses Ergebnis lässt sich auch leicht graphisch veranschaulichen. Angenommen, die Gesamtausbringungsmenge x soll auf der Grundlage einer (echten) Kombination der beiden Produktionsverfahren I und II hergestellt werden. Nehmen wir weiterhin an, λ werde so gewählt, dass $\lambda x = 8$ [ME] mit Hilfe von Produktionsverfahren I und der Rest $(1-\lambda)x = x - 8$ [ME] auf der Grundlage von Produktionsverfahren II gefertigt werden, wobei gelte $x > 8$. Die Kosten zur Herstellung der Gesamtausbringungsmenge x, $x > 8$, betragen dann

$$K^{\mathrm{I,II}}\left(x,\lambda=\frac{8}{x}\right)=\frac{8}{3}\cdot(\lambda x)+8\cdot[(1-\lambda)x]^{\frac{2}{3}}$$
$$=\frac{8}{3}\cdot 8+8\cdot\left[\left(1-\frac{8}{x}\right)x\right]^{\frac{2}{3}}$$
$$=\frac{64}{3}+8\cdot(x-8)^{\frac{2}{3}}.$$

Der Graph dieser Funktion entspricht der Kurve DE in Abbildung 4.13.2.

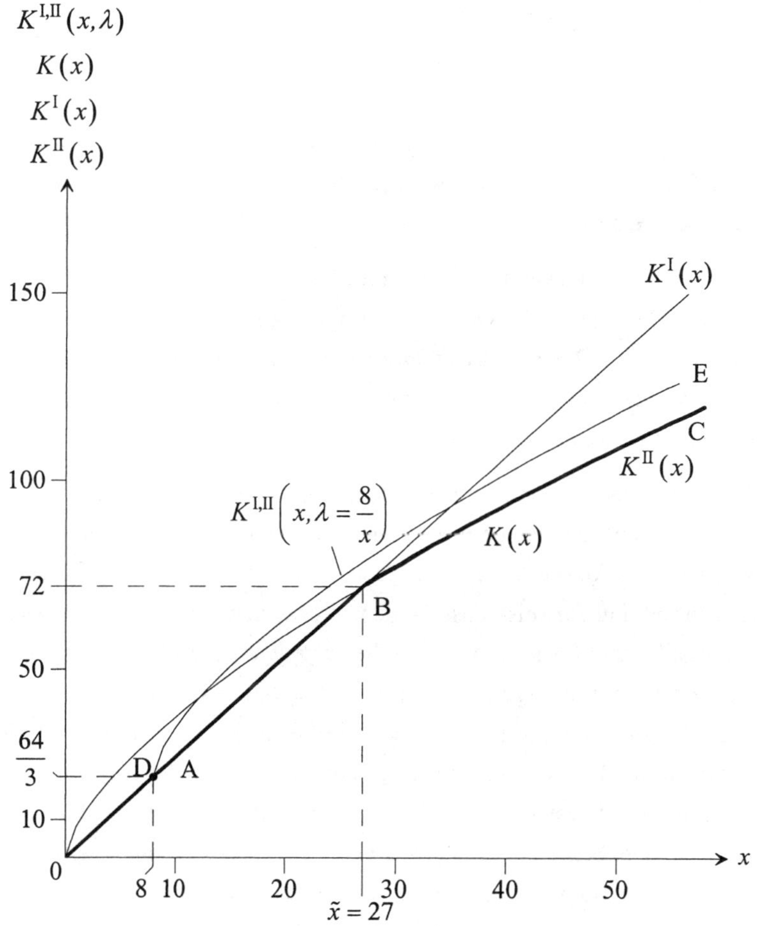

Abb. 4.13.2: Kostensituation für $\lambda x = 8$

Es lässt sich leicht erkennen, dass die Kombination der beiden Produktionsverfahren höhere Produktionskosten verursacht als die Fertigung der Gesamtausbringungsmenge x mit dem jeweils kostengünstigeren der beiden einzelnen Verfahren (Kurve $0ABC$ in Abbildung 4.13.2).

Fertigt man dagegen beispielsweise eine feste Menge $(1-\lambda)x = 8$ [ME] mit dem Produktionsverfahren II und die Restmenge $\lambda x = x - 8$ [ME], mit $x > 8$, auf der Grundlage von Produktionsverfahren I, dann verursacht dies Kosten in Höhe von

$$
\begin{aligned}
K^{\mathrm{I,II}}\left(x, \lambda = 1 - \frac{8}{x}\right) &= \frac{8}{3} \cdot (\lambda x) + 8 \cdot [(1-\lambda)x]^{\frac{2}{3}} \\
&= \frac{8}{3} \cdot \left(1 - \frac{8}{x}\right) \cdot x + 8 \cdot 8^{\frac{2}{3}} \\
&= \frac{8}{3} x + \frac{32}{3}.
\end{aligned}
$$

Der Verlauf dieser Kostenfunktion wird in Abbildung 4.13.3 von der Halbgeraden FG graphisch veranschaulicht.

Auch in diesem Beispiel zeigt sich, dass die Kombination der beiden Produktionsverfahren zur Herstellung der Gesamtausbringungsmenge x gegenüber dem Einsatz jeweils nur eines Verfahrens suboptimal ist. Die in diesem Beispiel für einen konkreten Mischungsanteil λ gezeigten Zusammenhänge gelten auch für jede andere (echte) Produktionsaufteilung mit $0 < \lambda < 1$.

Schließlich sei noch darauf hingewiesen, dass Grenzkostenüberlegungen als Methode zur Ermittlung des optimalen Mischungsanteils λ^* bei einer Kombination zweier Produktionsverfahren, von denen mindestens eines eine (streng) konkave Kostenfunktion aufweist, ausscheiden. Würde man nämlich, ausgehend vom Produktionsstillstand, für jede zusätzlich herzustellende marginale Mengeneinheit des Produktes jeweils abwägen, bei welchem Produktionsverfahren die geringeren marginalen Grenzkosten zur Herstellung dieser zusätzlichen marginalen Produktmengeneinheit anfallen, dann käme man beispielsweise in der hier vorliegenden Situation mit einer linear und einer konkav verlaufenden Kostenfunktion fälschlicherweise zu dem Schluss, für jede beliebige (marginale) Produktionsausweitung immer nur Produktionsverfahren I zu verwenden, weil die anfänglich hohen Grenzkosten von Produktionsverfahren II stets die (konstanten) Grenzkosten des Verfahrens I überschreiten. Dass die Grenzkosten des Verfahrens II mit zunehmender Ausbringung abnehmen und ab einer bestimmten Gesamtausbringung den Nachteil der anfangs höheren Grenzkosten sogar so weit überkompensieren, dass große Ausbringungsmengen mit Verfahren II kostengünstiger als mit Verfahren I hergestellt werden können, das wird bei einem solchen Grenzkostenkalkül übersehen.

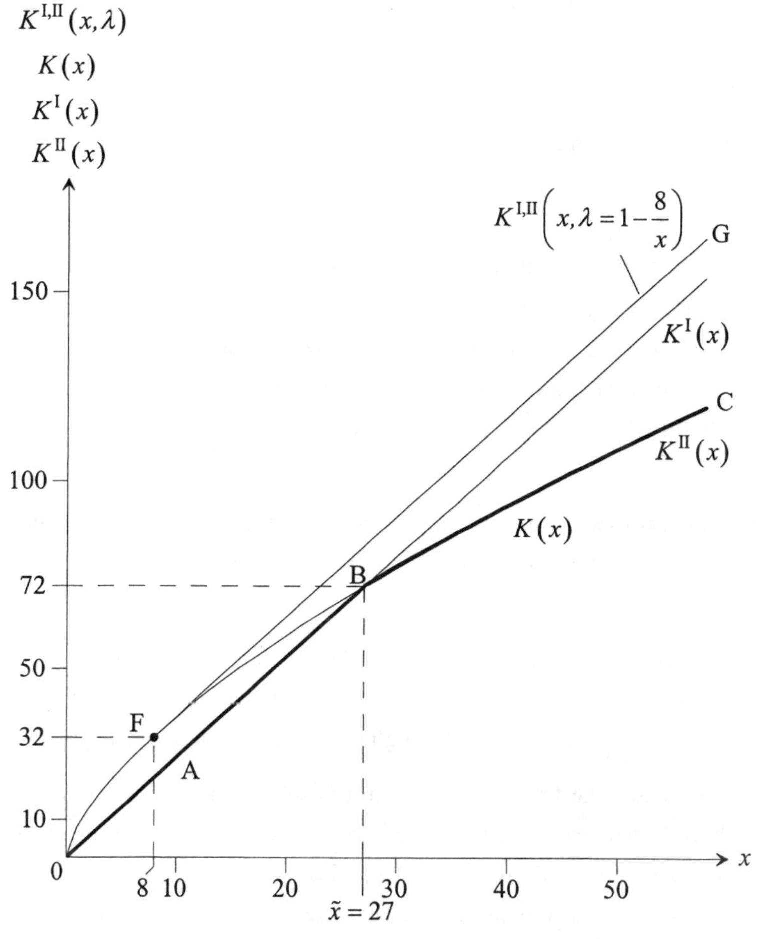

Abb. 4.13.3: Kostensituation für $(1-\lambda)x = 8$

zu d)

Fallen bei beiden Produktionsverfahren π, $\pi = \text{I,II}$, mit Beginn der Fertigung einmalige Anlauf- bzw. Fixkosten K^{π}_{Anlauf} an, dann müssen diese zunächst den in Aufgabenteil a) ermittelten Kosten hinzuaddiert werden. Die (modifizierten)

Kostenfunktionen $\tilde{K}^{\mathrm{I}}(x)$ und $\tilde{K}^{\mathrm{II}}(x)$ der beiden Produktionsverfahren lauten dann:

$$\tilde{K}^{\mathrm{I}}(x) = \frac{8}{3}x + K^{\mathrm{I}}_{Anlauf},$$

$$\tilde{K}^{\mathrm{II}}(x) = 8x^{\frac{2}{3}} + K^{\mathrm{II}}_{Anlauf},$$

bzw. nach Einsetzen von $K^{\mathrm{II}}_{Anlauf} = 50$:

$$\tilde{K}^{\mathrm{II}}(x) = 8x^{\frac{2}{3}} + 50,$$

In Bezug auf die Entscheidung, welches Produktionsverfahren für die Fertigung welcher Ausbringungsmenge zum Einsatz gelangen soll, kommt es nun wieder darauf an, welches Verfahren jeweils die geringeren Produktionskosten verursacht. Unter den hier gegebenen Umständen sind je nach der Höhe der Anlauf- bzw. Fixkosten K^{I}_{Anlauf} des Produktionsverfahrens I zwei Situationen zu unterscheiden:

(1) die Anlauf- bzw. Fixkosten K^{I}_{Anlauf} des Verfahrens I sind hinreichend klein, so dass das Verfahren nicht generell durch Verfahren II kostenmäßig dominiert wird;

(2) die Anlauf- bzw. Fixkosten K^{I}_{Anlauf} des Verfahrens I sind so hoch, dass Verfahren I bei keiner Ausbringungsmenge x geringere Produktionskosten als Verfahren II verursacht und folglich nicht zum Einsatz gelangt.

Es stellt sich daher die Frage, ab welchem kritischen Schwellenwert $\hat{K}^{\mathrm{I}}_{Anlauf}$ der Anlauf- bzw. Fixkosten des ersten Produktionsverfahrens dieses Verfahren aus der Sicht des Unternehmens für die Herstellung der (Gesamt-)Ausbringungsmenge x obsolet wird. Zur Beantwortung dieser Frage vergleicht man wieder die Kostenfunktionen $\tilde{K}^{\mathrm{I}}(x)$ und $\tilde{K}^{\mathrm{II}}(x)$ der beiden Produktionsverfahren I und II miteinander und erhält zunächst:

$$\begin{aligned} & \tilde{K}^{\mathrm{I}}(x) \geq \tilde{K}^{\mathrm{II}}(x) \\ \Leftrightarrow\quad & \frac{8}{3}x + K^{\mathrm{I}}_{Anlauf} \geq 8x^{\frac{2}{3}} + 50 \\ \Leftrightarrow\quad & K^{\mathrm{I}}_{Anlauf} \geq 8x^{\frac{2}{3}} - \frac{8}{3}x + 50. \end{aligned}$$

Die rechte Seite dieser Ungleichung gibt in Abhängigkeit von der Ausbringungsmenge x an, wie hoch die Anlauf- bzw. Fixkosten des Produktionsverfahrens I mindestens sein müssen, damit sich die Fertigung dieser Ausbringungsmenge mit dem Verfahren I nicht lohnt. Um nun eine untere Schranke $\hat{K}^{\mathrm{I}}_{Anlauf}$ errechnen zu können, ab der es sich für keine einzige Ausbringungsmenge x mehr lohnt, das Produktionsverfahren I einzusetzen, muss diejenige Ausbringungsmenge $\hat{x}$ ermittelt werden, bei der die rechte Seite der Ungleichung ihren maximalen (Funktions-)Wert erreicht. Letzterer legt zugleich den kritischen Schwellenwert $\hat{K}^{\mathrm{I}}_{Anlauf}$ fest, d.h. es gilt:

$$\hat{K}^{\mathrm{I}}_{Anlauf} = 8\hat{x}^{\frac{2}{3}} - \frac{8}{3}\hat{x} + 50,$$

mit

$$\hat{x} = arg\,\max_{x} K^{\mathrm{I}}_{Anlauf}(x) = 8x^{\frac{2}{3}} - \frac{8}{3}x + 50.$$

Zunächst berechnet man:

$$\begin{aligned}
&\frac{\partial K^{\mathrm{I}}_{Anlauf}(x)}{\partial x} = 8 \cdot \frac{2}{3} \cdot x^{\frac{2}{3}-1} - \frac{8}{3} = \frac{16}{3}x^{-\frac{1}{3}} - \frac{8}{3} \overset{!}{=} 0 \\
\Leftrightarrow\quad &\frac{16}{3}x^{-\frac{1}{3}} = \frac{8}{3} \\
\Rightarrow\quad &\hat{x} = 8.
\end{aligned}$$

Wegen

$$\frac{\partial^2 K^{\mathrm{I}}_{Anlauf}(x)}{\partial x^2} = \frac{16}{3} \cdot \left(-\frac{1}{3}\right) \cdot x^{-\frac{4}{3}} = -\frac{16}{9}x^{-\frac{4}{3}} < 0$$

handelt es sich hierbei tatsächlich um ein Maximum. Durch Einsetzen von $\hat{x} = 8$ in die Bestimmungsgleichung von $\hat{K}^{\mathrm{I}}_{Anlauf}$ erhält man schließlich den gesuchten Schwellenwert

$$\hat{K}^{\mathrm{I}}_{Anlauf} = 8 \cdot 8^{\frac{2}{3}} - \frac{8}{3} \cdot 8 + 50 = \frac{182}{3} = 60\tfrac{2}{3}$$

der Anlauf- bzw. Fixkosten des Produktionsverfahrens I. In Abbildung 4.13.4 werden die Zusammenhänge noch einmal graphisch veranschaulicht.

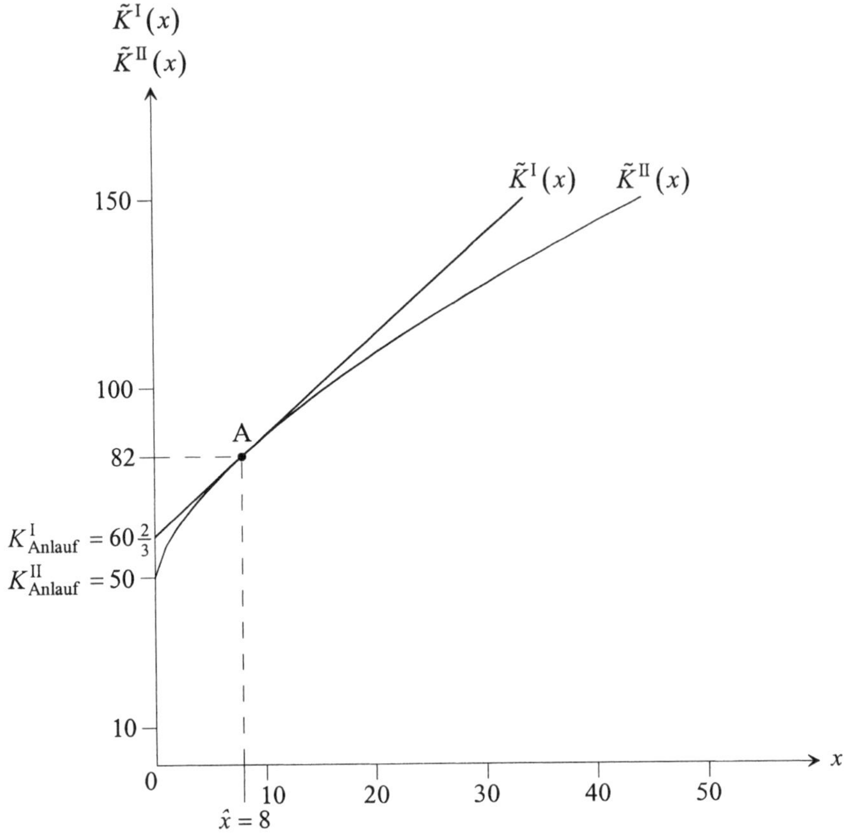

Abb. 4.13.4: Kritische Anlauf- bzw. Fixkosten bei Produktionsverfahren I

Anhand der Abbildung lässt sich leicht erkennen, dass die Kostenfunktion $\tilde{K}^{I}(x)$ des Produktionsverfahrens I bei Anlauf- bzw. Fixkosten in Höhe von $\hat{K}^{I}_{Anlauf} = 60\frac{2}{3}$ die Kostenfunktion $\tilde{K}^{II}(x)$ des Produktionsverfahrens II an der Stelle $\hat{x} = 8$ tangiert. Bezüglich der Fertigung dieser Ausbringungsmenge $\hat{x} = 8$ ist das Unternehmen indifferent, ob es Verfahren I oder auf Verfahren II einsetzen soll, da gleich hohe Produktionskosten anfallen. Für die Herstellung aller anderen Ausbringungsmengen $x \neq \hat{x} = 8$ wird dagegen das Unternehmen lediglich auf Verfahren II zurückgreifen. Da die Fertigung auf der Grundlage von Verfahren I bei keiner einzigen Gesamtausbringungsmenge x einen Kostenvorteil bietet, kommt im Ergebnis ab einem Schwellenwert $\hat{K}^{I}_{Anlauf} = 60\frac{2}{3}$ der Anlauf- bzw. Fixkosten des Produktionsverfahrens I ausschließlich Verfahren II zum Einsatz.

Aufgabe 4.14 Minimalkostenkombination und Kostenfunktion bei dynamischer Produktionsfunktion

Ein Unternehmen fertigt zum Zeitpunkt t unter Einsatz zweier Produktionsfaktoren i, $i = 1{,}2$, mit den Faktoreinsatzmengen $r_i(t)$ gemäß der Produktionsfunktion

$$x(t) = f[r_1(t), r_2(t), t] = \alpha_0(t) \cdot [r_1(t)]^{\alpha_1(t)} \cdot [r_2(t)]^{\alpha_2(t)}$$

die Ausbringungsmenge $x(t)$ eines Endproduktes, wobei gilt: $\alpha_0(t) > 0$, $0 < \alpha_i(t) < 1$, $i = 1{,}2$. Die Faktorpreise betragen $q_1(t)$ und $q_2(t)$.

a) Um welche Art von Produktionsfunktion handelt es sich hierbei?

b) Ist diese Produktionsfunktion zu beliebigen Zeitpunkten t homogen? Falls ja, welchen Homogenitätsgrad $h(t)$ weist die Produktionsfunktion in Abhängigkeit vom Zeitpunkt t auf?

c) Welche Konsequenzen ergeben sich aus den Überlegungen zu Aufgabenteil b) für den Verlauf der Isoklinen (im Faktordiagramm) zu einem bestimmten Zeitpunkt t?

d) Ermitteln Sie für die oben angegebene Produktionsfunktion in Abhängigkeit vom Zeitpunkt t die Bedingung für die Minimalkostenkombination(en) zur Herstellung einer positiven Ausbringungsmenge $x(t) > 0$ bei gegebenen Faktorpreisen $q_1(t)$ und $q_2(t)$.

e) Nehmen Sie Stellung zu der Behauptung: „Im Kostenminimum verhalten sich bei der oben angegebenen Produktionsfunktion zu jedem Zeitpunkt t die Kosten des Einsatzes von Faktor 2 zu den Kosten des Einsatzes von Faktor 1 wie die Produktionselastizität des Faktors 2 zur Produktionselastizität des Faktors 1."

f) Welche (formale) Bedingung bezüglich der Faktorpreise und der Parameter der Produktionsfunktion muss erfüllt sein, damit die Minimalkostenkombinationen zur Herstellung einer bestimmten Ausbringungsmenge $x(t) = \overline{x} > 0$ durch ein im Zeitablauf konstantes Faktoreinsatzverhältnis gekennzeichnet sind? In welchen (ökonomischen) Situationen ist diese Bedingung erfüllt?

Hinweis: Man kann einen preis- und einen technologisch bedingten Substitutionseffekt unterscheiden.

g) Was lässt sich über die Lage (im Faktordiagramm) der durch die Minimalkostenkombination verlaufenden Isokline bei fortschreitender Zeit aussagen, wenn die Bedingung aus Aufgabenteil f) erfüllt ist und infolgedessen ein im Zeitablauf konstantes Faktoreinsatzverhältnis vorliegt?

h) Leiten Sie die zur oben angegebenen Produktionsfunktion gehörende Kostenfunktion $K[x(t),t]$ her. Unter welchen Bedingungen verlaufen zu einem bestimmten Zeitpunkt t die Kosten mit steigender Ausbringung progressiv, linear oder degressiv?

i) Bestimmen Sie auf Basis der oben angegebenen Produktionsfunktion die Kostenfunktion $K[x(t),\overline{r}_2(t),t]$, wenn zum Zeitpunkt t von Faktor 2 höchstens $\overline{r}_2(t)$ Mengeneinheiten eingesetzt werden können. Was lässt sich über den Kostenverlauf zum Zeitpunkt t aussagen?

Für die nachfolgenden Aufgabenteile gelte in Bezug auf die Produktionsfunktion:

$$\alpha_0(t) = 2,$$

$$\alpha_1(t) = \frac{1}{2} - \frac{1}{t - t_0 + 4},$$

$$\alpha_2(t) = \frac{1}{2} - \frac{1}{t - t_0 + 8},$$

mit $t \geq t_0$. Ferner seien die Faktorpreise über die Zeit konstant: $q_1(t) = 5$ und $q_2(t) = 6$.

j) Ermitteln Sie für den Zeitpunkt $t = t_0 + 2$ die kostenminimalen Faktoreinsatzmengen $r_1^*[x(t_0+2),t_0+2]$ und $r_2^*[x(t_0+2),t_0+2]$ zur Herstellung der Ausbringungsmenge $x(t) = x(t_0+2)$ sowie die zugehörige Kostenfunktion $K[x(t),t] = K[x(t_0+2),t_0+2]$. Begründen Sie den zum Zeitpunkt $t = t_0 + 2$ vorliegenden Kostenverlauf ökonomisch.

k) Was lässt sich über den generellen Kostenverlauf zu den übrigen Zeitpunkten $t \neq t_0 + 2$ sagen?

l) Geben Sie in Abhängigkeit vom Zeitpunkt t die Bestimmungsgleichung der zur Minimalkostenkombination in t gehörenden Isokline in der Form

$r_2(t) = g[r_1(t),t]$ an. Kommentieren Sie mögliche Veränderungen der Lage bzw. des Verlaufs der Isokline (im Faktordiagramm) bei fortschreitender Zeit.

m) Was kann man aufgrund der bisherigen Überlegungen im Falle eines technischen Fortschritts in Bezug auf den Verlauf desjenigen dynamischen Pfades folgern, der im Faktordiagramm die Lage der Minimalkostenkombinationen $\left[r_1^*[x(t),\mathrm{t}],r_2^*[x(t),\mathrm{t}]\right]$ zur Herstellung einer bestimmten Ausbringungsmenge $x(t) = \overline{x}$ zu den verschiedenen Zeitpunkten t beschreibt?

n) Nehmen Sie an, zum Zeitpunkt $t = t_0 + 2$ könnten von Faktor 2 höchstens $\overline{r}_2(t_0+2) = 10^{15/11}$ Mengeneinheiten eingesetzt werden. Bestimmen Sie die Kostenfunktion $K[x(t),\overline{r}_2(t),t] = K[x(t_0+2),\overline{r}_2(t_0+2),t_0+2]$ zu diesem Zeitpunkt $t = t_0 + 2$ und kommentieren Sie kurz den Kostenverlauf.

Lösung zu Aufgabe 4.14

zu a)

Bei der Produktionsfunktion

$$x(t) = f[r_1(t),r_2(t),t] = \alpha_0(t)\cdot[r_1(t)]^{\alpha_1(t)}\cdot[r_2(t)]^{\alpha_2(t)},$$

mit

$$\alpha_0(t) > 0,$$

$$0 < \alpha_i(t) < 1, \quad i = 1,2,$$

handelt es sich um eine dynamische COBB-DOUGLAS-Produktionsfunktion mit bei partieller Faktorvariation abnehmenden Grenzerträgen.

zu b)

Wie die Analyse der COBB-DOUGLAS-Produktionsfunktion im Rahmen der statischen Produktionstheorie gezeigt hat, sind Produktionsfunktionen dieses Typs homogen. Diese Eigenschaft bleibt auch bei der dynamischen Formulierung der COBB-DOUGLAS-Produktionsfunktion erhalten, da der Zeitparameter t bei der

Homogenitätsprüfung als Konstante anzusehen ist. Analog zum statischen Fall erhält man mit

$$\begin{aligned} f[\lambda r_1(t),\lambda r_2(t),t] &= \alpha_0(t)\cdot[\lambda r_1(t)]^{\alpha_1(t)}\cdot[\lambda r_2(t)]^{\alpha_2(t)} \\ &= \lambda^{\alpha_1(t)+\alpha_2(t)}\cdot\left[\alpha_0(t)\cdot[r_1(t)]^{\alpha_1(t)}\cdot[r_2(t)]^{\alpha_2(t)}\right] \\ &= \lambda^{\alpha_1(t)+\alpha_2(t)}\cdot f[r_1(t),r_2(t),t] \end{aligned}$$

den nun vom Zeitpunkt t abhängigen Homogenitätsgrad $h(t)=\alpha_1(t)+\alpha_2(t)$.

zu c)

In der Produktionstheorie kennzeichnet die Isokline den geometrischen Ort aller Punkte im Faktorraum, an denen dieselbe Grenzrate der Substitution $s_{i\tilde{i}}=-dr_i/dr_{\tilde{i}}$ zwischen zwei Faktoren i und $\tilde{i}$, $i\neq\tilde{i}$, vorliegt. Wie im statischen Fall (siehe z.B. Aufgabe 4.8) ist auch bei einer homogenen dynamischen Produktionsfunktion $x(t)=f[r_1(t),r_2(t),t]$, die definitionsgemäß die Eigenschaft $f[\lambda r_1(t),\lambda r_2(t),t]=\lambda^{h(t)}f[r_1(t),r_2(t),t]$ aufweist, die Grenzrate der Substitution wegen

$$\begin{aligned} s_{i\tilde{i}}(t) = -\left.\frac{d\lambda r_i(t)}{d\lambda r_{\tilde{i}}(t)}\right|_{\lambda^{h(t)}x(t)} &= \frac{\dfrac{\partial f[\lambda r_1(t),\lambda r_2(t),t]}{\partial\lambda r_{\tilde{i}}(t)}}{\dfrac{\partial f[\lambda r_1(t),\lambda r_2(t),t]}{\partial\lambda r_i(t)}} \\ &= \frac{\lambda^{h(t)}\cdot\dfrac{\partial f[r_1(t),r_2(t),t]}{\partial\lambda r_{\tilde{i}}(t)}}{\lambda^{h(t)}\cdot\dfrac{\partial f[r_1(t),r_2(t),t]}{\partial\lambda r_i(t)}} \\ &= \frac{\dfrac{\partial f[r_1(t),r_2(t),t]}{\partial r_{\tilde{i}}(t)}}{\dfrac{\partial f[r_1(t),r_2(t),t]}{\partial r_i(t)}} = -\left.\frac{dr_i(t)}{dr_{\tilde{i}}(t)}\right|_{x(t)} \end{aligned}$$

zu jedem beliebigen Zeitpunkt t vom Niveau des Faktoreinsatzes unabhängig, so dass zu jedem Zeitpunkt t die Produktionspunkte im Faktorraum mit gleicher Grenzrate der Substitution auf einem Ursprungsstrahl liegen. Demnach sind also die Isoklinen einer homogenen dynamischen Produktionsfunktion zu jedem Zeitpunkt t Halbgeraden durch den Ursprung.

Für die hier zu betrachtende dynamische Produktionsfunktion

$$x(t) = f[r_1(t), r_2(t), t] = \alpha_0(t) \cdot [r_1(t)]^{\alpha_1(t)} \cdot [r_2(t)]^{\alpha_2(t)}$$

errechnet man die Grenzrate der Substitution

$$s_{21}(t) = \frac{\dfrac{\partial x(t)}{\partial r_1(t)}}{\dfrac{\partial x(t)}{\partial r_2(t)}} = \frac{\alpha_0(t) \cdot \alpha_1(t) \cdot [r_1(t)]^{\alpha_1(t)-1} \cdot [r_2(t)]^{\alpha_2(t)}}{\alpha_0(t) \cdot [r_1(t)]^{\alpha_1(t)} \cdot \alpha_2(t) \cdot [r_2(t)]^{\alpha_2(t)-1}} = \frac{\alpha_1(t) \cdot r_2(t)}{\alpha_2(t) \cdot r_1(t)}.$$

Die Produktionspunkte im Faktordiagramm, an denen zum Zeitpunkt t dieselbe Grenzrate der Substitution $s_{21}(t)$ zwischen den beiden Faktoren 1 und 2 vorliegt, sind dann durch die Bedingung

$$s_{21}(t) = \frac{\alpha_1(t) \cdot r_2(t)}{\alpha_2(t) \cdot r_1(t)} = c_{21}(t) = const.$$

charakterisiert, aus der sich durch Umstellen der Terme die Bestimmungsgleichung

$$r_2(t) = c_{21}(t) \cdot \frac{\alpha_2(t)}{\alpha_1(t)} \cdot r_1(t)$$

der zugehörigen Isokline gewinnen lässt. Beispielsweise erhält man für

$$\alpha_1(t) = \frac{3}{5} - \frac{1}{t - t_0 + 4}$$

und

$$\alpha_2(t) = \frac{3}{5} - \frac{1}{t - t_0 + 4},$$

mit $t \geq t_0$, durch Einsetzen von $\alpha_1(t)$ und $\alpha_2(t)$ die zum Niveau $s_{21}(t) = c_{21}(t) = const.$ gehörende Isokline

$$r_2(t) = c_{21}(t) \cdot \frac{\alpha_2(t)}{\alpha_1(t)} \cdot r_1(t) = c_{21}(t) \cdot \frac{\dfrac{3}{5} - \dfrac{1}{t - t_0 + 4}}{\dfrac{3}{5} - \dfrac{1}{t - t_0 + 4}} \cdot r_1(t) = c_{21}(t) \cdot r_1(t).$$

Abbildung 4.14.1 veranschaulicht exemplarisch für $\alpha_0(t) = 2$ und $t = t_0$ die Lage der zu den Grenzratenniveaus $c_{21}(t) = \frac{2}{3}$ und $c_{21}(t) = \frac{3}{2}$ gehörenden Isoklinen im

Faktordiagramm sowie die Verläufe der Isoquanten zu den Ausbringungsniveaus $x(t_0) = 4$, $x(t_0) = 8$, $x(t_0) = 12$ und $x(t_0) = 16$:

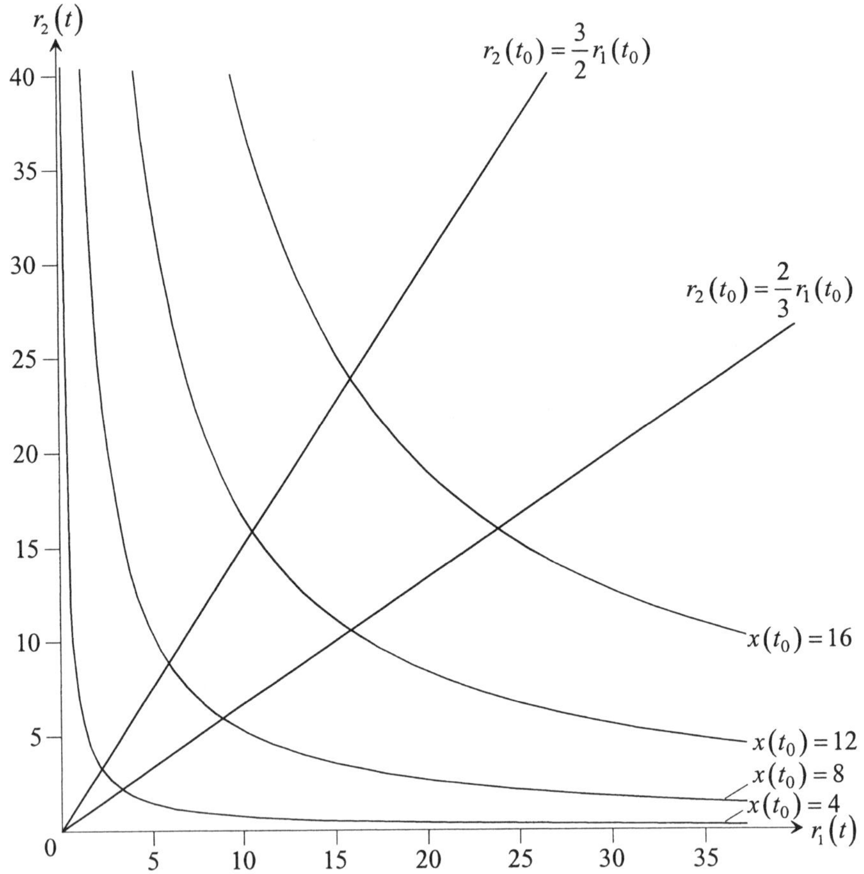

Abb. 4.14.1: Isoquanten- und Isoklinenverlauf zum Zeitpunkt $t = t_0$

zu d)

Analog zum statischen Fall ermittelt man bei dynamischen substitutionalen Produktionsfunktionen mit zwei Produktionsfaktoren für jeden beliebigen Zeitpunkt t die Minimalkostenkombination(en) zur Herstellung einer bestimmten positiven Ausbringungsmenge $x(t) = \overline{x}(t) > 0$ bei gegebenen Faktorpreisen $q_1(t)$ und $q_2(t)$ durch Lösen der folgenden Minimierungsaufgabe:

$$\min_{\substack{r_1[x(t),t],\\ r_2[x(t),t]}} K[r_1[x(t),t],r_2[x(t),t],q_1(t),q_2(t),t] = \sum_{i=1}^{2} q_i(t)\cdot r_i[x(t),t]$$

unter der Nebenbedingung

$$x(t) = f[r_1(t),r_2(t),t] = \overline{x}(t)$$

bzw.

$$\overline{x}(t) - f[r_1(t),r_2(t),t] = 0.$$

Dieses Kostenminimierungsproblem mit einer Gleichung als Restriktion lässt sich durch die Minimierung der LAGRANGE-Funktion L ersetzen:

$$\min_{r_1(t),r_2(t),\lambda} L[r_1(t),r_2(t),\lambda] = \sum_{i=1}^{2} q_i(t)\cdot r_i(t) + \lambda[\overline{x}(t) - f[r_1(t),r_2(t),t]]$$

Aus dem Nullsetzen der partiellen Ableitungen der LAGRANGE-Funktion $L[\cdot]$ nach den Variablen $r_1(t)$, $r_2(t)$ und λ ergeben sich die notwendigen Bedingungen für die bezüglich $\overline{x}(t)$ kostenminimalen Faktoreinsatzmengen zum Zeitpunkt t:

$$\frac{\partial L[r_1(t),r_2(t),\lambda]}{\partial r_1(t)} = q_1(t) - \lambda\cdot\frac{\partial f[r_1(t),r_2(t),t]}{\partial r_1(t)} \stackrel{!}{=} 0 \qquad (1)$$

$$\frac{\partial L[r_1(t),r_2(t),\lambda]}{\partial r_2(t)} = q_2(t) - \lambda\cdot\frac{\partial f[r_1(t),r_2(t),t]}{\partial r_2(t)} \stackrel{!}{=} 0 \qquad (2)$$

$$\frac{\partial L[r_1(t),r_2(t),\lambda]}{\partial \lambda} = \overline{x}(t) - f[r_1(t),r_2(t),t] \stackrel{!}{=} 0 \qquad (3)$$

Bringt man in den Gleichungen (1) und (2) die Subtrahenden durch Addition auf die rechte Seite und dividiert anschließend Gleichung (1) durch Gleichung (2), so erhält man – analog zum statischen Fall – die (notwendige) Bedingung zur Charakterisierung der Minimalkostenkombinationen bei einer dynamischen substitutionalen Produktionsfunktion:

$$\frac{\dfrac{\partial f[r_1(t),r_2(t),t]}{\partial r_1(t)}}{\dfrac{\partial f[r_1(t),r_2(t),t]}{\partial r_2(t)}} \stackrel{!}{=} \frac{q_1(t)}{q_2(t)}.$$

Im Kostenminimum verhalten sich demzufolge auch bei einer dynamischen substitutionalen Produktionsfunktion zu jedem Zeitpunkt t die Faktorpreise zueinander wie die Grenzproduktivitäten. Schließlich liefert das Einsetzen der Produktionsfunktion $x(t) = f[r_1(t), r_2(t), t] = \alpha_0(t) \cdot [r_1(t)]^{\alpha_1(t)} \cdot [r_2(t)]^{\alpha_2(t)}$ in die obige Bedingung:

$$\frac{\frac{\partial x(t)}{\partial r_1(t)}}{\frac{\partial x(t)}{\partial r_2(t)}} = \frac{\alpha_0(t) \cdot \alpha_1(t) \cdot [r_1(t)]^{\alpha_1(t)-1} \cdot [r_2(t)]^{\alpha_2(t)}}{\alpha_0(t) \cdot [r_1(t)]^{\alpha_1(t)} \cdot \alpha_2(t) \cdot [r_2(t)]^{\alpha_2(t)-1}} = \frac{\alpha_1(t) \cdot r_2(t)}{\alpha_2(t) \cdot r_1(t)} \stackrel{!}{=} \frac{q_1(t)}{q_2(t)}$$

bzw.

$$\frac{r_2^*(t)}{r_1^*(t)} = \frac{\alpha_2(t)}{\alpha_1(t)} \cdot \frac{q_1(t)}{q_2(t)},$$

wobei $r_2^*(t)/r_1^*(t)$ das (von der Ausbringungsmenge $x(t)$ unabhängige) kostenminimale Faktoreinsatzverhältnis zum Zeitpunkt t bezeichnet. Demnach entspricht bei einer dynamischen COBB-DOUGLAS-Produktionsfunktion das Verhältnis der Faktoreinsatzmengen im Kostenminimum stets dem Produkt aus dem Verhältnis $\alpha_2(t)/\alpha_1(t)$ der Produktionselastizitäten und dem umgekehrten Verhältnis $q_1(t)/q_2(t)$ der Faktorpreise.

zu e)

Die Richtigkeit der Behauptung „Im Kostenminimum verhalten sich bei der oben angegebenen Produktionsfunktion zu jedem Zeitpunkt t die Kosten des Einsatzes von Faktor 2 zu den Kosten des Einsatzes von Faktor 1 wie die Produktionselastizität des Faktors 2 zur Produktionselastizität des Faktors 1" lässt sich leicht durch Umstellung der notwendigen Bedingung für die Minimalkostenkombinationen zur Herstellung der Ausbringungsmenge $x(t)$ bei gegebenen Faktorpreisen $q_1(t)$ und $q_2(t)$ überprüfen:

$$\frac{\alpha_1(t) \cdot r_2(t)}{\alpha_2(t) \cdot r_1(t)} \stackrel{!}{=} \frac{q_1(t)}{q_2(t)}$$

$$\Leftrightarrow \quad \frac{q_2(t) \cdot r_2(t)}{q_1(t) \cdot r_1(t)} = \frac{\alpha_2(t)}{\alpha_1(t)}.$$

Die linke Seite der umgestellten Gleichung gibt das Verhältnis der Kosten des (optimalen) Einsatzes von Faktor 2 zu den Kosten des (optimalen) Einsatzes von Faktor 1 an, während auf der rechten Seite dieser Gleichung das Verhältnis der

Exponenten der dynamischen COBB-DOUGLAS-Produktionsfunktion steht. Nun entsprechen wegen

$$\begin{aligned}\varepsilon_i(t) &= \frac{\partial x(t)}{\partial r_i(t)} \cdot \frac{r_i(t)}{x(t)} \\ &= \alpha_0(t) \cdot \alpha_i(t) \cdot [r_i(t)]^{\alpha_i(t)-1} \cdot [r_{\tilde{i}}(t)]^{\alpha_{\tilde{i}}(t)} \cdot \frac{r_i(t)}{\alpha_0(t) \cdot [r_i(t)]^{\alpha_i(t)} \cdot [r_{\tilde{i}}(t)]^{\alpha_{\tilde{i}}(t)}} \\ &= \alpha_i(t),\end{aligned}$$

mit $i, \tilde{i} = 1{,}2,\ i \neq \tilde{i}$, die Exponenten einer COBB-DOUGLAS-Produktionsfunktion auch im dynamischen Fall den Produktionselastizitäten der jeweiligen Faktoren, so dass die rechte Seite der umgestellten Minimalkostenbedingung das Verhältnis der Produktionselastizitäten angibt. Folglich ist die Behauptung richtig.

zu f)

Aus Aufgabenteil d) ist bekannt, dass die Minimalkostenkombinationen zur Herstellung einer bestimmten Ausbringungsmenge $x(t) = \bar{x} > 0$ zu jedem Zeitpunkt t durch die Bedingung erster Ordnung für ein Kostenminimum

$$\frac{\alpha_1(t) \cdot r_2(t)}{\alpha_2(t) \cdot r_1(t)} \overset{!}{=} \frac{q_1(t)}{q_2(t)}$$

bzw. nach entsprechender Umformung durch die Bedingung für das kostenminimale Faktoreinsatzverhältnis

$$\frac{r_2^*(t)}{r_1^*(t)} = \frac{\alpha_2(t)}{\alpha_1(t)} \cdot \frac{q_1(t)}{q_2(t)}$$

charakterisiert sind. Offensichtlich liegt nur dann ein im Zeitablauf konstantes Faktoreinsatzverhältnis vor, wenn die rechte Seite der letztgenannten Bedingung über die Zeit konstant ist. Durch Differentiation dieser Gleichung nach der Zeit erhält man die (marginale) Änderung des kostenminimalen Faktoreinsatzverhältnisses bei einem (marginalen) Voranschreiten der Zeit:

$$\frac{d\left[\frac{r_2^*(t)}{r_1^*(t)}\right]}{dt} = \frac{d\left[\frac{\alpha_2(t)}{\alpha_1(t)}\right]}{dt} \cdot \frac{q_1(t)}{q_2(t)} + \frac{\alpha_2(t)}{\alpha_1(t)} \cdot \frac{d\left[\frac{q_1(t)}{q_2(t)}\right]}{dt}.$$

Wie anhand dieser Gleichung leicht zu erkennen ist, setzt sich jede denkbare Änderung des kostenminimalen Faktoreinsatzverhältnisses aus zwei Einzeleffekten zusammen. Der erste Summand auf der rechten Seite der Gleichung gibt das Ausmaß an, in dem das kostenminimale Faktoreinsatzverhältnis durch eine im Zeitablauf vom Technologiewandel hervorgerufene (marginale) Änderung des Verhältnisses der Produktionselastizitäten beeinflusst wird (technologisch bedingter Substitutionseffekt). Der zweite Summand misst dagegen die Änderung des kostenminimalen Faktoreinsatzverhältnisses, die aus einer sich im Zeitablauf ergebenden (marginalen) Änderung des umgekehrten Faktorpreisverhältnisses resultiert (preisbedingter Substitutionseffekt). Damit das kostenminimale Faktoreinsatzverhältnis über die Zeit konstant bleibt, muss die Summe dieser beiden Einzeleffekte null ergeben:

$$\frac{d\left[\frac{r_2^*(t)}{r_1^*(t)}\right]}{dt} = \underbrace{\frac{d\left[\frac{\alpha_2(t)}{\alpha_1(t)}\right]}{dt} \cdot \frac{q_1(t)}{q_2(t)}}_{\substack{\text{technologisch bedingter}\\ \text{Substitutionseffekt}}} + \underbrace{\frac{\alpha_2(t)}{\alpha_1(t)} \cdot \frac{d\left[\frac{q_1(t)}{q_2(t)}\right]}{dt}}_{\substack{\text{preisbedingter}\\ \text{Substitutionseffekt}}} \stackrel{!}{=} 0 .$$

Entsprechend sind zwei ökonomische Situationen denkbar, die bei der hier zu untersuchenden dynamischen COBB-DOUGLAS-Produktionsfunktion zu einem über die Zeit konstanten kostenminimalen Faktoreinsatzverhältnis führen:

1. Sowohl die Faktorpreise als auch die Produktionselastizitäten der beiden Faktoren entwickeln sich über die Zeit in der Weise gleichmäßig, dass jeweils ihr Verhältnis im Zeitablauf konstant ist. Dann gilt:

   $$\frac{d\left[\frac{\alpha_2(t)}{\alpha_1(t)}\right]}{dt} = 0 \quad \text{und} \quad \frac{d\left[\frac{q_1(t)}{q_2(t)}\right]}{dt} = 0 ,$$

   so dass im Ergebnis folgt:

   $$\frac{d\left[\frac{r_2^*(t)}{r_1^*(t)}\right]}{dt} = 0 .$$

   Zu einer solchen Situation kommt es, wenn erstens die Produktionselastizitäten der beiden Faktoren über die Zeit konstant sind (keine technologische Veränderung) oder aufgrund der technologischen Veränderung gleich schnell ansteigen (oder absinken) und zweitens zugleich beide Faktorpreise entweder über die Zeit unverändert bleiben oder aber gleich schnell zu- oder abnehmen.

2. Die Preisentwicklung und die technologische Veränderung laufen in der Weise ab, dass sich die Einzeleffekte kompensieren, also gilt:

$$\frac{d\left[\frac{\alpha_2(t)}{\alpha_1(t)}\right]}{dt}\cdot\frac{q_1(t)}{q_2(t)} = -\frac{\alpha_2(t)}{\alpha_1(t)}\cdot\frac{d\left[\frac{q_1(t)}{q_2(t)}\right]}{dt} \neq 0,$$

woraus wiederum folgt:

$$\frac{d\left[\frac{r_2^*(t)}{r_1^*(t)}\right]}{dt} = 0.$$

So kann z.B. ein im Vergleich zum Preis des ersten Faktors schneller ansteigender Preis des zweiten Faktors dadurch kompensiert werden, dass sich die technologische Veränderung in Bezug auf Faktor 2 schneller als diejenige in Bezug auf Faktor 1 vollzieht.

Die Bedingungen der ersten Situation sind beispielsweise im Fall der in Aufgabenteil c) angegebenen COBB-DOUGLAS-Produktionsfunktion mit

$$\alpha_1(t) = \frac{3}{5} - \frac{1}{t - t_0 + 4}$$

und

$$\alpha_2(t) = \frac{3}{5} - \frac{1}{t - t_0 + 4},$$

wobei $t \geq t_0$, bei konstanten Faktorpreisen $q_1(t) = const.$ und $q_2(t) = const.$ erfüllt. Für $q_1(t) = 2$, $q_2(t) = 3$, $\alpha_0(t) = 2$ und $x(t) = \overline{x} = 10$ lässt sich dies leicht anhand der Abbildung 4.14.2 nachvollziehen: Die Minimalkostenkombinationen, die in der Abbildung für die Zeitpunkte $t = t_0$, $t = t_0{+}1$, $t = t_0{+}2$ und $t = t_0{+}8$ explizit dargestellt und mit A, B, C und D gekennzeichnet sind, liegen stets auf derselben Halbgeraden durch den Ursprung, weisen also ein im Zeitablauf konstantes Faktoreinsatzverhältnis auf.

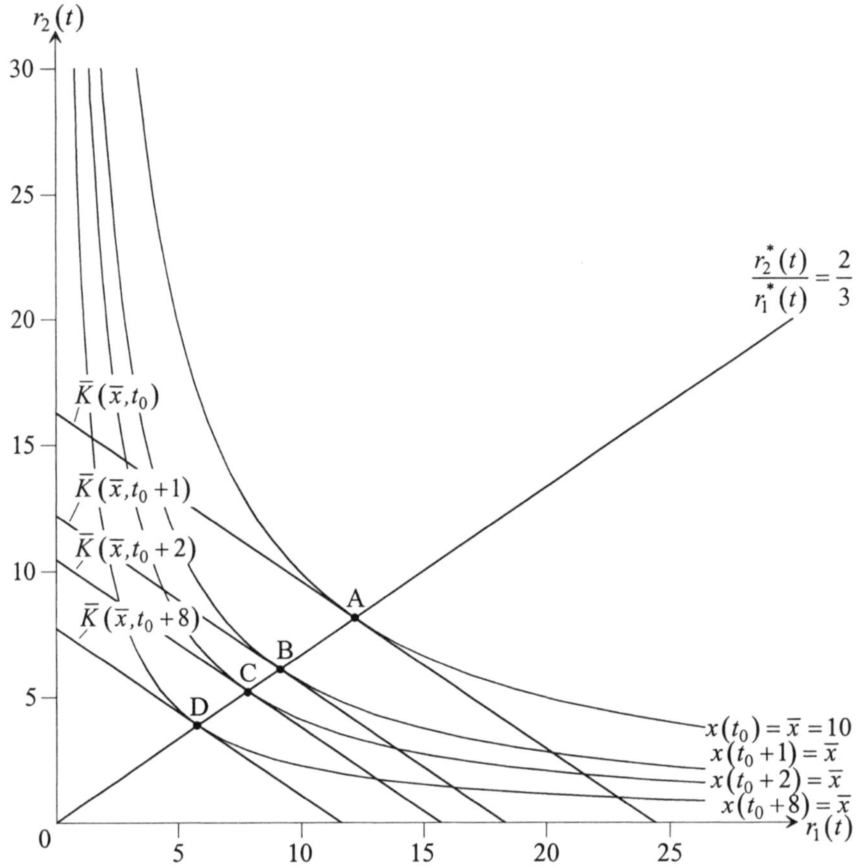

Abb. 4.14.2: Konstantes kostenminimales Faktoreinsatzverhältnis aufgrund zeitinvarianter Produktionselastizitäten- und Faktorpreisverhältnisse

Voraussetzung für das Eintreten der zweiten Situation ist dagegen ein sich im Zeitablauf veränderndes Verhältnis der Produktionselastizitäten. Beispielsweise steigt bei einer dynamischen COBB-DOUGLAS-Produktionsfunktion mit

$$\alpha_1(t) = \frac{3}{5} - \frac{1}{t - t_0 + 6}$$

und

$$\alpha_2(t) = \frac{3}{5} - \frac{1}{t - t_0 + 3},$$

wobei $t \geq t_0$, wegen

$$\frac{d\alpha_2(t)}{dt} = \frac{1}{(t-t_0+3)^2} > \frac{1}{(t-t_0+6)^2} = \frac{d\alpha_1(t)}{dt}$$

die Produktionselastizität des zweiten Faktors im Zeitablauf schneller an als diejenige des ersten Faktors. Bei konstanten Faktorpreisen $q_1(t)$ und $q_2(t)$ würde hierdurch ein technologisch bedingter Substitutionseffekt

$$\frac{d\left[\frac{\alpha_2(t)}{\alpha_1(t)}\right]}{dt} \cdot \frac{q_1(t)}{q_2(t)} = \frac{\frac{d\alpha_2(t)}{dt} \cdot \alpha_1(t) - \alpha_2(t) \cdot \frac{d\alpha_1(t)}{dt}}{[\alpha_1(t)]^2} \cdot \frac{q_1(t)}{q_2(t)}$$

$$\underset{\alpha_2(t)<\alpha_1(t)}{>} \underbrace{\frac{\alpha_1(t)\overbrace{\left[\frac{d\alpha_2(t)}{dt} - \frac{d\alpha_1(t)}{dt}\right]}^{>0}}{[\alpha_1(t)]^2}}_{>0} \cdot \underbrace{\frac{q_1(t)}{q_2(t)}}_{>0} > 0$$

induziert, durch den sich das kostenminimale Faktoreinsatzverhältnis in Richtung eines verstärkten Einsatzes von Faktor 2 verändert. Dieser Effekt kann jedoch durch eine diametrale Entwicklung der Faktorpreise bzw. des Faktorpreisverhältnisses kompensiert werden – etwa wenn sich Faktor 2 im Laufe der Zeit schneller verteuert als Faktor 1. Betragen z.B. die Faktorpreise zu einem Zeitpunkt t

$$q_1(t) = 2 - \frac{10}{3 \cdot (t-t_0+6)}$$

und

$$q_2(t) = 3 - \frac{5}{t-t_0+3},$$

dann folgt sofort die Voraussetzung:

$$\frac{q_1(t)}{q_2(t)} = \frac{2 - \frac{10}{3\cdot(t-t_0+6)}}{3 - \frac{5}{t-t_0+3}} = \frac{\frac{10}{3}\cdot\left(\frac{3}{5} - \frac{1}{t-t_0+6}\right)}{5\cdot\left(\frac{3}{5} - \frac{1}{t-t_0+3}\right)} = \frac{2}{3}\cdot\frac{\alpha_1(t)}{\alpha_2(t)}$$

$$\Rightarrow \underbrace{\frac{\alpha_2(t)}{\alpha_1(t)} \cdot \frac{q_1(t)}{q_2(t)}}_{=\frac{r_2^*(t)}{r_1^*(t)}} = \frac{2}{3} = const.,$$

d.h. die Zeitinvarianz des kostenminimalen Faktoreinsatzverhältnisses.

In Abbildung 4.14.3 wird dieser Zusammenhang für das Ausbringungsniveau $x(t) = \overline{x} = 10$ veranschaulicht: Um die Auswirkungen eines mit der Zeit immer steileren Isoquantenverlaufs auf das Faktoreinsatzverhältnis der Minimalkostenkombinationen (Punkte A, B, C und D in der Abbildung) auszugleichen, muss die Isokostenlinie $\overline{K}(\overline{x},t)$ mit der Zeit immer flacher verlaufen, also das Faktorpreisverhältnis $q_1(t)/q_2(t)$ abnehmen.

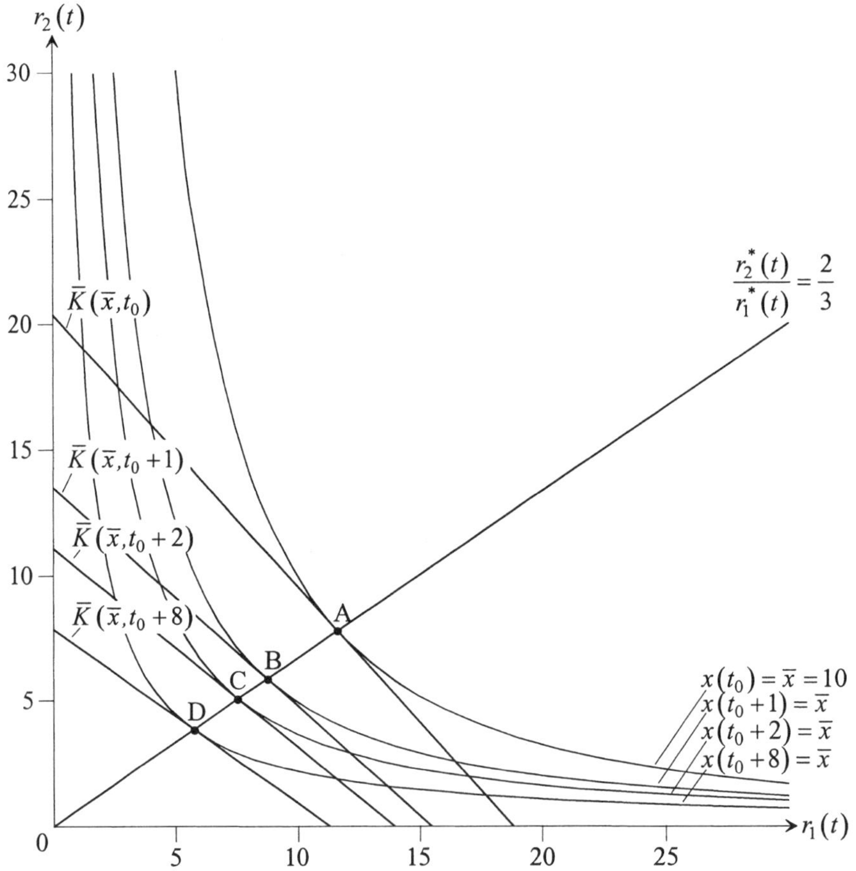

Abb. 4.14.3: Konstantes kostenminimales Faktoreinsatzverhältnis aufgrund diametraler Veränderungen des Produktionselastizitäten- und des Faktorpreisverhältnisses

zu g)

In Aufgabenteil c) wurde gezeigt, dass die Isoklinen einer homogenen dynamischen Produktionsfunktion zu jedem Zeitpunkt t Halbgeraden durch den Ursprung sind. Demzufolge ist bei einer dynamischen COBB-DOUGLAS-Produktionsfunktion die Isokline, die im Faktordiagramm durch die Minimalkostenkombination zur Herstellung einer bestimmten Ausbringungsmenge $x(t) > 0$ läuft, stets eine Halbgerade durch den Ursprung.

In dem hier betrachteten dynamischen Fall gehorcht eine Halbgerade im Faktordiagramm, die durch den Ursprung läuft, zu jedem Zeitpunkt t der allgemeinen Funktionsvorschrift:

$$r_2(t) = m(t) \cdot r_1(t),$$

wobei die Steigung $m(t)$ dieser Halbgeraden eine ausschließlich vom Zeitpunkt t abhängige Konstante ist. Entsprechend ist t hier als (Lage-)Parameter zu verstehen. Sofort erhält man:

$$\frac{r_2(t)}{r_1(t)} = m(t).$$

Demnach sind zu jedem betrachteten Zeitpunkt t die Produktionspunkte auf einer Isokline unabhängig vom Produktionsniveau durch ein konstantes Faktoreinsatzverhältnis $r_2(t)/r_1(t)$ gekennzeichnet, welches genau der Isoklinensteigung $m(t)$ entspricht. Jedoch kann sich dieses zu einem bestimmten Zeitpunkt t für Variationen der Produktionsniveaus konstante Faktoreinsatzverhältnis $r_2(t)/r_1(t)$ durchaus von dem Faktoreinsatzverhältnis $r_2(\tilde{t})/r_1(\tilde{t})$ zu einem anderen Zeitpunkt $\tilde{t}$, $\tilde{t} \neq t$, unterscheiden. Selbst wenn man den Isoklinen zu den verschiedenen Zeitpunkten die gleiche Grenzrate der Substitution zugrunde legt, kann sich aufgrund einer technologischen Veränderung die Krümmung der zu einem bestimmten Ausbringungsniveau gehörenden Isoquante und damit die Lage desjenigen Produktionspunktes auf der Isoquante, der die zuvor festgelegte Grenzrate der Substitution aufweist, im Zeitablauf so verändert haben, dass die zugehörige Isokline im Faktorraum eine andere Steigung besitzt.

Betrachtet man nun für einen beliebigen Zeitpunkt t diejenige Isokline, die im Faktordiagramm durch die Minimalkostenkombination zur Herstellung der Ausbringungsmenge $x(t) > 0$ läuft, dann ist diese insbesondere durch die in Aufgabenteil d) hergeleitete notwendige Bedingung

$$\frac{r_2^*(t)}{r_1^*(t)} = \frac{\alpha_2(t)}{\alpha_1(t)} \cdot \frac{q_1(t)}{q_2(t)}$$

für das kostenminimale Faktoreinsatzverhältnis charakterisiert, so dass insgesamt gilt:

$$\frac{r_2^*(t)}{r_1^*(t)} = \frac{\alpha_2(t)}{\alpha_1(t)} \cdot \frac{q_1(t)}{q_2(t)} = m^*(t),$$

wobei mit $m^*(t)$ die Steigung zum Zeitpunkt t der durch die Minimalkostenkombination laufenden Isokline bezeichnet wird. Zu jedem Zeitpunkt t entspricht also die Steigung $m^*(t)$ der durch die Minimalkostenkombination laufenden Isokline unabhängig vom Produktionsniveau dem kostenminimalen Faktoreinsatzverhältnis $r_2^*(t)/r_1^*(t)$ und damit dem Produkt aus dem Verhältnis der Produktionselastizitäten und dem umgekehrten Verhältnis der Faktorpreise zu diesem Zeitpunkt t.

Unterstellt man weiterhin, dass die Bedingung aus Aufgabenteil f) erfüllt ist und die Minimalkostenkombination infolgedessen durch ein über die Zeit konstantes Faktoreinsatzverhältnis $r_2^*(t)/r_1^*(t) = const.$ charakterisiert ist, dann ist auch die Steigung $m^*(t)$ der durch die Minimalkostenkombination laufenden Isokline im Zeitablauf konstant. Im Ergebnis ändert sich also mit voranschreitender Zeit weder der Verlauf (Halbgerade) noch die Lage (zeitinvariante Steigung) der Isokline im Faktordiagramm.

Folgerichtig kennzeichnet in den Beispielen des Aufgabenteils f) die in den Abbildungen 4.14.2 und 4.14.3 eingezeichnete Halbgerade $r_2(t) = \frac{2}{3} r_1(t)$ nicht nur die Produktionspunkte, die im Zeitablauf dasselbe kostenminimale Faktoreinsatzverhältnis $r_2^*(t)/r_1^*(t) = \frac{2}{3}$ aufweisen, sondern zugleich auch die stationär im Faktordiagramm liegende, durch die jeweilige Minimalkostenkombination laufende Isokline. Im Fall der Isoklinendarstellung werden zu einem fest vorgegebenen Betrachtungszeitpunkt t alle Produktionspunkte aufgetragen, die zu diesem Zeitpunkt dieselbe Grenzrate der Substitution aufweisen. Diese liegen auf besagter Halbgeraden, wobei den einzelnen Produktionspunkten unterschiedliche Ausbringungsniveaus $x(t)$ zugrunde liegen (vgl. auch Abbildung 4.14.1). Dagegen hält man bei der Veranschaulichung des zeitinvarianten kostenminimalen Faktoreinsatzverhältnis die Ausbringungsmenge $x(t)=\bar{x}$ über die Zeit konstant und trägt die Minimalkostenkombinationen zu den verschiedenen Zeitpunkten t in das Faktordiagramm ein. Diese erstrecken sich allerdings in Abhängigkeit vom gewählten Ausbringungsniveau $\bar{x}$ nur über einen Teil der Halbgeraden $r_2(t)=\frac{2}{3}r_1(t)$, weil die kostenminimalen Faktoreinsatzmengen $r_1^*(\bar{x},t)$ und $r_2^*(\bar{x},t)$ für eine gegebene Ausbringungsmenge $\bar{x}$ wegen der auf einen bestimmten Größenbereich beschränkten Produktionselastizitäten nicht beliebig klein (oder groß) werden können.

zu h)

Ausgangspunkt für die Bestimmung der Kostenfunktion $K[x(t),t]$ ist die in Aufgabenteil d) für dynamische COBB-DOUGLAS-Produktionsfunktionen hergeleitete Bedingung erster Ordnung für die Minimalkostenkombination zum Zeitpunkt t:

$$s_{21}(t)=-\left.\frac{dr_2(t)}{dr_1(t)}\right|_{x(t)}=\frac{\dfrac{\partial x(t)}{\partial r_1(t)}}{\dfrac{\partial x(t)}{\partial r_2(t)}}=\frac{\alpha_1(t)\cdot r_2(t)}{\alpha_2(t)\cdot r_1(t)}\stackrel{!}{=}\frac{q_1(t)}{q_2(t)}$$

bzw.

$$\frac{r_2^*(t)}{r_1^*(t)}=\frac{\alpha_2(t)}{\alpha_1(t)}\cdot\frac{q_1(t)}{q_2(t)}.$$

Das Einsetzen dieser Bedingung in der Form $r_2^*(t)=r_2^*\left[r_1^*(t),t\right]$ in die Produktionsfunktion $x(t)=f[r_1(t),r_2(t),t]$ liefert zunächst die kostenminimale Einsatzmenge des Faktors 1:

$$\begin{aligned}x(t)&=\alpha_0(t)\cdot\left[r_1^*(t)\right]^{\alpha_1(t)}\cdot\left[\frac{\alpha_2(t)}{\alpha_1(t)}\cdot\frac{q_1(t)}{q_2(t)}\cdot r_1^*(t)\right]^{\alpha_2(t)}\\&=\alpha_0(t)\cdot\left[\frac{\alpha_2(t)}{\alpha_1(t)}\cdot\frac{q_1(t)}{q_2(t)}\right]^{\alpha_2(t)}\cdot\left[r_1^*(t)\right]^{\alpha_1(t)+\alpha_2(t)}\end{aligned}$$

$$\Rightarrow\quad r_1^*[x(t),t]=\left[\left[\frac{\alpha_2(t)}{\alpha_1(t)}\cdot\frac{q_1(t)}{q_2(t)}\right]^{-\alpha_2(t)}\cdot\frac{x(t)}{\alpha_0(t)}\right]^{\frac{1}{\alpha_1(t)+\alpha_2(t)}}.$$

Setzt man diese wiederum in die Bedingung erster Ordnung für die Minimalkostenkombination ein, dann erhält man die kostenminimale Einsatzmenge des zweiten Faktors:

$$r_2^*[x(t),t]=\frac{\alpha_2(t)}{\alpha_1(t)}\cdot\frac{q_1(t)}{q_2(t)}\cdot r_1^*[x(t),t]$$

$$=\frac{\alpha_2(t)}{\alpha_1(t)}\cdot\frac{q_1(t)}{q_2(t)}\cdot\left[\left[\frac{\alpha_2(t)}{\alpha_1(t)}\cdot\frac{q_1(t)}{q_2(t)}\right]^{-\alpha_2(t)}\cdot\frac{x(t)}{\alpha_0(t)}\right]^{\frac{1}{\alpha_1(t)+\alpha_2(t)}}$$

$$=\left[\left[\frac{\alpha_2(t)}{\alpha_1(t)}\cdot\frac{q_1(t)}{q_2(t)}\right]^{\alpha_1(t)}\cdot\frac{x(t)}{\alpha_0(t)}\right]^{\frac{1}{\alpha_1(t)+\alpha_2(t)}}.$$

Nun kann man auf Basis der allgemeinen Kostengleichung die Kostenfunktion $K[x(t),\mathrm{t}]$ bestimmen:

$$K[x(t),t]=\sum_{i=1}^{2}q_i(t)\cdot r_i^*[x(t),t]$$

$$=q_1(t)\cdot\left[\left[\frac{\alpha_2(t)}{\alpha_1(t)}\cdot\frac{q_1(t)}{q_2(t)}\right]^{-\alpha_2(t)}\cdot\frac{x(t)}{\alpha_0(t)}\right]^{\frac{1}{\alpha_1(t)+\alpha_2(t)}}$$

$$+q_2(t)\cdot\left[\left[\frac{\alpha_2(t)}{\alpha_1(t)}\cdot\frac{q_1(t)}{q_2(t)}\right]^{\alpha_1(t)}\cdot\frac{x(t)}{\alpha_0(t)}\right]^{\frac{1}{\alpha_1(t)+\alpha_2(t)}}$$

$$=\left[q_1(t)\cdot\left[\frac{\alpha_2(t)}{\alpha_1(t)}\cdot\frac{q_1(t)}{q_2(t)}\right]^{\frac{-\alpha_2(t)}{\alpha_1(t)+\alpha_2(t)}}\right.$$

$$\left.+q_2(t)\cdot\left[\frac{\alpha_2(t)}{\alpha_1(t)}\cdot\frac{q_1(t)}{q_2(t)}\right]^{\frac{\alpha_1(t)}{\alpha_1(t)+\alpha_2(t)}}\right]\cdot\left[\frac{x(t)}{\alpha_0(t)}\right]^{\frac{1}{\alpha_1(t)+\alpha_2(t)}}.$$

Zu einer kompakteren Darstellung dieser Kostenfunktion gelangt man, wenn man sich die Ergebnisse der Überlegungen zu den Aufgabenteilen b) und g) zunutze macht, also berücksichtigt, dass bei einer dynamischen COBB-DOUGLAS-Produktionsfunktion mit zwei Faktoren die Summe $\alpha_1(t)+\alpha_2(t)$ der Produktionselastizitäten dem Homogenitätsgrad $h(t)$ der Produktionsfunktion zum Zeitpunkt t und darüber hinaus der Quotient

$$\frac{\alpha_2(t)}{\alpha_1(t)} \cdot \frac{q_1(t)}{q_2(t)}$$

seinerseits der für ein gegebenes t konstanten Steigung $m^*(t)$ der im Faktordiagramm durch die Minimalkostenkombination laufenden Isokline entspricht. Dann hat man:

$$K[x(t),t] = \left[q_1(t) \cdot \left[\frac{1}{m^*(t)} \right]^{\frac{\alpha_2(t)}{h(t)}} + q_2(t) \cdot \left[m^*(t) \right]^{\frac{\alpha_1(t)}{h(t)}} \right] \cdot \left[\frac{x(t)}{\alpha_0(t)} \right]^{\frac{1}{h(t)}}.$$

Diese Kosten steigen für $x(t) > 0$ wegen

$$\frac{\partial K[x(t),t]}{\partial x(t)} = \underbrace{\left[q_1(t) \cdot \left[\frac{1}{m^*(t)} \right]^{\frac{\alpha_2(t)}{h(t)}} + q_2(t) \cdot \left[m^*(t) \right]^{\frac{\alpha_1(t)}{h(t)}} \right]}_{>0}$$

$$\cdot \underbrace{\frac{1}{h(t)}}_{>0} \cdot \underbrace{\left[\frac{x(t)}{\alpha_0(t)} \right]^{\frac{1}{h(t)}-1}}_{>0} \cdot \underbrace{\frac{1}{\alpha_0(t)}}_{>0} > 0$$

und

$$\frac{\partial^2 K[x(t),t]}{\partial [x(t)]^2} = \underbrace{\left[q_1(t) \cdot \left[\frac{1}{m^*(t)} \right]^{\frac{\alpha_2(t)}{h(t)}} + q_2(t) \cdot \left[m^*(t) \right]^{\frac{\alpha_1(t)}{h(t)}} \right]}_{>0}$$

$$\cdot \underbrace{\frac{1}{h(t)}}_{>0} \cdot \underbrace{\left[\frac{1}{h(t)} - 1 \right]}_{\begin{cases} >0 & \text{für } h(t)<1, \\ =0 & \text{für } h(t)=1, \\ <0 & \text{für } h(t)>1, \end{cases}} \cdot \underbrace{\left[\frac{x(t)}{\alpha_0(t)} \right]^{\frac{1}{h(t)}-2}}_{>0} \cdot \underbrace{\frac{1}{[\alpha_0(t)]^2}}_{>0}$$

mit zunehmender Ausbringung progressiv an, falls die Produktionsfunktion zum Zeitpunkt t unterlinearhomogen ist ($h(t) < 1$); sie verlaufen dagegen linear, wenn die Produktionsfunktion linearhomogen ist ($h(t) = 1$), und degressiv, wenn die Produktionsfunktion überlinearhomogen ist ($h(t) > 1$).

Die charakteristischen Kostenverläufe werden im Folgenden am Beispiel der bereits in den Aufgabenteilen c) und f) betrachteten dynamischen COBB-DOUGLAS-Produktionsfunktion mit

$$\alpha_0(t) = 2,$$

$$\alpha_1(t) = \frac{3}{5} - \frac{1}{t - t_0 + 4}$$

und

$$\alpha_2(t) = \frac{3}{5} - \frac{1}{t - t_0 + 4}$$

auf der Grundlage der Faktorpreise

$$q_1(t) = 2 - \frac{10}{3 \cdot (t - t_0 + 6)}$$

und

$$q_2(t) = 3 - \frac{5}{t - t_0 + 3},$$

veranschaulicht. Zu den Zeitpunkten $t = t_0$, $t = t_0+1$ und $t = t_0+2$ ist die Produktionsfunktion wegen

$$h(t_0) = \alpha_1(t_0) + \alpha_2(t_0) = \frac{3}{5} - \frac{1}{t_0 - t_0 + 4} + \frac{3}{5} - \frac{1}{t_0 - t_0 + 4} = \frac{7}{10} < 1,$$

$$h(t_0 + 1) = \frac{3}{5} - \frac{1}{t_0 + 1 - t_0 + 4} + \frac{3}{5} - \frac{1}{t_0 + 1 - t_0 + 4} = \frac{4}{5} < 1$$

und

$$h(t_0 + 2) = \frac{3}{5} - \frac{1}{t_0 + 2 - t_0 + 4} + \frac{3}{5} - \frac{1}{t_0 + 2 - t_0 + 4} = \frac{13}{15} < 1$$

unterlinearhomogen; entsprechend steigt in Abbildung 4.14.4 die Kostenfunktion zu diesen Zeitpunkten mit zunehmender Ausbringung progressiv an. Dagegen verlaufen die Kosten in $t = t_0+6$ aufgrund von

$$h(t_0 + 6) = \frac{3}{5} - \frac{1}{t_0 + 6 - t_0 + 4} + \frac{3}{5} - \frac{1}{t_0 + 6 - t_0 + 4} = 1$$

linear und in $t = t_0+40$ wegen

$$h(t_0+40) = \frac{3}{5} - \frac{1}{t_0+40-t_0+4} + \frac{3}{5} - \frac{1}{t_0+40-t_0+4} = \frac{127}{110} > 1$$

degressiv (siehe Abbildung 4.14.4).

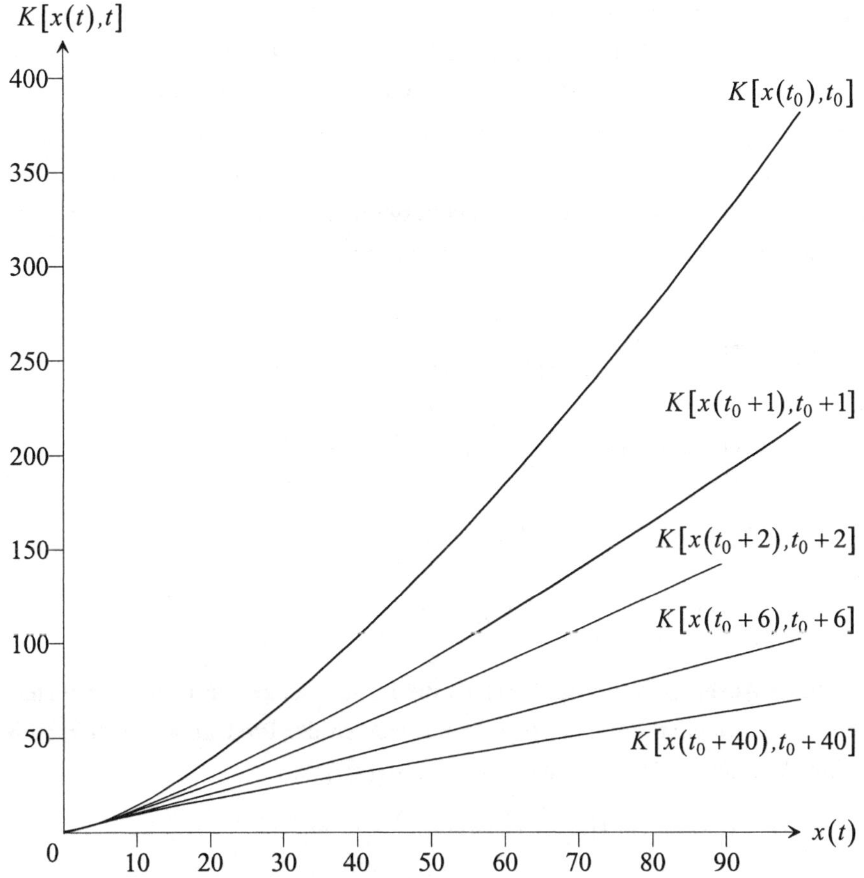

Abb. 4.14.4: Charakteristische Kostenverläufe auf Basis einer dynamischen COBB-DOUGLAS-Produktionsfunktion

zu i)

Im Unterschied zu Aufgabenteil h) soll nun davon ausgegangen werden, dass der Einsatz des zweiten Faktors auf die Höchstmenge $\overline{r}_2(t)$ beschränkt ist. Infolgedessen kann die in Aufgabenteil h) hergeleitete Minimalkostenkombination $\left[r_1^*[x(t),t], r_2^*[x(t),t]\right]$ zum Zeitpunkt t nur so lange realisiert werden, wie die zum Zeitpunkt t verfügbare Menge $\overline{r}_2(t)$ an Faktor 2 noch nicht knapp ist. Wird schließlich mit steigender Ausbringung $x(t)$ die verfügbare Menge des Faktors 2 vollständig ausgeschöpft und die Faktorrestriktion somit bindend, dann lassen sich die Kosten nur noch durch die Variation der Einsatzmenge $r_1(t)$ des Faktors 1 minimieren, während die Einsatzmenge des zweiten Faktors auf dem Niveau $r_2(t) = \overline{r}_2(t)$ konstant gehalten wird (eingeschränkte Kostenminimierung). Zur Berechnung der kritischen Ausbringungsmenge $\hat{x}(t)$, bei der die zum Zeitpunkt t verfügbare Menge an Faktor 2 erstmals vollständig eingesetzt wird, löst man die in Aufgabenteil h) ermittelte Bestimmungsgleichung der kostenminimalen Einsatzmenge von Faktor 2 nach der Ausbringungsmenge $x(t)$ auf:

$$r_2^*[x(t),t] = \left[\left[\frac{\alpha_2(t)}{\alpha_1(t)} \cdot \frac{q_1(t)}{q_2(t)}\right]^{\alpha_1(t)} \cdot \frac{x(t)}{\alpha_0(t)}\right]^{\frac{1}{\alpha_1(t)+\alpha_2(t)}} \overset{!}{=} \overline{r}_2(t)$$

$$\Rightarrow \quad \hat{x}(t) = \alpha_0(t) \cdot \left[\frac{\alpha_2(t)}{\alpha_1(t)} \cdot \frac{q_1(t)}{q_2(t)}\right]^{-\alpha_1(t)} \cdot [\overline{r}_2(t)]^{\alpha_1(t)+\alpha_2(t)}$$

bzw. in kompakter Schreibweise (vgl. Aufgabenteil h)):

$$\hat{x}(t) = \alpha_0(t) \cdot \left[\frac{1}{m^*(t)}\right]^{\alpha_1(t)} \cdot [\overline{r}_2(t)]^{h(t)}.$$

Ab dieser Ausbringungsmenge $\hat{x}(t)$ ist die Einsatzmenge von Faktor 2 mit steigender Ausbringung konstant, so dass hinsichtlich der Produktionsfunktion zum Zeitpunkt t für Ausbringungsmengen $x(t) > \hat{x}(t)$ gilt:

$$x(t) = f[r_1(t), \overline{r}_2(t), t] = \alpha_0(t) \cdot [r_1(t)]^{\alpha_1(t)} \cdot [\overline{r}_2(t)]^{\alpha_2(t)}.$$

Aus dieser Produktionsfunktion lässt sich dann unmittelbar die als Einzige noch frei variierbare, kostenminimale Einsatzmenge $r_1^*[x(t) > \hat{x}(t), t]$ des ersten Faktors ermitteln:

$$x(t) = f[r_1(t), \overline{r}_2(t), t] = \alpha_0(t) \cdot [r_1(t)]^{\alpha_1(t)} \cdot [\overline{r}_2(t)]^{\alpha_2(t)}$$

$$\Rightarrow \quad r_1^*[x(t) > \hat{x}(t), \overline{r}_2(t), t] = \left[\frac{x(t)}{\alpha_0(t) \cdot [\overline{r}_2(t)]^{\alpha_2(t)}}\right]^{\frac{1}{\alpha_1(t)}}.$$

Zusammen mit $r_2^*[x(t)>\hat{x}(t),t]=\overline{r}_2(t)$ erhält man dann für Ausbringungsmengen $x(t)>\hat{x}(t)$ die Kostenfunktion

$$K[x(t)>\hat{x}(t),\overline{r}_2(t),t]=q_1(t)\cdot r_1^*[x(t)>\hat{x}(t),\overline{r}_2(t),t]+q_2(t)\cdot\overline{r}_2(t)$$
$$=q_1(t)\cdot\left[\frac{x(t)}{\alpha_0(t)\cdot[\overline{r}_2(t)]^{\alpha_2(t)}}\right]^{\frac{1}{\alpha_1(t)}}+q_2(t)\cdot\overline{r}_2(t).$$

Für Ausbringungsmengen $x(t)$, $0\le x(t)\le\hat{x}(t)$, gilt dagegen die bereits im Aufgabenteil h) hergeleitete Kostenfunktion

$$K[x(t)\le\hat{x}(t),\overline{r}_2(t),t]$$
$$=\left[q_1(t)\cdot\left[\frac{1}{m^*(t)}\right]^{\frac{\alpha_2(t)}{h(t)}}+q_2(t)\cdot\left[m^*(t)\right]^{\frac{\alpha_1(t)}{h(t)}}\right]\cdot\left[\frac{x(t)}{\alpha_0(t)}\right]^{\frac{1}{h(t)}},$$

so dass im Ergebnis die Kostenfunktion bei beschränkt verfügbarer Faktoreinsatzmenge $r_2(t)\le\overline{r}_2(t)$ in kompakter Schreibweise lautet:

$$K[x(t),\overline{r}_2(t),t]$$
$$=\begin{cases}\left[q_1(t)\cdot\left[\frac{1}{m^*(t)}\right]^{\frac{\alpha_2(t)}{h(t)}}+q_2(t)\cdot\left[m^*(t)\right]^{\frac{\alpha_1(t)}{h(t)}}\right]\cdot\left[\frac{x(t)}{\alpha_0(t)}\right]^{\frac{1}{h(t)}} & \text{für } 0\le x(t)\le\hat{x}(t),\\ q_1(t)\cdot\left[\frac{x(t)}{\alpha_0(t)\cdot[\overline{r}_2(t)]^{\alpha_2(t)}}\right]^{\frac{1}{\alpha_1(t)}}+q_2(t)\cdot\overline{r}_2(t) & \text{für } x(t)>\hat{x}(t),\end{cases}$$

mit

$$\hat{x}(t)=\alpha_0(t)\cdot\left[\frac{1}{m^*(t)}\right]^{\alpha_1(t)}\cdot[\overline{r}_2(t)]^{h(t)},$$

$$h(t)=\alpha_1(t)+\alpha_2(t),$$

$$m^*(t)=\frac{\alpha_2(t)}{\alpha_1(t)}\cdot\frac{q_1(t)}{q_2(t)}.$$

Eine gewisse Vorsicht ist bei dieser Formulierung der Kostenfunktion allerdings in Bezug auf die Interpretation von $h(t)$ als Homogenitätsgrad der zugrunde liegenden Produktionsfunktion geboten. Da die Produktionsfunktion aufgrund der Faktorrestriktion abschnittsweise definiert ist und für Ausbringungen $x(t)>\hat{x}(t)$

gerade daraus resultiert, dass die Einsatzmenge $r_2(t)$ des zweiten Faktors auf dem konstanten Niveau $r_2(t)=\overline{r}_2(t)$ festgehalten wird (partielle Faktorvariation des Faktors 1), kann man das Niveau des Faktoreinsatzes nicht mehr im gesamten Definitionsbereich der Produktionsfunktion beliebig variieren und infolgedessen keine allgemeinen Homogenitätsaussagen herleiten. Beschränkt man sich jedoch auf einzelne Abschnitte des Definitionsbereichs der Produktionsfunktion, dann lässt sich zumindest für Niveauvariationen, die zur effizienten Herstellung von $x(t)$, $0 \le x(t) \le \hat{x}(t)$, führen, eine Homogenität vom Grade $h(t)$ feststellen.

Entsprechend verlaufen zum Zeitpunkt t die Kosten im Bereich $0 \le x(t) \le \hat{x}(t)$ in Abhängigkeit von (dem Homogenitätsgrad) $h(t)$ progressiv ($h(t)<1$), linear ($h(t)=1$) oder degressiv ($h(t)>1$). Im Bereich $x(t)>\hat{x}(t)$ steigt dagegen die Kostenfunktion wegen

$$\frac{\partial K[x(t)>\hat{x}(t),\overline{r}_2(t),t]}{\partial x(t)} = \underbrace{q_1(t)}_{>0}\cdot\underbrace{\frac{1}{\alpha_1(t)}}_{>0}\cdot\underbrace{\left[\frac{x(t)}{\alpha_0(t)\cdot[\overline{r}_2(t)]^{\alpha_2(t)}}\right]^{\frac{1}{\alpha_1(t)}-1}}_{>0}$$
$$\cdot\underbrace{\frac{1}{\alpha_0(t)\cdot[\overline{r}_2(t)]^{\alpha_2(t)}}}_{>0} > 0$$

und

$$\frac{\partial^2 K[x(t)>\hat{x}(t),\overline{r}_2(t),t]}{\partial [x(t)]^2} = \underbrace{q_1(t)}_{>0}\cdot\underbrace{\frac{1}{\alpha_1(t)}}_{>0}\cdot\underbrace{\left[\frac{1}{\alpha_1(t)}-1\right]}_{>0}$$
$$\cdot\underbrace{\left[\frac{x(t)}{\alpha_0(t)\cdot[\overline{r}_2(t)]^{\alpha_2(t)}}\right]^{\frac{1}{\alpha_1(t)}-2}}_{>0}\cdot\underbrace{\frac{1}{\left[\alpha_0(t)\cdot[\overline{r}_2(t)]^{\alpha_2(t)}\right]^2}}_{>0} > 0$$

stets progressiv an, wie man anhand der Abbildung 4.14.5 am Beispiel der aus den vorherigen Aufgabenteilen bekannten dynamischen COBB-DOUGLAS-Produktionsfunktion mit

$$\alpha_0(t)=2,$$

$$\alpha_1(t)=\frac{3}{5}-\frac{1}{t-t_0+4},$$

$$\alpha_2(t) = \frac{3}{5} - \frac{1}{t - t_0 + 4}$$

auf der Grundlage der Faktorrestriktion $r_2(t) \le \overline{r}_2(t) = 20$ und der Faktorpreise

$$q_1(t) = 2 - \frac{10}{3 \cdot (t - t_0 + 6)},$$

$$q_2(t) = 3 - \frac{5}{t - t_0 + 3},$$

mit $t \ge t_0$, graphisch nachvollziehen kann.

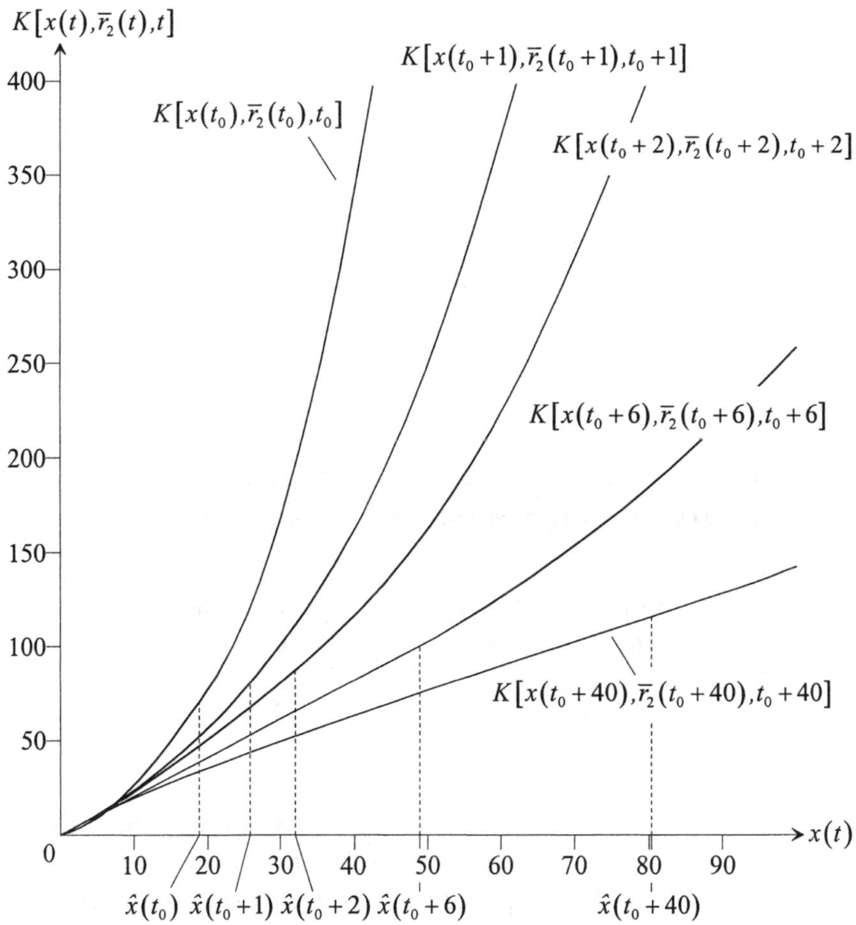

Abb. 4.14.5: Charakteristische Kostenverläufe auf Basis einer dynamischen COBB-DOUGLAS-Produktionsfunktion bei beschränkter Einsatzmenge eines Faktors

zu j)

Nach dem Einsetzen von $t = t_0 + 2$ in

$$\alpha_0(t) = 2,$$

$$\alpha_1(t) = \frac{1}{2} - \frac{1}{t - t_0 + 4}$$

und

$$\alpha_2(t) = \frac{1}{2} - \frac{1}{t - t_0 + 8}$$

erhält man zunächst mit

$$\alpha_0(t_0 + 2) = 2,$$

$$\alpha_1(t_0 + 2) = \frac{1}{2} - \frac{1}{t_0 + 2 - t_0 + 4} = \frac{1}{3} \text{ und}$$

$$\alpha_2(t_0 + 2) = \frac{1}{2} - \frac{1}{t_0 + 2 - t_0 + 8} = \frac{2}{5}$$

die im Zeitpunkt $t = t_0 + 2$ gültige Produktionsfunktion:

$$x(t_0 + 2) = 2 \cdot [r_1(t_0 + 2)]^{\frac{1}{3}} \cdot [r_2(t_0 + 2)]^{\frac{2}{5}}.$$

Die Minimalkostenkombination zur Herstellung einer beliebigen Ausbringungsmenge $x(t) = x(t_0 + 2) > 0$ ist dann durch die notwendige Bedingung

$$\frac{\frac{\partial x(t_0 + 2)}{\partial r_1(t_0 + 2)}}{\frac{\partial x(t_0 + 2)}{\partial r_2(t_0 + 2)}} = \frac{\alpha_1(t_0 + 2) \cdot r_2(t_0 + 2)}{\alpha_2(t_0 + 2) \cdot r_1(t_0 + 2)} = \frac{\frac{1}{3} r_2(t_0 + 2)}{\frac{2}{5} r_1(t_0 + 2)} \stackrel{!}{=} \frac{5}{6} = \frac{q_1(t_0 + 2)}{q_2(t_0 + 2)}$$

$$\Rightarrow \quad \frac{r_2^*[x(t_0 + 2), t_0 + 2]}{r_1^*[x(t_0 + 2), t_0 + 2]} = 1$$

charakterisiert (vgl. Aufgabenteil d)). Setzt man in die Produktionsfunktion die Beziehung $r_2^*(t_0 + 2) = r_2^*\left[r_1^*(t_0 + 2)\right]$ ein, so liefert dies die kostenminimale Einsatzmenge $r_1^*[x(t_0 + 2), t_0 + 2]$ von Faktor 1 in Abhängigkeit von der Ausbringungsmenge $x(t_0 + 2)$:

$$x(t_0+2)=2\cdot\left[r_1^*(t_0+2)\right]^{\frac{1}{3}}\cdot\left[r_1^*(t_0+2)\right]^{\frac{2}{5}}=2\left[r_1^*(t_0+2)\right]^{\frac{11}{15}}$$

$$\Rightarrow\quad r_1^*[x(t_0+2),t_0+2]=\left[\frac{x(t_0+2)}{2}\right]^{\frac{15}{11}}.$$

Hieraus erhält man mit Hilfe der Bedingung für die Minimalkostenkombination die kostenminimale Einsatzmenge $r_2^*[x(t_0+2),t_0+2]$ des zweiten Faktors

$$r_2^*[x(t_0+2),t_0+2]=r_1^*[x(t_0+2),t_0+2]=\left[\frac{x(t_0+2)}{2}\right]^{\frac{15}{11}}$$

und durch Einsetzen die zugehörige Kostenfunktion für beliebige Ausbringungsmengen $x(t_0+2)\geq 0$:

$$\begin{aligned}K[x(t_0+2),t_0+2]&=\sum_{i=1}^{2}q_i(t_0+2)\cdot r_i^*[x(t_0+2),t_0+2]\\&=5\cdot\left[\frac{x(t_0+2)}{2}\right]^{\frac{15}{11}}+6\cdot\left[\frac{x(t_0+2)}{2}\right]^{\frac{15}{11}}\\&=11\cdot\left[\frac{x(t_0+2)}{2}\right]^{\frac{15}{11}}.\end{aligned}$$

Zu dem gleichen Ergebnis gelangt man, wenn man direkt auf das Ergebnis der Überlegungen zu Aufgabenteil h) zurückgreift. Hierzu berechnet man zunächst

$$h(t_0+2)=\alpha_1(t_0+2)+\alpha_2(t_0+2)=\frac{1}{3}+\frac{2}{5}=\frac{11}{15},$$

$$m^*(t_0+2)=\frac{\alpha_2(t_0+2)}{\alpha_1(t_0+2)}\cdot\frac{q_1(t_0+2)}{q_2(t_0+2)}=\frac{\frac{2}{5}}{\frac{1}{3}}\cdot\frac{5}{6}=1$$

und erhält durch Einsetzen in

$$K[x(t_0+2),t_0+2]=\left[q_1(t_0+2)\cdot\left[\frac{1}{m^*(t_0+2)}\right]^{\frac{\alpha_2(t_0+2)}{h(t_0+2)}}\right.$$

$$\left.+q_2(t_0+2)\cdot\left[m^*(t_0+2)\right]^{\frac{\alpha_1(t_0+2)}{h(t_0+2)}}\right]\cdot\left[\frac{x(t_0+2)}{\alpha_0(t_0+2)}\right]^{\frac{1}{h(t_0+2)}}$$

wieder die Kostenfunktion

$$K[x(t_0+2),t_0+2]=(5\cdot 1+6\cdot 1)\cdot\left[\frac{x(t_0+2)}{2}\right]^{\frac{1}{11/15}}=11\cdot\left[\frac{x(t_0+2)}{2}\right]^{\frac{15}{11}}.$$

Diese Kostenfunktion ist wegen

$$\frac{\partial K[x(t_0+2),t_0+2]}{\partial x(t_0+2)}=11\cdot\frac{15}{11}\cdot\left[\frac{x(t_0+2)}{2}\right]^{\frac{15}{11}-1}\cdot\frac{1}{2}=\frac{15}{2}\cdot\left[\frac{x(t_0+2)}{2}\right]^{\frac{4}{11}}>0$$

und

$$\frac{\partial^2 K[x(t_0+2),t_0+2]}{\partial[x(t_0+2)]^2}=\frac{15}{2}\cdot\frac{4}{11}\cdot\left[\frac{x(t_0+2)}{2}\right]^{\frac{4}{11}-1}\cdot\frac{1}{2}=\frac{15}{11}\cdot\left[\frac{x(t_0+2)}{2}\right]^{-\frac{7}{11}}>0$$

für $x(t_0+2)>0$ durch einen progressiv steigenden Verlauf gekennzeichnet. Dieser resultiert aus der Tatsache, dass die Produktionsfunktion zum Zeitpunkt $t=t_0+2$ wegen

$$h(t_0+2)=\alpha_1(t_0+2)+\alpha_2(t_0+2)=\frac{1}{3}+\frac{2}{5}=\frac{11}{15}<1$$

unterlinearhomogen ist (siehe auch Aufgabenteil h)). Erhöht man, ausgehend von einem bestimmten Produktionsniveau, die Einsatzmengen der beiden Faktoren, indem man diese mit dem gleichen Faktor λ multipliziert, dann erhöht sich die Ausbringungsmenge nur um einen geringeren Faktor $\lambda^{h(t_0+2)}$, der dem mit dem Homogenitätsgrad $h(t_0+2)$ potenzierten Faktor λ der Einsatzmengenerhöhung entspricht. Da der Homogenitätsgrad zum Zeitpunkt $t=t_0+2$ kleiner als eins ist, ist der Faktor $\lambda^{h(t_0+2)}$ kleiner als λ. Folglich nimmt die Ausbringungsmenge bei einer proportionalen Erhöhung der Faktoreinsatzmengen nur unterproportional zu. Bei konstanten Faktorpreisen muss die hieraus resultierende Kostenfunktion in der Umkehrung mit steigender Ausbringung überproportional wachsen, was hier der Fall ist.

zu k)

Der generelle Kostenverlauf (Kostenprogression, -linearität oder -degression) zu den übrigen Zeitpunkten $t\neq t_0+2$ richtet sich nach dem Homogenitätsgrad $h(t)$

der Produktionsfunktion zu diesen Zeitpunkten (siehe hierzu auch Aufgabenteil h)). Da der Homogenitätsgrad wegen

$$\begin{aligned} h(t) &= \alpha_1(t) + \alpha_2(t) \\ &= \frac{1}{2} - \frac{1}{t - t_0 + 4} + \frac{1}{2} - \frac{1}{t - t_0 + 8} \\ &= 1 - \underbrace{\frac{1}{t - t_0 + 4}}_{>0} - \underbrace{\frac{1}{t - t_0 + 8}}_{>0} < 1 \end{aligned}$$

zu beliebigen Zeitpunkten t, $t \geq t_0$, kleiner als eins ist, ist die Produktionsfunktion stets unterlinearhomogen. Infolgedessen steigen die Kosten mit zunehmender Ausbringungsmenge stets progressiv an.

Allerdings wird der Homogenitätsgrad wegen

$$\frac{dh(t)}{dt} = \frac{d\alpha_1(t)}{dt} + \frac{d\alpha_2(t)}{dt} = \underbrace{\frac{1}{(t - t_0 + 4)^2}}_{>0} + \underbrace{\frac{1}{(t - t_0 + 8)^2}}_{>0} > 0$$

im Zeitablauf größer und geht schließlich gegen den Grenzwert

$$\lim_{t \to \infty} h(t) = \lim_{t \to \infty} \left[\alpha_1(t) + \alpha_2(t)\right] = \lim_{t \to \infty} \left[\frac{1}{2} - \frac{1}{t - t_0 + 4} + \frac{1}{2} - \frac{1}{t - t_0 + 8}\right] = 1.$$

Es ist daher anschaulich klar, dass die Kostenprogression mit der Zeit abnimmt und sich der Kostenverlauf immer mehr demjenigen einer linearen Funktion annähert.

Dieser direkte Zusammenhang zwischen der dynamischen Veränderung des Homogenitätsgrades einer COBB-DOUGLAS-Produktionsfunktion und der dynamischen Veränderung der Steigung und des Krümmungsverhaltens der zugehörigen Kostenkurve bei zeitinvarianten Faktorpreisen lässt sich prinzipiell auch formal nachweisen. Jedoch sind hierfür recht umfangreiche Überlegungen erforderlich, auf die an dieser Stelle zugunsten der graphischen Anschauung verzichtet wird. Entsprechend sind in Abbildung 4.14.6 auf der Grundlage der gegebenen COBB-DOUGLAS-Produktionsfunktion die Kostenverläufe zu den Zeitpunkten $t = t_0$, $t = t_0+1$, $t = t_0+2$, $t = t_0+8$ und $t = t_0+40$ dargestellt.

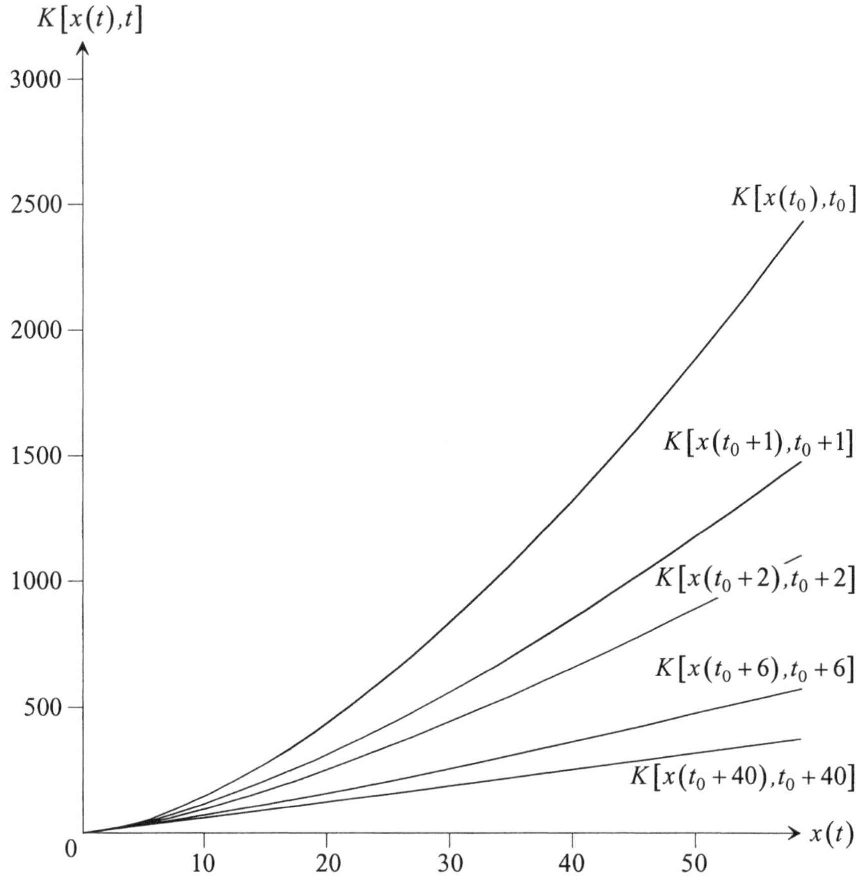

Abb. 4.14.6: Kostenverläufe zu verschiedenen Zeitpunkten

zu l)

Gemäß den Überlegungen zu Aufgabenteil g) gilt bezüglich der Steigung $m^*(t)$ der im Faktordiagramm durch die Minimalkostenkombination laufenden Isokline zu beliebigen Zeitpunkten t die Beziehung:

$$m^*(t) = \frac{\alpha_2(t)}{\alpha_1(t)} \cdot \frac{q_1(t)}{q_2(t)} = \frac{r_2^*(t)}{r_1^*(t)}.$$

Setzt man nun die Produktionselastizitäten

$$\alpha_1(t) = \frac{1}{2} - \frac{1}{t - t_0 + 4}$$

und

$$\alpha_2(t) = \frac{1}{2} - \frac{1}{t - t_0 + 8}$$

der dynamischen COBB-DOUGLAS-Produktionsfunktion sowie die Faktorpreise $q_1(t) = 5$ und $q_2(t) = 6$ in die obige Beziehung bzw. in die Geradengleichung

$$r_2(t) = m^*(t) \cdot r_1(t)$$

ein, dann erhält man die gesuchte Bestimmungsgleichung der zur Minimalkostenkombination im Zeitpunkt t gehörenden Isokline in der Form $r_2(t) = g[r_1(t),t]$:

$$r_2(t) = m^*(t) \cdot r_1(t) = \frac{\frac{1}{2} - \frac{1}{t - t_0 + 8}}{\frac{1}{2} - \frac{1}{t - t_0 + 4}} \cdot \frac{5}{6} \cdot r_1(t).$$

Die Steigung

$$m^*(t) = \frac{\frac{1}{2} - \frac{1}{t - t_0 + 8}}{\frac{1}{2} - \frac{1}{t - t_0 + 4}} \cdot \frac{5}{6} = \frac{r_2^*(t)}{r_1^*(t)}$$

dieser Isokline hängt vom jeweiligen Betrachtungszeitpunkt t ab. Im Zeitpunkt $t = t_0$ gilt:

$$m^*(t_0) = \frac{\frac{1}{2} - \frac{1}{t_0 - t_0 + 8}}{\frac{1}{2} - \frac{1}{t_0 - t_0 + 4}} \cdot \frac{5}{6} = \frac{5}{4}.$$

Mit fortschreitender Zeit nimmt die Isoklinensteigung $m^*(t)$ aufgrund von

$$\alpha_2(t) = \frac{1}{2} - \frac{1}{t - t_0 + 8} > \frac{1}{2} - \frac{1}{t - t_0 + 4} = \alpha_1(t),$$

$$\frac{d\alpha_2(t)}{dt} = \frac{1}{(t-t_0+8)^2} < \frac{1}{(t-t_0+4)^2} = \frac{d\alpha_1(t)}{dt}$$

und infolgedessen

$$\frac{d\,m^*(t)}{dt} = \frac{d\left[\frac{r_2(t)}{r_1(t)}\right]}{dt} = \frac{d\left[\frac{\alpha_2(t)}{\alpha_1(t)}\right]}{dt}\cdot\frac{q_1(t)}{q_2(t)} + \frac{\alpha_2(t)}{\alpha_1(t)}\cdot\underbrace{\frac{d\left[\frac{q_1(t)}{q_2(t)}\right]}{dt}}_{=0}$$

$$= \frac{\frac{d\alpha_2(t)}{dt}\cdot\alpha_1(t) - \alpha_2(t)\cdot\frac{d\alpha_1(t)}{dt}}{[\alpha_1(t)]^2}\cdot\frac{q_1(t)}{q_2(t)}$$

$$\underset{\alpha_2(t)>\alpha_1(t)}{<} \frac{\alpha_2(t)\overbrace{\left[\frac{d\alpha_2(t)}{dt} - \frac{d\alpha_1(t)}{dt}\right]}^{<0}}{[\alpha_1(t)]^2}\cdot\frac{q_1(t)}{q_2(t)} < 0$$

ab und geht schließlich gegen den Grenzwert

$$\underbrace{lim}_{t\to\infty} m^*(t) = \underbrace{lim}_{t\to\infty}\left[\frac{r_2^*(t)}{r_1^*(t)}\right] = \frac{\frac{1}{2}}{\frac{1}{2}}\cdot\frac{5}{6} = \frac{5}{6}.$$

Demnach verläuft die Minimalkostenisokline im Faktordiagramm mit der Zeit immer flacher (siehe Abbildung 4.14.7), weil das kostenminimale Faktoreinsatzverhältnis $r_2^*(t)/r_1^*(t)$ aufgrund der fortschreitenden Substitution des Faktors 2 durch Faktor 1 im Zeitablauf abnimmt. Dies ist auch plausibel, weil sich die technologische Veränderung bezüglich Faktor 1 schneller vollzieht als in Bezug auf Faktor 2 ($d\alpha_1(t)/dt > d\alpha_2(t)/dt$). Darüber hinaus ist in der hier vorliegenden Situation das Faktorpreisverhältnis über die Zeit konstant. Folglich kann das kostenminimale Faktoreinsatzverhältnisses nicht von relativen Faktorpreisveränderungen beeinflusst werden; ein preisbedingter Substitutionseffekt scheidet somit als Ursache zeitlich unterschiedlicher kostenminimaler Faktoreinsatzverhältnisse aus (siehe hierzu auch Aufgabenteil f)).

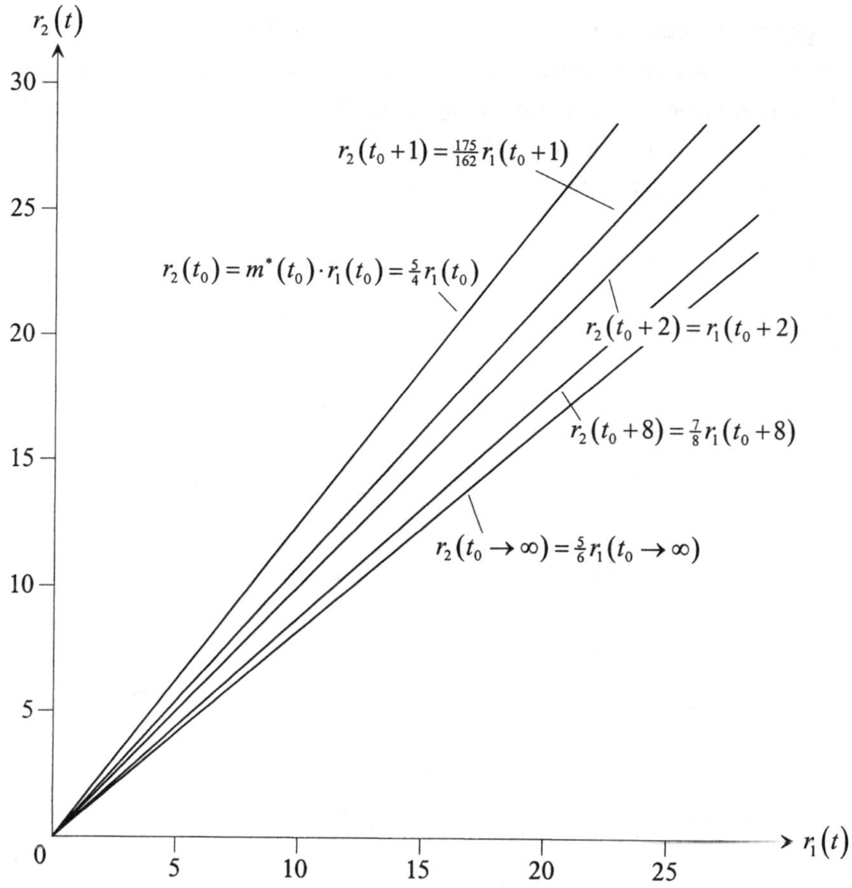

Abb. 4.14.7: Verlauf der Minimalkostenisokline zu verschiedenen Zeitpunkten

zu m)

Ist die technologische Veränderung dergestalt, dass in Bezug auf die Herstellung einer bestimmten Ausbringungsmenge $x(t)=\overline{x}$ ein technischer Fortschritt erzielt wird, dann müssen im Zeitablauf immer geringere Mengen von beiden Faktoren eingesetzt werden, um dieselbe Ausbringungsmenge $x(t)=\overline{x}$ zu minimalen Kosten herstellen zu können. In einem solchen Fall rücken – bei im Zeitablauf konstanten Faktorpreisen – die Minimalkostenkombinationen $\left[r_1^*(\overline{x},t),r_2^*(\overline{x},t)\right]$ in der Faktordiagramm-Darstellung mit fortschreitender Zeit immer näher in Richtung Ursprung. Allerdings können die kostenminimalen Einsatzmengen für eine gegebene Ausbringungsmenge $x(t) = \bar{x} > 0$ nicht beliebig reduziert werden, weil dem technischen Fortschritt bei einer dynamischen COBB-DOUGLAS-Produktionsfunktion mit I Faktoren wegen $\alpha_i(t) < 1,\ i = 1,\ldots,I,$ Grenzen gesetzt sind. In dem hier vorliegenden Fall gehen die kostenminimalen Einsatzmengen der beiden Faktoren beim Ausbringungsniveau $x(t) = \bar{x}$ wegen

$$\lim_{t\to\infty} \alpha_i(t) = \frac{1}{2}, \quad i = 1,2,$$

gegen die Grenzwerte

$$\lim_{t\to\infty} r_1^*(\bar{x},t) = \lim_{t\to\infty}\left[\left[\frac{\alpha_2(t)}{\alpha_1(t)}\cdot\frac{q_1(t)}{q_2(t)}\right]^{-\alpha_2(t)}\cdot\frac{x(t)}{\alpha_0(t)}\right]^{\frac{1}{\alpha_1(t)+\alpha_2(t)}}$$

$$= \left[\left[\frac{\frac{1}{2}}{\frac{1}{2}}\cdot\frac{5}{6}\right]^{-\frac{1}{2}}\cdot\frac{\bar{x}}{2}\right]^{\frac{1}{\frac{1}{2}+\frac{1}{2}}} = \frac{1}{2}\cdot\sqrt{\frac{6}{5}}\cdot\bar{x}$$

und

$$\lim_{t\to\infty} r_2^*(\bar{x},t) = \lim_{t\to\infty}\left[\left[\frac{\alpha_2(t)}{\alpha_1(t)}\cdot\frac{q_1(t)}{q_2(t)}\right]^{\alpha_1(t)}\cdot\frac{x(t)}{\alpha_0(t)}\right]^{\frac{1}{\alpha_1(t)+\alpha_2(t)}}$$

$$= \left[\left[\frac{\frac{1}{2}}{\frac{1}{2}}\cdot\frac{5}{6}\right]^{\frac{1}{2}}\cdot\frac{\bar{x}}{2}\right]^{\frac{1}{\frac{1}{2}+\frac{1}{2}}} = \frac{1}{2}\cdot\sqrt{\frac{5}{6}}\cdot\bar{x}.$$

Des Weiteren ist aufgrund der bisherigen Überlegungen deutlich geworden, dass sich das Tempo der technologischen Veränderung (bzw. des technischen Fortschritts) in Bezug auf Faktor 1 von demjenigen bezüglich Faktor 2 unterscheidet und infolgedessen das kostenminimale Einsatzverhältnis $r_2^*(t)/r_1^*(t)$ der beiden Faktoren mit der Zeit abnimmt, also Faktor 2 in zunehmendem Maße von Faktor 1 ersetzt wird (technologisch bedingter Substitutionseffekt). In der Faktordiagramm-Darstellung drückt sich dies bei konstanten Faktorpreisen $q_1(t) = 5$ und $q_1(t) = 6$ durch eine mit der Zeit immer flacher verlaufende Minimalkostenisokline $r_2(t) = m^*(t)\cdot r_1(t)$ aus (siehe Abbildung 4.14.7).

Fasst man nun beide Effekte zusammen, dann verläuft der dynamische Pfad *ABCDE*, der in Abbildung 4.14.8 die Lage der Minimalkostenkombinationen zur Herstellung der exemplarisch gewählten Ausbringungsmenge $x(t) = \bar{x} = 10$ zu den verschiedenen Zeitpunkten t beschreibt, unterhalb der Strecke $\overline{A0}$. Diese Strecke $\overline{A0}$ reicht von der Minimalkostenkombination $\left[r_1^*(\bar{x},t_0), r_2^*(\bar{x},t_0)\right]$ in $t = t_0$ (Punkt A in Abbildung 4.14.8) bis zum Ursprung, beschreibt also die Lage derjenigen Produktionspunkte im Faktordiagramm, die durch das gleiche kostenminimale Faktoreinsatzverhältnis $r_2^*(t_0)/r_1^*(t_0) = \frac{5}{4}$ wie die Minimalkostenkombination in $t = t_0$ gekennzeichnet sind. Ferner weist sie die gleiche Steigung $m^*(t_0) = \frac{5}{4}$ wie die Minimalkostenisokline in $t = t_0$ auf.

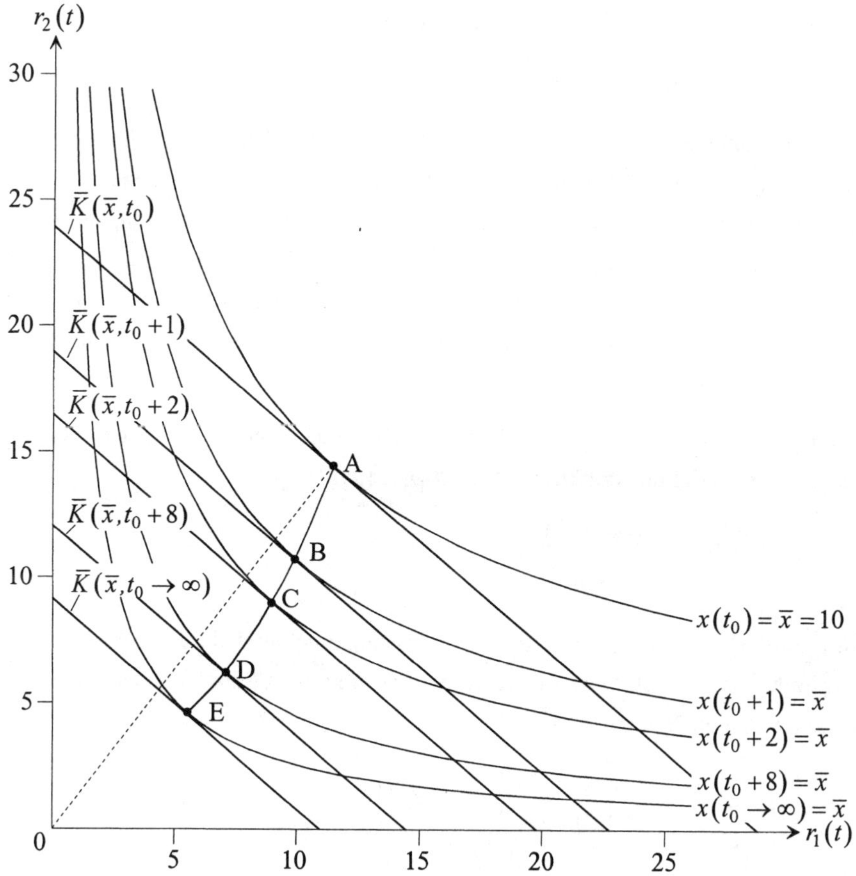

Abb. 4.14.8: Dynamischer Pfad der Minimalkostenkombinationen

Ergänzend sei noch darauf hingewiesen, dass im Zeitablauf steigende Produktionselastizitäten bei einer dynamischen COBB-DOUGLAS-Produktionsfunktion nicht zwangsläufig technischen Fortschritt implizieren. So kann sich eine dynamische Erhöhung der Produktionselastizitäten bei sehr kleinen Ausbringungsmengen und infolgedessen sehr geringen Faktoreinsatzmengen „kontraproduktiv“ auswirken. Dies soll an einem vereinfachten Beispiel demonstriert werden.

Nehmen wir an, ein Unternehmen produziert auf Basis einer dynamischen COBB-DOUGLAS-Produktionsfunktion und die technologischen Veränderungen beschränken sich allein auf eine im Zeitablauf ansteigende Produktionselastizität des ersten Faktors; alle übrigen Parameter der Produktionsfunktion seien zeitinvariant. Dann lässt sich die Produktionsfunktion in der Form

$$x(t) = f[r_1(t), r_2(t), t] = \alpha_0 \cdot [r_1(t)]^{\alpha_1(t)} \cdot [r_2(t)]^{\alpha_2}$$

angeben. Unterstellen wir weiterhin, zur Fertigung einer bestimmten, über die Zeit konstanten Ausbringungsmenge $x(t) = \overline{x}$ wird stets die gleiche Menge des zweiten Faktors eingesetzt, so dass gilt: $r_2(t) = \overline{r}_2$. Sämtliche Anpassungen an die dynamischen Technologieveränderungen können sich dann nur in einer Veränderung der Einsatzmenge $r_1(t) = r_1(\overline{x}, \overline{r}_2, t)$ des Faktors 1 äußern. Sinkt diese Einsatzmenge, dann realisiert das Unternehmen offensichtlich einen technischen Fortschritt; andernfalls kommt es zu einem technischen Rückschritt.

Die Faktoreinsatzmenge $r_1(\overline{x}, \overline{r}_2, t)$ ergibt sich in einer solchen Situation unmittelbar aus der Produktionsfunktion $x(t) = f[r_1(t), r_2(t), t]$:

$$r_1(\overline{x}, \overline{r}_2, t) = \left(\frac{\overline{x}}{\alpha_0 \cdot \overline{r}_2^{\alpha_2}} \right)^{\frac{1}{\alpha_1(t)}}.$$

Um nun die Veränderungsrichtung der Einsatzmenge des Faktors 1 über die Zeit bestimmen zu können, wird die Faktoreinsatzfunktion $r_1(\overline{x}, \overline{r}_2, t)$ nach der Zeit t logarithmisch differenziert:

$$\frac{d\,ln[r_1(\overline{x}, \overline{r}_2, t)]}{dt} = \frac{d\left[\frac{1}{\alpha_1(t)} \cdot ln\left(\frac{\overline{x}}{\alpha_0 \cdot \overline{r}_2^{\alpha_2}}\right)\right]}{dt}. \qquad (1)$$

Aufgrund der Differentiationsregel für die Funktion des natürlichen Logarithmus und der Kettenregel weiß man zudem, dass gilt:

$$\frac{d\,ln[r_1(\bar{x},\bar{r}_2,t)]}{dt} = \frac{1}{r_1(\bar{x},\bar{r}_2,t)} \cdot \frac{d\,r_1(\bar{x},\bar{r}_2,t)}{dt}. \qquad (2)$$

Aus den Gleichungen (1) und (2) folgt dann:

$$\frac{d\,r_1(\bar{x},\bar{r}_2,t)}{dt} = \frac{d\left[\frac{1}{\alpha_1(t)} \cdot ln\left(\frac{\bar{x}}{\alpha_0 \cdot \bar{r}_2^{\,\alpha_2}}\right)\right]}{dt} \cdot r_1(\bar{x},\bar{r}_2,t)$$

$$= \left[\left[-\frac{1}{[\alpha_1(t)]^2}\right] \cdot \frac{d\alpha_1(t)}{dt} \cdot ln\left(\frac{\bar{x}}{\alpha_0 \cdot \bar{r}_2^{\,\alpha_2}}\right) + \frac{1}{\alpha_1(t)} \cdot 0\right] \cdot \left(\frac{\bar{x}}{\alpha_0 \cdot \bar{r}_2^{\,\alpha_2}}\right)^{\frac{1}{\alpha_1(t)}}$$

$$= -\underbrace{\frac{1}{[\alpha_1(t)]^2}}_{>0} \cdot \underbrace{\frac{d\alpha_1(t)}{dt}}_{>0} \cdot \underbrace{ln\left(\frac{\bar{x}}{\alpha_0 \cdot \bar{r}_2^{\,\alpha_2}}\right)}_{?} \cdot \underbrace{\left(\frac{\bar{x}}{\alpha_0 \cdot \bar{r}_2^{\,\alpha_2}}\right)^{\frac{1}{\alpha_1(t)}}}_{>0}.$$

Das Vorzeichen dieser Ableitung ist negativ, wenn das Vorzeichen des logarithmischen Terms positiv ist. Dies ist wegen

$$ln\left(\frac{\bar{x}}{\alpha_0 \cdot \bar{r}_2^{\,\alpha_2}}\right) = ln\left[[r_1(\bar{x},\bar{r}_2,t)]^{\alpha_1(t)}\right] = \alpha_1(t) \cdot ln[r_1(\bar{x},\bar{r}_2,t)],$$

genau dann der Fall, wenn die herzustellende Ausbringungsmenge $\bar{x}$ so groß ist, dass bei gegebener Einsatzmenge $\bar{r}_2$ des zweiten Faktors mehr als eine Mengeneinheit des ersten Faktors eingesetzt wird ($r_1(\bar{x},\bar{r}_2,t) > 1$). Das Unternehmen realisiert dann einen technischen Fortschritt.

Bei hinreichend kleinen Ausbringungen $\bar{x}$ und folglich sehr kleinen Faktoreinsatzmengen $r_1(\bar{x},\bar{r}_2,t) < 1$ ist das Vorzeichen der Ableitung $d\,r_1(\bar{x},\bar{r}_2,t)/dt$ dagegen positiv. In einem solchen Fall steigt die Einsatzmenge $r_1(\bar{x},\bar{r}_2,t)$ des Faktors 1 ceteris paribus mit der Zeit an, wenn die Produktionselastizität $\alpha_1(t)$ im Zeitablauf zunimmt. Eine solche Entwicklung bedeutet dann einen technischen Rückschritt.

Im Ergebnis ist also eine ansteigende Produktionselastizität nicht hinreichend für die Realisierung eines technischen Fortschritts, wenn das Unternehmen seine Produkte auf der Grundlage einer dynamischen COBB-DOUGLAS-Produktionsfunktion fertigt.

zu n)

Analog zu Aufgabenteil i) muss zunächst die kritische Ausbringungsmenge $\hat{x}(t_0+2)$ berechnet werden, bis zu der die in Aufgabenteil j) ermittelte Minimalkostenkombination $\left[r_1^*[x(t_0+2),t_0+2],r_2^*[x(t_0+2),t_0+2]\right]$ sowie die zugehörige Kostenfunktion $K[x(t_0+2),t_0+2]$ realisiert werden können:

$$\begin{aligned}\hat{x}(t_0+2) &= \alpha_0(t_0+2)\cdot\left[\frac{1}{m^*(t_0+2)}\right]^{\alpha_1(t_0+2)}\cdot[\bar{r}_2(t_0+2)]^{h(t_0+2)}\\ &= 2\cdot\left[\frac{1}{1}\right]^{\frac{1}{3}}\cdot\left[10^{\frac{15}{11}}\right]^{\frac{11}{15}}\\ &= 20.\end{aligned}$$

Ab der Ausbringungsmenge $\hat{x}(t_0+2)=20$ ist die Einsatzmenge des Faktors 2 mit steigender Ausbringung konstant, so dass hinsichtlich der Produktionsfunktion zum Zeitpunkt $t=t_0+2$ für Ausbringungsmengen $x(t_0+2)>20$ gilt:

$$\begin{aligned}x(t_0+2) &= \alpha_0(t_0+2)\cdot[r_1(t_0+2)]^{\alpha_1(t_0+2)}\cdot[\bar{r}_2(t_0+2)]^{\alpha_2(t_0+2)}\\ &= 2\cdot[r_1(t_0+2)]^{\frac{1}{3}}\cdot\left[10^{\frac{15}{11}}\right]^{\frac{2}{5}}\\ &= 2\cdot 10^{\frac{6}{11}}\cdot[r_1(t_0+2)]^{\frac{1}{3}}.\end{aligned}$$

Hieraus ergeben sich die kostenminimale Einsatzmenge

$$\begin{aligned}r_1^*[x(t_0+2)>20,\bar{r}_2(t_0+2),t_0+2] &= \left[\frac{x(t_0+2)}{\alpha_0(t_0+2)\cdot[\bar{r}_2(t_0+2)]^{\alpha_2(t_0+2)}}\right]^{\frac{1}{\alpha_1(t_0+2)}}\\ &= \left[\frac{x(t_0+2)}{2\cdot 10^{\frac{6}{11}}}\right]^3\end{aligned}$$

des ersten Faktors und in Verbindung mit der konstanten Einsatzmenge $r_2^*[x(t_0+2)>20,t_0+2]=\bar{r}_2(t_0+2)=10^{15/11}$ des zweiten Faktors die Kostenfunktion für Ausbringungsmengen $x(t_0+2)>20$:

$$\begin{aligned}&K[x(t_0+2)>20,\bar{r}_2(t_0+2),t_0+2]\\ &\quad= q_1(t_0+2)\cdot r_1^*[x(t_0+2)>20,\bar{r}_2(t_0+2),t_0+2]+q_2(t_0+2)\cdot\bar{r}_2(t_0+2)\\ &\quad= 5\cdot\left[\frac{x(t_0+2)}{2\cdot 10^{\frac{6}{11}}}\right]^3+6\cdot 10^{\frac{15}{11}}.\end{aligned}$$

Für die Herstellung von Ausbringungsmengen $x(t_0+2)$, $0 \le x(t_0+2) \le 20$, gilt dagegen die bereits in Aufgabenteil j) ermittelte Kostenfunktion, die aus der optimalen Anpassung der Einsatzmengen beider Faktoren resultiert:

$$K\left[x(t_0+2) \le 20, \bar{r}_2(t_0+2), t_0+2\right] = 11 \cdot \left[\frac{x(t_0+2)}{2}\right]^{\frac{15}{11}}.$$

Fügt man nun beide Teile der Kostenfunktion zusammen, dann erhält man im Ergebnis die bei beschränkt verfügbarer Faktoreinsatzmenge $r_2(t_0+2) \le 10^{15/11}$ gültige Kostenfunktion

$$K\left[x(t_0+2), \bar{r}_2(t_0+2), t_0+2\right]$$
$$= \begin{cases} 11 \cdot \left[\frac{x(t_0+2)}{2}\right]^{\frac{15}{11}} & \text{für } 0 \le x(t_0+2) \le 20, \\ 5 \cdot \left[\frac{x(t_0+2)}{2 \cdot 10^{\frac{6}{11}}}\right]^3 + 6 \cdot 10^{\frac{15}{11}} & \text{für } x(t_0+2) > 20. \end{cases}$$

Wegen

$$\alpha_1(t_0+2) = \frac{1}{3} < \alpha_1(t_0+2) + \alpha_2(t_0+2) = \frac{11}{15} < 1$$

steigen die Kosten mit zunehmender Ausbringung in beiden Abschnitten des Definitionsbereichs progressiv an. Allerdings ist das Ausmaß der Kostenprogression im Bereich der eingeschränkten Kostenminimierung, d.h. für Ausbringungen $x(t_0+2) > 20$, größer. Dies ist darauf zurückzuführen, dass jede Steigerung der Ausbringung über das Niveau $\hat{x}(t_0+2) = 20$ hinaus nur durch eine Erhöhung der Einsatzmenge des ersten Faktors erreicht werden kann. Steigert man diese um den Faktor λ, dann wächst die Ausbringungsmenge lediglich um den Faktor $\lambda^{1/3}$ statt um den Faktor $\lambda^{11/15}$, der sich bei kleineren Ausbringungen $x(t_0+2)$, $0 \le x(t_0+2) \le 20$, durch die Erhöhung des Einsatzniveaus beider Faktoren um den Faktor λ realisieren lässt. Umgekehrt muss für eine Anhebung der Ausbringungsmenge um den Faktor λ der Faktoreinsatz im Bereich $x(t_0+2) > 20$ um den Faktor λ^3, im Bereich $0 \le x(t_0+2) \le 20$ jedoch nur um den Faktor $\lambda^{15/11}$ erhöht werden. Folglich steigen bei konstanten Faktorpreisen die Kosten der Herstellung einer zusätzlichen Ausbringungsmengeneinheit im Bereich $x(t_0+2) > 20$ stärker an als im Bereich kleinerer Ausbringungen

$x(t_0+2)$, $0 \leq x(t_0+2) \leq 20$. Den genauen Kostenverlauf gibt Abbildung 4.14.9 wieder.

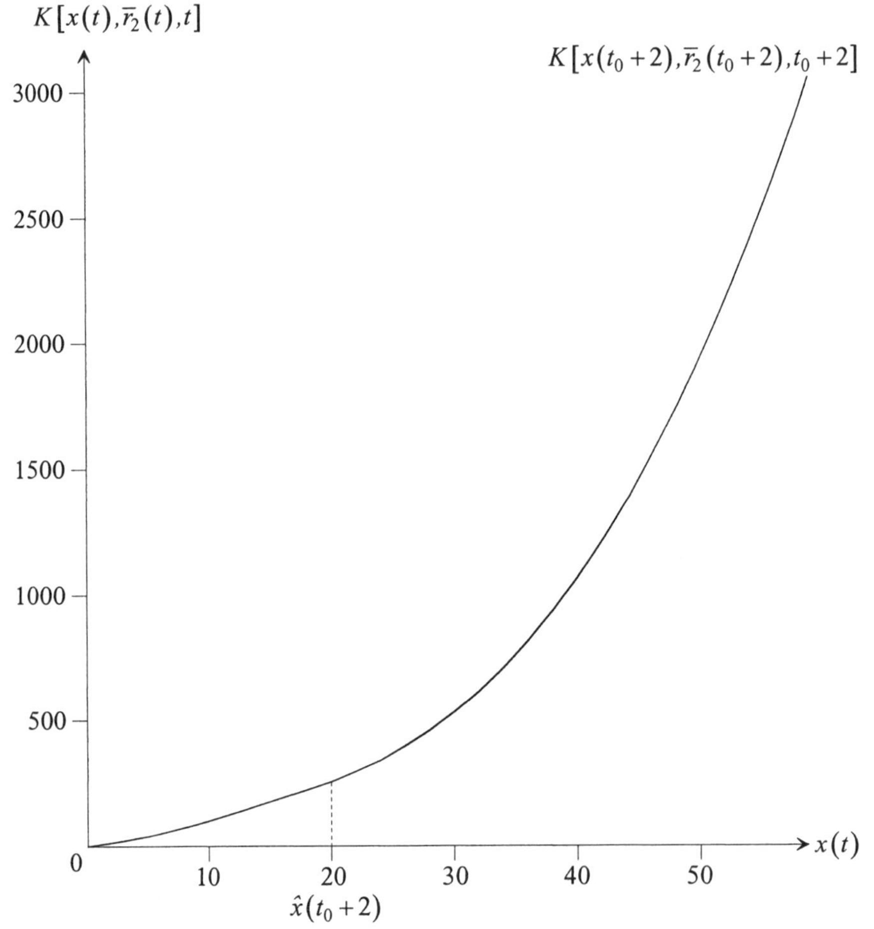

Abb. 4.14.9: Kostenverlauf bei beschränkter Einsatzmenge des Faktors 2

5 Analyse limitationaler Modelle mit direktem Input-Output-Bezug

Aufgabe 5.1 Eigenschaften von LEONTIEF-Produktionsfunktionen

Ein Unternehmen fertige ein Endprodukt mit Hilfe zweier Faktoren 1 und 2 (und den Faktoreinsatzmengen r_1 und r_2) auf der Grundlage einer LEONTIEF-Produktionsfunktion mit zwei Prozessen π, $\pi = \text{I},\text{II}$. Für die Produktionskoeffizienten a_i^π, $i = 1,2$, der beiden Prozesse gelte:

$$\text{Prozess I}: \quad a_1^{\text{I}} = \frac{r_1^{\text{I}}}{x} = 5, \quad a_2^{\text{I}} = \frac{r_2^{\text{I}}}{x} = 2,$$

$$\text{Prozess II}: \quad a_1^{\text{II}} = \frac{r_1^{\text{II}}}{x} = 3, \quad a_2^{\text{II}} = \frac{r_2^{\text{II}}}{x} = 4.$$

Des Weiteren sei bekannt, dass dem Unternehmen maximal $\overline{r}_1 = 1.100$ Mengeneinheiten des ersten Faktors sowie $\overline{r}_2 = 1.000$ Mengeneinheiten von Faktor 2 zur Produktion zur Verfügung stehen. Sowohl die Faktoreinsätze als auch die Produktionseinheiten seien beliebig teilbar.

a) Formulieren Sie die Inputfunktionen für die Prozesse I und II. Bestimmen Sie die maximal erreichbare Produktion, wenn das Unternehmen entweder nur den Prozess I oder nur den Prozess II zur Herstellung des Outputgutes verwendet.

b) Gehen Sie nun von der Kombinierbarkeit der beiden Prozesse aus. Welches Outputniveau kann maximal hergestellt werden, wenn die zur Verfügung stehenden Mengen der beiden Produktionsfaktoren auf die beiden Prozesse aufgeteilt werden?

c) Veranschaulichen Sie die Outputmaximierungsprobleme aus a) und b) in einem $(r_1;r_2)$-Diagramm graphisch, indem Sie die beiden reinen Prozesse, den kombinierten Prozess, die Faktorrestriktionen sowie die Isoquanten für die in den einzelnen Aufgabenteilen ermittelten Outputniveaus einzeichnen.

Lösung zu Aufgabe 5.1

zu a)

Die Inputfunktionen der beiden Prozesse I und II erhält man durch geeignetes Umformen der gegebenen Produktionskoeffizienten. Sie lauten:

Für Prozess I:

$$r_1^{\mathrm{I}} = a_1^{\mathrm{I}} \cdot x \quad \Rightarrow \quad r_1^{\mathrm{I}} = 5x,$$
$$r_2^{\mathrm{I}} = a_2^{\mathrm{I}} \cdot x \quad \Rightarrow \quad r_2^{\mathrm{I}} = 2x.$$

Für Prozess II:

$$r_1^{\mathrm{II}} = a_1^{\mathrm{II}} \cdot x \quad \Rightarrow \quad r_1^{\mathrm{II}} = 3x,$$
$$r_2^{\mathrm{II}} = a_2^{\mathrm{II}} \cdot x \quad \Rightarrow \quad r_2^{\mathrm{II}} = 4x.$$

Wegen

$$\overline{x}^{\pi} = min\left\{\frac{\overline{r}_1}{a_1^{\pi}};\frac{\overline{r}_2}{a_2^{\pi}}\right\}, \ \pi = \mathrm{I,II},$$

belaufen sich die prozessbezogenen Ausbringungshöchstmengen $\overline{x}^{\pi}$ auf:

$$\overline{x}^{\mathrm{I}} = min\left\{\frac{1.100}{5};\frac{1.000}{2}\right\} = min\{220;500\} = 220\,[\mathrm{ME}],$$

$$\overline{x}^{\mathrm{II}} = min\left\{\frac{1.100}{3};\frac{1.000}{4}\right\} = min\left\{\frac{1.100}{3};250\right\} = 250\,[\mathrm{ME}].$$

Für die zur Produktion von $\overline{x}^{\pi}$ notwendigen Faktoreinsatzmengen $r_i^{\pi}\left(\overline{x}^{\pi}\right)$, $i = 1,2$, $\pi = \mathrm{I,II}$, erhält man:

$$r_1^{\mathrm{I}}\left(x^{\mathrm{I}}\right)\Big|_{x^{\mathrm{I}}=\overline{x}^{\mathrm{I}}=220} = 5 \cdot 220 = 1.100, \quad r_2^{\mathrm{I}}\left(x^{\mathrm{I}}\right)\Big|_{x^{\mathrm{I}}=\overline{x}^{\mathrm{I}}=220} = 2 \cdot 220 = 440,$$

$$r_1^{\mathrm{II}}\left(x^{\mathrm{II}}\right)\Big|_{x^{\mathrm{II}}=\overline{x}^{\mathrm{II}}=250}=3\cdot 250=750,\quad r_2^{\mathrm{II}}\left(x^{\mathrm{II}}\right)\Big|_{x^{\mathrm{II}}=\overline{x}^{\mathrm{II}}=250}=4\cdot 250=1.000,$$

Es zeigt sich, dass die Ausbringungshöchstmenge von Prozess I hier von $\overline{r}_1$ abhängt, während die Produktionshöchstmenge von Prozess II durch die Faktorrestriktion des zweites Inputs bestimmt wird. Dieser Sachverhalt kommt in Abbildung 5.1.1 durch die Punkte $\overline{x}^{\mathrm{I}}$ und $\overline{x}^{\mathrm{II}}$ zum Ausdruck.

zu b)

Geht man von einer Kombinierbarkeit der Prozesse I und II aus, ist es möglich, die zur Verfügung stehenden Quantitäten der beiden Produktionsfaktoren so auf die beiden Prozesse aufzuteilen, dass alle Faktormengen in der Produktion Verwendung finden. Graphisch gesehen lässt sich der Prozessstrahl der Prozesskombination durch eine Ursprungsgerade beschreiben, die durch den Schnittpunkt der beiden Faktorrestriktionen verläuft.

Bezeichne der hochgestellte Index I,II den kombinierten Prozess und λ bzw. $(1-\lambda)$ den Anteil von Prozess I bzw. Prozess II am maximalen Outputniveau, so gilt für die maximale Ausbringungsmenge $\overline{x}^{\mathrm{I,II}}$:

$$\overline{x}^{\mathrm{I,II}}=min\left\{\frac{\overline{r}_1}{a_1^{\mathrm{I,II}}};\frac{\overline{r}_2}{a_2^{\mathrm{I,II}}}\right\}=\frac{\overline{r}_1}{a_1^{\mathrm{I,II}}}=\frac{\overline{r}_2}{a_2^{\mathrm{I,II}}},$$

mit:

$$\frac{a_2^{\mathrm{I,II}}}{a_1^{\mathrm{I,II}}}=\frac{\overline{r}_2}{\overline{r}_1}\quad\Rightarrow\quad\frac{\lambda\cdot\left(a_2^{\mathrm{I}}\right)+(1-\lambda)\cdot a_2^{\mathrm{II}}}{\lambda\cdot\left(a_1^{\mathrm{I}}\right)+(1-\lambda)\cdot a_1^{\mathrm{II}}}=\frac{1.000}{1.100}=\frac{10}{11}$$

$$\Rightarrow\quad\frac{\lambda\cdot 2+(1-\lambda)\cdot 4}{\lambda\cdot 5+(1-\lambda)\cdot 3}=\frac{2\cdot\lambda+4-4\cdot\lambda}{5\cdot\lambda+3-3\cdot\lambda}=\frac{4-2\cdot\lambda}{2\cdot\lambda+3}=\frac{10}{11}$$

$$\Rightarrow\quad\lambda=\frac{1}{3}\quad\Rightarrow\quad(1-\lambda)=\frac{2}{3}.$$

Als Produktionskoeffizienten einer Prozesskombination von I und II erhält man:

$$a_1^{\mathrm{I,II}}=\lambda\cdot a_1^{\mathrm{I}}+(1-\lambda)\cdot a_1^{\mathrm{II}}=\frac{1}{3}\cdot 5+\frac{2}{3}\cdot 3=\frac{11}{3},$$

$$a_2^{\mathrm{I,II}}=\lambda\cdot a_2^{\mathrm{I}}+(1-\lambda)\cdot a_2^{\mathrm{II}}=\frac{1}{3}\cdot 2+\frac{2}{3}\cdot 4=\frac{10}{3},$$

wonach sich die maximale Ausbringungsmenge der Prozesskombination auf

$$\overline{x}^{\mathrm{I,II}} = min\left\{\frac{1.100}{\frac{11}{3}};\frac{1.000}{\frac{10}{3}}\right\} = min\{300;300\} = 300\,[\mathrm{ME}]$$

beläuft.

zu c)

Trägt man die Prozessstrahlen, die effizienten Produktionspunkte sowie die Faktorrestriktionen in ein $(r_1;r_2)$-Faktordiagramm ein, dann erhält man Abbildung 5.1.1. Die Aufteilung der Prozesse I und II in diejenige Prozesskombination, die zur maximalen Ausbringungsmenge $\overline{x}^{\mathrm{I,II}} = 300$ führt, wird durch die Vektoren $\overrightarrow{0A}$ und $\overrightarrow{0B}$ veranschaulicht. Man hat $\overrightarrow{0C} = \overrightarrow{0A} + \overrightarrow{0B}$.

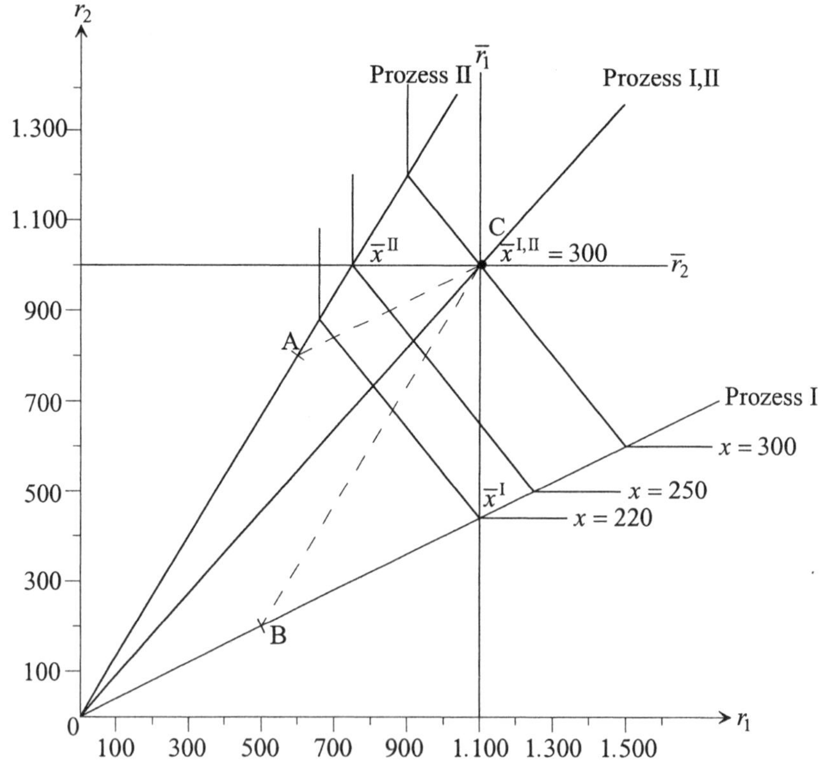

Abb. 5.1.1: Isoquantenverlauf bei kombinierbaren LEONTIEF-Produktionsprozessen

Aufgabe 5.2 Prozesslinien und Kostenverläufe bei limitationalen Produktionsfunktionen

Gegeben seien sechs limitationale Produktionsprozesse π mit den folgenden Faktoreinsatzfunktionen r_i^π, $i = 1{,}2$, $\pi = \mathrm{I}, \mathrm{II}, \ldots, \mathrm{VI}$:

Prozess I:	$r_1^{\mathrm{I}} = \frac{3}{4}x,$	$r_2^{\mathrm{I}} = \frac{5}{4}x,$
Prozess II:	$r_1^{\mathrm{II}} = x^{\frac{6}{5}},$	$r_2^{\mathrm{II}} = x^{\frac{6}{5}},$
Prozess III:	$r_1^{\mathrm{III}} = \frac{5}{2}x^{\frac{3}{4}},$	$r_2^{\mathrm{III}} = \frac{3}{2}x^{\frac{3}{4}},$
Prozess IV:	$r_1^{\mathrm{IV}} = \frac{1}{2}x^2,$	$r_2^{\mathrm{IV}} = 8x,$
Prozess V:	$r_1^{\mathrm{V}} = 8x,$	$r_2^{\mathrm{V}} = \frac{3}{8}x^2,$
Prozess VI:	$r_1^{\mathrm{VI}} = \frac{1}{4}x^2 + 4x,$	$r_2^{\mathrm{VI}} = \frac{1}{4}x^2 + 4x.$

Die Faktoreinsätze sowie die Produktionseinheiten seien beliebig teilbar, die Prozesse nicht kombinierbar.

a) Stellen Sie die Prozessstrahlen bzw. -linien der Prozesse I, II und III graphisch in einem gemeinsamen $(r_1;r_2)$-Diagramm dar. Zeichnen Sie weiterhin für jeden der drei Prozesse die Isoquanten zu den Ausbringungsmengenniveaus $\overline{x} = 10$, $\overline{x} = 20$ und $\overline{x} = 30$ in das Diagramm ein. Welche Gemeinsamkeiten und Unterschiede zwischen den drei Prozessen stellen Sie in Bezug auf den Verlauf der Prozesslinien und die Lage der Isoquanten fest?

b) Ermitteln Sie die bei der Fertigung einer beliebigen Ausbringungsmenge x auf der Grundlage der Prozesse I, II und III resultierenden Produktionskosten $K^{\mathrm{I}}(x)$, $K^{\mathrm{II}}(x)$ und $K^{\mathrm{III}}(x)$, wenn in Bezug auf die Faktorpreise gilt: $q_1 = q_2 = 1$ [€/ME]. Stellen Sie die Kostenverläufe in einem geeigneten Diagramm graphisch dar und erläutern Sie diese.

c) Stellen Sie in einem weiteren $(r_1;r_2)$-Diagramm die Prozesslinien der Prozesse IV, V und VI graphisch dar und tragen Sie die Isoquanten zu den Ausbringungsmengenniveaus $\overline{x} = 4$, $\overline{x} = 8$ und $\overline{x} = 12$ ein. Erläutern Sie

Gemeinsamkeiten und Unterschiede zwischen den drei Prozessen in Bezug auf den Verlauf der Prozesslinien und die Lage der Isoquanten.

d) Bestimmen Sie für die Faktorpreise $q_1 = q_2 = 1$ $[€/ME]$ die Kostenfunktionen $K^{IV}(x)$, $K^{V}(x)$ und $K^{VI}(x)$, die sich aus der Fertigung einer beliebigen Ausbringungsmenge x auf der Grundlage der Prozesse IV, V und VI ergeben. Stellen Sie wieder die Kostenverläufe in einem geeigneten Diagramm graphisch dar und erläutern Sie diese.

Lösung zu Aufgabe 5.2

zu a)

Aufgrund der Limitationalität der Produktionsprozesse kann bei jedem Prozess jede beliebige Ausbringungsmenge x stets nur durch ein festes Verhältnis der Faktoreinsatzmengen zueinander effizient hergestellt werden. Stellt man für alle Ausbringungsmengen x die zu ihrer effizienten Herstellung erforderlichen Faktoreinsatzmengen-Kombinationen in einem $(r_1;r_2)$-Diagramm dar, so erhält man die Prozessstrahlen bzw. -linien der Prozesse.

Wegen

$$\frac{r_2^{I}}{r_1^{I}} = \frac{\frac{5}{4}x}{\frac{3}{4}x} = \frac{5}{3} = \text{const.},$$

$$\frac{r_2^{II}}{r_1^{II}} = \frac{x^{\frac{6}{5}}}{x^{\frac{6}{5}}} = 1 = \text{const.}$$

und

$$\frac{r_2^{III}}{r_1^{III}} = \frac{\frac{3}{2}x^{\frac{3}{4}}}{\frac{5}{2}x^{\frac{3}{4}}} = \frac{3}{5} = \text{const.}$$

sind die Steigungen der Prozessstrahlen bzw. -linien unabhängig vom jeweiligen Ausbringungsmengenniveau. Die Prozessstrahlen/-linien sind daher Halbgeraden durch den Ursprung mit den Steigungen $\frac{5}{3}$ bei Prozess I, 1 bei Prozess II und $\frac{3}{5}$ bei Prozess III.

Die Isoquanten besitzen die bei Limitationalität typische L-Form mit einem einzigen effizienten Produktionspunkt, der auf dem Prozessstrahl bzw. der Prozesslinie liegt, und beliebig vielen ineffizienten Produktionspunkten, die aus der ineffizienten Erhöhung der Einsatzmenge lediglich eines der beiden relevanten Faktoren bei unveränderter Ausbringung resultieren.

Zur Ermittlung der für die Herstellung der Ausbringungsmengen $\overline{x}=10$, $\overline{x}=20$ und $\overline{x}=30$ jeweils effizienten Faktoreinsatzmengen-Kombinationen setzt man die Ausbringungsmengen direkt in die bekannten Faktoreinsatzfunktionen der drei Prozesse ein und erhält:

Prozess I:

$$r_1^{\mathrm{I}}(\overline{x}=10)=\frac{3}{4}\cdot 10=\frac{15}{2},\qquad r_2^{\mathrm{I}}(\overline{x}=10)=\frac{5}{4}\cdot 10=\frac{25}{2},$$

$$r_1^{\mathrm{I}}(\overline{x}=20)=\frac{3}{4}\cdot 20=15,\qquad r_2^{\mathrm{I}}(\overline{x}=20)=\frac{5}{4}\cdot 20=25,$$

$$r_1^{\mathrm{I}}(\overline{x}=30)=\frac{3}{4}\cdot 30=\frac{45}{2},\qquad r_2^{\mathrm{I}}(\overline{x}=30)=\frac{5}{4}\cdot 30=\frac{75}{2},$$

Prozess II:

$$r_1^{\mathrm{II}}(\overline{x}=10)=10^{\frac{6}{5}}\approx 15{,}85,\qquad r_2^{\mathrm{II}}(\overline{x}=10)=10^{\frac{6}{5}}\approx 15{,}85,$$

$$r_1^{\mathrm{II}}(\overline{x}=20)=20^{\frac{6}{5}}\approx 36{,}41,\qquad r_2^{\mathrm{II}}(\overline{x}=20)=20^{\frac{6}{5}}\approx 36{,}41,$$

$$r_1^{\mathrm{II}}(\overline{x}=30)=30^{\frac{6}{5}}\approx 59{,}23,\qquad r_2^{\mathrm{II}}(\overline{x}=30)=30^{\frac{6}{5}}\approx 59{,}23,$$

Prozess III:

$$r_1^{\mathrm{III}}(\overline{x}=10)=\frac{5}{2}\cdot 10^{\frac{3}{4}}\approx 14{,}06,\qquad r_2^{\mathrm{III}}(\overline{x}=10)=\frac{3}{2}\cdot 10^{\frac{3}{4}}\approx 8{,}44,$$

$$r_1^{\mathrm{III}}(\overline{x}=20)=\frac{5}{2}\cdot 20^{\frac{3}{4}}\approx 23{,}64,\qquad r_2^{\mathrm{III}}(\overline{x}=20)=\frac{3}{2}\cdot 20^{\frac{3}{4}}\approx 14{,}19,$$

$$r_1^{\mathrm{III}}(\overline{x}=30)=\frac{5}{2}\cdot 30^{\frac{3}{4}}\approx 32{,}05,\qquad r_2^{\mathrm{III}}(\overline{x}=30)=\frac{3}{2}\cdot 30^{\frac{3}{4}}\approx 19{,}23.$$

In Abbildung 5.2.1 sind die Prozessstrahlen der Prozesse I, II und III sowie jeweils die Isoquanten zu den Produktionsniveaus $\overline{x}=10$, $\overline{x}=20$ und $\overline{x}=30$ dargestellt:

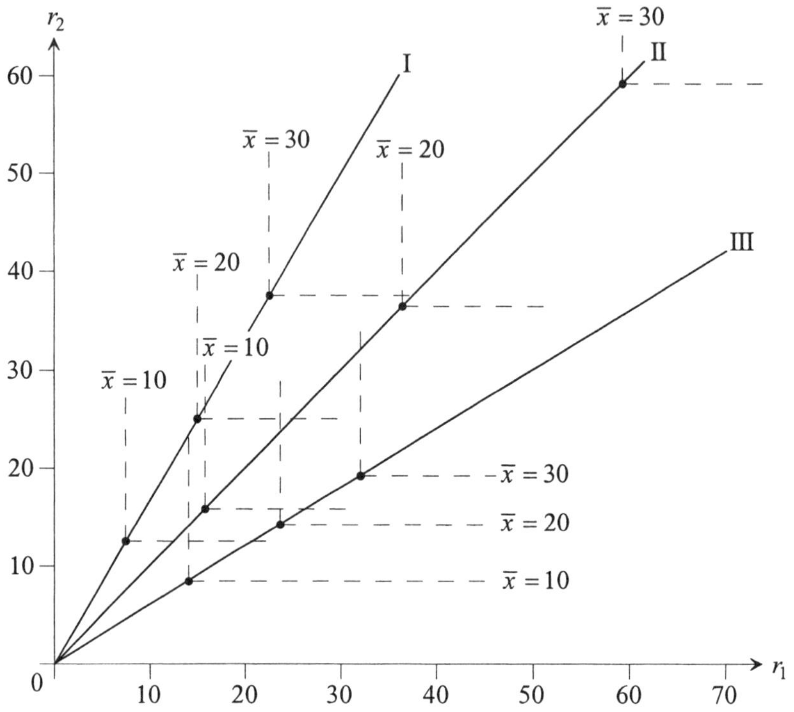

Abb. 5.2.1: Prozessstrahlen der Prozesse I, II und III und Isoquanten zu den Produktionsniveaus $\bar{x} = 10$, $\bar{x} = 20$ und $\bar{x} = 30$

Während sich die Prozessstrahlen der drei Prozesse nur in ihrer (konstanten) Steigung unterscheiden, lässt sich anhand der Abbildung leicht erkennen, dass bei einer Outputsteigerung in gleich großen Schritten die Abstände zwischen den Isoquanten nicht nur von Prozess zu Prozess unterschiedlich groß ausfallen, sondern bei den Prozessen II und III – im Gegensatz zu Prozess I – auch mit dem Ausbringungsmengenniveau $\bar{x}$ variieren. Letzteres lässt sich auf die Nichtlinearität der Faktoreinsatzfunktionen der Prozesse II und III zurückführen. Bei Prozess II rücken die Isoquanten mit dem zunehmenden Vielfachen eines Produktionsniveaus immer weiter auseinander, weil die Faktoreinsatzmengen mit jeder Erhöhung der Ausbringungsmenge progressiv ansteigen. Dagegen werden bei Prozess III die Abstände zwischen den Isoquanten mit jeder Vervielfachung des ursprünglichen Produktionsniveaus immer geringer, weil die Faktoreinsatzmengen mit jeder Erhöhung der Ausbringungsmenge nur degressiv ansteigen.

Die Faktoreinsatzfunktionen des Prozesses I sind im Unterschied zu denen der Prozesse II und III linear. Entsprechend müssen für jede Erhöhung des Produktionsniveaus $\bar{x}$ die Faktoreinsatzmengen r_i^{I}, $i = 1{,}2$, nicht nur in einem festen Einsatzverhältnis zueinander stehen, sondern aufgrund der konstanten Produktionskoeffizienten $a_i^{\mathrm{I}} = r_i^{\mathrm{I}} / x = const.$ auch noch proportional zur Ausbringungsmenge erhöht werden, so dass die zugehörigen Isoquanten bei Outputsteigerungen in gleich großen Schritten auch in gleich großen Abständen aufeinander folgen. Diese Merkmale – Faktoreinsatzfunktionen mit konstanten Produktionskoeffizienten und festes Einsatzverhältnis der Faktoren zueinander – kennzeichnen eine linearlimitationale Produktionsfunktion vom LEONTIEF-Typ.

zu b)

Während bei einer substitutionalen Produktionsfunktion zur Bestimmung der Kostenfunktion zunächst die kostenminimalen Einsatzverhältnisse der an der Produktion beteiligten Faktoren ermittelt werden müssen, sind diese Faktoreinsatzverhältnisse bei limitationalen Produktionsfunktionen technisch fest vorgegeben, so dass man die Faktoreinsatzfunktionen und die Faktorpreise direkt in die allgemeine Kostengleichung

$$K^{\pi}(x) = q_1 \cdot r_1^{\pi}(x) + q_2 \cdot r_2^{\pi}(x), \quad \pi = \mathrm{I,II,III},$$

einsetzen kann. Man erhält dann:

$$K^{\mathrm{I}}(x) = 1 \cdot \frac{3}{4} x + 1 \cdot \frac{5}{4} x = 2x,$$

$$K^{\mathrm{II}}(x) = 1 \cdot x^{\frac{6}{5}} + 1 \cdot x^{\frac{6}{5}} = 2x^{\frac{6}{5}}$$

und

$$K^{\mathrm{III}}(x) = 1 \cdot \frac{5}{2} x^{\frac{3}{4}} + 1 \cdot \frac{3}{2} x^{\frac{3}{4}} = 4x^{\frac{3}{4}}.$$

Die Kostenverläufe sind in der Abbildung 5.2.2 graphisch dargestellt. Während die Kostenfunktion $K^{\mathrm{I}}(x)$ des ersten Prozesses durch einen linearen Kostenverlauf gekennzeichnet ist, steigen die Kostenfunktionen $K^{\mathrm{II}}(x)$ und $K^{\mathrm{III}}(x)$ der Prozesse II und III mit zunehmender Ausbringung progressiv bzw. degressiv an. Dies ist bei konstanten Faktorpreisen darauf zurückzuführen, dass die Prozesse II und III im Gegensatz zu Prozess I keine zur Ausbringungsmenge x proportionalen, sondern mit der Ausbringungsmenge entweder überproportional (Prozess II) oder unterproportional wachsende Einsatzmengen beider Faktoren (Prozess III) aufweisen und infolgedessen keine LEONTIEF-Prozesse sind. Dagegen implizieren LEONTIEF-Prozesse bei konstanten Faktorpreisen stets lineare Kostenverläufe.

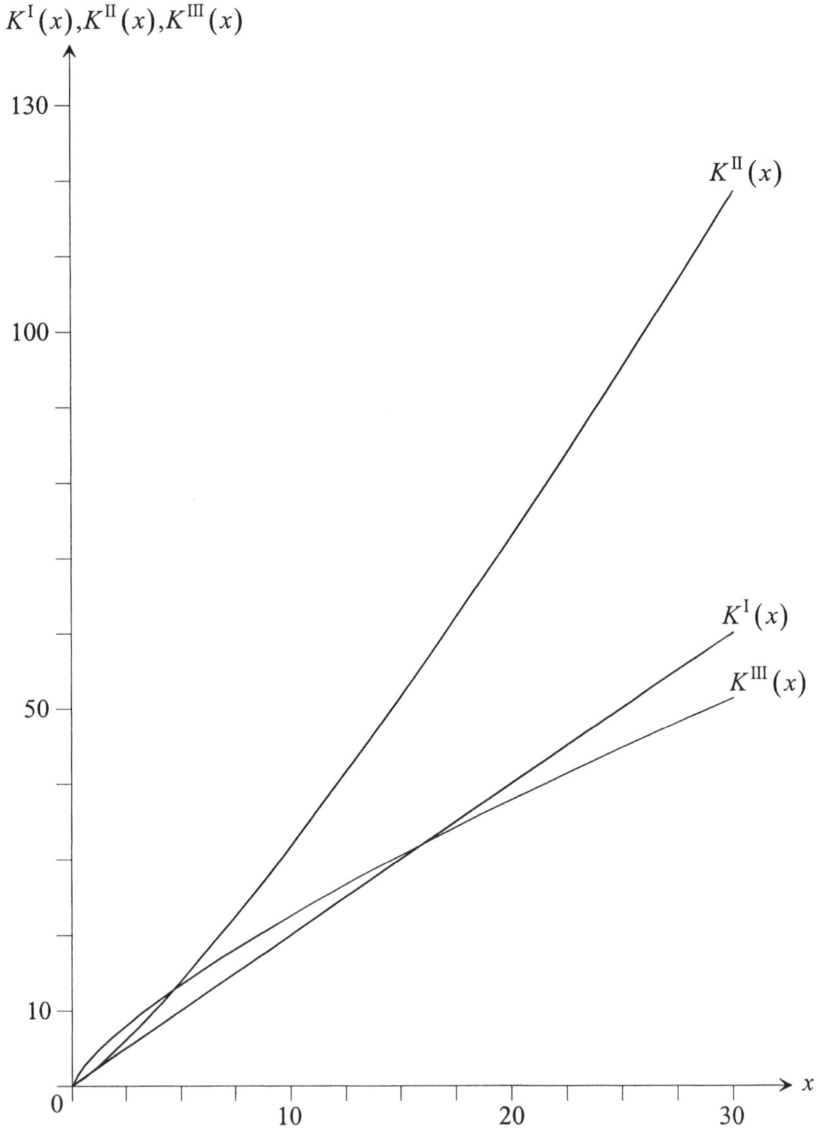

Abb. 5.2.2: Kostenverläufe auf der Grundlage der Prozesse I, II und III

zu c)

Zur Darstellung der Prozesslinien der Prozesse IV, V und VI ermittelt man zunächst wieder für jeden Prozess das technisch fest vorgegebene Einsatzmengenverhältnis der beiden Faktoren 1 und 2, das für jede beliebige Ausbringungsmenge x die Steigung der jeweiligen Prozesslinie angibt. Wegen

$$\frac{r_2^{\text{IV}}}{r_1^{\text{IV}}} = \frac{8x}{\frac{1}{2}x^2} = \frac{16}{x} \neq \text{const.},$$

$$\frac{r_2^{\text{V}}}{r_1^{\text{V}}} = \frac{\frac{3}{8}x^2}{8x} = \frac{3}{64}x \neq \text{const.}$$

und

$$\frac{r_2^{\text{VI}}}{r_1^{\text{VI}}} = \frac{\frac{1}{4}x^2 + 4x}{\frac{1}{4}x^2 + 4x} = 1 = \text{const.}$$

ist lediglich bei Prozess VI das Faktoreinsatzmengen-Verhältnis vom jeweiligen Ausbringungsmengenniveau x unabhängig, so dass die zugehörige Prozesslinie eine Halbgerade durch den Ursprung mit der Steigung 1 ist. Die Steigung der Prozesslinie des Prozesses IV nimmt dagegen mit steigender Ausbringung x ab, während die Steigung der Prozesslinie von Prozess V größer wird. Für diese beiden Prozesse lässt sich der genaue Prozesslinienverlauf in einem $(r_1;r_2)$-Diagramm erst anhand des funktionalen Zusammenhangs $r_2^\pi = r_2^\pi\left(r_1^\pi\right)$, $\pi = \text{IV},\text{V}$, zwischen der bei effizienter Produktion einzusetzenden Menge r_2^π des Faktors 2 und der Menge r_1^π des Faktors I ablesen. Zur Herleitung dieses Zusammenhangs löst man für die Prozesse IV und V jeweils die Faktoreinsatzfunktion des Faktors 1 nach der Ausbringung x auf und setzt diese dann in die entsprechende Faktoreinsatzfunktion des Faktors 2 ein:

$$\begin{aligned} r_1^{\text{IV}} = \frac{1}{2}x^2 \quad &\Leftrightarrow \quad x\left(r_1^{\text{IV}}\right) = \sqrt{2r_1^{\text{IV}}} \\ &\Rightarrow \quad r_2^{\text{IV}}\left(r_1^{\text{IV}}\right) = 8x\left(r_1^{\text{IV}}\right) \\ &\qquad\qquad\qquad = 8\sqrt{2r_1^{\text{IV}}}, \end{aligned}$$

$$r_1^{\mathrm{V}} = 8x \quad \Leftrightarrow \quad x\left(r_1^{\mathrm{V}}\right) = \frac{r_1^{\mathrm{V}}}{8}$$

$$\Rightarrow \quad r_2^{\mathrm{V}}\left(r_1^{\mathrm{V}}\right) = \frac{3}{8}\left[x\left(r_1^{\mathrm{V}}\right)\right]^2$$

$$= \frac{3}{8}\cdot\left(\frac{r_1^{\mathrm{V}}}{8}\right)^2$$

$$= \frac{3}{512}\left(r_1^{\mathrm{V}}\right)^2.$$

Anhand der Funktionsvorschriften lässt sich direkt erkennen, dass die Prozesslinie des Prozesses IV aufgrund des Wurzelterms in einem $(r_1;r_2)$-Diagramm konkav und die Prozesslinie des Prozesses V aufgrund des quadratischen Zusammenhangs konvex verläuft. Die exakten Prozesslinienverläufe der drei Prozesse IV, V und VI sind in Abbildung 5.2.3 dargestellt.

Die Isoquanten zu den Ausbringungsmengenniveaus $\bar{x} = 4$, $\bar{x} = 8$ und $\bar{x} = 12$ besitzen wieder die bei Limitationalität typische L-Form mit einem einzigen effizienten Produktionspunkt, den man mittels Einsetzen der jeweiligen Ausbringungsmenge in die entsprechenden Faktoreinsatzfunktionen berechnen kann:

Prozess IV: $r_1^{\mathrm{IV}}(\bar{x} = 4) = \frac{1}{2}\cdot 4^2 = 8,$ $\quad r_2^{\mathrm{IV}}(\bar{x} = 4) = 8\cdot 4 = 32,$

$r_1^{\mathrm{IV}}(\bar{x} = 8) = \frac{1}{2}\cdot 8^2 = 32,$ $\quad r_2^{\mathrm{IV}}(\bar{x} = 8) = 8\cdot 8 = 64,$

$r_1^{\mathrm{IV}}(\bar{x} = 12) = \frac{1}{2}\cdot 12^2 = 72,$ $\quad r_2^{\mathrm{IV}}(\bar{x} = 12) = 8\cdot 12 = 96,$

Prozess V: $r_1^{\mathrm{V}}(\bar{x} = 4) = 8\cdot 4 = 32,$ $\quad r_2^{\mathrm{V}}(\bar{x} = 4) = \frac{3}{8}\cdot 4^2 = 6,$

$r_1^{\mathrm{V}}(\bar{x} = 8) = 8\cdot 8 = 64,$ $\quad r_2^{\mathrm{V}}(\bar{x} = 8) = \frac{3}{8}\cdot 8^2 = 24,$

$r_1^{\mathrm{V}}(\bar{x} = 12) = 8\cdot 12 = 96,$ $\quad r_2^{\mathrm{V}}(\bar{x} = 12) = \frac{3}{8}\cdot 12^2 = 54,$

Prozess VI: $r_1^{\mathrm{VI}}(\bar{x} = 4) = r_2^{\mathrm{VI}}(\bar{x} = 4) = \frac{1}{4}\cdot 4^2 + 4\cdot 4 = 20,$

$r_1^{\mathrm{VI}}(\bar{x} = 8) = r_2^{\mathrm{VI}}(\bar{x} = 8) = \frac{1}{4}\cdot 8^2 + 4\cdot 8 = 48,$

$r_1^{\mathrm{VI}}(\bar{x} = 12) = r_2^{\mathrm{VI}}(\bar{x} = 12) = \frac{1}{4}\cdot 12^2 + 4\cdot 12 = 84.$

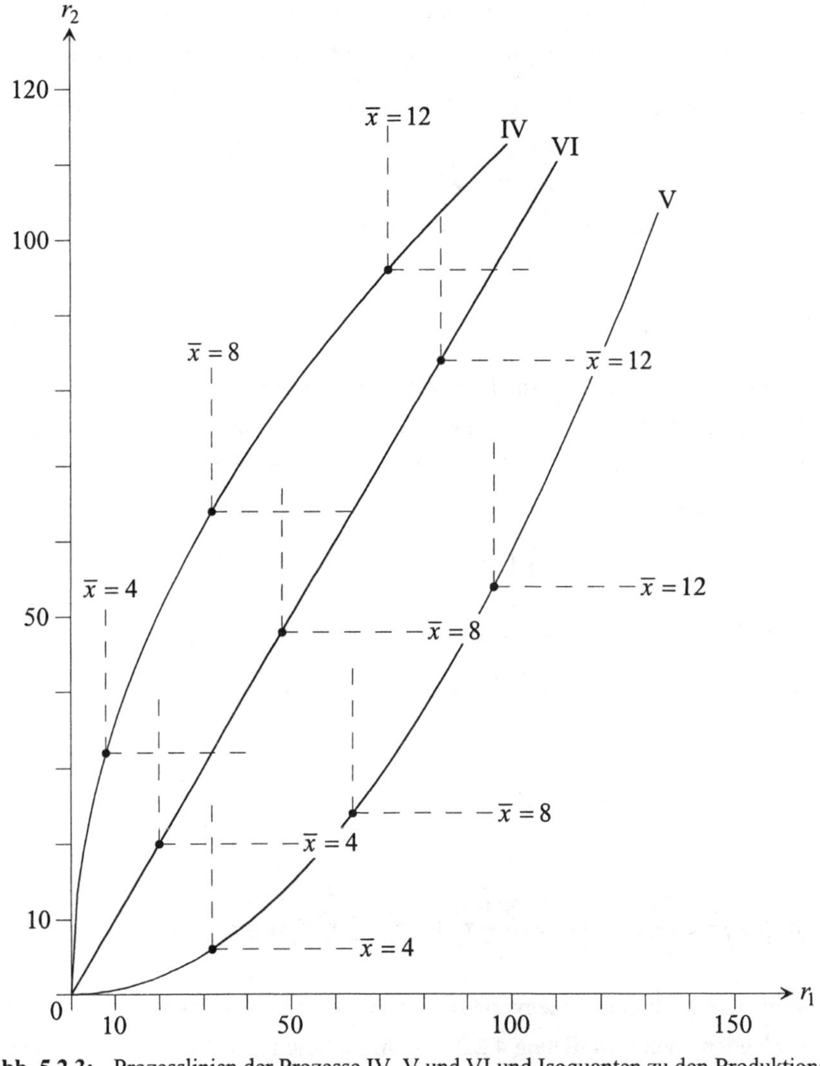

Abb. 5.2.3: Prozesslinien der Prozesse IV, V und VI und Isoquanten zu den Produktionsniveaus $\bar{x} = 4$, $\bar{x} = 8$ und $\bar{x} = 12$

Der nichtlineare Verlauf der Prozessstrahlen der Prozesse IV und V lässt nur sehr eingeschränkte Aussagen zu den Abständen zwischen den Isoquanten zu. Gleichwohl legt die Tatsache, dass bei beiden Prozessen mit jeder Erhöhung der Ausbringungsmenge x die Einsatzmenge eines der beiden Faktoren proportional und die Einsatzmenge des anderen Faktors progressiv ansteigt, den Schluss nahe, dass die auf dem Prozessstrahl „zurückzulegende Wegstrecke" zwischen den Isoquanten mit jeder Vervielfachung des ursprünglichen Produktionsniveaus zunehmen. Auf einen formalen Nachweis wird an dieser Stelle jedoch verzichtet.

In Bezug auf Prozess VI ergeben sich die bei einer Erhöhung der Ausbringungsmenge in gleich großen Schritten wachsenden Isoquantenabstände direkt aus den überproportional ansteigenden Einsatzmengen beider Faktoren. Entsprechend ist Prozess VI – trotz des linearen Prozesslinienverlaufs – kein LEONTIEF-Prozess.

zu d)

Zur Ermittlung der auf der Grundlage der drei Prozesse IV, V und VI resultierenden Kostenfunktionen $K^{\pi}(x)$, $\pi = \text{IV,V,VI}$, setzt man wieder die jeweiligen Faktoreinsatzfunktionen r_1^{π} und r_2^{π} sowie die Faktorpreise q_1 und q_2 direkt in die allgemeine Kostengleichung

$$K^{\pi}(x) = q_1 \cdot r_1^{\pi}(x) + q_2 \cdot r_2^{\pi}(x), \quad \pi = \text{IV,V,VI},$$

ein und erhält:

$$K^{\text{IV}}(x) = 1 \cdot \frac{1}{2}x^2 + 1 \cdot 8x = \frac{1}{2}x^2 + 8x,$$

$$K^{\text{V}}(x) = 1 \cdot 8x + 1 \cdot \frac{3}{8}x^2 = \frac{3}{8}x^2 + 8x$$

sowie

$$K^{\text{VI}}(x) = 1 \cdot \left(\frac{1}{4}x^2 + 4x\right) + 1 \cdot \left(\frac{1}{4}x^2 + 4x\right) = \frac{1}{2}x^2 + 8x = K^{\text{IV}}(x).$$

Obwohl sich die Prozesslinienverläufe der Prozesse IV und VI stark voneinander unterscheiden (siehe Abbildung 4.2.3), verursacht die Herstellung jeder beliebigen Ausbringungsmenge x auf Basis der Prozesse IV und VI dennoch identische, aufgrund von

$$\left[K^{\text{IV}}(x)\right]' \equiv \left[K^{\text{VI}}(x)\right]' = x + 8 \underset{x \geq 0}{>} 0$$

und

$$\left[K^{\text{IV}}(x)\right]'' \equiv \left[K^{\text{VI}}(x)\right]'' = 8 > 0$$

mit zunehmender Ausbringung x streng konvex ansteigende Produktionskosten $K^{\mathrm{IV}}(x) \equiv K^{\mathrm{VI}}(x)$. Dieses Beispiel verdeutlicht, dass man nicht allein anhand des Verlaufs der Prozesslinie eines limitationalen Produktionsprozesses auf die Gestalt der zugehörigen Kostenfunktion schließen kann. Bei konstanten Faktorpreisen richtet sich Letztere vielmehr ausschließlich nach dem funktionalen Zusammenhang zwischen den Faktoreinsatzmengen $r_1^{\pi}(x)$ und $r_2^{\pi}(x)$ und der Ausbringungsmenge x.

Weiterhin zeigt der Vergleich

$$K^{\mathrm{IV}}(x) \equiv K^{\mathrm{VI}}(x) = \frac{1}{2}x^2 + 8x > \frac{3}{8}x^2 + 8x = K^{\mathrm{V}}(x) \quad \forall x$$

der Kostenfunktionen der drei Prozesse, dass die Produktionskosten der Prozesse IV und VI bei jeder beliebigen Ausbringung x die entsprechenden Produktionskosten $K^{\mathrm{V}}(x)$ bei Einsatz des Prozesses V übersteigen. Letztere wachsen aufgrund von

$$\left[K^{\mathrm{V}}(x)\right]' = \frac{3}{4}x + 8 \underset{x \geq 0}{>} 0,$$

$$\left[K^{\mathrm{V}}(x)\right]' = \frac{3}{4}x + 8 < x + 8 = \left[K^{\mathrm{IV}}(x)\right]' \equiv \left[K^{\mathrm{VI}}(x)\right]'$$

und

$$\left[K^{\mathrm{V}}(x)\right]'' = 8 > 0$$

mit jeder Erhöhung der Ausbringungsmenge x ebenfalls streng konvex, im Ausmaß allerdings geringer als die Produktionskosten der Prozesse IV und VI an.

Abbildung 5.2.4 gibt die Kostenverläufe der drei Prozesse IV, V und VI wieder. In Bezug auf die Prozessen IV und VI ergibt sich die Kostenprogression aus der Tatsache, dass mit jeder Erhöhung der Ausbringungsmenge x bei beiden Prozessen mindestens eine der mit konstanten Faktorpreisen bewerteten Faktoreinsatzmengen überproportional und die andere proportional ansteigt. Die Summe aus den überproportional bzw. progressiv steigenden Kosten des einen Faktors und den proportionalen Kosten des anderen Faktors wächst wieder progressiv.

Der progressive Kostenverlauf auf der Grundlage von Prozess V folgt dagegen – bei konstanten Faktorpreisen – unmittelbar aus den mit der Ausbringung überproportional wachsenden Einsatzmengen beider Produktionsfaktoren.

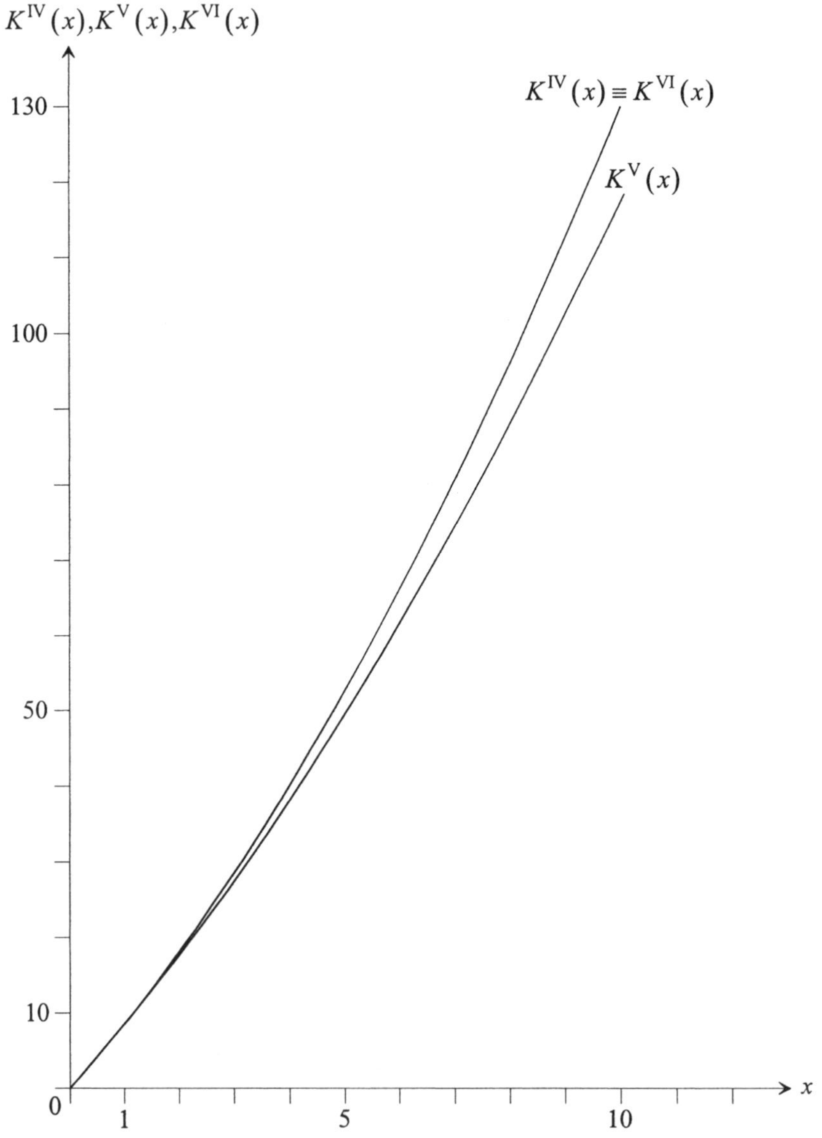

Abb. 5.2.4: Kostenverläufe auf der Grundlage der Prozesse IV, V und VI

Aufgabe 5.3 Verfahrenswahl bei nicht kombinierbaren LEONTIEF-Prozessen

Einem Ein-Produkt-Unternehmen stehen zur Produktion der einzigen Endproduktart zwei linearlimitationale Produktionsprozesse π, $\pi = \text{I,II}$, zur Verfügung. Die Produktionskoeffizienten a_i^π der beiden Faktorarten i, $i = 1{,}2$, in Abhängigkeit des Produktionsverfahrens π sind bekannt und lauten:

$$\text{Prozess I:} \quad a_1^{\text{I}} = \frac{r_1^{\text{I}}}{x} = 10, \quad a_2^{\text{I}} = \frac{r_2^{\text{I}}}{x} = 3,$$

$$\text{Prozess II:} \quad a_1^{\text{II}} = \frac{r_1^{\text{II}}}{x} = 4, \quad a_2^{\text{II}} = \frac{r_2^{\text{II}}}{x} = 7.$$

Da es sich bei den angegebenen Prozessen um alternative Produktionsverfahren handelt, kann das Unternehmen jeweils nur die reinen Prozesse zur Produktion heranziehen; eine Kombination der beiden Prozesse ist nicht möglich.

e) Bestimmen Sie für jedes der beiden Produktionsverfahren π, $\pi = \text{I,II}$, die Faktoreinsatzfunktionen r_i^π, $i = 1{,}2$, und stellen Sie die zugehörigen Prozessstrahlen sowie die Isoquanten für das Ausbringungsmengenniveau $\overline{x} = 1$ graphisch in einem $(r_1;r_2)$-Diagramm dar.

f) Ermitteln Sie für Ausbringungsmengen $x > 0$ das kostenminimale Produktionsverfahren des Unternehmens, wenn für die konstanten Faktorpreise gilt:

$$q_1 = 3\,[\text{€/ME}] \text{ und } q_2 = 6\,[\text{€/ME}].$$

Durch intensive Forschungsbemühungen steht der Unternehmung nun das weitere Produktionsverfahren III zur Herstellung des Endproduktes zur Verfügung. Dieses ist dadurch gekennzeichnet, dass der quantitative Verbrauch α des zweiten Produktionsfaktors zur Produktion einer Outputeinheit im Intervall $4 \le \alpha \le 6$ schwanken kann, jedoch kurz vor einem jeweiligen Produktionsstart hinreichend genau prognostizierbar ist. Für den Produktionskoeffizient a_1^{III} gilt: $a_1^{\text{III}} = 7$.

g) Zeichnen Sie den durch die Prozessstrahlen für $\alpha = 4$ und $\alpha = 6$ aufgespannten Kegel in das $(r_1;r_2)$-Diagramm aus Aufgabenteil a) ein. Stellt das Produktionsverfahren III eine effiziente Produktionsalternative zu den Prozessen I und II dar?

h) Ermitteln Sie auf Basis der drei alternativ zur Verfügung stehenden Produktionsverfahren die nunmehr kostenminimale Produktionsstrategie des Unternehmens zur Herstellung positiver Endproduktmengen $x > 0$. Für die Faktorpreise gelte unverändert:

$$q_1 = 3\,[€/\text{ME}] \text{ und } q_2 = 6\,[€/\text{ME}].$$

Lösung zu Aufgabe 5.3

zu a)

Durch geeignetes Umformen der gegebenen Produktionskoeffizienten erhält man als Inputfunktionen für Produktionsverfahren I:

$$r_1^{\text{I}} = a_1^{\text{I}} \cdot x \quad \Rightarrow \quad r_1^{\text{I}} = 10x,$$
$$r_2^{\text{I}} = a_2^{\text{I}} \cdot x \quad \Rightarrow \quad r_2^{\text{I}} = 3x$$

sowie für Produktionsverfahren II:

$$r_1^{\text{II}} = a_1^{\text{II}} \cdot x \quad \Rightarrow \quad r_1^{\text{II}} = 4x,$$
$$r_2^{\text{II}} = a_2^{\text{II}} \cdot x \quad \Rightarrow \quad r_2^{\text{II}} = 7x.$$

Wegen

$$\frac{r_2^{\text{I}}}{r_1^{\text{I}}} = \frac{3x}{10x} = \frac{3}{10} = \text{const.}$$

und

$$\frac{r_2^{\text{II}}}{r_1^{\text{II}}} = \frac{7x}{4x} = \frac{7}{4} = \text{const.}$$

sind die Prozessstrahlen Halbgeraden durch den Ursprung mit den Steigungen $\frac{3}{10}$ (Prozess I) bzw. $\frac{7}{4}$ (Prozess II).

Abbildung 5.3.1 veranschaulicht den Verlauf der Prozessstrahlen und der Isoquanten für die Outputmenge $\overline{x} = 1$ graphisch in einem $(r_1;r_2)$-Diagramm, wobei unter Verwendung der reinen Prozesse lediglich die Punkte A und B effiziente Produktionen zur Herstellung einer Outputeinheit darstellen.

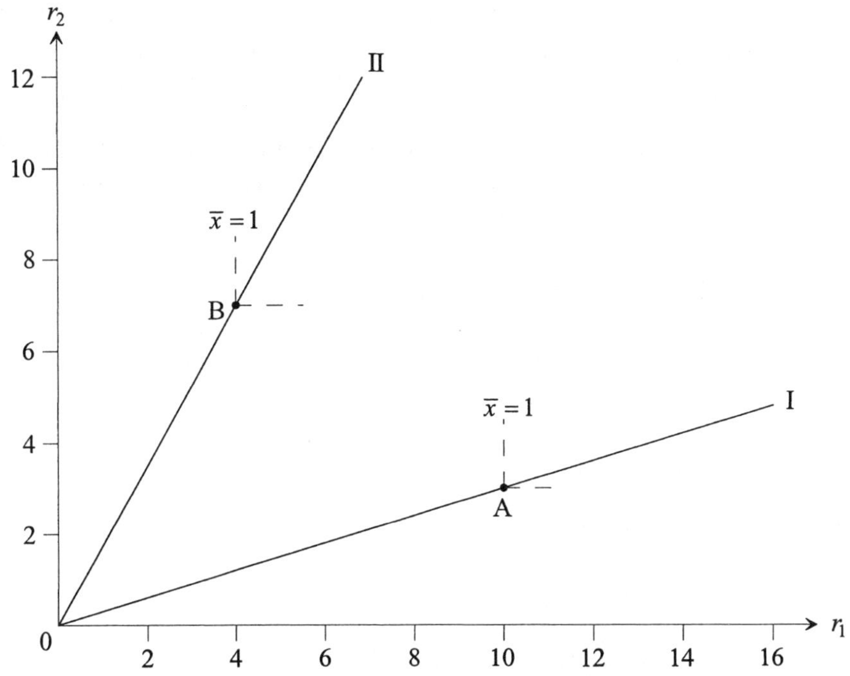

Abb. 5.3.1: Prozessstrahlen und Isoquanten zum Produktionsniveau $\overline{x} = 1$

zu b)

Setzt man die konstanten Faktorpreise sowie die in Aufgabenteil a) ermittelten Faktoreinsatzfunktionen in die allgemeine Kostengleichung

$$K(x) = \sum_{i=1}^{I} q_i \cdot r_i(x)$$

ein, so erhält man die prozessindividuellen Kostenfunktionen $K^{\pi}(x)$:

$$K^{\mathrm{I}}(x) = 3 \cdot 10x + 6 \cdot 3x = 48x,$$

$$K^{\mathrm{II}}(x) = 3 \cdot 4x + 6 \cdot 7x = 54x.$$

Da für alle Ausbringungsmengen $x > 0$

$$K^{\mathrm{I}}(x) = 48x < 54x = K^{\mathrm{II}}(x)$$

gilt, sollte das Unternehmen unter der Maßgabe der Kostenminimierung stets Produktionsverfahren I zur Herstellung positiver Ausbringungsmengen x heranziehen.

In Anbetracht der Annahme der Nichtkombinierbarkeit der Produktionsverfahren sowie des Fehlens etwaiger Faktormengenrestriktionen lautet die Gesamtkostenfunktion somit:

$$K(x) = \min_{\pi \in \{I,II\}} K^{\pi}(x) = \min\{48x; 54x\} = 48x = K^{I}(x).$$

Abbildung 5.3.2 veranschaulicht das Kostenminimierungsproblem graphisch am Beispiel der Ausbringungsmenge $\bar{x} = 1$:

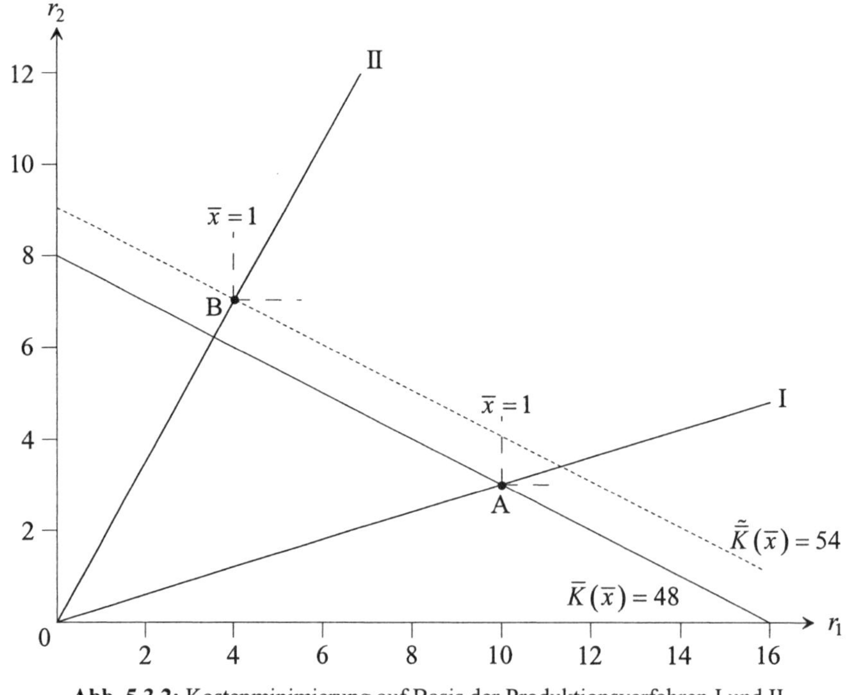

Abb. 5.3.2: Kostenminimierung auf Basis der Produktionsverfahren I und II

Wie zuvor bereits rechnerisch ermittelt, zeigt auch die graphische Lösung auf Basis der Betrachtung der Tangentialpunkte der entsprechenden Produktions- und Kostenisoquanten, dass es für das Unternehmen kostenvorteilhaft wäre, zur Produktion positiver Ausbringungsmengen $x > 0$ stets Verfahren I dem Produktionsverfahren II vorzuziehen; entsprechend ist beispielsweise in Abbildung 5.3.2

der Produktionspunkt A mit einem niedrigeren Kostenniveau $\overline{K}(\overline{x}=1)=48$ verbunden als der Produktionspunkt B mit dem Kostenniveau $\tilde{\overline{\overline{K}}}(\overline{x}=1)=54$.

zu c)

Zeichnet man den durch die Prozessstrahlen für $\alpha=4$ und $\alpha=6$ aufgespannten Kegel in das $(r_1;r_2)$-Diagramm aus Aufgabenteil a) ein, so erhält man die in Abbildung 5.3.3 dargestellte Situation:

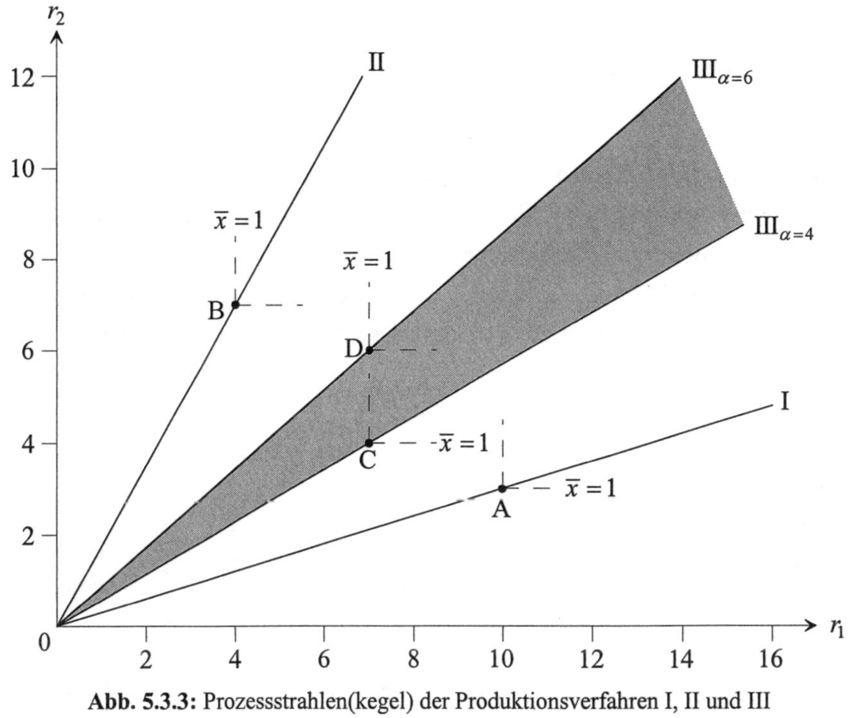

Abb. 5.3.3: Prozessstrahlen(kegel) der Produktionsverfahren I, II und III

Anhand der Abbildung 5.3.3 lässt sich leicht erkennen, dass Produktionsverfahren III unter der Annahme der Nichtkombinierbarkeit der Prozesse eine effiziente Produktionsalternative zu den Verfahren I und II darstellt, weil für alle α, $4 \leq \alpha \leq 6$, gilt:

$$a_1^{\text{I}} = 10 > 7 = a_1^{\text{III}}$$

und

$$a_2^{\mathrm{I}} = 3 < \alpha = a_2^{\mathrm{III}}$$

sowie

$$a_1^{\mathrm{II}} = 4 < 7 = a_1^{\mathrm{III}}$$

und

$$a_2^{\mathrm{I}} = 7 > \alpha = a_2^{\mathrm{III}}.$$

Es lassen sich somit keinerlei Dominanzbeziehungen feststellen.

zu d)

Aus Aufgabenteil b) ist bekannt, dass mit Produktionsverfahren I Ausbringungsmengen $x > 0$ zu geringeren Kosten hergestellt werden können als mit Verfahren II. Unter der Annahme sonst unveränderter Rahmenbedingungen (Faktorpreise, Mengenrestriktionen etc.) muss im Folgenden somit nur noch ein Kostenvergleich zwischen den Produktionsverfahren I und III durchgeführt werden. Hierzu ist zunächst die Kostenfunktion $K^{\mathrm{III}}(x)$ des neuen Verfahrens III zu ermitteln:

$$K^{\mathrm{III}}(x) = 3 \cdot 7x + 6 \cdot \alpha x = (21 + 6\alpha) \cdot x .$$

Der Vergleich mit den Produktionskosten des ersten Verfahrens ergibt:

$$\begin{aligned} & K^{\mathrm{III}}(x) = (21 + 6\alpha) \cdot x \overset{!}{\leq} K^{\mathrm{I}}(x) = 48x \\ \Leftrightarrow \quad & 21 + 6\alpha \leq 48 \\ \Leftrightarrow \quad & \alpha \leq \frac{9}{2}. \end{aligned}$$

Es zeigt sich, dass das neue Produktionsverfahren III für alle $\alpha \in \left[4; \frac{9}{2}\right)$ kostenminimal ist. Für $\alpha \in \left(\frac{9}{2}; 6\right]$ stellt hingegen Prozess I das kostenoptimale Produktionsverfahren dar. Für $\alpha = \frac{9}{2}$ liegt Kostenindifferenz vor. Abbildung 5.3.4 verdeutlicht dies für das Ausbringungsmengenniveau $\bar{x} = 1$ graphisch.

Demnach ist es für die Unternehmung bei einem prognostizierten Produktionskoeffizienten $a_2^{\mathrm{III}} = \alpha = 4$ möglich, die Produktionskosten im Vergleich zur bislang günstigsten Produktionsalternative um 3 Euro pro Outputeinheit zu senken (Punkt C in Abbildung 5.3.4 mit dem Kostenniveau $\hat{\bar{K}}(\bar{x} = 1) = 45$ €). Im schlechtesten Fall, d.h. für $a_2^{\mathrm{III}} = \alpha = 6$, wäre die Produktion auf der Grundlage von Verfahren III allerdings die teuerste Variante (Punkt D mit dem Kostenniveau $\bar{\bar{K}}(\bar{x}=1)=57$ €), weil dann noch höhere Kosten als beim bislang teuersten Produktionsverfahren II anfielen.

Im Ergebnis erhält man als Gesamtkostenfunktion zur Herstellung positiver Ausbringungsmengen $x > 0$:

$$K(x)=\begin{cases}(21+6\alpha)\cdot x & \text{für } 4\leq\alpha\leq\frac{9}{2},\\ 48x & \text{für } \frac{9}{2}\leq\alpha\leq 6.\end{cases}$$

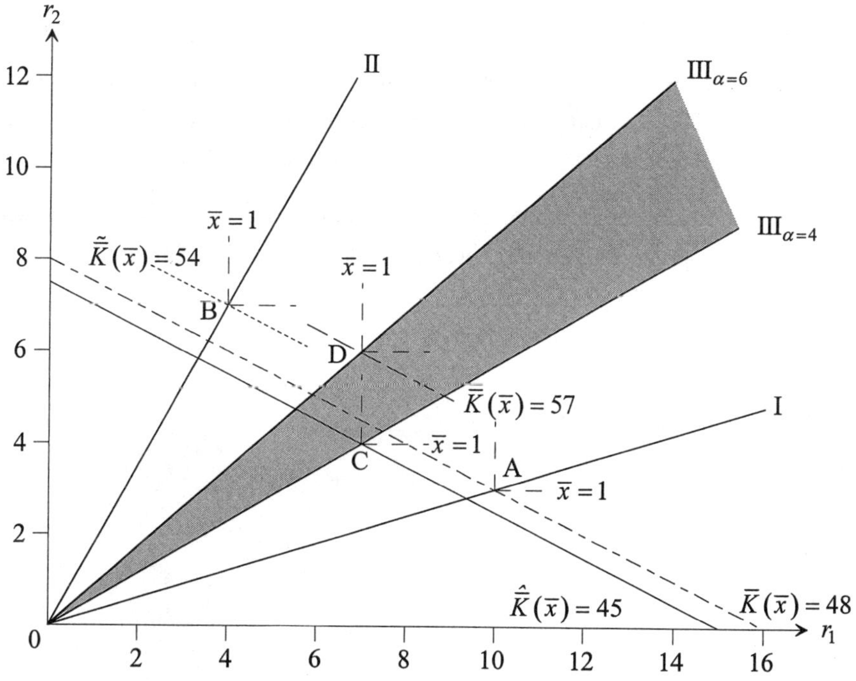

Abb. 5.3.4: Kostenminimierung auf Basis der Produktionsverfahren I, II und III

Aufgabe 5.4 Kostenminimale Produktionsaufteilung bei Prozesskombination (I)

Gegeben seien zwei limitationale Produktionsprozesse I und II mit folgenden Faktoreinsatzfunktionen r_i^π, $i = 1{,}2$, $\pi = \mathrm{I},\mathrm{II}$:

Prozess I: $r_1^{\mathrm{I}} = \frac{1}{2}x^2$, $r_2^{\mathrm{I}} = \frac{1}{4}x^2$,

Prozess II: $r_1^{\mathrm{II}} = x$, $r_2^{\mathrm{II}} = x$.

Die Faktoreinsätze sowie die Produktionseinheiten seien beliebig teilbar, die Prozesse kombinierbar.

a) Stellen Sie die Prozessstrahlen graphisch in einem $(r_1;r_2)$-Diagramm dar. Zeichnen Sie die Isoquante für die Ausbringungsmenge $\overline{x} = 3$ in das Diagramm ein und erklären Sie den Isoquantenverlauf ökonomisch.

b) Wie sollte man die Fertigung der Ausbringungsmenge $\overline{x} = 3$ auf die beiden Produktionsprozesse verteilen, wenn in Bezug auf die Faktorpreise gilt: $q_1 = 1$ und $q_2 = 2$ [€/ME]?

Lösung zu Aufgabe 5.4

zu a)

Wegen

$$\frac{r_2^{\mathrm{I}}}{r_1^{\mathrm{I}}} = \frac{\frac{1}{4}x^2}{\frac{1}{2}x^2} = \frac{1}{2} = \text{const.}$$

und

$$\frac{r_2^{\mathrm{II}}}{r_1^{\mathrm{II}}} = \frac{x}{x} = 1 = \text{const.}$$

sind die Prozessstrahlen Halbgeraden durch den Ursprung mit den Steigungen $\frac{1}{2}$ (Prozess I) bzw. 1 (Prozess II).

Zur Bestimmung der Isoquante für $\overline{x} = 3$ ist es zweckmäßig, eine Wertetabelle für die aus beliebigen Aufteilungen der Ausbringungsmenge $\overline{x} = 3$ auf die beiden Prozesse I und II insgesamt resultierenden Faktoreinsätze aufzustellen (siehe Tab. 5.4.1), wobei die folgenden Beziehungen zu beachten sind:

$$x^{\mathrm{I}} + x^{\mathrm{II}} = \overline{x} = 3$$

bzw. bei Vorgabe der Ausbringung $x^{\mathrm{I}} \geq 0$:

$$x^{\mathrm{II}} = \overline{x} - x^{\mathrm{I}} = 3 - x^{\mathrm{I}},$$

ferner

$$r_1 = r_1^{\mathrm{I}} + r_1^{\mathrm{II}} = \frac{1}{2}\left(x^{\mathrm{I}}\right)^2 + x^{\mathrm{II}}$$

und

$$r_2 = r_2^{\mathrm{I}} + r_2^{\mathrm{II}} = \frac{1}{4}\left(x^{\mathrm{I}}\right)^2 + x^{\mathrm{II}}.$$

Tab. 5.4.1: Wertetabelle für $\overline{x} = 3$

x^{I}	0	$\frac{1}{2}$	1	$\frac{3}{2}$	2	$\frac{5}{2}$	3
x^{II}	3	$\frac{5}{2}$	2	$\frac{3}{2}$	1	$\frac{1}{2}$	0
r_1	3	$\frac{21}{8}$	$\frac{5}{2}$	$\frac{21}{8}$	3	$\frac{29}{8}$	$\frac{9}{2}$
r_2	3	$\frac{41}{16}$	$\frac{9}{4}$	$\frac{33}{16}$	2	$\frac{33}{16}$	$\frac{9}{4}$

Hieraus ergibt sich der in Abbildung 5.4.1 dargestellte Isoquantenverlauf.

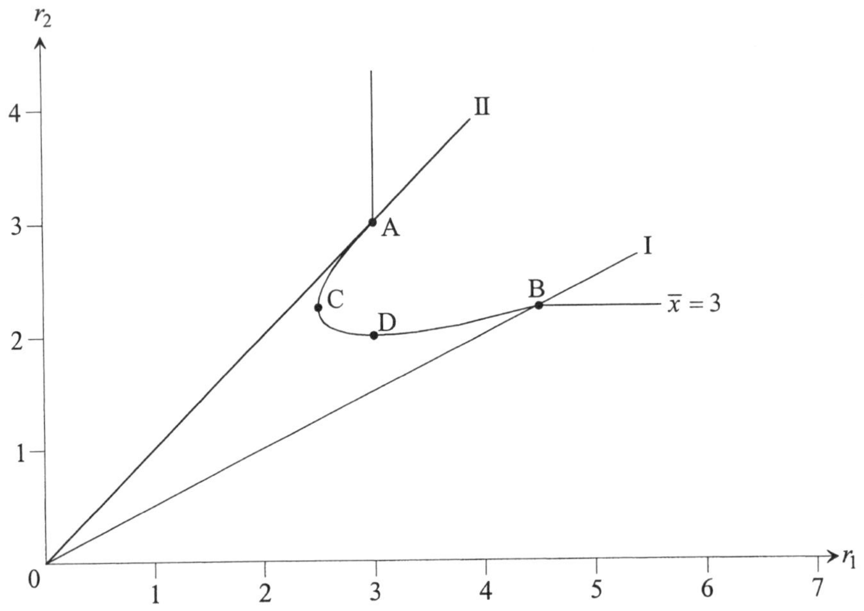

Abb. 5.4.1: Isoquantenverlauf für $\bar{x} = 3$

Außerhalb des von den beiden Prozessstrahlen aufgespannten Kegels verläuft die Isoquante vertikal bzw. horizontal. Hier kommt keine Prozesskombination, sondern jeweils nur einer der beiden Prozesse zum Einsatz. Aufgrund der Limitationalität der beiden Prozesse bleibt die Ausbringungsmenge bei einer partiellen Faktorvariation unverändert, wenn der variierte Faktor keinen Engpass darstellt. Dementsprechend sind alle Produktionspunkte, bei denen im Vergleich zum Produktionspunkt A in Abbildung 5.4.1 lediglich größere Mengen des Faktors 2 bzw. bei denen im Vergleich zum Produktionspunkt B in der Abbildung nur größere Mengen des ersten Faktors eingesetzt werden, durch das gleiche Ausbringungsniveau $\bar{x} = 3$ gekennzeichnet, so dass diese Produktionspunkte auf derselben Isoquante zum Niveau $\bar{x} = 3$ liegen.

Innerhalb des von den beiden Prozessstrahlen begrenzten Kegels beschreibt die Isoquante zum Ausbringungsmengenniveau $\bar{x} = 3$ dagegen einen nach links unten „durchhängenden" Bogen (Kurvenstück $ACDB$ in Abbildung 5.4.1), der alle Produktionen kennzeichnet, die aus einer (beliebigen konvexen) Kombination der beiden Prozesse hervorgegangen sind. Der bogenförmige Verlauf resultiert aus der Nichtlinearität der Faktoreinsatzfunktionen r_1^{I} und r_2^{I} des Prozesses I; wären diese linear wie diejenigen des Prozesses II, dann lägen die aus Prozesskombinationen hervorgehenden Produktionspunkte in Abbildung 5.4.1 auf der Verbindungsstrecke $\overline{AB}$ und nicht – wie in dem hier vorliegenden nichtlinearen Fall – auf dem Kurvenstück $ACDB$.

Zur Erklärung des bogenförmigen Isoquantenverlaufs im Falle der beliebigen Kombination der Prozesse setzt man zweckmäßigerweise die Beziehung

$$x^{\text{II}} = \overline{x} - x^{\text{I}} = 3 - x^{\text{I}}$$

in die Faktoreinsatzfunktionen

$$r_1 = r_1^{\text{I}} + r_1^{\text{II}} = \frac{1}{2}\left(x^{\text{I}}\right)^2 + x^{\text{II}}$$

und

$$r_2 = r_2^{\text{I}} + r_2^{\text{II}} = \frac{1}{4}\left(x^{\text{I}}\right)^2 + x^{\text{II}}.$$

ein und erhält

$$r_1 = r_1\left(x^{\text{I}} \middle| \overline{x} = 3\right) = \frac{1}{2}\left(x^{\text{I}}\right)^2 - x^{\text{I}} + 3$$

sowie

$$r_2 = r_2\left(x^{\text{I}} \middle| \overline{x} = 3\right) = \frac{1}{4}\left(x^{\text{I}}\right)^2 - x^{\text{I}} + 3$$

Die Faktoreinsatzfunktionen $r_1 = r_1\left(x^{\text{I}} \middle| \overline{x} = 3\right)$ und $r_2 = r_2\left(x^{\text{I}} \middle| \overline{x} = 3\right)$ geben die Faktoreinsatzmengen zur Herstellung der Gesamtausbringungsmenge $\overline{x} = 3$ in Abhängigkeit von der mit Prozess I gefertigten Teilmenge x^{I}, $0 \leq x^{\text{I}} \leq \overline{x} = 3$, an; die Funktionsverläufe sind in Abbildung 5.4.2 graphisch dargestellt. Die Graphen beschreiben jeweils eine nach oben offene Parabel mit einem Scheitelpunkt bei $\hat{x}_1^{\text{I}} = 1$ im Falle der Faktoreinsatzfunktion $r_1 = r_1\left(x^{\text{I}} \middle| \overline{x} = 3\right)$ bzw. bei $\hat{x}_2^{\text{I}} = 2$ im Falle der Faktoreinsatzfunktion $r_2 = r_2\left(x^{\text{I}} \middle| \overline{x} = 3\right)$.

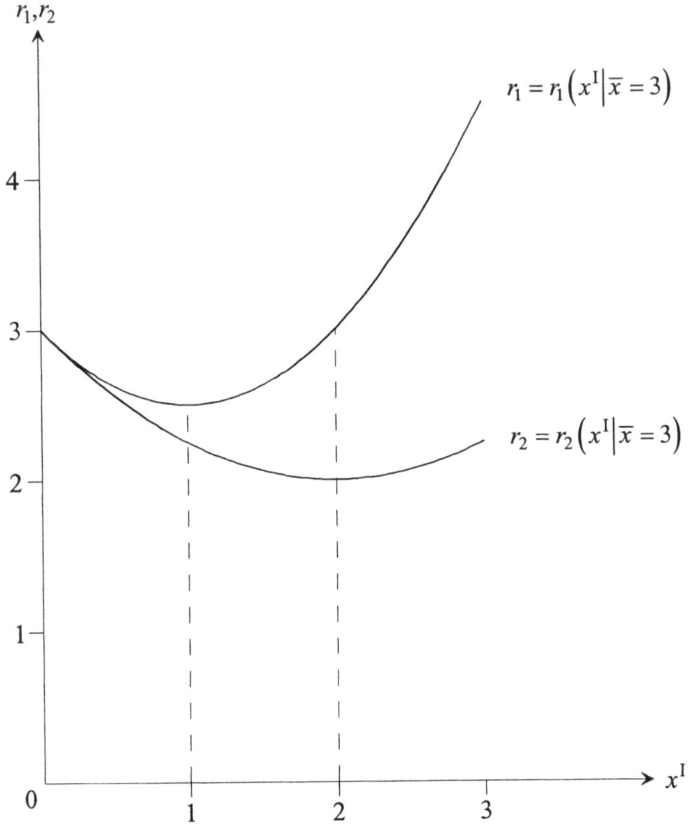

Abb. 5.4.2: Faktoreinsatzfunktionen zur Herstellung von $\bar{x} = 3$ bei Prozesskombination

Offensichtlich sinken bei einer Erhöhung der mit Prozess I produzierten Ausbringungsmenge x^{I} im Bereich $0 \leq x^{\mathrm{I}} < \hat{x}_1^{\mathrm{I}} = 1$ die Einsatzmengen beider Faktoren bei gleichzeitig konstanter Gesamtausbringung $\bar{x} = 3$. Prozesskombinationen, bei denen weniger als eine Mengeneinheit des Endproduktes auf der Grundlage von Prozess I gefertigt wird, können folglich nicht effizient sein, weil sie beispielsweise von der Aufteilung der Gesamtausbringungsmenge $\bar{x} = 3$ in $x^{\mathrm{I}} = \hat{x}_1^{\mathrm{I}} = 1$ und $x^{\mathrm{II}} = 3 - x^{\mathrm{I}} = 2$ dominiert werden. Entsprechend weist in Abbildung 5.4.1 derjenige Teil der Isoquante, der diese ineffizienten Prozesskombinationen repräsentiert, eine positive Steigung auf (Kurvenstück AC).

In gleicher Weise sind auch Produktionen im Bereich $\hat{x}_2^{\mathrm{I}} = 2 < x^{\mathrm{I}} \leq \bar{x} = 3$ ineffizient, weil sie beispielsweise von der Aufteilung der Gesamtausbringung $\bar{x} = 3$ in die einzelnen Produktionsmengen $x^{\mathrm{I}} = \hat{x}_2^{\mathrm{I}} = 2$ und $x^{\mathrm{II}} = 3 - x^{\mathrm{I}} = 1$ dominiert werden. Infolgedessen weist in Abbildung 5.4.1 auch das Isoquantenstück *DB*, das diese ineffizienten Prozesskombinationen widerspiegelt, eine positive Steigung auf.

Lediglich Prozesskombinationen, bei denen die Herstellung der Gesamtausbringungsmenge $\overline{x} = 3$ so auf die Prozesse aufgeteilt wird, dass „mittlere" Mengen x^{I}, $\hat{x}_1^{\mathrm{I}} = 1 \leq x^{\mathrm{I}} \leq 2 = \hat{x}_2^{\mathrm{I}}$, auf der Grundlage des Prozesses I gefertigt werden, werden von keinem anderen Produktionspunkt dominiert und sind folglich effizient. Entsprechend verläuft das zugehörige Isoquantenstück *CD* in Abbildung 5.4.1 fallend.

Zu analogen Ergebnissen gelangt man, wenn man die Faktoreinsatzfunktionen alternativ in Abhängigkeit vom Mischungsanteil λ, $0 \leq \lambda \leq 1$, ausdrückt, der sich aus der Aufteilung der Gesamtausbringungsmenge $\overline{x} = 3$ in die einzelnen Produktionsmengen

$$x^{\mathrm{I}} = \lambda \overline{x} = 3\lambda$$

und

$$x^{\mathrm{II}} = (1 - \lambda)\overline{x} = 3 - 3\lambda$$

ergibt:

$$r_1 = r_1(\lambda | \overline{x} = 3) = \frac{1}{2}(3\lambda)^2 - 3\lambda + 3 = \frac{9}{2}\lambda^2 - 3\lambda + 3,$$

$$r_2 = r_2(\lambda | \overline{x} = 3) = \frac{1}{4}(3\lambda)^2 - 3\lambda + 3 = \frac{9}{4}\lambda^2 - 3\lambda + 3.$$

In Abbildung 5.4.3 sind die Kurvenverläufe dieser Faktoreinsatzfunktionen dargestellt. Man erkennt sofort, dass nur solche Prozesskombinationen zur Herstellung der Gesamtausbringungsmenge $\overline{x} = 3$ effizient sind, bei denen mindestens ein Drittel und höchstens zwei Drittel der Gesamtausbringung mit Prozess I gefertigt werden. Dagegen sind solche Prozesskombinationen, bei denen der Mischungsparameter λ aus den Bereichen $0 \leq \lambda < \hat{\lambda}_1 = \frac{1}{3}$ oder $\hat{\lambda}_2 = \frac{2}{3} < \lambda \leq 1$ gewählt wird, ineffizient.

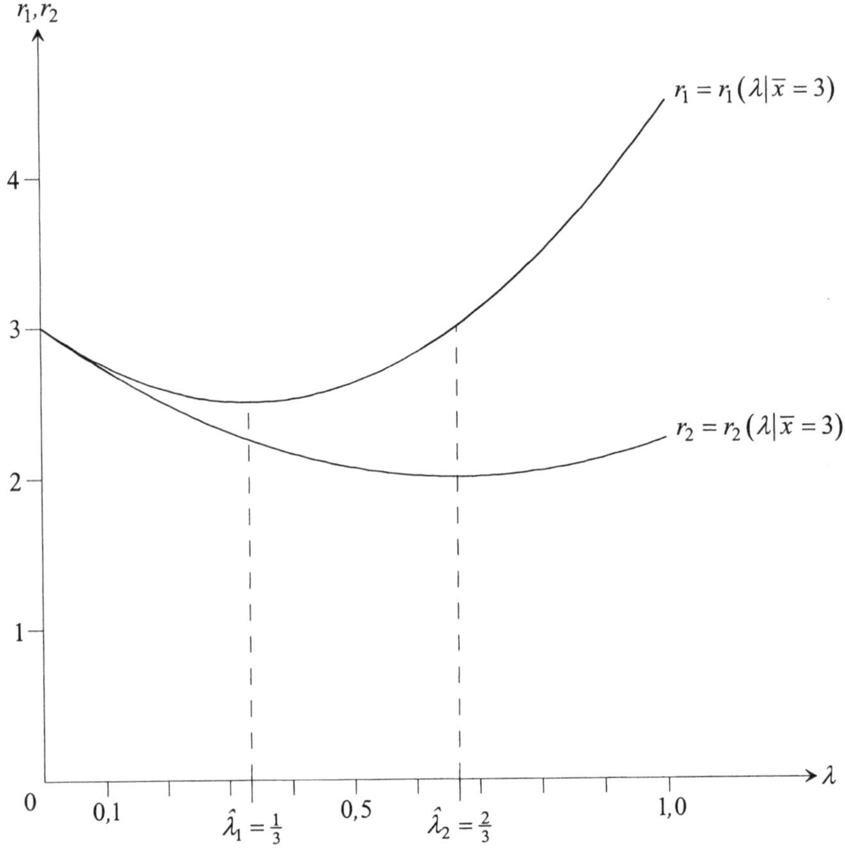

Abb. 5.4.3: Faktoreinsatzfunktionen zur Herstellung von $\overline{x} = 3$ bei Prozesskombination

zu b)

Die optimale Aufteilung der Produktion der Gesamtausbringungsmenge $\overline{x} = 3$ auf die beiden Prozesse I und II ergibt sich aus der Lösung der Kostenminimierungsaufgabe:

$$\min_{x^{\mathrm{I}},x^{\mathrm{II}}} K\left(x^{\mathrm{I}},x^{\mathrm{II}}\right) = q_1 \cdot r_1\left(x^{\mathrm{I}},x^{\mathrm{II}}\right) + q_2 \cdot r_2\left(x^{\mathrm{I}},x^{\mathrm{II}}\right)$$

unter den Nebenbedingungen

$$x^{\mathrm{I}},x^{\mathrm{II}} \geq 0,$$
$$x^{\mathrm{I}} + x^{\mathrm{II}} = \overline{x} = 3.$$

Das Einsetzen für q_1, q_2, r_1 und r_2 in die Kosten- bzw. Zielfunktion ergibt zunächst:

$$\min_{x^{\mathrm{I}},x^{\mathrm{II}}} K\left(x^{\mathrm{I}},x^{\mathrm{II}}\right)=1\cdot\left[\frac{1}{2}\left(x^{\mathrm{I}}\right)^2+x^{\mathrm{II}}\right]+2\cdot\left[\frac{1}{4}\left(x^{\mathrm{I}}\right)^2+x^{\mathrm{II}}\right]$$
$$=\left(x^{\mathrm{I}}\right)^2+3x^{\mathrm{II}}.$$

Hieraus erhält man durch Substitution von $x^{\mathrm{II}}=3-x^{\mathrm{I}}$:

$$\min_{x^{\mathrm{I}}} K\left(x^{\mathrm{I}}\right)=\left(x^{\mathrm{I}}\right)^2+3\cdot\left(3-x^{\mathrm{I}}\right)=\left(x^{\mathrm{I}}\right)^2-3x^{\mathrm{I}}+9.$$

Aus der entsprechenden Bedingung erster Ordnung für ein Kostenminimum errechnet man:

$$\frac{dK\left(x^{\mathrm{I}}\right)}{dx^{\mathrm{I}}}=2x^{\mathrm{I}}-3\overset{!}{=}0$$
$$\Rightarrow \quad x^{\mathrm{I}}=\frac{3}{2},$$
$$x^{\mathrm{II}}=3-\frac{3}{2}=\frac{3}{2}.$$

Wegen

$$\frac{d^2K\left(x^{\mathrm{I}}\right)}{d\left(x^{\mathrm{I}}\right)^2}=2>0$$

ist auch die Bedingung zweiter Ordnung für ein Kostenminimum erfüllt. Demnach sollte die Gesamtausbringungsmenge $\overline{x}=3$ jeweils zur Hälfte mit Prozess I und mit Prozess II gefertigt werden, wenn die Faktorpreise $q_1=1$ und $q_2=2$ [€/ME] betragen.

Abbildung 5.4.4 stellt die Kostensituation graphisch dar. Die Isokostenlinie $\overline{K}(\overline{x}=3)$ berührt die Isoquante zum Produktionsniveau $\overline{x}=3$ innerhalb ihres effizienten Bereichs *CD* im Punkt *E*, der die Minimalkostenkombination $\left(r_1^*,r_2^*\right)=\left(2\tfrac{5}{8},2\tfrac{1}{16}\right)$ kennzeichnet.

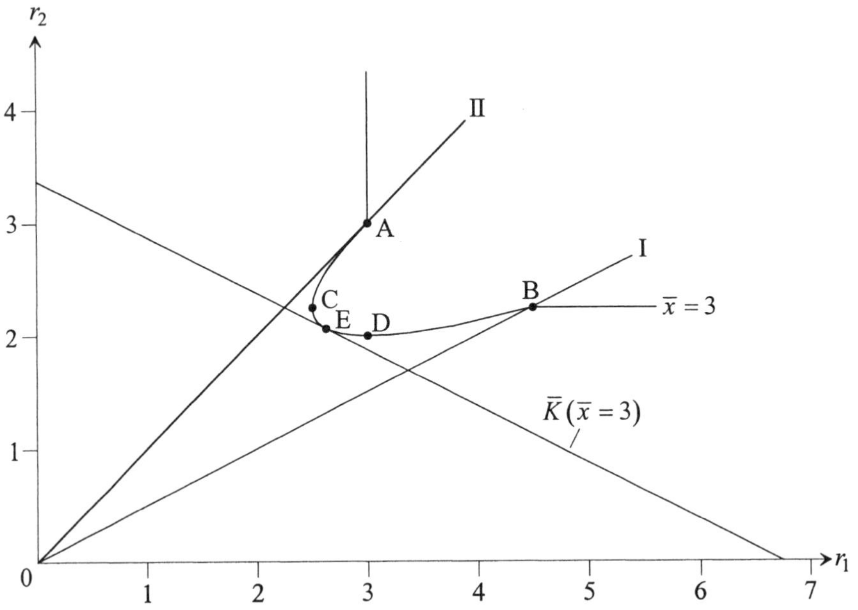

Abb. 5.4.4: Kostenminimale Aufteilung von $\bar{x} = 3$ bei $q_1 = 1$ und $q_2 = 2$

Aufgabe 5.5 Kostenminimale Produktionsaufteilung bei Prozesskombination (II)

Ein Unternehmen fertige ein Produkt mit Hilfe zweier Faktoren 1 und 2 (und den Faktoreinsatzmengen r_1 und r_2) auf der Grundlage einer LEONTIEF-Produktionsfunktion mit zwei Prozessen I und II. Für die Faktoreinsatzfunktionen der beiden Prozesse gelte:

Prozess I: $r_1^{\mathrm{I}} = \frac{1}{2}x, \quad r_2^{\mathrm{I}} = \frac{5}{8}x,$

Prozess II: $r_1^{\mathrm{II}} = x, \quad r_2^{\mathrm{II}} = \frac{1}{2}x.$

Sowohl die Faktoreinsätze als auch die Produktionseinheiten seien beliebig teilbar.

a) Stellen Sie die Prozessstrahlen der beiden Produktionsprozesse im Bereich $0 \leq x \leq 16$ graphisch in einem $(r_1;r_2)$-Faktordiagramm dar und untersuchen Sie die beiden Prozesse auf bestehende Dominanzbeziehungen.

b) Bestimmen Sie die Gesamtkostenfunktion für den Fall, dass zur Produktion von Ausbringungsmengen $x \geq 0$ lediglich die reinen Prozesse eingesetzt werden können, da es sich bei den beiden Prozessen um alternative, sich gegenseitig ausschließende Produktionsverfahren handelt. Für die Faktorpreise soll gelten: $q_1 = q_2 = 4$ [€/ME].

c) Die Prozesse I und II seien nun mischbar. Ferner können von Faktor 2 höchstens $\overline{r}_2 = 4$ Mengeneinheiten eingesetzt werden. Bestimmen Sie die Gesamtkostenfunktion in Abhängigkeit von der Ausbringungsmenge x, wenn für die Faktorpreise gilt: $q_1 = 6$ und $q_2 = 8$ [€/ME].

Lösung zu Aufgabe 5.5

zu a)

Aufgrund der Linearlimitationalität der beiden Prozesse I und II sind die Prozessstrahlen Ursprungsgeraden mit den Steigungen

$$m^{\mathrm{I}} = \frac{r_2^{\mathrm{I}}}{r_1^{\mathrm{I}}} = \frac{\frac{5}{8}x}{\frac{1}{2}x} = \frac{5}{4} = \text{const.}$$

und

$$m^{\mathrm{II}} = \frac{r_2^{\mathrm{II}}}{r_1^{\mathrm{II}}} = \frac{\frac{1}{2}x}{x} = \frac{1}{2} = \text{const.}$$

Zur graphischen Darstellung der Prozessstrahlen für $0 \le x \le 16$ in einem $(r_1;r_2)$-Faktordiagramm ist es zweckmäßig, zunächst die zum Ausbringungsniveau $\bar{x} = 16$ gehörenden Faktoreinsatzmengen zu berechnen:

Für Prozess I gilt:

$$r_1^{\mathrm{I}}(\bar{x}=16) = \frac{1}{2}\cdot 16 = 8 \text{ und } r_2^{\mathrm{I}}(\bar{x}=16) = \frac{5}{8}\cdot 16 = 10.$$

Für Prozess II entsprechend:

$$r_1^{\mathrm{II}}(\bar{x}=16) = 1\cdot 16 = 16 \text{ und } r_2^{\mathrm{II}}(\bar{x}=16) = \frac{1}{2}\cdot 16 = 8.$$

Die konkreten Verläufe der Prozessstrahlen verdeutlicht Abbildung 5.5.1. Beide Prozesse stellen für $\bar{x} = 16$ effiziente Produktionsverfahren dar, da gilt:

$$r_1^{\mathrm{I}}(\bar{x}=16) = 8 < 16 = r_1^{\mathrm{II}}(\bar{x}=16) \text{ und } r_2^{\mathrm{I}}(\bar{x}=16) = 10 > 8 = r_2^{\mathrm{II}}(\bar{x}=16).$$

Wegen der linearlimitationalen Produktionsstruktur der Produktionsprozesse verändert sich eine Ausbringungsmenge $x \ge 0$ proportional zu einer Variation der Faktoreinsätze. Die festgestellte Effizienz gilt somit für alle Ausbringungsniveaus $x \ge 0$, die auf Basis der angeführten Faktoreinsatzfunktionen hergestellt wurden:

$$r_1^{\mathrm{I}}(x) < r_1^{\mathrm{II}}(x) \text{ und } r_2^{\mathrm{I}}(x) > r_2^{\mathrm{II}}(x) \text{ für alle } x \ge 0.$$

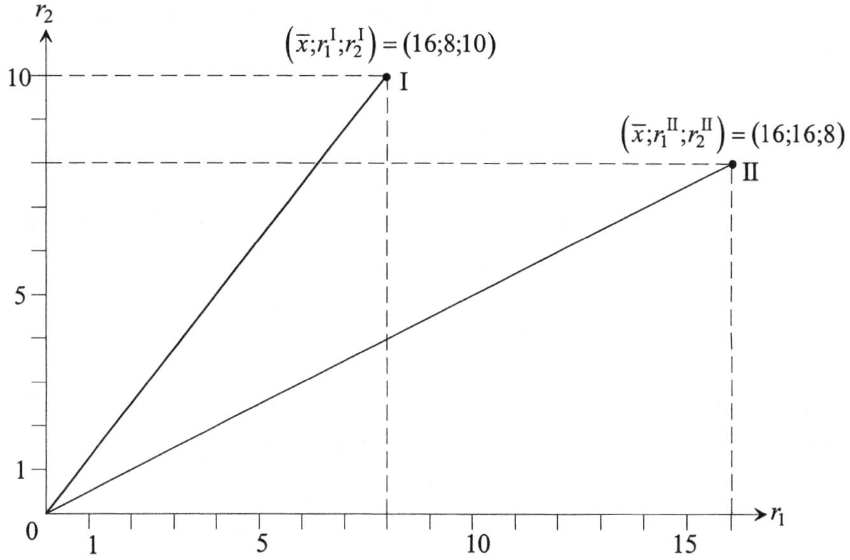

Abb. 5.5.1: Prozessstrahlen für $0 \le x \le 16$

zu b)

Da die beiden Prozesse nicht mischbar sind, gilt für die Gesamtkostenfunktion

$$K(x) = \min_{\pi \in \{\mathrm{I},\mathrm{II}\}} K^{\pi}(x),$$

d.h. es wird aus kostentheoretischer Sicht stets der kostengünstigste Prozess zur Produktion herangezogen.

Konkret gelten die folgenden prozessindividuellen Kostenfunktionen:

$$K^{\mathrm{I}}(x) = \sum_{i=1}^{2} q_i \cdot r_i^{\mathrm{I}}(x) = 4 \cdot \frac{1}{2}x + 4 \cdot \frac{5}{8}x = \frac{9}{2}x,$$

$$K^{\mathrm{II}}(x) = \sum_{i=1}^{2} q_i \cdot r_i^{\mathrm{II}}(x) = 4 \cdot \left(x + \frac{1}{2}x\right) = 6x.$$

Hieraus resultiert die Gesamtkostenfunktion:

$$K(x) = \min_{\pi \in \{\mathrm{I},\mathrm{II}\}} K^{\pi}(x) = \min\left\{\frac{9}{2}x;\ 6x\right\} = \frac{9}{2}x = K^{\mathrm{I}}(x).$$

Aus kostentheoretischer Sicht sollte jedes Produktionsniveau $x > 0$ immer mit Prozess I hergestellt werden.

zu c)

Unter der Annahme, dass maximal $\overline{r}_2 = 4$ Mengeneinheiten des zweiten Faktors für die Produktion zur Verfügung stehen, lassen sich mit Prozess I maximal

$$\overline{x}^{\text{I}} = min\left\{2\overline{r}_1; \frac{8}{5}\overline{r}_2\right\} = min\left\{\infty; \frac{32}{5}\right\} = \frac{32}{5} = 6,4$$

Mengeneinheiten herstellen. Bei Realisierung der prozessindividuellen Produktionshöchstmenge $\overline{x}^{\text{I}}$ müssen von Faktor 1 demnach

$$r_1^{\text{I}}\left(\overline{x}^{\text{I}}\right) = \frac{1}{2} \cdot \overline{x}^{\text{I}} = \frac{1}{2} \cdot \frac{32}{5} = \frac{16}{5}$$

Mengeneinheiten eingesetzt werden.

Die maximale Ausbringungsmenge $\overline{x}^{\text{II}}$ sowie der damit verbundene mengenmäßige Verbrauch $r_1^{\text{II}}\left(\overline{x}^{\text{II}}\right)$ des ersten Faktors lassen sich analog bestimmen. Es gilt:

$$\overline{x}^{\text{II}} = min\{\overline{r}_1; 2\overline{r}_2\} = min\{\infty; 8\} = 8\,[\text{ME}]$$

sowie

$$r_1^{\text{II}}\left(\overline{x}^{\text{II}}\right) = 1 \cdot \overline{x}^{\text{II}} = 8\,[\text{ME}].$$

Die Unternehmung kann somit maximal

$$\overline{x} = max\left\{\overline{x}^{\text{I}}; \overline{x}^{\text{II}}\right\} = max\{6,4; 8\} = 8$$

Mengeneinheiten des Outputs produzieren, wobei die Faktormengenrestriktion des zweiten Faktors dazu führt, dass nicht alle realisierbaren Ausbringungsniveaus x, $0 \leq x \leq 8 = \overline{x}$, unter alleiniger Verwendung des kostengünstigeren Prozesses I hergestellt werden können, da dieser bereits bei $\overline{x}^{\text{I}} = 6,4$ Mengeneinheiten an seine Produktionsgrenze stößt. Die Gesamtkostenfunktion wird somit aus mehreren Kostenintervallen bestehen, die sich im Zwei-Prozess-Fall allgemein wie folgt bestimmen lassen:

Zunächst wird zur Produktion positiver Ausbringungsmengen x der kostengünstigere Prozess $\hat{\pi}$, $\hat{\pi} \in \{\text{I,II}\}$ eingesetzt, bis dieser die mit ihm maximal produzierbare Ausbringungsmenge $\overline{x}^{\hat{\pi}}$ erreicht. Die gesuchte Gesamtkostenfunktion entspricht in diesem Intervall der prozessindividuellen Kostenfunktion $K^{\hat{\pi}}(x)$.

Das zweite Intervall der zu bestimmenden Kostenfunktion gilt demnach für alle Ausbringungsmengen x, $\overline{x}^{\hat{\pi}} \leq x \leq \overline{x}$, wobei das Outputniveau $\overline{x}$ ausschließlich mit dem mit höheren Kosten verbundenen Prozess hergestellt wird. Ausbringungsmengen x, $\overline{x}^{\hat{\pi}} < x < \overline{x}$ werden mittels geeigneter effizienter Kombinationen der beiden Prozesse gefertigt. Der prozentuale Anteil $\lambda^{\hat{\pi}}$, $1 \geq \lambda^{\hat{\pi}} \geq 0$, der mittels Prozess $\hat{\pi}$ hergestellten Outputmengen am Ausbringungsniveau $x \geq \overline{x}^{\hat{\pi}}$ nimmt dabei mit steigendem $x \leq \overline{x}$ stetig ab.

Während die Bestimmung der Kostengleichung des ersten Intervalls über einen reinen Prozesskostenvergleich bzw. mittels einfacher Plausibilitätsüberlegungen erfolgen kann, ist die Ermittlung der Gesamtkostenfunktion für Intervall 2 wesentlich aufwändiger. Dies liegt daran, dass die minimalen Kosten der Produktion des Outputniveaus x, $\overline{x}^{\hat{\pi}} \leq x \leq \overline{x}$, von den mit Preisen bewerteten Faktorverbrauchsmengen abhängen, die sich auf Basis der zu wählenden effizienten Prozesskombination einstellen.

Im vorliegenden Entscheidungsproblem bestimmt sich die zweigeteilte Gesamtkostenfunktion $K(x)$ wie folgt:

Intervall 1:

Zur Bestimmung des kostengünstigeren Prozesses sind zunächst die prozessbezogenen Kostenfunktionen $K^{\pi}(x)$, $\pi = 1{,}2$, zu ermitteln. Für die gegebenen Faktorpreise $q_1 = 6$ und $q_2 = 8$ [€/ME] erhält man:

$$K^{\mathrm{I}}(x) = \sum_{i=1}^{2} q_i \cdot r_i^{\mathrm{I}}(x) = 6 \cdot \frac{1}{2} x + 8 \cdot \frac{5}{8} x = 8x,$$

$$K^{\mathrm{II}}(x) = \sum_{i=1}^{2} q_i \cdot r_i^{\mathrm{II}}(x) = 6 \cdot x + 8 \cdot \frac{1}{2} x = 10x.$$

Wegen

$$K^{\mathrm{I}}(x)\Big|_{x \geq 0} = 8x \leq 10x = K^{\mathrm{II}}(x)\Big|_{x \geq 0}$$

stellt Prozess I den kostengünstigeren Produktionsprozess dar. Entsprechend lautet die Gesamtkostenfunktion des ersten Intervalls, das die Ausbringungsmengen x, $0 \leq x \leq 6{,}4 = \overline{x}^{\mathrm{I}}$ enthält:

$$K(x)\big|_{0\leq x\leq 6,4} = K^{\mathrm{I}}(x) = 8\cdot x.$$

Die maximal anfallenden Kosten von Intervall I belaufen sich auf:

$$K(x)\big|_{x=6,4} = 6,4\cdot 8 = 51,2\,[€].$$

Intervall 2:

Während Ausbringungsmengen im Intervall $0 \leq x \leq 6,4$ mit dem kostengünstigeren Prozess I hergestellt werden, kann die Produktion von Outputniveaus im Bereich $\overline{x}^{\mathrm{I}} = 6,4 \leq x \leq 8 = \overline{x}^{\mathrm{II}}$ nur in Kombination mit dem teureren Prozess II erfolgen. Der Anteil der mit Prozess I produzierten Outputeinheiten an der Gesamtausbringung x, $\overline{x}^{\mathrm{I}} \leq x \leq \overline{x}^{\mathrm{II}}$, nimmt dabei stetig ab. Zur Herstellung der maximal möglichen Ausbringungsmenge $\overline{x} = \overline{x}^{\mathrm{II}} = 8$ wird schließlich nur noch der teurere Prozess II eingesetzt. Die so beschriebenen Prozesskombinationen liegen auf der in Abbildung. 5.5.2 eingezeichneten Strecke $\overline{AB}$. Bezeichne λ^{I} den mit Prozess I produzierten Anteil der Ausbringungsmenge x und $\lambda^{\mathrm{II}} = \left(1-\lambda^{\mathrm{I}}\right)$ den Anteil von Prozess II, so gilt in Punkt *A*: $\lambda^{\mathrm{I}} = 1$ bzw. $\lambda^{\mathrm{II}} = 0$. In Punkt *B* gilt entsprechend: $\lambda^{\mathrm{I}} = 0$ bzw. $\lambda^{\mathrm{II}} = 1$.

Für Ausbringungsmengen $6,4 \leq x \leq 8$ wandert man somit – graphisch gesehen – auf der Faktorrestriktion $\overline{r}_2 = 4$ von Punkt *A* $\left(\overline{x}^{\mathrm{I}} = 6,4\right)$ in Punkt *B* $\left(\overline{x}^{\mathrm{II}} = 8\right)$.

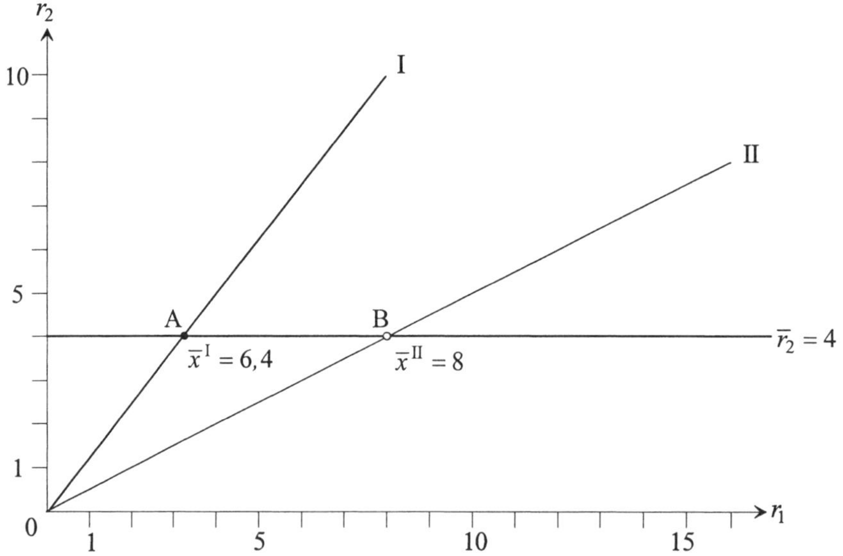

Abb. 5.5.2: Effiziente Prozesskombinationen bei partieller Variation von Faktor 1

Aufgrund der Produktionszusammenhänge gilt dabei für jeden Punkt auf der Geraden $\overline{AB}$:

$$x = x^{\mathrm{I}} + x^{\mathrm{II}} \text{ bzw. } x^{\mathrm{I}} = x - x^{\mathrm{II}}, \quad x \in \left[\frac{\overline{r}_2}{a_2^{\mathrm{I}}}; \frac{\overline{r}_2}{a_2^{\mathrm{II}}}\right] = [6{,}4;8], \qquad (1)$$

mit

$$K(x) = K\left(x^{\mathrm{I}}, x^{\mathrm{II}}\right) = 8x^{\mathrm{I}} + 10x^{\mathrm{II}} \qquad (2)$$

sowie

$$\overline{r}_2 = r_2^{\mathrm{I}} + r_2^{\mathrm{II}} = \frac{5}{8}x^{\mathrm{I}} + \frac{1}{2}x^{\mathrm{II}} = 4. \qquad (3)$$

Setzt man (1) in (3) ein, so erhält man:

$$\overline{r}_2 = \frac{5}{8}x^{\mathrm{I}} + \frac{1}{2}\cdot\left(x - x^{\mathrm{I}}\right) = 4 \Rightarrow x^{\mathrm{I}} = 32 - 4x. \qquad (4)$$

Hieraus resultiert für (1)

$$x^{\mathrm{II}} = x - x^{\mathrm{I}} = x - (32 - 4x) = 5x - 32. \qquad (5)$$

Ersetzt man nun in (2) x^{I} bzw. x^{II} durch die Ausdrücke (4) bzw. (5), so ergibt sich als Kostenfunktion $K(x)$ effizienter Prozesskombinationen für Ausbringungsmengen im Bereich $6{,}4 \leq x \leq 8$:

$$\begin{aligned} K(x)\big|_{6,4<x\leq 8} &= K\left(x^{\mathrm{I}}, x^{\mathrm{II}}\right)\big|_{6,4<x\leq 8} = 8x^{\mathrm{I}} + 10x^{\mathrm{II}} \\ &= 8\cdot(32 - 4x) + 10\cdot(5x - 32) \\ &= 256 - 32x + 50x - 320 \\ &= 18x - 64. \end{aligned}$$

Zusammenfassend erhält man als Gesamtkostenfunktion:

$$K(x) = \begin{cases} 8x & \text{für } 0 \leq x \leq 6{,}4, \\ 18x - 64 & \text{für } 6{,}4 < x \leq 8, \end{cases}$$

mit

$$\begin{aligned} K(x)\big|_{x=0} &= 0\,[€], \\ K(x)\big|_{x=6,4} &= 51{,}2\,[€], \\ K(x)\big|_{x=8} &= 80\,[€]. \end{aligned}$$

Ein alternativer Weg, den Teil der Gesamtkostenfunktion im zweiten Intervall herzuleiten, soll im Folgenden kurz aufgezeigt werden: Es bezeichne λ^{I} den mit Prozess I zu produzierenden Anteil der Ausbringungsmenge x und $\lambda^{\mathrm{II}} = \left(1-\lambda^{\mathrm{I}}\right)$ den von Prozess II, so lässt sich die Aufteilung der zur Verfügung stehenden Faktormengen in Abhängigkeit des Prozesseinsatzverhältnisses wie folgt formulieren:

$$\left[\lambda^{\mathrm{I}}\begin{pmatrix} a_1^{\mathrm{I}} \\ a_2^{\mathrm{I}} \end{pmatrix} + \left(1-\lambda^{\mathrm{I}}\right)\begin{pmatrix} a_1^{\mathrm{II}} \\ a_2^{\mathrm{II}} \end{pmatrix}\right] \cdot x \leq \begin{pmatrix} \overline{r}_1 \\ \overline{r}_2 \end{pmatrix}. \tag{6}$$

Da im vorliegenden Entscheidungsproblem lediglich Faktor 2 einer Mengenbeschränkung unterliegt, reduziert sich das System der mit λ^{I} bewerteten Faktorverbrauchsfunktionen zu

$$\left[\lambda^{\mathrm{I}} \cdot a_2^{\mathrm{I}} + \left(1-\lambda^{\mathrm{I}}\right) \cdot a_2^{\mathrm{II}}\right] \cdot x = \overline{r}_2. \tag{7}$$

Setzt man die in der Aufgabenstellung angegebenen Größen in (7) ein, ergibt sich als konkrete Verbrauchsvorschrift des kombinierten Prozesseinsatzes für Faktor 2:

$$\left[\lambda^{\mathrm{I}} \cdot \frac{5}{8} + \left(1-\lambda^{\mathrm{I}}\right) \cdot \frac{1}{2}\right] \cdot x = 4, \tag{8}$$

woraus für die Prozesseinsatzverhältnisse folgt:

$$\lambda^{\mathrm{I}} = \frac{32}{x} - 4 \text{ bzw. } \left(1-\lambda^{\mathrm{I}}\right) = 5 - \frac{32}{x}. \qquad \text{(9) bzw. (10)}$$

Den Teil der Gesamtkostenfunktion für den durch Prozesskombinationen charakterisierten Produktionsbereich erhält man durch die Gewichtung der prozessbezogenen Kostenfunktionen $K^{\pi}\left(x^{\pi}\right)$, $\pi = \mathrm{I,II}$, mittels der in (9) und (10) hergeleiteten Prozesseinsatzverhältnisse. Es gilt:

$$\begin{aligned} K(x)\big|_{6,4<x\leq 8} = K^{\mathrm{I}}(x) + K^{\mathrm{II}}(x) &= \lambda^{\mathrm{I}} \cdot K^{\mathrm{I}}\left(x^{\mathrm{I}}\right) + \left(1-\lambda^{\mathrm{I}}\right) \cdot K^{\mathrm{II}}\left(x^{\mathrm{II}}\right) \\ &= \left(\frac{32}{x} - 4\right) \cdot 8x + \left(5 - \frac{32}{x}\right) \cdot 10x \\ &= 256 - 32x + 50x - 320 \\ &= 18x - 64. \end{aligned}$$

Zusammenfassend ergibt sich wiederum:

$$K(x) = \begin{cases} 8x & \text{für } 0 \leq x \leq 6{,}4, \\ 18x - 64 & \text{für } 6{,}4 < x \leq 8. \end{cases}$$

Aufgabe 5.6 Kostenminimale Produktionsaufteilung bei Prozesskombination (III)

Ein Unternehmen fertigt auf der Grundlage einer LEONTIEF-Produktionsfunktion ein Endprodukt mit Hilfe zweier Faktoren 1 und 2 und den Faktoreinsatzmengen r_1 und r_2. Zur Produktion stehen dem Unternehmen die beiden Prozesse I und II zur Verfügung. Die Produktionskoeffizienten a_i^{π} der Faktoren i, $i = 1{,}2$, bei Verwendung von Prozess π, $\pi \in \{\text{I,II}\}$ lauten:

Prozess I: $a_1^{\text{I}} = \frac{11}{2}$, $a_2^{\text{I}} = \frac{5}{2}$,

Prozess II: $a_1^{\text{II}} = 4$, $a_2^{\text{II}} = \alpha$.

Die Faktoreinsätze sowie die Produktionseinheiten sind beliebig teilbar.

a) Formulieren Sie die Faktoreinsatzfunktionen der beiden Inputgüter in Abhängigkeit des verwendeten Produktionsverfahrens und untersuchen Sie die Prozesse I und II auf Effizienz, wenn die beiden Verfahren nicht kombinierbar sind und der Faktorverbrauch des zweiten Inputs bei der Produktion einer Outputeinheit mittels Prozess II zwischen einem und vier Faktoreinheiten schwanken kann, d.h. wenn für α gilt: $1 \leq \alpha \leq 4$.

b) Stellen Sie die Prozessstrahlen der beiden Produktionsprozesse für Ausbringungsniveaus im Bereich $0 \leq x \leq 16$ graphisch in einem $(r_1;r_2)$-Faktordiagramm dar, wenn gilt: $\alpha = 4$ bzw. $a_2^{\text{II}} = 4$.

c) Bestimmen Sie die Gesamtkostenfunktion $K(x)$ für $x \geq 0$, wenn die beiden Prozesse nicht kombinierbar sind, $\alpha = 4$ ist und für die Faktorpreise gilt: $q_1 = 8$ und $q_2 = 3$ [€/ME].

d) Die Prozesse I und II seien nun kombinierbar. Hinsichtlich α und der Faktorpreise gelten die Annahmen aus c). Bestimmen Sie für Ausbringungsmengen $x \geq 0$ die Gesamtkostenfunktion $K(x)$, wenn von Faktor 2 maximal $\bar{r}_2 = 40$ Mengeneinheiten bei der Produktion eingesetzt werden können.

Lösung zu Aufgabe 5.6

zu a)

Für den Ein-Produkt-Fall lassen sich die Faktoreinsatzfunktionen gemäß der allgemeinen Funktionsvorschrift $r_i^\pi = a_i^\pi \cdot x,\ \ i = 1{,}2,\ \ \pi = \mathrm{I{,}II}$, wie folgt formulieren:

$$r_1^{\mathrm{I}} = \frac{11}{2} \cdot x \text{ und } r_2^{\mathrm{I}} = \frac{5}{2} \cdot x \text{ für Prozess I,}$$

bzw.

$$r_1^{\mathrm{II}} = 4 \cdot x \text{ und } r_2^{\mathrm{II}} = \alpha \cdot x \text{ für Prozess II.}$$

Der Vergleich der prozessbezogenen Produktionskoeffizienten a_1^π von Faktor 1 zeigt, dass wegen

$$a_1^{\mathrm{I}} = \frac{11}{2} > 4 = a_1^{\mathrm{II}}$$

bei einer Produktion mit Verfahren I vergleichsweise mehr Einsatzmengen von Faktor 1 verbraucht werden als in Prozess II. Im Sinne der Wirtschaftlichkeitsprinzipien würde der Prozess II den Prozess I dominieren, wiese eine Produktion mit Verfahren II geringere oder identische Faktorverbräuche von Faktor 2 auf im Vergleich zur Herstellung des gleichen Outputniveaus mit Prozess I. Dies wäre für

$$a_2^{\mathrm{II}} = \alpha \leq \frac{5}{2} = a_2^{\mathrm{I}}$$

der Fall.

In Abhängigkeit vom Verbrauch des zweiten Faktors in Prozess II ergeben sich somit die folgenden Effizienzbereiche bzw. Dominanzbeziehungen:

$$\text{Für } \alpha \in \begin{cases} \left[1;\frac{5}{2}\right] & \text{ist nur Prozess II effizient,} \\ \left(\frac{5}{2};4\right] & \text{sind beide Prozesse effizient.} \end{cases}$$

zu b)

Aufgrund der Linearlimitationalität handelt es sich bei den Prozessstrahlen der beiden Prozesse I und II um Ursprungsgeraden, die für $a_2^{\mathrm{II}} = \alpha = 4$ die folgenden Steigungen aufweisen:

$$m^{\mathrm{I}} = \frac{a_2^{\mathrm{I}}}{a_1^{\mathrm{I}}} = \frac{\frac{5}{2}}{\frac{11}{2}} = \frac{5}{11} = \text{const.}$$

und

$$m^{\mathrm{II}} = \frac{a_2^{\mathrm{II}}}{a_1^{\mathrm{II}}} = \frac{4}{4} = 1 = \text{const.}$$

Wegen $a_2^{\mathrm{II}} = \alpha = 4 \geq \frac{5}{2} = a_2^{\mathrm{I}}$ sind beide Prozesse – gemäß den Überlegungen aus Aufgabenteil a) – effizient.

Die mit einem Ausbringungsniveau von $\overline{x} = 16$ verbundenen Faktoreinsatzmengen r_i^{π}, $i = 1{,}2$, $\pi \in \{\mathrm{I},\mathrm{II}\}$, belaufen sich für Prozess I auf

$$r_1^{\mathrm{I}}(x)\Big|_{\overline{x}=16} = \frac{11}{2} \cdot 16 = 88\,[\text{ME}]$$

und

$$r_2^{\mathrm{I}}(x)\Big|_{\overline{x}=16} = \frac{5}{2} \cdot 16 = 40\,[\text{ME}]$$

bzw. betragen für Prozess II

$$r_1^{\mathrm{II}}(x)\Big|_{\overline{x}=16} = r_2^{\mathrm{II}}(x)\Big|_{\overline{x}=16} = 4 \cdot 16 = 64\,[\text{ME}].$$

Die zugehörigen Prozessstrahlen sind in Abbildung 5.6.1 zusammen mit den Isoquanten für $\overline{x} = 16$ graphisch veranschaulicht. Man erkennt, dass im Falle der Nichtkombinierbarkeit der beiden Produktionsprozesse nur solche Faktormengenkombinationen effizient sein können, die auf den Prozessstrahlen liegen.

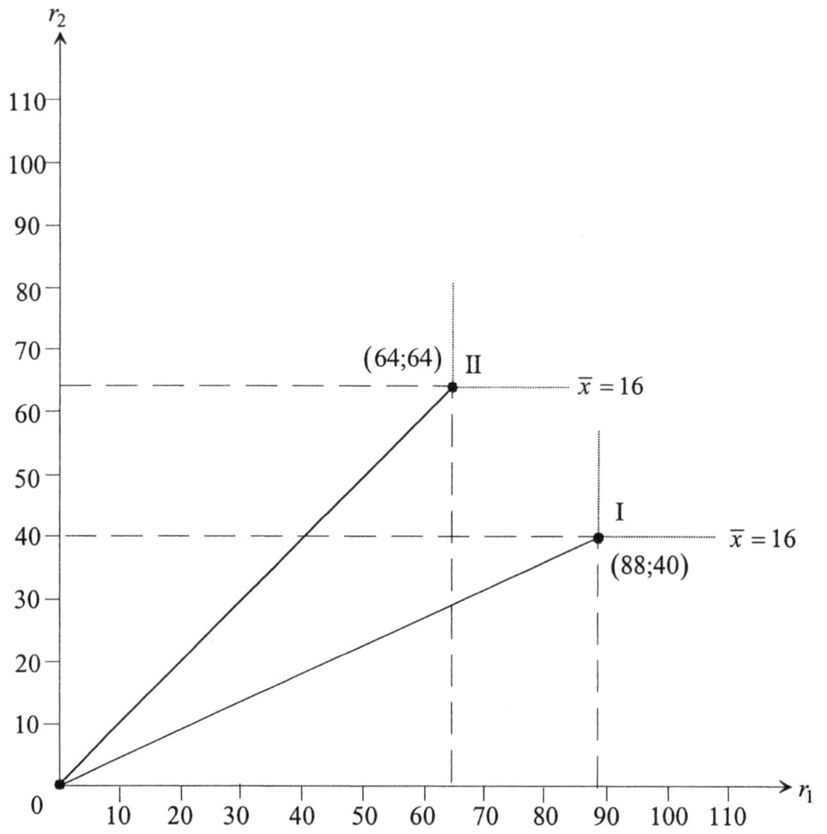

Abb. 5.6.1: Prozessstrahlen für $0 \le x \le 16$

zu c)

Unter der Annahme der Nichtkombinierbarkeit der Prozesse I und II ist es für die Unternehmung kostenoptimal, Produktmengen $x \ge 0$ ausschließlich mit dem kostengünstigeren Prozess zu produzieren. Da man als prozessbezogene Kostenfunktionen $K^{\pi}(x)$, $\pi = \text{I,II}$,

$$K^{\text{I}}(x) = 8 \cdot r_1^{\text{I}} + 3 \cdot r_2^{\text{I}} = 8 \cdot \frac{11}{2} \cdot x + 3 \cdot \frac{5}{2} \cdot x = \frac{103}{2} \cdot x = 51{,}5 \cdot x,$$

$$K^{\text{II}}(x) = 8 \cdot r_1^{\text{II}} + 3 \cdot r_2^{\text{II}} = 32 \cdot x + 12 \cdot x = 44 \cdot x$$

erhält, ergibt sich wegen

$K^{\mathrm{I}}(x) \geq K^{\mathrm{II}}(x)$ für alle $x \geq 0$ bzw. $K^{\mathrm{I}}(x) > K^{\mathrm{II}}(x)$ für alle $x > 0$

als gesuchte Kostenfunktion für Ausbringungsmengen $x \geq 0$:

$$K(x) = K^{\mathrm{II}}(x) = 44 \cdot x.$$

Solange keine Faktorrestriktionen $\overline{r}_i$, $i = 1{,}2$, im Entscheidungsproblem berücksichtigt werden müssen, die die Maximalproduktion von Prozess II restriktiver tangieren als die des ersten Prozesses, d.h. $\overline{x}^{\mathrm{I}} > \overline{x}^{\mathrm{II}}$ wäre, gilt die kostenmäßige Vorteilhaftigkeit von Prozess II gegenüber Prozess I auch unter der Annahme einer Kombinierbarkeit der Produktionsverfahren.

zu d)

Aufgrund der nun zu berücksichtigenden Mengenbeschränkung von Faktor 2 ($\overline{r}_2 = 40$) belaufen sich die prozessindividuellen Maximalproduktionen auf:

$$\overline{x}^{\mathrm{I}}\Big|_{\overline{r}_2=40} = min\left\{\frac{r_1}{a_1^{\mathrm{I}}};\frac{\overline{r}_2}{a_2^{\mathrm{I}}}\right\} = min\left\{\infty;\frac{2\cdot 40}{5}\right\} = 16\,[\mathrm{ME}]$$

und

$$\overline{x}^{\mathrm{II}}\Big|_{\overline{r}_2=40} = min\left\{\frac{r_1}{a_1^{\mathrm{II}}};\frac{\overline{r}_2}{a_2^{\mathrm{II}}}\right\} = min\left\{\infty;\frac{40}{4}\right\} = 10\,[\mathrm{ME}].$$

Unter Ausschöpfung aller zur Verfügung stehender Mengeneinheiten von Faktor 2 sind für die Unternehmung somit maximal

$$\overline{x} = max\left\{\overline{x}^{\mathrm{I}};\overline{x}^{\mathrm{II}}\right\} = max\{16;10\} = 16\,[\mathrm{ME}]$$

des Outputs produzierbar.

Die Kostenfunktionen der einzelnen Prozesse entsprechen angesichts unveränderter Faktorpreise den bereits in c) ermittelten Kostengleichungen:

$$K^{\mathrm{I}}\left(x^{\mathrm{I}}\right) = 51{,}5 \cdot x^{\mathrm{I}}\ [€] \text{ sowie } K^{\mathrm{II}}\left(x^{\mathrm{II}}\right) = 44 \cdot x^{\mathrm{II}}\ [€].$$

Man erkennt, dass Prozess II kostenminimal ist, mit ihm aber maximal nur $\overline{x}^{\mathrm{II}} = 10$ Mengeneinheiten Output hergestellt werden können. Für Produktmengen $10 < x \leq 16$ muss also sukzessive Prozess I hinzugenommen werden.

Zunächst wird mit dem kostengünstigsten Prozess bis zu dessen maximaler Ausbringungsmenge produziert. Die Gesamtkostenfunktion lautet im Intervall $[0;10]$:

$$K(x)\big|_{0\le x\le 10} = K^{\mathrm{II}}(x) = 44\cdot x.$$

Demnach fallen maximal Kosten in Höhe von

$$K(x)\big|_{x=10} = 10\cdot 44 = 440\,[€]$$

an. Wegen

$$K(16) = K^{\mathrm{I}}(16) = \frac{103}{2}\cdot 16 = 824\,[€],$$

liegt der weitere Verlauf der linearen Kostenfunktion zwischen den Punkten

$$\left(\bar{x}^{\mathrm{II}}, K^{\mathrm{II}}\left(x^{\mathrm{II}}\right)\right) = (10, 440) \text{ und } \left(\bar{x}^{\mathrm{I}}, K^{\mathrm{I}}\left(x^{\mathrm{I}}\right)\right) = (16, 824)$$

und besitzt die Steigung

$$m = \frac{K(16)-K(10)}{16-10} = \frac{824-440}{6} = 64.$$

Aus der Punkt-Steigungs-Gleichung ergibt sich die Gerade

$$K(x) = 64x + b,$$

mit

$$K\left(\bar{x}^{\mathrm{II}}\right) = 824 = 64\cdot 16 + b \quad\Rightarrow\quad b = -200.$$

Man erhält:

$$K(x) = 64x - 200,\ \ 10 < x \le 16,$$

weshalb die Gesamtkostenfunktion lautet:

$$K(x) = \begin{cases} 44x & \text{für } 0 \le x \le 10, \\ 64x - 200 & \text{für } 10 < x \le 16. \end{cases}$$

Aufgabe 5.7 Gesamtkostenfunktion bei kombinierbaren Prozessen

Ein Unternehmen fertige ein Produkt mit Hilfe zweier Faktoren 1 und 2 (und den Faktoreinsatzmengen r_1 und r_2) auf der Grundlage einer linearlimitationalen LEONTIEF-Produktionsfunktion mit zwei Prozessen I und II. Für die Inputfunktionen der beiden Prozesse gelte:

Prozess I: $r_1^{\mathrm{I}} = \frac{1}{2}x,\quad r_2^{\mathrm{I}} = \frac{3}{4}x,$

Prozess II: $r_1^{\mathrm{II}} = x,\quad r_2^{\mathrm{II}} = \frac{1}{2}x.$

Die Faktoreinsätze sowie die Produktionseinheiten seien beliebig teilbar.

a) Stellen Sie die Prozessstrahlen der beiden Produktionsprozesse im Bereich $0 \leq x \leq 12$ graphisch in einem $(r_1;r_2)$-Diagramm dar. Sind beide Prozesse effizient?

b) Bestimmen Sie die Gesamtkostenfunktion, wenn die beiden Prozesse nicht kombinierbar sind und für die Faktorpreise gilt: $q_1 = 6$ und $q_2 = 4$ $[€/\mathrm{ME}]$.

c) Die Prozesse I und II seien nun kombinierbar. Die Einsatzmenge von Faktor 2 sei mit $\overline{r}_2 = 6$ Einheiten fest vorgegeben. Faktor 1 werde partiell angepasst. Zeichnen Sie in ein $(r_1;r_2)$-Diagramm die effizienten Produktionen bei partieller Variation des Faktors 1 ein.

d) Bestimmen Sie nun für den Fall aus Aufgabenteil c) die entsprechende Gesamtkostenfunktion bei eingeschränkter Kostenminimierung, d.h. bei partieller Variation des ersten Faktors, wenn für die Faktorpreise gilt: $q_1 = 4$ und $q_2 = 5$ $[€/\mathrm{ME}]$.

e) Nehmen Sie an, es gäbe einen weiteren limitationalen Produktionsprozess III mit den Faktoreinsatzfunktionen:

$$r_1^{\mathrm{III}} = \frac{1}{12}x^2,$$

$$r_2^{\mathrm{III}} = \frac{1}{24}x^2.$$

Weiterhin seien alle drei Prozesse kombinierbar. Wie sollte man die Ausbringungsmenge $\overline{x} = 12$ auf die drei Prozesse verteilen, wenn für die Faktorpreise gilt: $q_1 = q_2 = 6$ $[€/ME]$. Wie hoch sind die minimalen Gesamtkosten?

Lösung zu Aufgabe 5.7

zu a)

Aufgrund der Linearlimitationalität der beiden Prozesse I und II sind die Prozessstrahlen Halbgeraden durch den Ursprung mit den Steigungen

$$m^{\mathrm{I}} = \frac{r_2^{\mathrm{I}}}{r_1^{\mathrm{I}}} = \frac{\frac{3}{4}x}{\frac{1}{2}x} = \frac{3}{2} = \text{const.}$$

und

$$m^{\mathrm{II}} = \frac{r_2^{\mathrm{II}}}{r_1^{\mathrm{II}}} = \frac{\frac{1}{2}x}{x} = \frac{1}{2} = \text{const.}$$

Zweckmäßigerweise berechnet man für die graphische Darstellung der Prozessstrahlen die zum Ausbringungsniveau $x = 12$ gehörenden Faktoreinsatzmengen

$$r_1^{\mathrm{I}}(x = 12) = \frac{1}{2} \cdot 12 = 6,$$

$$r_2^{\mathrm{I}}(x = 12) = \frac{3}{4} \cdot 12 = 9,$$

$$r_1^{\mathrm{II}}(x = 12) = 1 \cdot 12 = 12,$$

$$r_2^{\mathrm{II}}(x = 12) = \frac{1}{2} \cdot 12 = 6,$$

mit deren Hilfe sich dann leicht die Prozessstrahlen für $0 \le x \le 12$ in ein $(r_1;r_2)$-Diagramm einzeichnen lassen (siehe Abbildung 5.7.1):

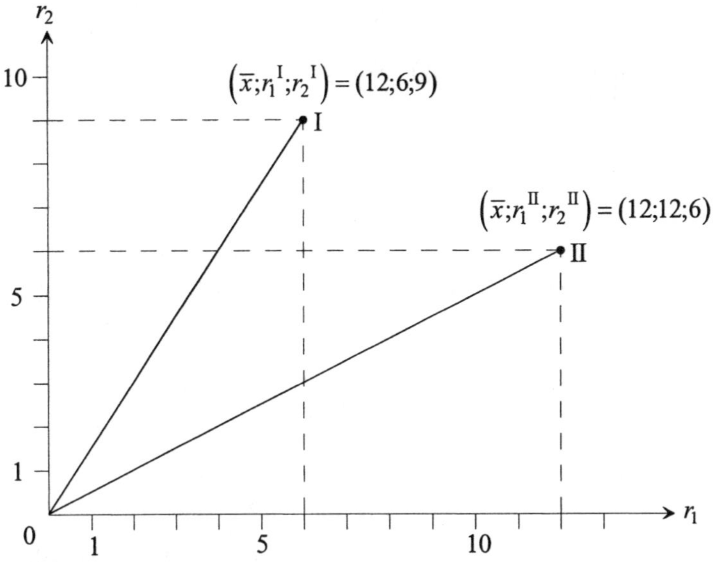

Abb. 5.7.1: Prozessstrahlen für $0 \le x \le 12$

Wegen

$$r_1^{\mathrm{I}} < r_1^{\mathrm{II}}$$

und

$$r_2^{\mathrm{I}} > r_2^{\mathrm{II}}$$

für $x > 0$ sind beide Prozesse effizient.

zu b)

Da die beiden Prozesse nicht kombinierbar sind, gilt für die Gesamtkostenfunktion

$$K(x) = \min_{\pi \in \{\mathrm{I},\mathrm{II}\}} K^{\pi}(x),$$

mit

$$K^{\mathrm{I}}(x) = \sum_{i=1}^{2} q_i \cdot r_i^{\mathrm{I}}(x) = 6 \cdot \frac{1}{2}x + 4 \cdot \frac{3}{4}x = 6x,$$

$$K^{\mathrm{II}}(x) = \sum_{i=1}^{2} q_i \cdot r_i^{\mathrm{II}}(x) = 6 \cdot x + 4 \cdot \frac{1}{2}x = 8x.$$

Hieraus resultiert die Gesamtkostenfunktion

$$K(x) = \min_{\pi \in \{\mathrm{I,II}\}} K^{\pi}(x) = K^{\mathrm{I}}(x) = 6x.$$

zu c)

Ist die Faktoreinsatzmenge des zweiten Faktors mit $\overline{r}_2 = 6$ fest vorgegeben, dann lassen sich effiziente Produktionen nur durch geeignete Prozesskombinationen in Verbindung mit einer partiellen Anpassung des Einsatzes von Faktor 1 erreichen.

Setzt man allein Prozess I ein, dann kann lediglich die Ausbringungsmenge

$$x = \frac{\overline{r}_2}{\frac{3}{4}} = \frac{6}{\frac{3}{4}} = 8$$

effizient produziert werden, indem man neben $\overline{r}_2 = 6$ Mengeneinheiten des Faktors 2 zugleich

$$r_1^{\mathrm{I}} = \frac{1}{2} \cdot x = \frac{1}{2} \cdot 8 = 4$$

Mengeneinheiten des ersten Faktors einsetzt. Entsprechend würde man bei alleiniger Verwendung von Prozess II nur die Ausbringung

$$x = \frac{\overline{r}_2}{\frac{1}{2}} = \frac{6}{\frac{1}{2}} = 12$$

effizient produzieren und hierbei zusätzlich zu $\overline{r}_2 = 6$ Mengeneinheiten von Faktor 2 $r_1^{\mathrm{II}} = x = 12$ Mengeneinheiten des ersten Faktors einsetzen. Ausbringungen x, $8 < x < 12$, können nur durch geeignete Kombinationen der beiden Prozesse erreicht werden. Diese effizienten Prozesskombinationen liegen auf der in Abbildung 5.7.2 eingezeichneten Strecke $\overline{AB}$.

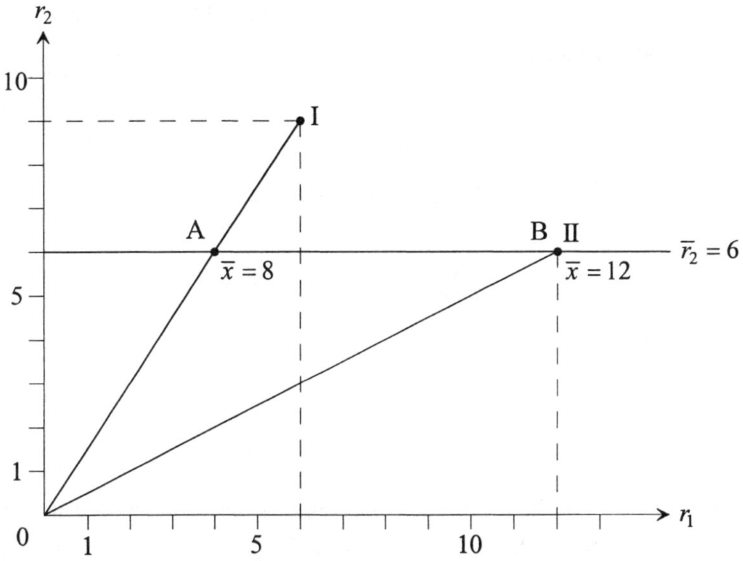

Abb. 5.7.2: Effiziente Prozesskombination bei partieller Variation von Faktor 1

zu d)

Aufgrund der Produktionszusammenhänge gilt:

$$x \in \left[\frac{\overline{r}_2}{a_2^{\mathrm{I}}};\frac{\overline{r}_2}{a_2^{\mathrm{II}}}\right] = [8;12], \tag{1}$$

$$x = x^{\mathrm{I}} + x^{\mathrm{II}} \text{ bzw. } x^{\mathrm{I}} = x - x^{\mathrm{II}}, \tag{2}$$

$$r_1 = r_1^{\mathrm{I}} + r_1^{\mathrm{II}} = \frac{1}{2}x^{\mathrm{I}} + x^{\mathrm{II}}, \tag{3}$$

$$\overline{r}_2 = r_2^{\mathrm{I}} + r_2^{\mathrm{II}} = \frac{3}{4}x^{\mathrm{I}} + \frac{1}{2}x^{\mathrm{II}} = 6. \tag{4}$$

Setzt man (2) in (3) und (4) ein, so erhält man die Inputfunktionen in der Form $r_i = f\left(x, x^{\mathrm{II}}\right)$:

$$r_1 = \frac{1}{2}\left(x - x^{\mathrm{II}}\right) + x^{\mathrm{II}} = \frac{1}{2}x + \frac{1}{2}x^{\mathrm{II}}, \tag{5}$$

$$\overline{r}_2 = 6 = \frac{3}{4}\left(x - x^{\mathrm{II}}\right) + \frac{1}{2}x^{\mathrm{II}} = \frac{3}{4}x - \frac{1}{4}x^{\mathrm{II}} \text{ bzw. } x^{\mathrm{II}} = 3x - 24. \tag{6}$$

Einsetzen von (6) in (5) liefert die lineare Inputfunktion des Faktors 1 bei gegebenem Faktoreinsatz $\overline{r}_2$:

$$r_1 = \frac{1}{2}x + \frac{1}{2}(3x - 24) = 2x - 12. \tag{7}$$

Die gesuchte Gesamtkostenfunktion ergibt sich nun durch Einsetzen von (7) in die allgemeine Kostengleichung:

$$K(x) = q_1 \cdot r_1(x) + q_2 \cdot \overline{r}_2 = 4 \cdot (2x - 12) + 5 \cdot 6 = 8x - 18,$$

wobei $x \in [8,12]$.

zu e)

Zunächst ermittelt man für jeden einzelnen Prozess die jeweilige Kostenfunktion bei isoliertem Einsatz nur dieses Prozesses:

$$K^{\mathrm{I}}(x) = \sum_{i=1}^{2} q_i \cdot r_i^{\mathrm{I}}(x) = 6 \cdot \frac{1}{2} \cdot x + 6 \cdot \frac{3}{4} \cdot x = \frac{15}{2}x,$$

$$K^{\mathrm{II}}(x) = \sum_{i=1}^{2} q_i \cdot r_i^{\mathrm{II}}(x) = 6 \cdot x + 6 \cdot \frac{1}{2} \cdot x = 9x,$$

$$K^{\mathrm{III}}(x) = \sum_{i=1}^{2} q_i \cdot r_i^{\mathrm{III}}(x) = 6 \cdot \frac{1}{12} \cdot x^2 + 6 \cdot \frac{1}{24} \cdot x^2 = \frac{3}{4}x^2.$$

Man sieht sofort, dass die Kosten von Prozess I für beliebige Ausbringungsniveaus diejenigen von Prozess II unterschreiten, so dass Prozess II stets von Prozess I kostenmäßig dominiert wird. Infolgedessen wird man für die Produktion der Ausbringungsmenge $x = 12$ auf den Einsatz von Prozess II verzichten.

Somit verbleiben als Alternativen noch der alleinige Einsatz von Prozess I oder von Prozess III oder aber die Kombination der beiden Prozesse I und III. Alle drei Alternativen lassen sich mit Hilfe der Kostenfunktion

$$\begin{aligned} K\left(x^{\mathrm{I}};x^{\mathrm{III}}\right) &= K^{\mathrm{I}}\left(x^{\mathrm{I}}\right) + K^{\mathrm{III}}\left(x^{\mathrm{III}}\right) \\ &= \frac{15}{2}x^{\mathrm{I}} + \frac{3}{4}\left(x^{\mathrm{III}}\right)^2 \end{aligned} \tag{8}$$

abbilden, wenn die Produktionsmenge x^{I} und x^{III} so gewählt werden, dass gilt:

$$\overline{x} = x^{\mathrm{I}} + x^{\mathrm{III}} = 12 \text{ bzw. } x^{\mathrm{I}} = \overline{x} - x^{\mathrm{III}} = 12 - x^{\mathrm{III}}. \tag{9}$$

Einsetzen von (9) in (8) liefert dann:

$$\begin{aligned} K\left(x^{\mathrm{III}} \middle| \bar{x}=12\right) &= \frac{15}{2}\cdot\left(12-x^{\mathrm{III}}\right)+\frac{3}{4}\left(x^{\mathrm{III}}\right)^2 \\ &= 90-\frac{15}{2}x^{\mathrm{III}}+\frac{3}{4}\left(x^{\mathrm{III}}\right)^2. \end{aligned} \tag{10}$$

Nullsetzen der ersten Ableitung von (10) nach x^{III} ergibt die Bedingung erster Ordnung für ein Kostenminimum:

$$\begin{aligned} \left[K\left(x^{\mathrm{III}} \middle| \bar{x}=12\right)\right]' &= -\frac{15}{2}+\frac{3}{2}x^{\mathrm{III}} \overset{!}{=} 0 \\ \Rightarrow \qquad x^{\mathrm{III}} &= 5, \\ x^{\mathrm{I}} &= 12-5=7. \end{aligned}$$

Wegen

$$\left[K\left(x^{\mathrm{III}} \middle| \bar{x}=12\right)\right]'' = \frac{3}{2} > 0$$

ist auch die Bedingung zweiter Ordnung für ein Kostenminimum erfüllt. Demnach ist die Gesamtausbringung von $\bar{x}=12$ so auf die Prozesse I und III aufzuteilen, dass mit Prozess I $x^{\mathrm{I}}=7$ Mengeneinheiten und mit Prozess III $x^{\mathrm{III}}=5$ Mengeneinheiten des Endproduktes hergestellt werden. Hierbei fallen Gesamtkosten in Höhe von

$$\begin{aligned} K(\bar{x}=12) &= K^{\mathrm{I}}\left(x^{\mathrm{I}}=7\right)+K^{\mathrm{III}}\left(x^{\mathrm{III}}=5\right) \\ &= \frac{15}{2}\cdot 7+\frac{3}{4}\cdot 5^2 \\ &= \frac{285}{4} \\ &= 71\tfrac{1}{4}\,[€] \end{aligned}$$

an.

Sind – wie in dem hier vorliegenden Fall – keine Fixkosten zu berücksichtigen und der Kostenverlauf zudem (schwach) konvex (für den Fall konkaver Kostenfunktionen siehe z.B. Aufgabe 4.13), dann ließe sich die Lösung alternativ auch mit Hilfe von Grenzkostenüberlegungen herleiten, denn aufgrund der quadratischen Kostenfunktion von Prozess III weist dieser Prozess zunehmende Grenzkosten auf, während die Grenzkosten von Prozess I wegen der Proportionalität der

Kostenfunktion konstant sind. Entsprechend würde man, ausgehend vom Ausbringungsniveau $x = 0$, für jede zusätzliche Produktionseinheit überlegen, mit welchem Prozess diese Einheit produziert werden sollte: nämlich mit dem Prozess, der die geringeren zusätzlichen Kosten (= Grenzkosten) für die Produktion dieser zusätzlichen Ausbringungsmengeneinheit verursacht. Dieser Prozess würde so lange für die Produktion weiterer Mengeneinheiten eingesetzt, wie dessen Grenzkosten die Grenzkosten des anderen Prozesses nicht überschreiten. Hier ist die kritische Ausbringungsmenge $\hat{x}$ dann erreicht, wenn die Prozesse I und III die gleichen Grenzkosten aufweisen, also gilt:

$$\left[K^{\mathrm{I}}(\hat{x})\right]' = \left[K^{\mathrm{III}}(\hat{x})\right]'$$

$$\Leftrightarrow \quad \frac{15}{2} = \frac{3}{2}\hat{x}$$

$$\Leftrightarrow \quad 5 = \hat{x}.$$

Unterhalb eines Ausbringungsniveaus von $\hat{x} = 5$ ist es rational, mit Prozess III zu produzieren, danach wäre die Produktion weiterer Ausbringungsmengeneinheiten mit Prozess I kostengünstiger. Im Ergebnis würde man also die Gesamtausbringungsmenge von $\overline{x} = 12$ Mengeneinheiten so auf die beiden Prozesse I und III aufteilen, dass $x^{\mathrm{III}} = 5$ Mengeneinheiten des Endproduktes mit Prozess III und $x^{\mathrm{I}} = 7$ Mengeneinheiten mit Prozess I hergestellt werden.

Aufgabe 5.8 Gesamtkostenfunktion bei kombinierbaren LEONTIEF-Prozessen und mehreren Faktorrestriktionen

Einem Unternehmen seien die folgenden drei kombinierbaren Produktionsprozesse bekannt, die auf Basis der Faktoreinsatzfunktionen dargestellt sind:

Prozess I: $r_1^{\mathrm{I}} = 2x, \quad r_2^{\mathrm{I}} = \frac{1}{2}x, \quad r_3^{\mathrm{I}} = \frac{4}{5}x,$

Prozess II: $r_1^{\mathrm{II}} = 1x, \quad r_2^{\mathrm{II}} = \frac{5}{4}x, \quad r_3^{\mathrm{II}} = 1x,$

Prozess III: $r_1^{\mathrm{III}} = \frac{5}{4}x, \quad r_2^{\mathrm{III}} = \frac{5}{3}x, \quad r_3^{\mathrm{III}} = \frac{5}{4}x.$

Von Faktor 1 und Faktor 2 stehen jeweils nur $\overline{r}_1 = \overline{r}_2 = 100$ Mengeneinheiten zur Verfügung.

a) Bestimmen Sie die jeweils mit einem einzelnen Produktionsprozess π, $\pi = \mathrm{I,II,III}$, maximal herstellbare Endproduktmenge $\overline{x}^{\pi}$.

b) Stellen Sie für alle drei Faktoren i, $i = 1,2,3$, unter Berücksichtigung der Faktorrestriktionen die Produktfunktionen $x^{\pi}\left(r_i^{\pi}\right)$ in jeweils einem $(r_i;x)$-Diagramm dar.

c) Beurteilen Sie mit Hilfe der Diagramme aus Aufgabenteil b), welche Prozesse effizient bzw. ineffizient sind.

d) Ermitteln Sie nun in Abhängigkeit von der Ausbringungsmenge x die Gesamtkostenfunktion $K(x)$ des Unternehmens, wenn für die Faktorpreise gilt: $q_1 = 1, \; q_2 = 3, \; q_3 = 2 \; [€/\mathrm{ME}]$.

Lösung zu Aufgabe 5.8

zu a)

Die maximal durch Prozess π, $\pi = \mathrm{I,II,III}$, herstellbare Endproduktmenge $\bar{x}^{\pi}$ ergibt sich aufgrund der Faktorrestriktionen aus:

$$\bar{x}^{\pi} = min\left\{\frac{\bar{r}_1}{a_1^{\pi}};\frac{\bar{r}_2}{a_2^{\pi}}\right\}.$$

Einsetzen liefert:

$$\bar{x}^{\mathrm{I}} = min\left\{\frac{100}{2};\frac{100}{\frac{1}{2}}\right\} = min\{50;200\}=50,$$

$$\bar{x}^{\mathrm{II}} = min\left\{\frac{100}{1};\frac{100}{\frac{5}{4}}\right\} = min\{100;80\} = 80,$$

$$\bar{x}^{\mathrm{III}} = min\left\{\frac{100}{\frac{5}{4}};\frac{100}{\frac{5}{3}}\right\} = min\{80;60\} = 60.$$

zu b)

Die Bestimmungsgleichungen der Produktfunktionen $x^{\pi}\left(r_i^{\pi}\right)$ ergeben sich unmittelbar als Umkehrungen der Faktoreinsatzfunktionen:

$$x^{\mathrm{I}}\left(r_1^{\mathrm{I}}\right)=\frac{1}{2}r_1^{\mathrm{I}};\qquad x^{\mathrm{I}}\left(r_2^{\mathrm{I}}\right)=2r_2^{\mathrm{I}};\qquad x^{\mathrm{I}}\left(r_3^{\mathrm{I}}\right)=\frac{5}{4}r_3^{\mathrm{I}};$$

$$x^{\mathrm{II}}\left(r_1^{\mathrm{II}}\right)=r_1^{\mathrm{II}};\qquad x^{\mathrm{II}}\left(r_2^{\mathrm{II}}\right)=\frac{4}{5}r_2^{\mathrm{II}};\qquad x^{\mathrm{II}}\left(r_3^{\mathrm{II}}\right)=r_3^{\mathrm{II}};$$

$$x^{\mathrm{III}}\left(r_1^{\mathrm{III}}\right)=\frac{4}{5}r_1^{\mathrm{III}};\qquad x^{\mathrm{III}}\left(r_2^{\mathrm{III}}\right)=\frac{3}{5}r_2^{\mathrm{III}};\qquad x^{\mathrm{III}}\left(r_3^{\mathrm{III}}\right)=\frac{4}{5}r_3^{\mathrm{III}}.$$

Die bei Berücksichtigung der Faktorrestriktionen resultierenden Produktfunktionen sind in den Abbildungen 5.8.1 bis 5.8.3 veranschaulicht.

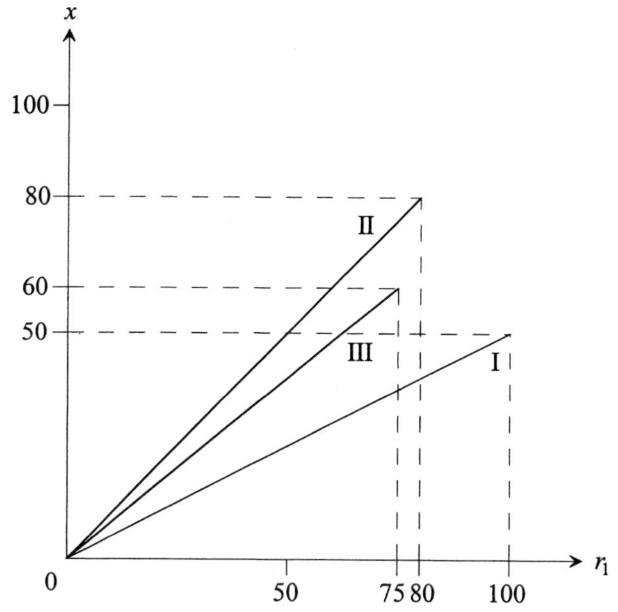

Abb. 5.8.1: Produktfunktionen in Abhängigkeit der Faktoreinsatzmenge r_1

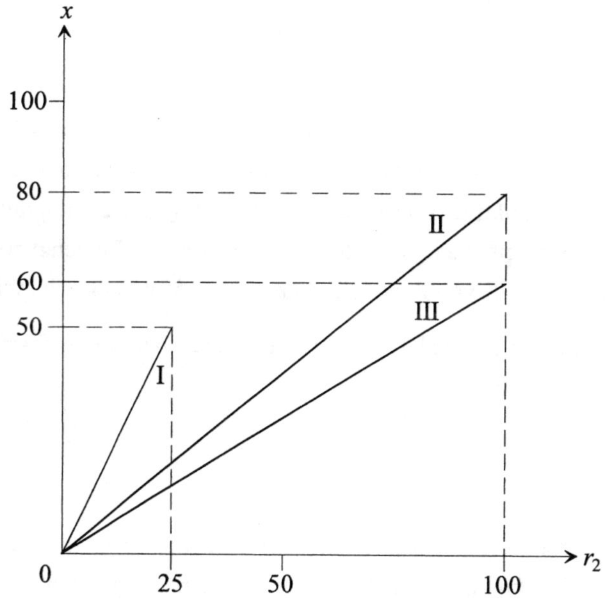

Abb. 5.8.2: Produktfunktionen in Abhängigkeit der Faktoreinsatzmenge r_2

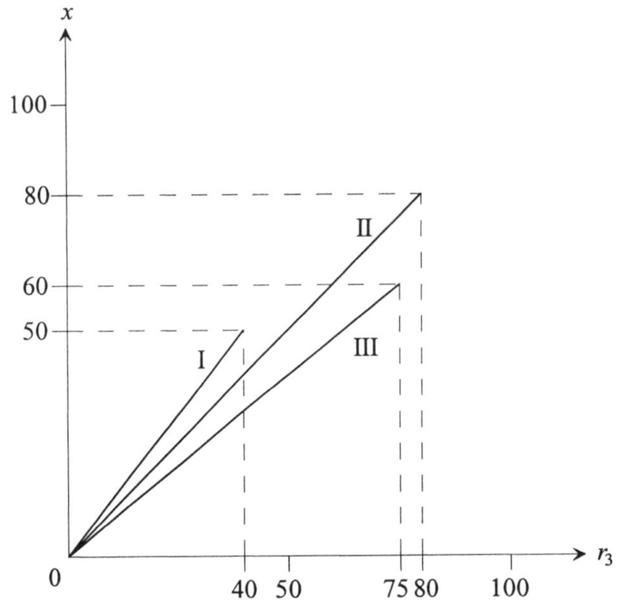

Abb. 5.8.3: Produktfunktionen in Abhängigkeit der Faktoreinsatzmenge r_3

zu c)

Aus den Abbildungen ist unmittelbar erkennbar, dass die Graphen der Produktfunktionen von Prozess III über den vollständigen Geltungsbereich stets unterhalb der Graphen der Produktfunktionen von Prozess II liegen, d.h. dass mit Prozess III bei gleichem Input stets weniger Output als mit Prozess II erzeugt werden kann. Folglich wird Prozess III von Prozess II dominiert und ist demnach ineffizient.

Bezüglich der Prozesse I und II ist keine Dominanzbeziehung festzustellen, so dass beide Prozesse effizient sind.

zu d)

Zur Ermittlung der Gesamtkostenfunktion des Unternehmens ist es zweckmäßig, zunächst die Kostenfunktionen $K^{\pi}\left(x^{\pi}\right)$, $\pi = \text{I,II}$, bei isoliertem Einsatz jeweils nur eines Prozesses zu ermitteln, wobei die Faktorrestriktionen und die hieraus resultierenden maximalen Produktionsmengen $\overline{x}^{\pi}$ zu beachten sind:

$$K^{\mathrm{I}}\left(x^{\mathrm{I}}\right)=q_1\cdot r_1^{\mathrm{I}}\left(x^{\mathrm{I}}\right)+q_2\cdot r_2^{\mathrm{I}}\left(x^{\mathrm{I}}\right)+q_3\cdot r_3^{\mathrm{I}}\left(x^{\mathrm{I}}\right)$$
$$=1\cdot 2x^{\mathrm{I}}+3\cdot\frac{1}{2}x^{\mathrm{I}}+2\cdot\frac{4}{5}x^{\mathrm{I}}$$
$$=\frac{51}{10}x^{\mathrm{I}}\quad \text{für } 0\le x^{\mathrm{I}}\le \overline{x}^{\mathrm{I}}=50;$$

$$K^{\mathrm{II}}\left(x^{\mathrm{II}}\right)=q_1\cdot r_1^{\mathrm{II}}\left(x^{\mathrm{II}}\right)+q_2\cdot r_2^{\mathrm{II}}\left(x^{\mathrm{II}}\right)+q_3\cdot r_3^{\mathrm{II}}\left(x^{\mathrm{II}}\right)$$
$$=1\cdot x^{\mathrm{II}}+3\cdot\frac{5}{4}x^{\mathrm{II}}+2\cdot x^{\mathrm{II}}$$
$$=\frac{27}{4}x^{\mathrm{II}}\quad \text{für } 0\le x^{\mathrm{II}}\le \overline{x}^{\mathrm{II}}=80.$$

Prozess III braucht nicht weiter betrachtet zu werden, da dieser ineffizient ist.

Wegen $K^{\mathrm{I}}(x)<K^{\mathrm{II}}(x)$ für $0\le x\le 50$ wird das Unternehmen für die Fertigung von Ausbringungsmengen x, $0\le x\le 50$, ausschließlich Prozess I einsetzen. Dann ist die Kapazitätsgrenze des Prozesses I aufgrund der Faktorrestriktion bzgl. Faktor 1 erreicht, so dass das Unternehmen zur Fertigung höherer Ausbringungsmengen sukzessive auf Prozess II ausweichen muss (Kombination der Prozesse I und II). Dies gelingt allerdings nur so lange, wie die zur Verfügung stehende Gesamtmenge des Faktors 2 noch nicht aufgebraucht ist, da Prozess II im Vergleich zu Prozess I zur Herstellung des Endproduktes relativ größere Mengen von Faktor 2 benötigt.

Die maximale Gesamtausbringungsmenge des Unternehmens ist erreicht, wenn die insgesamt zur Verfügung stehenden Mengen der Faktoren 1 und 2 vollständig ausgeschöpft sind, also die entsprechenden Faktorrestriktionen binden. Dann gilt:

$$a_1^{\mathrm{I}}\cdot x^{\mathrm{I}}+a_1^{\mathrm{II}}\cdot x^{\mathrm{II}}=100 \text{ bzw. } 2x^{\mathrm{I}}+x^{\mathrm{II}}=100 \qquad (1)$$

sowie

$$a_2^{\mathrm{I}}\cdot x^{\mathrm{I}}+a_2^{\mathrm{II}}\cdot x^{\mathrm{II}}=100 \text{ bzw. } \frac{1}{2}x^{\mathrm{I}}+\frac{5}{4}x^{\mathrm{II}}=100. \qquad (2)$$

Multipliziert man Gleichung (2) mit 4 und subtrahiert hiervon Gleichung (1), so erhält man:

$$\begin{aligned} & 4x^{\mathrm{II}}=300 \\ \Leftrightarrow\ & \overline{\overline{x}}^{\mathrm{II}}=75. \end{aligned} \qquad (3)$$

Einsetzen von Gleichung (3) in Gleichung (1) ergibt dann:

$$2x^{\mathrm{I}} + 75 = 100$$

$$\Leftrightarrow \quad \bar{\bar{x}}^{\mathrm{I}} = \frac{25}{2}.$$

Demnach beträgt die maximale Ausbringungsmenge des Unternehmens:

$$\bar{x} = \bar{\bar{x}}^{\mathrm{I}} + \bar{\bar{x}}^{\mathrm{II}} = \frac{25}{2} + 75 = \frac{175}{2}.$$

Dabei wird bis zu einer Ausbringungsmenge von $x = 50$ ausschließlich Prozess I eingesetzt. Anschließend wird die Ausbringungsmenge von Prozess I sukzessive abgesenkt und die von Prozess II sukzessive erhöht, bis die aufgrund der Kombination der Prozesse realisierbare maximale Ausbringung $\bar{x}$ mit $\bar{\bar{x}}^{\mathrm{I}} = \frac{25}{2}$ und $\bar{\bar{x}}^{\mathrm{II}} = 75$ erreicht ist.

Der erste Teil der zugehörigen Kostenfunktion für Ausbringungen x, $0 \le x \le 50$, ergibt sich unmittelbar aus der Kostenfunktion für den isolierten Einsatz von Prozess I. Wählt man zur Herleitung des zweiten Teils der Kostenfunktion den Ansatz einer einfachen Geradengleichung, dann berechnet man zunächst zwei geeignete Punkte der Kostengeraden, hier:

$$K(50) = K^{\mathrm{I}}(50) = \frac{51}{10} \cdot 50 = 255$$

und

$$\begin{aligned} & K(\bar{x}) = K^{\mathrm{I}}\left(\bar{\bar{x}}^{\mathrm{I}}\right) + K^{\mathrm{II}}\left(\bar{\bar{x}}^{\mathrm{II}}\right) \\ \Leftrightarrow & K\left(\frac{175}{2}\right) = K^{\mathrm{I}}\left(\frac{25}{2}\right) + K^{\mathrm{II}}(75) \\ & \qquad = \frac{51}{10} \cdot \frac{25}{2} + \frac{27}{4} \cdot 75 \\ & \qquad = 570. \end{aligned}$$

Die Steigung $m^{\mathrm{I,II}}$ der Kostengeraden beträgt dann:

$$m^{\mathrm{I,II}} = \frac{570 - 255}{\frac{175}{2} - 50} = \frac{42}{5}.$$

Der zugehörige Achsenabschnitt b ergibt sich aus:

$$b = K(50) - m^{\mathrm{I,II}} \cdot 50$$
$$= 255 - \frac{42}{5} \cdot 50$$
$$= -165.$$

Insgesamt lautet also der zweite Teil der Kostenfunktion:

$$K\left(50 < x \leq \frac{175}{2}\right) = \frac{42}{5} \cdot x - 165.$$

Alternativ lässt sich diese Funktionsvorschrift auch anhand folgender Überlegungen herleiten: Bei einer Ausbringungsmenge von $x = x^{\mathrm{I}} = 50$ bindet die Faktorbeschränkung von Faktor 1. Größere Ausbringungsmengen lassen sich nur herstellen, wenn man sukzessive die Produktion von Prozess I auf Prozess II verlagert. Wird im Prozess I von Faktor 1 eine Einheit weniger eingesetzt $\left(\Delta r_1^{\mathrm{I}} = -1\right)$, so kann diese nunmehr in Prozess II eingesetzt werden $\left(\Delta r_1^{\mathrm{II}} = 1\right)$. Zudem lassen sich im Prozess I wegen

$$\frac{\Delta r_1^{\mathrm{I}}}{a_1^{\mathrm{I}}} = \frac{\Delta r_2^{\mathrm{I}}}{a_2^{\mathrm{I}}} \qquad \text{(Effizienzbedingung für linearlimitationale Prozesse)}$$

und

$$\Delta r_1^{\mathrm{I}} = -1$$

zugleich auch

$$\Delta r_2^{\mathrm{I}} = -\frac{a_2^{\mathrm{I}}}{a_1^{\mathrm{I}}}$$

Mengeneinheiten des zweiten Faktors einsparen. Die eingesparten Faktormengen können jetzt in Prozess II eingesetzt werden, wobei aufgrund der Limitationalität pro Einheit des Faktors 1 wegen

$$\frac{\Delta r_1^{\mathrm{II}}}{a_1^{\mathrm{II}}} = \frac{\Delta r_2^{\mathrm{II}}}{a_2^{\mathrm{II}}}$$

zusätzlich

$$\Delta r_2^{\mathrm{II}} = \frac{a_2^{\mathrm{II}}}{a_1^{\mathrm{II}}} = \frac{\frac{5}{4}}{1} = \frac{5}{4}$$

Mengeneinheiten des zweiten Faktors für die Erhöhung der Ausbringung aufgewendet werden müssen. Infolgedessen werden insgesamt mit Prozess I

$$\Delta x^{\mathrm{I}} = \frac{\Delta r_1^{\mathrm{I}}}{a_1^{\mathrm{I}}} = -\frac{1}{a_1^{\mathrm{I}}} = -\frac{1}{2}$$

Mengeneinheiten des Endproduktes weniger und mit Prozess II

$$\Delta x^{\mathrm{II}} = \frac{\Delta r_1^{\mathrm{II}}}{a_1^{\mathrm{II}}} = \frac{1}{a_1^{\mathrm{II}}} = \frac{1}{1} = 1$$

Mengeneinheiten mehr hergestellt. Die Mehrproduktion in Höhe von

$$\Delta x = \frac{1}{a_1^{\mathrm{II}}} - \frac{1}{a_1^{\mathrm{I}}} = \frac{1}{2}$$

verursacht dabei aufgrund des erhöhten Einsatzes

$$\Delta r_2 = \frac{a_2^{\mathrm{II}}}{a_1^{\mathrm{II}}} - \frac{a_2^{\mathrm{I}}}{a_1^{\mathrm{I}}} = \frac{\frac{5}{4}}{1} - \frac{\frac{1}{2}}{2} = \frac{5}{4} - \frac{1}{4} = 1$$

von Faktor 2 Mehrkosten in Höhe von

$$\Delta K_2 = \Delta r_2 \cdot q_2 = 1 \cdot 3 = 3.$$

Diese Mehrkosten des erhöhten Einsatzes von Faktor 2 sind auf die zusätzlich hergestellten Produktionseinheiten Δx zu verteilen, so dass die Grenzkosten des (vermehrten) Einsatzes von Faktor 2 für diese Ausbringungsniveaus

$$K_2'\left(50 < x < \frac{175}{2}\right) = \frac{\Delta K_2}{\Delta x} = \frac{3}{\frac{1}{2}} = 6$$

betragen. Analog ergeben sich durch den vermehrten Einsatz von Faktor 3 in Höhe von

$$\Delta r_3 = \frac{a_3^{\mathrm{II}}}{a_1^{\mathrm{II}}} - \frac{a_3^{\mathrm{I}}}{a_1^{\mathrm{I}}} = \frac{1}{1} - \frac{\frac{4}{5}}{2} = 1 - \frac{2}{3} = \frac{3}{5}$$

zusätzliche Kosten in Höhe von

$$\Delta K_3 = \Delta r_3 \cdot q_3 = \frac{3}{5} \cdot 2 = \frac{6}{5}.$$

Diese sind wieder auf die Mehrproduktion $\Delta x = \frac{1}{2}$ zu verteilen, so dass die Grenzkosten des (vermehrten) Einsatzes von Faktor 3 für diese Ausbringungsniveaus

$$K_3'\left(50 < x \leq \frac{175}{2}\right) = \frac{\Delta K_3}{\Delta x} = \frac{\frac{6}{5}}{\frac{1}{2}} = \frac{12}{5}$$

betragen. Insgesamt ergeben sich also wieder die bereits weiter oben berechneten Grenzkosten (=Steigung der Kostengeraden) in Höhe von

$$K_{2,3}'\left(50 < x \leq \frac{175}{2}\right) = K_2'\left(50 < x \leq \frac{175}{2}\right) + K_3'\left(50 < x \leq \frac{175}{2}\right) = 6 + \frac{12}{5} = \frac{42}{5}.$$

Würde man diese Grenzkosten nun für die gesamte Ausbringungsmenge x veranschlagen, dann vernachlässigte man die Tatsache, dass die ersten 50 Mengeneinheiten mit geringeren Grenzkosten in Höhe von

$$K'(0 \leq x \leq 50) = \frac{51}{10}$$

hergestellt werden können. Folglich müsste man bei der Aufstellung der Kostenfunktion die Grenzkosteneinsparung

$$\begin{aligned} b &= \left(\frac{51}{10} - \frac{42}{5}\right) \cdot 50 \\ &= -\frac{33}{10} \cdot 50 \\ &= -165 \end{aligned}$$

berücksichtigen. Infolgedessen erhält man wieder die bekannte Gleichung

$$K\left(50 \leq x \leq \frac{175}{2}\right) = \frac{42}{5}x - 165$$

für den zweiten Teil der Kostenfunktion.

Im Ergebnis lautet die vollständige Kostenfunktion:

$$K(x) = \begin{cases} \frac{51}{10}x & \text{für } 0 \leq x \leq 50, \\ \frac{42}{5}x - 165 & \text{für } 50 < x \leq \frac{175}{2}. \end{cases}$$

Der Verlauf der Kostenfunktion ist in Abbildung 5.8.4 dargestellt:

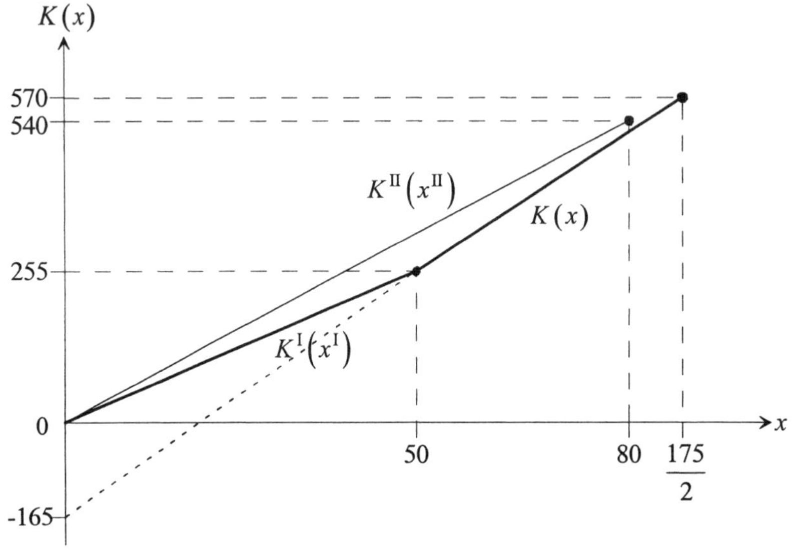

Abb. 5.8.4: Kostenfunktion bei Prozesskombination und Faktorrestriktionen

Aufgabe 5.9 Verfahrenswahl auf der Grundlage von Kostenfunktionen (III)

Ein Unternehmen produziert auf der Basis linearlimitationaler Produktionsprozesse mit Hilfe zweier Faktoren 1 und 2 (und den Faktoreinsatzmengen r_1 und r_2) die Endprodukte j, $j = 1{,}2$. Für die Herstellung von Erzeugnis 1 stehen dem Unternehmen dabei zwei Prozesse π, $\pi = \mathrm{I,II}$, zur Verfügung, während zur Produktion des zweiten Endprodukts auf die drei Prozesse π, $\pi = \mathrm{III,IV,V}$, zurückgegriffen werden kann.

Die Inputfunktionen $r_i^{\pi}(x_j)$, die den mengenmäßigen Verbrauch des i-ten Faktors, $i \in \{1;2\}$, in Abhängigkeit der produzierten Outputmenge x_j, $j \in \{1;2\}$, von Gut j unter Verwendung des Produktionsprozesses π,

$$\pi \in \begin{cases} \{\mathrm{I,II}\} & \text{für} \quad j = 1, \\ \{\mathrm{III,IV,V}\} & \text{für} \quad j = 2, \end{cases}$$

beschreiben, sind bekannt und lauten:

Für Endprodukt 1:

	Faktor 1	**Faktor 2**
Prozess I	$r_1^{\mathrm{I}}(x_1) = 5 \cdot x_1$	$r_2^{\mathrm{I}}(x_1) = 4 \cdot x_1$
Prozess II	$r_1^{\mathrm{II}}(x_1) = 7 \cdot x_1$	$r_2^{\mathrm{II}}(x_1) = 9 \cdot x_1$

Für Endprodukt 2:

	Faktor 1	**Faktor 2**
Prozess III	$r_1^{\mathrm{III}}(x_2) = \frac{19}{2} \cdot x_2$	$r_2^{\mathrm{III}}(x_2) = 4 \cdot x_2$
Prozess IV	$r_1^{\mathrm{IV}}(x_2) = 9 \cdot x_2$	$r_2^{\mathrm{IV}}(x_2) = 7 \cdot x_2$
Prozess V	$r_1^{\mathrm{V}}(x_2) = 6 \cdot x_2$	$r_2^{\mathrm{V}}(x_2) = 8 \cdot x_2$

a) Bestimmen Sie für das Outputniveau $\bar{x}_2 = 500\,[\text{ME}]$ die Faktorverbräuche $r_i^\pi(\bar{x}_2)$ der Faktoren i, $i = 1,2$, bei Verwendung des Produktionsprozesses π, $\pi \in \{\text{III},\text{IV},\text{V}\}$ und stellen Sie die Prozessstrahlen der Prozesse III, IV und V sowie die Isoquanten für $\bar{x}_2 = 500$ in einem $(r_1;r_2)$-Diagramm graphisch dar.

b) Untersuchen Sie die gegebenen Produktionsprozesse für Ausbringungsmengen $x_j > 0$, $j \in \{1,2\}$, auf Effizienz.

c) Bestimmen Sie für positive Outputmengen der beiden Endprodukte j die Gesamtkostenfunktionen $K(x_j)$, wenn Faktor 1 für $q_1 = 3{,}2$ $[€/\text{ME}]$ bezogen wird und der Preis von Faktor 2 saisonal zwischen 1 und 5 $[€/\text{ME}]$ schwanken kann, d.h. wenn gilt: $q_2 = \alpha$ $[€/\text{ME}]$ mit $1 \le \alpha \le 5$.

Lösung zu Aufgabe 5.9

zu a)

Die Faktorverbräuche $r_i^\pi(\bar{x}_2)$, $i = 1,2$, die bei der Produktion von $\bar{x}_2 = 500$ Mengeneinheiten von Endprodukt 2 unter Verwendung des Produktionsprozesses π, $\pi \in \{\text{III},\text{IV},\text{V}\}$ anfallen, betragen:

Tab. 5.9.1: Faktorverbräuche für $\bar{x}_2 = 500\,[\text{ME}]$

	$r_1^\pi(\bar{x}_2)$	$r_2^\pi(\bar{x}_2)$
Prozess III:	$r_1^{\text{III}}(500) = \frac{19}{2} \cdot 500 = 4.750$	$r_2^{\text{III}}(500) = 4 \cdot 500 = 2.000$
Prozess IV:	$r_1^{\text{IV}}(500) = 9 \cdot 500 = 4.500$	$r_2^{\text{IV}}(500) = 7 \cdot 500 = 3.500$
Prozess V:	$r_1^{\text{V}}(500) = 6 \cdot 500 = 3.000$	$r_2^{\text{V}}(500) = 8 \cdot 500 = 4.000$

Aufgrund der Linearlimitationalität der Prozesse III bis V sind die Prozessstrahlen Ursprungsgeraden mit den Steigungen

$$m^{\mathrm{III}} = \frac{r_2^{\mathrm{III}}(x_2)}{r_1^{\mathrm{III}}(x_2)} = \frac{4 \cdot x_2}{\frac{19}{2} \cdot x_2} = \frac{8}{19} = \text{const.},$$

$$m^{\mathrm{IV}} = \frac{r_2^{\mathrm{IV}}(x_2)}{r_1^{\mathrm{IV}}(x_2)} = \frac{7 \cdot x_2}{9 \cdot x_2} = \frac{7}{9} = \text{const.},$$

und

$$m^{\mathrm{V}} = \frac{r_2^{\mathrm{V}}(x_2)}{r_1^{\mathrm{V}}(x_2)} = \frac{8 \cdot x_2}{6 \cdot x_2} = \frac{4}{3} = \text{const.}$$

Abbildung 5.9.1. veranschaulicht die zugehörigen Prozessstrahlen sowie die Isoquanten für die Ausbringungsmenge $\overline{x}_2 = 500$:

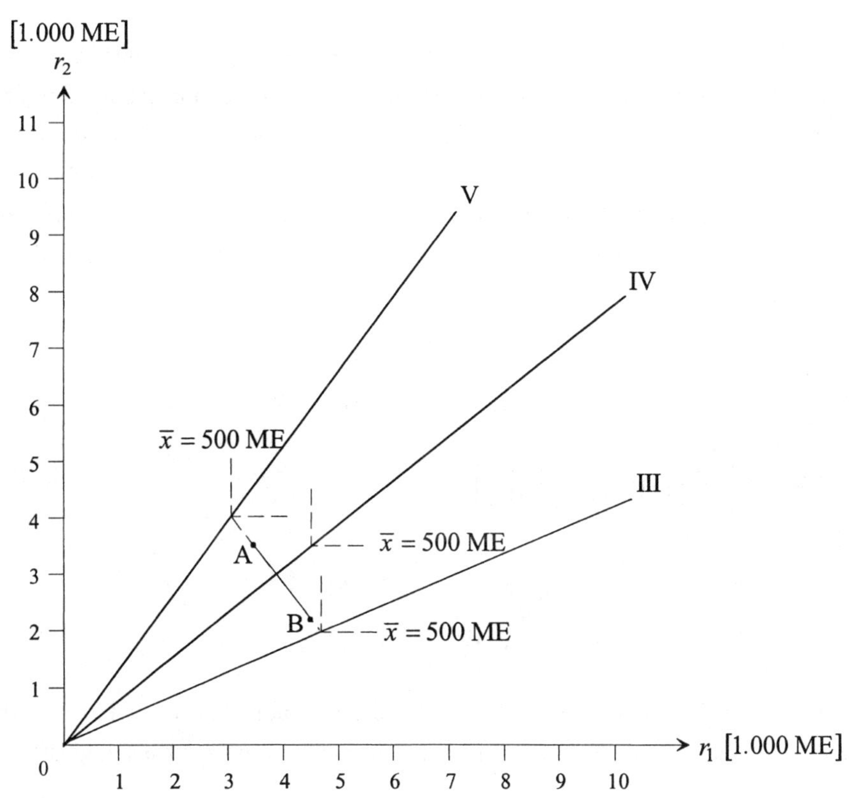

Abb. 5.9.1: Prozessstrahlen der Prozesse III, IV und V

zu b)

Wegen

$$r_1^{\mathrm{I}}(x_1) < r_1^{\mathrm{II}}(x_1) \text{ und } r_2^{\mathrm{I}}(x_1) < r_2^{\mathrm{II}}(x_1)$$

dominiert der erste Prozess für alle Ausbringungsmengen $x_1 > 0$ den Prozess II. Prozess II ist ineffizient; kommt also auch nicht in Frage zur Erzeugung effizienter Produktionen bei Kombinierbarkeit beider Prozesse.

Beim Vergleich der reinen Prozesse III bis V für Ausbringungsmengen $x_2 > 0$ lassen sich hingegen keine Dominanzbeziehungen feststellen, da gilt:

$$r_1^{\mathrm{III}}(x_2) > r_1^{\mathrm{IV}}(x_2) > r_1^{\mathrm{V}}(x_2) \text{ und } r_2^{\mathrm{III}}(x_2) < r_2^{\mathrm{IV}}(x_2) < r_2^{\mathrm{V}}(x_2).$$

Im Falle der Nichtkombinierbarkeit sind die Prozesse III, IV und V damit effizient. Können hingegen Prozesskombinationen zur Produktion genutzt werden, existieren Kombinationen der Prozesse III und V, die den reinen Prozess IV für $x_2 > 0$ bezüglich der Verbräuche der beiden Faktoren dominieren. In Abbildung 5.9.1 liegen diese dominanten Produktionen auf der Konvexkombination der Prozesse III und V zwischen den Punkten A und B. Formal lässt sich diese Dominanzbeziehung wie folgt zeigen:

$$\lambda \cdot \begin{pmatrix} r_1^{\mathrm{III}}(x_2) \\ r_2^{\mathrm{III}}(x_2) \end{pmatrix} + (1-\lambda) \cdot \begin{pmatrix} r_1^{\mathrm{V}}(x_2) \\ r_2^{\mathrm{V}}(x_2) \end{pmatrix} \leq \begin{pmatrix} r_1^{\mathrm{IV}}(x_2) \\ r_2^{\mathrm{IV}}(x_2) \end{pmatrix}$$

$$\Rightarrow \quad \lambda \cdot \begin{pmatrix} \frac{19}{2} \\ 4 \end{pmatrix} + (1-\lambda) \cdot \begin{pmatrix} 6 \\ 8 \end{pmatrix} \leq \begin{pmatrix} 9 \\ 7 \end{pmatrix}$$

$$\Leftrightarrow \qquad \lambda \cdot \begin{pmatrix} \frac{7}{2} \\ -4 \end{pmatrix} \leq \begin{pmatrix} 3 \\ -1 \end{pmatrix} \Rightarrow \begin{cases} \lambda \cdot \frac{7}{2} \leq 3 & \Rightarrow \quad \lambda \leq \frac{6}{7}, \\ \lambda \cdot (-4) \leq -1 & \Rightarrow \quad \lambda \geq \frac{1}{4}. \end{cases}$$

Demnach wird der reine Prozess IV durch solche Kombinationen der Prozesse III und V dominiert, an denen Prozess III anteilsmäßig mit $\lambda \in \left[\frac{1}{4}; \frac{6}{7}\right]$ beteiligt ist.

zu c)

Aufgrund der Dominanz von Prozess I gegenüber Prozess II werden Produktionen $x_1 > 0$ immer mit dem ersten Prozess gefertigt. Die Gesamtkostenfunktion entspricht damit der Kostenfunktion von Prozess I. Es gilt:

$$K(x_1) = K^{\mathrm{I}}(x_1) = q_1 \cdot r_1^{\mathrm{I}}(x_1) + q_2 \cdot r_2^{\mathrm{I}}(x_1) = 3{,}2 \cdot 5 \cdot x_1 + \alpha \cdot 4 \cdot x_1 = (16 + 4\alpha) \cdot x_1.$$

Zur Bestimmung der Gesamtkostenfunktion $K(x_2)$ sind zunächst die prozessbezogenen Kostenfunktionen $K^{\pi}(x_2)$, $\pi = \mathrm{III,IV,V}$, zu ermitteln. Diese lauten:

$$K^{\mathrm{III}}(x_2) = q_1 \cdot r_1^{\mathrm{III}}(x_2) + q_2 \cdot r_2^{\mathrm{III}}(x_2) = 3{,}2 \cdot \frac{19}{2} \cdot x_2 + \alpha \cdot 4 \cdot x_2 = (30{,}4 + 4\alpha) \cdot x_2,$$

$$K^{\mathrm{IV}}(x_2) = 3{,}2 \cdot 9 \cdot x_2 + \alpha \cdot 7 \cdot x_2 = (28{,}8 + 7\alpha) \cdot x_2,$$

$$K^{\mathrm{V}}(x_2) = 3{,}2 \cdot 6 \cdot x_2 + \alpha \cdot 8 \cdot x_2 = (19{,}2 + 8\alpha) \cdot x_2.$$

Man erkennt, dass die Kostenoptimalität einer Produktion vom Preis α des zweiten Faktors, $1 \le \alpha \le 5$, abhängt. Der Vergleich der Kostenfunktionen ergibt:

$$\begin{aligned} K^{\mathrm{III}}(x_2) \le K^{\mathrm{IV}}(x_2) \quad &\Rightarrow \quad (30{,}4 + 4\alpha) \cdot x_2 \le (28{,}8 + 7\alpha) \cdot x_2 \\ &\Rightarrow \quad 1{,}6 \le 3\alpha \\ &\Rightarrow \quad 0{,}5\overline{3} \le \alpha. \end{aligned}$$

Aus Kostengründen ist es demnach für alle Faktorpreise $1 \le \alpha \le 5$ optimal, die Produktion mit Prozess III einer Produktion mit Prozess IV vorzuziehen. Der Kostenvergleich der Prozesse IV und V kann damit entfallen. Die verbleibende Gegenüberstellung der Kosten der Prozesse III und V ergibt:

$$\begin{aligned} K^{\mathrm{III}}(x_2) \le K^{\mathrm{V}}(x_2) \quad &\Rightarrow \quad (30{,}4 + 4\alpha) \cdot x_2 \le (19{,}2 + 8\alpha) \cdot x_2 \\ &\Rightarrow \quad 11{,}2 \le 4\alpha \\ &\Rightarrow \quad 2{,}8 \le \alpha, \end{aligned}$$

weshalb für die Kostenfunktion $K(x_2)$ gilt:

$$K(x_2) = \begin{cases} (19{,}2 + 8\alpha) \cdot x_2 & \text{für} \quad 1 \le \alpha \le 2{,}8, \\ (30{,}4 + 4\alpha) \cdot x_2 & \text{für} \quad 2{,}8 \le \alpha \le 5. \end{cases}$$

Aufgabe 5.10 Verfahrenswahl bei LEONTIEF-Prozessen mit mehreren Restriktionen und Fixkosten

Zur Herstellung eines Endproduktes aus den Produktionsfaktoren 1 und 2 stehen einem Unternehmen drei miteinander kombinierbare linearlimitationale Produktionsprozesse π, $\pi = \text{I,II,III}$, mit den folgenden Faktoreinsatzfunktionen zur Verfügung:

Prozess I: $r_1^{\text{I}} = 3x$, $r_2^{\text{I}} = 4x$,

Prozess II: $r_1^{\text{II}} = 4x$, $r_2^{\text{II}} = 3x$,

Prozess III: $r_1^{\text{III}} = 5x$, $r_2^{\text{III}} = \frac{5}{2}x$.

Weiterhin gelten folgende Faktorpreise: $q_1 = 20$, $q_2 = 50$ $[€/\text{ME}]$.

a) Nehmen Sie an, dass mit Produktionsprozess I maximal 100 Mengeneinheiten, mit Prozess II maximal 50 Mengeneinheiten und mit Prozess III maximal 70 Mengeneinheiten des Endproduktes erzeugt werden können. Erstellen Sie eine Übersicht, aus der für jede dem Unternehmen mögliche Produktionsmenge die kostenminimale Aufteilung auf die drei Produktionsprozesse hervorgeht, und bestimmen Sie die entsprechende Gesamtkostenfunktion. Gehen Sie dabei jeweils von den folgenden Situationen aus:

   (i) Bei Produktionsbeginn entstehen keine weiteren Kosten.

   (ii) Mit Produktionsbeginn fallen bei Einsatz von Prozess I einmalige Anlauf- bzw. Fixkosten in Höhe von 5.000 €, bei Prozess II in Höhe von 7.000 € und bei Prozess III in Höhe von 9.000 € an.

b) Statt der Produktionsmengenbeschränkungen in Aufgabenteil a) seien nunmehr die Faktoreinsatzmengen beschränkt, d.h. von Faktor 1 stehen maximal $\bar{r}_1 = 350$ und von Faktor 2 höchstens $\bar{r}_2 = 370$ Mengeneinheiten des jeweiligen Faktors für die Produktion zur Verfügung. Wie sollte eine Gesamtproduktionsmenge von $\bar{x} = 100$ Mengeneinheiten des Produktes kostenminimal auf die drei Produktionsprozesse aufgeteilt werden?

Lösung zu Aufgabe 5.10

zu a)

(i)

Zunächst werden die konstanten Grenzkosten bzw. Stückkosten der einzelnen Prozesse bzw. Verfahren ermittelt, wobei x_1 die mit Prozess I, x_2 die mit Prozess II und x_3 die mit Prozess III gefertigte Menge bezeichne:

$$\frac{dK^{\mathrm{I}}(x)}{dx} = k^{\mathrm{I}}(x) = 3 \cdot 20 + 4 \cdot 50 = 260\ [\text{€/ME}], \quad 0 \le x_1 \le 100,$$

$$\frac{dK^{\mathrm{II}}(x)}{dx} = k^{\mathrm{II}}(x) = 230\ [\text{€/ME}], \quad 0 \le x_2 \le 50,$$

$$\frac{dK^{\mathrm{III}}(x)}{dx} = k^{\mathrm{III}}(x) = 225\ [\text{€/ME}], \quad 0 \le x_3 \le 70.$$

Demnach ist die Produktion mit Prozess III am kostengünstigsten, dann folgen Prozess II und schließlich Prozess I.

Sei x die Gesamtproduktionsmenge, dann teilt sich diese folgendermaßen kostenoptimal auf die drei Prozesse auf:

1) $0 \le x \le 70$: $x^{\mathrm{I}} = 0$, $x^{\mathrm{II}} = 0$, $x^{\mathrm{III}} = x$,
2) $70 < x \le 120$: $x^{\mathrm{I}} = 0$, $x^{\mathrm{II}} = x - 70$, $x^{\mathrm{III}} = 70$,
3) $120 < x \le 220$: $x^{\mathrm{I}} = x - 120$, $x^{\mathrm{II}} = 50$, $x^{\mathrm{III}} = 70$.

Die einzelnen Abschnitte der Kostenfunktion lauten dementsprechend:

1) $K(x) = 225x$ für $0 \le x \le 70$,
2) $K(x) = 225 \cdot 70 + 230(x - 70) = 230x - 350$ für $70 < x \le 120$,
3) $K(x) = 225 \cdot 70 + 230 \cdot 50 + 260(x - 120) = 260x - 3.950$ für $120 < x \le 220$,

so dass folgende Gesamtkostenfunktion resultiert:

$$K(x) = \begin{cases} 225x & \text{für } 0 \le x \le 70, \\ 230x - 350 & \text{für } 70 < x \le 120, \\ 260x - 3.950 & \text{für } 120 < x \le 220. \end{cases}$$

(ii)

Die Anlaufkosten fallen als Fixkosten immer dann an, wenn ein bestimmter Prozess zum Einsatz gelangt. Um in einem ersten Schritt zu klären, bei welcher Ausbringungsmenge welcher einzelne Prozess kostenoptimal ist, falls man die Produktionsmengenbeschränkungen zunächst ignorieren würde, vergleicht man die Prozesse paarweise und erhält:

$$
\begin{aligned}
K^{\mathrm{I}}(x) \le K^{\mathrm{II}}(x) &\Leftrightarrow 260x + 5.000 \le 230x + 7.000 \\
&\Leftrightarrow \qquad x \le 66\tfrac{2}{3}; \\
K^{\mathrm{I}}(x) \le K^{\mathrm{III}}(x) &\Leftrightarrow 260x + 5.000 \le 225x + 9.000 \\
&\Leftrightarrow \qquad x \le 114\tfrac{2}{7}; \\
K^{\mathrm{II}}(x) \le K^{\mathrm{III}}(x) &\Leftrightarrow 230x + 7.000 \le 225x + 9.000 \\
&\Leftrightarrow \qquad x \le 400.
\end{aligned}
$$

Im zweiten Schritt ist dann zu untersuchen, wie eine beliebige Ausbringungsmenge kostenoptimal auf die drei Prozesse aufzuteilen ist, wenn mehrere Prozesse zugleich eingesetzt werden können und darüber hinaus die Produktionsmengenbeschränkungen einzuhalten sind.

Aus dem Vergleich der Produktionskosten der einzelnen Prozesse ist unmittelbar erkennbar, dass für Gesamtausbringungsmengen $0 \le x \le 66\tfrac{2}{3}$ optimalerweise nur Prozess I eingesetzt werden sollte. Ab einer Ausbringungsmenge von $x = 66\tfrac{2}{3}$ ist zu überlegen, ob der gleichzeitige Einsatz mehrerer Prozesse kostenoptimal ist. Der zusätzliche Einsatz eines weiteren Prozesses lohnt sich aber erst dann, wenn die Einsparung variabler Kosten aufgrund des zusätzlichen Einsatzes dieses Prozesses größer ausfällt als die zusätzlich anfallenden Fixkosten. Darüber hinaus würde man bei der Produktion mit mehreren Prozessen immer den Prozess mit den geringsten Grenz- bzw. Stückkosten zuerst voll auslasten, bevor die Prozesse mit den nächsthöheren Grenzkosten zum Einsatz gelangen.

Weiterhin ergibt sich aus dem direkten Kostenvergleich, dass Prozess III aufgrund der hohen Fixkosten erst für Ausbringungsmengen $x > 400$ in Betracht kommt, wenn nicht die Produktionsmengenbeschränkungen der kostengünstigeren Prozesse bereits vorher den Einsatz von Prozess III erfordern. Daher würde man für Ausbringungsmengen x, $0 \le x \le 400$, immer zuerst den alleinigen Einsatz der Prozesse I bzw. II oder die Kombination dieser beiden Prozesse erwägen.

Betrachten wir nun die Prozesse I und II sowie Kombinationen dieser Prozesse: Für die Fertigung von Produktionsmengen x, $66\frac{2}{3} < x \leq 100$, stünde die alleinige Fertigung mit Prozess I oder die kostenoptimale Kombination der Prozesse I und II zur Wahl, da der alleinige Einsatz von Prozess II aufgrund der Produktionsmengenbeschränkung $x^{\mathrm{II}} \leq 50$ nicht in Frage kommt. Wählte man eine Kombination der Prozesse I und II, dann entstünden hierfür die folgenden Kosten (Produktionsmengenbeschränkungen beachten!):

$$\begin{aligned} K^{\mathrm{I,II}}\left(66\tfrac{2}{3} < x \leq 150\right) &= 50 \cdot 230 + 7.000 + 260(x-50) + 5.000 \\ &= 260x + 10.500. \end{aligned}$$

Der Vergleich dieser Kostenfunktion mit der Kostenfunktion bei alleinigem Einsatz von Prozess I

$$K^{\mathrm{I}}\left(66\tfrac{2}{3} < x \leq 100\right) = 260x + 5.000$$

zeigt, dass für $0 \leq x \leq 100$ ausschließlich die Fertigung mit Prozess I kostenoptimal ist. Ab dieser Ausbringungsmenge wird man bis zu einer Ausbringungsmenge von $x = 150$ auf die kostenoptimale Kombination der Prozesse I und II zurückgreifen. Erst für noch größere Ausbringungsmengen $x > 150$ kommt Prozess III zum Einsatz, da die Fertigung größerer Ausbringungsmengen mit den Prozessen I und II aufgrund der Produktionsmengenbeschränkungen ausscheidet.

Für Ausbringungsmengen x, $150 < x \leq 170$, bestehen nun zwei Optionen: die Produktion mit den Prozessen I und III oder aber der Einsatz aller drei Prozesse. Werden lediglich die Prozesse I und III eingesetzt, dann ergeben sich Kosten in Höhe von

$$\begin{aligned} K^{\mathrm{I,III}}(150 < x \leq 170) &= 225 \cdot 70 + 9.000 + 260(x-70) + 5.000 \\ &= 260x + 11.550, \end{aligned}$$

da zunächst Prozess III voll ausgelastet wird, bevor Prozess I zum Zuge kommt. Die kostenoptimale Kombination aller drei Prozesse erlaubt hingegen die Produktion von $150 < x \leq 220$ Mengeneinheiten des Endproduktes. Hierbei werden zunächst Prozess III und nachfolgend Prozess II aufgrund der niedrigeren Grenzkosten voll ausgelastet, bevor die verbleibende Restmenge mit Prozess I produziert wird. Die entsprechende Kostenfunktion lautet:

$$\begin{aligned}&K^{\mathrm{I,II,III}}(150 < x \leq 220)\\&= 225 \cdot 70 + 9.000 + 230 \cdot 50 + 7.000 + 260(x - 120) + 5.000\\&= 260x + 17.050.\end{aligned}$$

Folglich ist es kostengünstiger, für die Produktion von $150 < x \leq 170$ Mengeneinheiten zunächst nur die Prozesse I und III einzusetzen und erst für noch größere Ausbringungsmengen x, $170 < x \leq 220$, auf alle drei Prozesse zurückzugreifen. Im Ergebnis erhält man die folgende optimale Aufteilung der Gesamtausbringungsmenge auf die drei Prozesse:

$$\begin{array}{llll}0 \leq x \leq 100: & x^{\mathrm{I}} = x, & x^{\mathrm{II}} = 0, & x^{\mathrm{III}} = 0,\\100 < x \leq 150: & x^{\mathrm{I}} = x - 50, & x^{\mathrm{II}} = 50, & x^{\mathrm{III}} = 0,\\150 < x \leq 170: & x^{\mathrm{I}} = x - 70, & x^{\mathrm{II}} = 0, & x^{\mathrm{III}} = 70,\\150 < x \leq 220: & x^{\mathrm{I}} = x - 120, & x^{\mathrm{II}} = 50, & x^{\mathrm{III}} = 70.\end{array}$$

Hieraus resultiert die Gesamtkostenfunktion (siehe auch Abbildung 5.10.1):

$$K(x) = \begin{cases} 260x + 5.000 & \text{für } 0 \leq x \leq 100,\\ 260x + 10.500 & \text{für } 100 < x \leq 150,\\ 260x + 11.550 & \text{für } 150 < x \leq 170,\\ 260x + 17.050 & \text{für } 170 < x \leq 220.\end{cases}$$

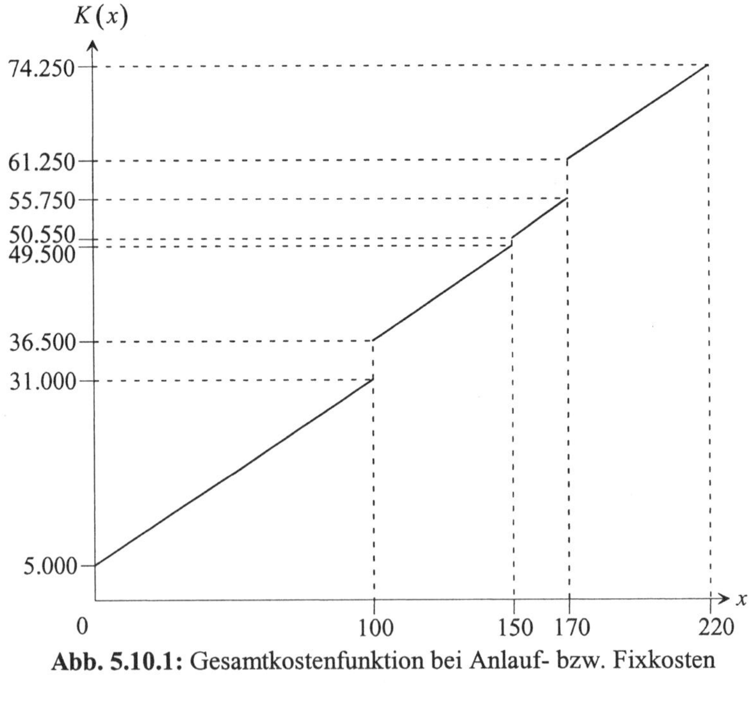

Abb. 5.10.1: Gesamtkostenfunktion bei Anlauf- bzw. Fixkosten

zu b)

Trägt man die Prozessstrahlen aller drei Prozesse, ferner die effizienten Produktionspunkte für die Herstellung der Ausbringungsmenge $\overline{x}=100$ sowie die Faktorrestriktionen in ein $(r_1;r_2)$-Diagramm ein, dann ergibt sich die in Abbildung 5.10.2 dargestellte Situation.

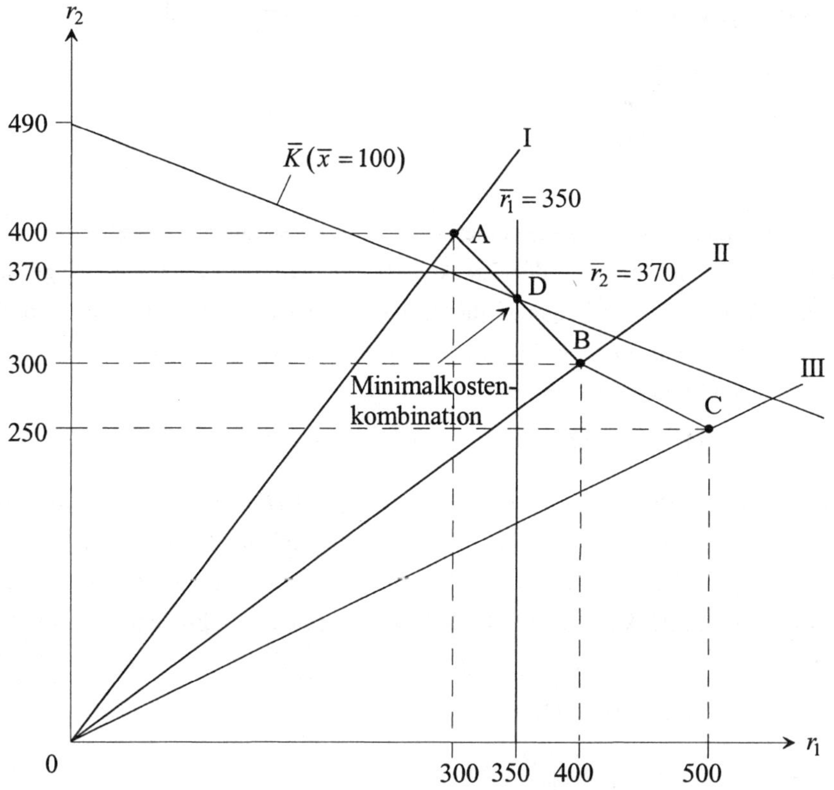

Abb. 5.10.2: Minimalkostenkombination bei Faktorrestriktionen

Die Minimalkostenkombination wird im Folgenden durch Vergleich der Steigungen der Isokostengeraden und der Strecken $\overline{AB}$ und $\overline{BC}$ ermittelt. Die Steigung $m^{\overline{K}}$ der Isokostengeraden $\overline{K}(\overline{x})$ erhält man aus:

$$\begin{aligned}
\bar{K}(\bar{x}) &= q_1 \cdot r_1 + q_2 \cdot r_2 \\
&= 20r_1 + 50r_2 \\
\Leftrightarrow \quad r_2 &= -\frac{2}{5}r_1 + \bar{K}(\bar{x}) \\
\Rightarrow m^{\bar{K}} &= -\frac{2}{5}.
\end{aligned}$$

Für die Steigungen $m^{\overline{AB}}$ und $m^{\overline{BC}}$ der Strecken $\overline{AB}$ und $\overline{BC}$ gilt:

$$\begin{aligned}
m^{\overline{AB}} &= -\frac{400-300}{400-300} = -1, \\
m^{\overline{BC}} &= -\frac{300-250}{500-400} = -\frac{1}{2}.
\end{aligned}$$

Da die Steigung der Isokostengeraden größer als die Steigungen der Strecken $\overline{AB}$ und $\overline{BC}$ und die Steigung der Strecke $\overline{BC}$ wiederum größer als diejenige der Strecke $\overline{AB}$ ist, gelten folgende durch das Symbol „$\succ$" ausgedrückte Vorteilhaftigkeitsbeziehungen zwischen den in der Abbildung 5.10.2 mit A, B und C bezeichneten Produktionspunkten:

$$C \succ \lambda C + (1-\lambda)B \succ B \succ \mu B + (1-\mu)A \succ A, \quad \lambda,\mu \in (0,1).$$

Nun sind die Produktionspunkte C, $\lambda C + (1-\lambda)B$ und B aufgrund der Ressourcenbeschränkungen nicht realisierbar. Folglich wird man optimalerweise denjenigen Produktionspunkt $D = \tilde{\mu}B + (1-\tilde{\mu})A$ realisieren, bei dem gerade die Ressourcenbeschränkung $\bar{r}_1 = 350$ für Produktionsfaktor 1 bindet, bei dem also gilt:

$$\begin{aligned}
&\tilde{\mu} \cdot 400 + (1-\tilde{\mu}) \cdot 300 = 350 \\
&\Rightarrow \tilde{\mu} = \frac{1}{2}.
\end{aligned}$$

Es gibt demnach nur eine kostenoptimale Aufteilung der Gesamtausbringungsmenge $\bar{x} = 100$, bei der 50 Mengeneinheiten des Produktes mit Prozess I und 50 Mengeneinheiten mit Prozess II hergestellt werden (Punkt D in Abbildung 5.10.2). Hierfür fallen Gesamtkosten in Höhe von

$$K(\bar{x} = 100) = 230 \cdot 50 + 260 \cdot 50 = 24.500 \ [€]$$

an.

Aufgabe 5.11 Verfahrenswahl bei linear- und nichtlinear-limitationalen Prozessen und Fixkosten

Einem Unternehmen stehen für die Endproduktfertigung mit Hilfe zweier Faktoren 1 und 2 die drei limitationalen Produktionsprozesse I, II und III zur Verfügung. Die zu den drei Prozessen gehörenden Faktoreinsatzfunktionen seien gegeben durch:

Prozess I: $r_1^{\mathrm{I}} = \frac{2}{5}x,$ $r_2^{\mathrm{I}} = \frac{2}{5}x,$

Prozess II: $r_1^{\mathrm{II}} = \frac{1}{20.000}x^2,$ $r_2^{\mathrm{II}} = \frac{1}{40.000}x^2,$

Prozess III: $r_1^{\mathrm{III}} = \frac{3}{5}x,$ $r_2^{\mathrm{III}} = \frac{1}{10}x,$

wobei x jeweils die Ausbringungsmenge bezeichnet. Die Faktoreinsätze sowie die Produktionseinheiten seien beliebig teilbar.

Weiterhin wurden die Faktorpreise $q_1 = 1$ und $q_2 = 2$ $[€/ME]$ ermittelt. Darüber hinaus fallen bei Prozess I mit Produktionsbeginn einmalige Anlauf- bzw. Fixkosten in Höhe von 1.000 €, bei Prozess II in Höhe von 3.000 € und bei Prozess III in Höhe von 5.800 € an.

a) Gehen Sie zunächst davon aus, dass die drei Prozesse nicht kombinierbar sind. Ermitteln Sie für jeden der drei Prozesse jeweils die Kostenfunktion $K^{\pi}(x)$, $\pi = \mathrm{I,II,III}$, und zeichnen Sie diese in ein geeignetes Diagramm ein. Kommentieren Sie kurz die Kostenverläufe.

b) Geben Sie für jede mögliche Ausbringungsmenge x des Unternehmens den jeweils kostenminimalen Produktionsprozess an, wenn Prozesskombinationen ausgeschlossen sind. Wie lautet die Gesamtkostenfunktion $K(x)$? Veranschaulichen Sie den Verlauf von $K(x)$ in einem geeigneten Diagramm.

c) Die drei Prozesse seien nun kombinierbar. Ermitteln Sie für jede realisierbare Ausbringungsmenge x deren kostenminimale Aufteilung auf die drei Prozesse und geben Sie die hieraus resultierende Gesamtkostenfunktion $\tilde{K}(x)$ an. Veranschaulichen Sie den Verlauf der Gesamtkostenfunktion in einem geeigneten Diagramm. Kommentieren Sie das Ergebnis, indem Sie insbesondere einen vergleichenden Bezug zum Ergebnis aus Aufgabenteil b) herstellen.

Lösung zu Aufgabe 5.11

zu a)

Da die drei Prozesse nicht kombinierbar sind, ergeben sich die Kostenfunktionen durch Einsetzen der Faktorpreise, der Faktoreinsatzfunktionen sowie der Anlauf- bzw. Fixkosten in

$$K^{\pi}(x) = q_1 \cdot r_1^{\pi}(x) + q_2 \cdot r_2^{\pi}(x) + K_{Anlauf}^{\pi}, \quad \pi = \text{I,II,III}.$$

Man erhält:

$$K^{\text{I}}(x) = 1 \cdot \frac{2}{5} x + 2 \cdot \frac{2}{5} x + 1.000 = \frac{6}{5} x + 1.000,$$

$$K^{\text{II}}(x) = 1 \cdot \frac{1}{20.000} x^2 + 2 \cdot \frac{1}{40.000} x^2 + 3.000 = \frac{1}{10.000} x^2 + 3.000,$$

$$K^{\text{III}}(x) = 1 \cdot \frac{3}{5} x + 2 \cdot \frac{1}{10} x + 5.800 = \frac{4}{5} x + 5.800.$$

Die entsprechenden Kostenverläufe sind in der Abbildung 5.11.1 dargestellt. Während die Kostenfunktionen $K^{\text{I}}(x)$ und $K^{\text{III}}(x)$ der Prozesse I und III durch einen linearen Kostenverlauf gekennzeichnet sind, steigt die Kostenfunktion $K^{\text{II}}(x)$ mit zunehmender Ausbringung progressiv an. Letzteres ist darauf zurückzuführen, dass Prozess II im Gegensatz zu den Prozessen I und III keine zur Ausbringungsmenge x proportionalen, sondern überproportional ansteigende Faktoreinsatzmengen aufweist und folglich kein LEONTIEF-Prozess ist. Überproportional zunehmende Faktoreinsatzmengen führen bei konstanten Faktorpreisen wiederum zu überproportional steigenden Produktionskosten.

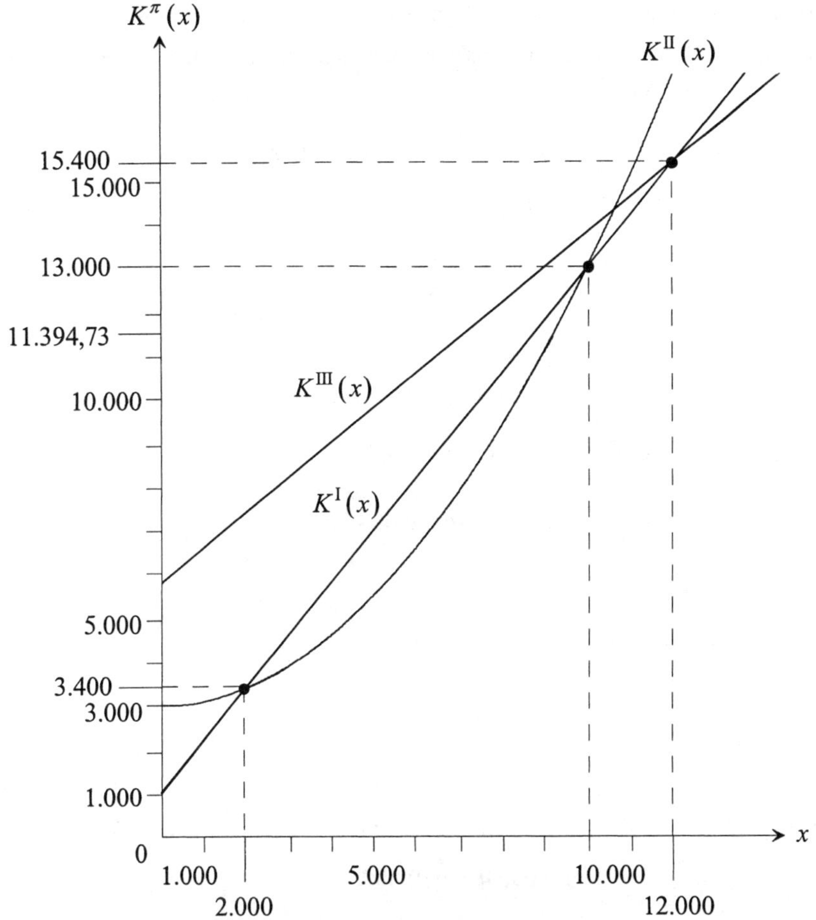

Abb. 5.11.1: Kostenverläufe der einzelnen Prozesse

zu b)

Bei nicht kombinierbaren limitationalen Produktionsprozessen ist zur Herstellung einer bestimmten Ausbringungsmenge x stets derjenige Prozess einzusetzen, der zu den geringsten Gesamtkosten der Produktion von x führt. Um feststellen zu können, welcher Prozess bei welcher Ausbringungsmenge die geringsten Gesamtkosten verursacht, müssen die Kostenfunktionen $K^{\pi}(x)$ (paarweise) für alle relevanten Ausbringungsmengen miteinander verglichen werden. Hat man auf diese Weise die relevanten Intervalle für die Ausbringungsmenge x identifiziert, in denen jeweils ein bestimmter Prozess kostenminimal ist, dann setzt sich die

Gesamtkostenfunktion $K(x)$ abschnittsweise aus den Kostenfunktionen $K^{\pi}(x)$ der jeweils in den einzelnen Ausbringungsmengenintervallen kostenminimalen Prozesse zusammen.

Durch Vergleich von $K^{\mathrm{I}}(x)$ mit $K^{\mathrm{II}}(x)$ erhält man zunächst:

$$\begin{aligned} & K^{\mathrm{I}}(x) \leq K^{\mathrm{II}}(x) \\ \Leftrightarrow \quad & \frac{6}{5}x + 1.000 \leq \frac{1}{10.000}x^2 + 3.000 \\ \Leftrightarrow \quad & 0 \leq \frac{1}{10.000}x^2 - \frac{6}{5}x + 2.000 \\ \Leftrightarrow \quad & 0 \leq x^2 - 12.000x + 20.000.000. \end{aligned}$$

Lösen der quadratischen (Un-)Gleichung liefert:

$$\begin{aligned} \hat{x}_{1,2} &= 6.000 \pm \frac{1}{2}\sqrt{(-12.000)^2 - 4 \cdot 20.000.000} \\ &= 6.000 \pm \frac{1}{2}\sqrt{64.000.000} \\ &= 6.000 \pm 4.000 \\ \Rightarrow \quad \hat{x}_1 &= 2.000, \\ \hat{x}_2 &= 10.000. \end{aligned}$$

Da der Graph der Kostenfunktion $K^{\mathrm{I}}(x)$ eine Halbgerade durch den Punkt $\left(x;K^{\mathrm{I}}(x)\right) = (0;1.000)$ ist, gilt offensichtlich (siehe auch Abbildung 5.11.1):

$$K^{\mathrm{I}}(x) \begin{Bmatrix} > \\ \leq \end{Bmatrix} K^{\mathrm{II}}(x) \begin{cases} \text{für } 2.000 < x < 10.000, \\ \text{sonst.} \end{cases}$$

Analog resultiert aus dem Vergleich von $K^{\mathrm{II}}(x)$ und $K^{\mathrm{III}}(x)$:

$$\begin{aligned} & K^{\mathrm{II}}(x) \leq K^{\mathrm{III}}(x) \\ \Leftrightarrow \quad & \frac{1}{10.000}x^2 + 3.000 \leq \frac{4}{5}x + 5.800 \\ \Leftrightarrow \quad & \frac{1}{10.000}x^2 - \frac{4}{5}x - 2.800 \leq 0 \\ \Leftrightarrow \quad & x^2 - 8.000x - 28.000.000 \leq 0 \end{aligned}$$

$$\begin{aligned}
\Rightarrow \quad \hat{x}_{3,4} &= 4.000 \pm \frac{1}{2}\sqrt{(-8.000)^2 - 4\cdot(-28.000.000)} \\
&= 4.000 \pm \frac{1}{2}\sqrt{176.000.000} \\
&= 4.000 \pm 2000\cdot\sqrt{11} \\
\Rightarrow \quad \hat{x}_3 &\approx -2.633{,}25 < 0, \\
\hat{x}_4 &\approx 10.633{,}25.
\end{aligned}$$

bzw.

$$K^{\mathrm{II}}(x)\begin{Bmatrix}\le\\>\end{Bmatrix}K^{\mathrm{III}}(x)\begin{cases}\text{für } 0 \le x < 10.633{,}25,\\ \text{sonst.}\end{cases}$$

Schließlich liefert der Vergleich von $K^{\mathrm{I}}(x)$ und $K^{\mathrm{III}}(x)$:

$$\begin{aligned}
& K^{\mathrm{I}}(x) \le K^{\mathrm{III}}(x) \\
\Leftrightarrow \quad & \frac{6}{5}x + 1.000 \le \frac{4}{5}x + 5.800 \\
\Leftrightarrow \quad & \frac{2}{5}x \le 4.800 \\
\Leftrightarrow \quad & x \le 12.000 \\
\Rightarrow \quad & \hat{x}_5 = 12.000.
\end{aligned}$$

Demnach gilt (siehe auch Abbildung 5.11.1):

$$K^{\mathrm{I}}(x)\begin{Bmatrix}\le\\>\end{Bmatrix}K^{\mathrm{III}}(x)\begin{cases}\text{für } 0 \le x \le 12.000,\\ \text{sonst.}\end{cases}$$

Im Ergebnis erhält man dann die Gesamtkostenfunktion:

$$K(x) = \begin{cases}
\frac{6}{5}x + 1.000, & 0 \le x < 2.000,\\
\frac{1}{10.000}x^2 + 3.000, & 2.000 \le x < 10.000,\\
\frac{6}{5}x + 1.000, & 10.000 \le x < 12.000,\\
\frac{4}{5}x + 5.800, & 12.000 \le x.
\end{cases}$$

Der Verlauf der Gesamtkostenfunktion bei nicht kombinierbaren Prozessen wird in Abbildung 5.11.2 durch die Kurve *ABCDEF* veranschaulicht.

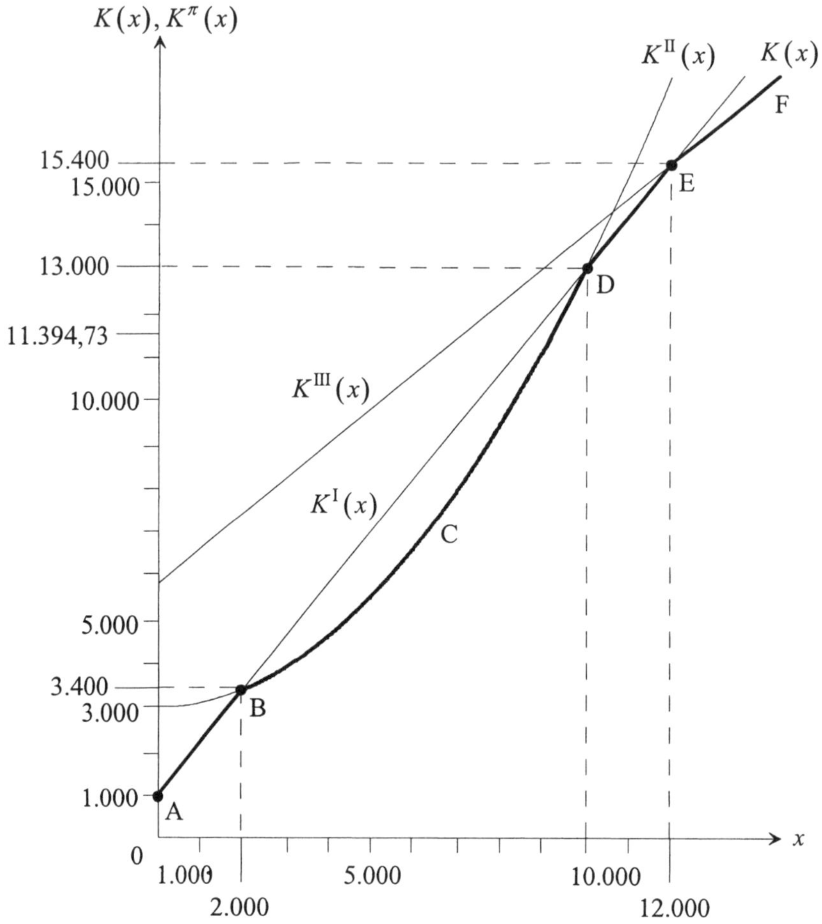

Abb. 5.11.2: Gesamtkostenfunktion bei nicht kombinierbaren Prozessen

zu c)

Sind, wie hier unterstellt, Prozesskombinationen möglich, dann müssen neben den in Aufgabenteil a) genannten Möglichkeiten der Produktion einer bestimmten Ausbringungsmenge x durch den Einsatz jeweils nur eines Prozesses nunmehr auch die verschiedenen Möglichkeiten der Kombination von mehreren Prozessen ins Kalkül einbezogen werden, nämlich

(1) die Kombination der Prozesse I und II,

(2) die Kombination der Prozesse II und III,

(3) die Kombination der Prozesse I und III sowie

(4) die Kombination aller drei Prozesse.

Um entscheiden zu können, für welche Ausbringungsmenge x welcher Prozess bzw. welche Prozesskombination eingesetzt werden sollte, müssen zunächst – analog zu Aufgabenteil b) – für die Prozesskombinationen die entsprechenden Kostenfunktionen ermittelt werden.

Bezeichne x^{π}, $\pi = \text{I,II,III}$, die mit Prozess π erzeugte Ausbringungsmenge, wobei gilt: $x^{\text{I}} + x^{\text{II}} + x^{\text{III}} = x$. Dann ist zur Ermittlung der Kostenfunktion der Kombination der Prozesse I und II folgende Minimierungsaufgabe zu lösen:

$$\begin{aligned} \min_{x^{\text{I}},x^{\text{II}}} K^{\text{I,II}}\left(x^{\text{I}},x^{\text{II}}\right) &= q_1 \cdot r_1^{\text{I}}\left(x^{\text{I}}\right) + q_2 \cdot r_2^{\text{I}}\left(x^{\text{I}}\right) + K_{Anlauf}^{\text{I}} \\ &+ q_1 \cdot r_1^{\text{II}}\left(x^{\text{II}}\right) + q_2 \cdot r_2^{\text{II}}\left(x^{\text{II}}\right) + K_{Anlauf}^{\text{II}} \end{aligned} \tag{1}$$

unter den Nebenbedingungen:

$$x^{\text{I}} + x^{\text{II}} = x,$$
$$x^{\text{I}}, x^{\text{II}} \geq 0.$$

Schreibt man die erste Nebenbedingung in der Form $x^{\text{I}} = x - x^{\text{II}}$, setzt diese zusammen mit den Faktoreinsatzfunktionen $r_1^{\pi}\left(x^{\pi}\right)$ und $r_2^{\pi}\left(x^{\pi}\right)$, $\pi = \text{I,II}$, in obige Zielfunktion ein und berücksichtigt ferner, dass die Anlauf- bzw. Fixkosten für die Kostenminimierung bei unterstellter Kombination der Prozesse irrelevant sind, dann erhält man das vereinfachte Optimierungsproblem:

$$\min_{x^{\text{II}}} K_{var}^{\text{I,II}}\left(x^{\text{II}}\right) = \frac{6}{5} \cdot \left(x - x^{\text{II}}\right) + \frac{1}{10.000}\left(x^{\text{II}}\right)^2$$

unter der Nebenbedingung:

$$0 \leq x^{\text{II}} \leq x.$$

Mittels Nullsetzen der ersten Ableitung von $K_{var}^{\text{I,II}}\left(x^{\text{II}}\right)$ nach x^{II} erhält man die notwendige Bedingung für eine Lösung mit $0 < x^{\text{II}} < x$:

$$\left[K^{\text{I,II}}\left(x^{\text{II}}\right)\right]' = -\frac{6}{5} + 2 \cdot \frac{1}{10.000} x^{\text{II}} = 0$$

$$\Rightarrow \quad x^{\text{II}} = 6.000,$$
$$x^{\text{I}} = x - 6.000.$$

Wegen $\left[K^{\mathrm{I,II}}\left(x^{\mathrm{II}}\right)\right]'' > 0$ liegt hier ein Kostenminimum vor. Demnach wird man bei unterstellter Kombination der Prozesse I und II und einer Gesamtausbringungsmenge von $x > 6.000$ stets 6.000 Mengeneinheiten mit Prozess II und die Restmenge mit Prozess I fertigen. Dies ist auch plausibel, da die streng monoton steigenden Grenzkosten der Produktion mit Prozess II

$$\left[K^{\mathrm{II}}\left(x^{\mathrm{II}}\right)\right]' = \frac{1}{5.000} x^{\mathrm{II}},$$

mit

$$\left[K^{\mathrm{II}}\left(x^{\mathrm{II}}\right)\right]'' = \frac{1}{5.000} > 0,$$

bis zu einer Ausbringungsmenge von 6.000 Mengeneinheiten die konstanten Grenzkosten der Produktion mit Prozess I in Höhe von $\frac{6}{5}$ unterschreiten. Ab einer Menge von 6.000 Mengeneinheiten ist die Produktion mit Prozess II wegen weiter steigender Grenzkosten im Vergleich zur Produktion mit konstanten Grenzkosten im Fall eines Wechsels zu Prozess I kostenungünstiger, so dass es zu einem Verfahrenswechsel zugunsten von Prozess I kommt. Für Gesamtausbringungsmengen $x < 6.000$ wird man dagegen aufgrund der Grenzkostenüberlegungen auf die Produktion positiver Ausbringungsmengen mit Prozess I verzichten und die Gesamtausbringungsmenge ausschließlich mit Prozess II fertigen.

Es sei hier nochmals darauf hingewiesen, dass die oben zugrunde gelegte Vereinfachung des Kostenminimierungsproblems und die nachfolgenden Grenzkostenüberlegungen auf der entscheidenden Annahme beruhen, dass die Prozesse I und II kombiniert werden und infolgedessen unabhängig von der konkreten Aufteilung der Fertigung der Ausbringungsmenge x auf die beiden Prozesse I und II in jedem Fall die Anlauf- bzw. Fixkosten beider Prozesse anfallen. Zudem dürfen die Kostenfunktionen nicht (streng) konkav sein (siehe hierzu auch Aufgabe 4.13). Ohne diese Annahmen müsste die optimale Aufteilung auf der Basis eines Gesamtkostenvergleichs ermittelt werden. Durch einen solchen Gesamtkostenvergleich wäre dann bereits an dieser Stelle absehbar, dass eine Kombination der Prozesse I und II für die Herstellung bestimmter Ausbringungsmengen nicht sinnvoll ist, weil durch diese Kombination zusätzliche Anlauf- bzw. Fixkosten für Prozess I anfallen, ohne dass Prozess I mit einer positiven Ausbringung zur Produktion der Gesamtausbringungsmenge x beiträgt.

Unterstellt man dennoch, dass stets beide Prozesse kombiniert werden, dann erhält man durch Einsetzen von x^{I} und x^{II} in Formel (1) die Kostenfunktion:

$$K^{\text{I,II}}(x) = \begin{cases} \frac{6}{5}\cdot 0 + 1.000 + \frac{1}{10.000}x^2 + 3.000, & 0 \le x < 6.000, \\ \frac{6}{5}\cdot(x - 6.000) + 1.000 + \frac{1}{10.000}\cdot(6.000)^2 + 3.000, & 6.000 \le x, \end{cases}$$

$$= \begin{cases} \frac{1}{10.000}x^2 + 4.000, & 0 \le x < 6.000, \\ \frac{6}{5}x + 400, & 6.000 \le x. \end{cases}$$

Analoges Vorgehen bezüglich der Kombination der Prozesse II und III liefert mit $x^{\text{III}} = x - x^{\text{II}}$ zunächst:

$$\min_{x^{\text{II}}} K_{var}^{\text{II,III}}\left(x^{\text{II}}\right) = \frac{1}{10.000}\left(x^{\text{II}}\right)^2 + \frac{4}{5}\cdot\left(x - x^{\text{II}}\right)$$

unter der Nebenbedingung:

$$0 \le x^{\text{II}} \le x.$$

Hieraus folgt dann:

$$\left[K^{\text{II,III}}\left(x^{\text{II}}\right)\right]' = 2\cdot\frac{1}{10.000}x^{\text{II}} - \frac{4}{5} = 0$$

$$\Rightarrow \qquad x^{\text{II}} = 4.000,$$

$$x^{\text{III}} = x - 4.000.$$

Wegen $\left[K^{\text{II,III}}\left(x^{\text{II}}\right)\right]'' > 0$ ist auch dies ein Kostenminimum. Entsprechend lautet die Kostenfunktion bei unterstellter Kombination der Prozesse II und III:

$$K^{\text{II,III}}(x) = \begin{cases} \frac{1}{10.000}x^2 + 3.000 + \frac{4}{5}\cdot 0 + 5.800, & 0 \le x < 4.000, \\ \frac{1}{10.000}(4.000)^2 + 3.000 + \frac{4}{5}(x - 4.000) + 5.800, & 4.000 \le x, \end{cases}$$

$$= \begin{cases} \frac{1}{10.000}x^2 + 8.800, & 0 \le x < 4.000, \\ \frac{4}{5}x + 7.200, & 4.000 \le x. \end{cases}$$

Betrachtet man als Nächstes die Kombination der beiden linearlimitationalen Produktionsprozesse I und III, dann ist aufgrund der üblichen Grenzkostenüberlegungen sofort klar, dass man für die Fertigung der Ausbringungsmenge x stets nur denjenigen Prozess einsetzen wird, der die geringeren konstanten Grenzkosten aufweist, sofern man nicht aus zwingenden Gründen, wie z.B. Ressourcenbeschränkungen, auf den Prozess mit den höheren Grenzkosten ausweichen muss. Da hier Prozess III im Vergleich zu Prozess I die niedrigeren Grenzkosten aufweist, gilt für die Kostenfunktion bei unterstellter Kombination beider Prozesse:

$$\begin{aligned} K^{\mathrm{I,III}}(x) &= \frac{6}{5} \cdot 0 + 1.000 + \frac{4}{5} x + 5.800 \\ &= \frac{4}{5} x + 6.800. \end{aligned}$$

Als letzte Möglichkeit verbleibt noch die Kombination aller drei Prozesse. Die zugehörige Kostenfunktion lässt sich sehr leicht aus der Kostenfunktion $K^{\mathrm{II,III}}(x)$ der Kombination der Prozesse II und III herleiten, indem man die Anlauf- bzw. Fixkosten des Prozesses I hinzu addiert. Denn bei unterstellter Kombination aller drei Prozesse würde man auf die Produktion positiver Ausbringungsmengen durch Prozess I aufgrund der im Vergleich zu Prozess III höheren Grenzkosten verzichten, so dass lediglich die verbleibenden Anlauf- bzw. Fixkosten von Prozess I zusätzlich anfallen und ansonsten die Produktion der Ausbringungsmenge x gemäß der üblichen Grenzkostenüberlegung bei (schwach) konvexen Kostenfunktionen auf die Prozesse II und III aufgeteilt wird. Man hat also:

$$\begin{aligned} K^{\mathrm{I,II,III}}(x) &= K^{\mathrm{II,III}}(x) + 1000 \\ &= \begin{cases} \dfrac{1}{10.000} x^2 + 9.800, & 0 \le x < 4.000, \\ \dfrac{4}{5} x + 8.200, & 4.000 \le x. \end{cases} \end{aligned}$$

Es ist nun unmittelbar erkennbar, dass die Kombination aller drei Prozesse durch die Kombination der beiden Prozesse II und III kostenmäßig dominiert wird. Weiterhin wird man einer Kombination der Prozesse I und III je nach Ausbringungsmenge stets den Einsatz nur eines der beiden Prozesse vorziehen (siehe auch Aufgabenteil a)), da auf diese Weise Anlauf- bzw. Fixkosten eingespart werden können. Somit müssen für eine kostenoptimale Aufteilung der Produktion nur noch die Kostenfunktionen $K^{\pi}(x)$, $\pi = \mathrm{I,II,III}$, bei alleinigem Einsatz jeweils nur eines Prozesses bzw. die hieraus resultierende Gesamtkostenfunktion $K(x)$

aus Aufgabenteil b) mit den Kostenfunktionen $K^{\text{I,II}}(x)$ bzw. $K^{\text{II,III}}(x)$ bei Kombination der Prozesse I und II bzw. II und III verglichen werden.

Vergleicht man die Kostenfunktion $K^{\text{II,III}}(x)$ bei Kombination der Prozesse II und III abschnittsweise mit den Kostenfunktionen $K^{\text{II}}(x)$ und $K^{\text{III}}(x)$ bei Einsatz jeweils nur eines der beiden Prozesse, dann zeigt sich , dass sich beide Äste der Kostenfunktion $K^{\text{II,III}}(x)$ jeweils nur in Bezug auf die Höhe der Fixkosten von einer der beiden Kostenfunktionen $K^{\text{II}}(x)$ und $K^{\text{III}}(x)$ unterscheiden und dass entsprechend die Kombination der Prozesse II und III in dem Ausbringungsmengenintervall $0 \le x < 4.000$ durch den alleinigen Einsatz des Prozesses II und für Ausbringungsmengen $x \ge 4.000$ durch den alleinigen Einsatz von Prozess III kostenmäßig dominiert wird. Folglich ist die Kombination der Prozesse II und III stets suboptimal, weshalb sie von den weiteren Betrachtungen ausgeschlossen werden kann.

Weiterhin ergibt sich analog aus dem Vergleich der Kostenfunktion $K^{\text{I,II}}(x)$ bei Kombination der Prozesse I und II mit der Kostenfunktionen $K^{\text{II}}(x)$, dass für Ausbringungsmengen x, $0 \le x < 6.000$, der alleinige Einsatz von Prozess II die Kombination der Prozesse I und II kostenmäßig dominiert, so dass sich für diese Ausbringungsmengen die gleiche Lösung wie in Aufgabenteil b) ergibt. Betrachtet man dagegen Ausbringungsmengen $x \ge 6.000$, dann zeigt sich, dass solche Ausbringungsmengen durch die Kombination der Prozesse I und II kostengünstiger hergestellt werden können als durch den alleinigen Einsatz von Prozess I. Infolgedessen wird nicht mehr – wie in Aufgabenteil b) – erst bei der Ausbringungsmenge $\hat{x}_2 = 10.000$ (Punkt *D* in den Abbildungen 5.11.2 und 5.11.3), sondern bereits bei einer geringeren Ausbringung $\tilde{x}_2$ (Punkt *D'* in Abbildung 5.11.3) ein Verfahrenswechsel von Prozess II zur Kombination der Prozesse I und II vollzogen, indem ab dieser geringeren Ausbringung $\tilde{x}_2$ alle zusätzlichen Ausbringungsmengeneinheiten nur noch mit Prozess I hergestellt werden. Die Ausbringungsmenge $\tilde{x}_2$ errechnet sich aus:

$$
\begin{aligned}
& K^{\text{I,II}}(x) \le K^{\text{II}}(x) \\
\Leftrightarrow \quad & \frac{6}{5}x + 400 \le \frac{1}{10.000}x^2 + 3.000 \\
\Leftrightarrow \quad & 0 \le \frac{1}{10.000}x^2 - \frac{6}{5}x + 2.600 \\
\Leftrightarrow \quad & 0 \le x^2 - 12.000x + 26.000.000
\end{aligned}
$$

$$\Rightarrow \quad \tilde{x}_{1,2} = 6.000 \pm \frac{1}{2}\sqrt{(-12.000)^2 - 4 \cdot 26.000.000}$$
$$= 6.000 \pm \frac{1}{2}\sqrt{40.000.000}$$
$$= 6.000 \pm 1000 \cdot \sqrt{10}$$
$$\Rightarrow \quad \tilde{x}_1 \approx 2.837{,}72 < 6.000,$$
$$\tilde{x}_2 \approx 9.162{,}28.$$

Darüber hinaus wird aufgrund der im Vergleich zu Prozess I günstigeren Produktionskosten der Kombination der Prozesse I und II statt des Verfahrenswechsels von Prozess I zu Prozess III, der bisher bei der Ausbringungsmenge $\hat{x}_5 = 12.000$ eintrat (siehe Aufgabenteil b)) sowie Punkt E in den Abbildungen 5.11.2 und 5.11.3), nunmehr erst bei der Ausbringung $\tilde{x}_3$, $\tilde{x}_3 > \hat{x}_5$, ein Verfahrenswechsel von der Kombination der Prozesse I und II zu Prozess III stattfinden (siehe Punkt E' in Abbildung 5.11.3), wobei sich $\tilde{x}_3$ aus

$$K^{\text{III}}(x) \le K^{\text{I,II}}(x)$$
$$\Leftrightarrow \quad \frac{4}{5}x + 5.800 \le \frac{6}{5}x + 400$$
$$\Leftrightarrow \quad 5.400 \le \frac{2}{5}x$$
$$\Leftrightarrow \quad 13.500 \le x$$
$$\Rightarrow \quad \tilde{x}_3 = 13.500$$

ergibt. Im Ergebnis erhält man die Gesamtkostenfunktion:

$$\tilde{K}(x) = \begin{cases} \frac{6}{5}x + 1.000, & 0 \le x < 2.000, \\ \frac{1}{10.000}x^2 + 3.000, & 2.000 \le x < 9.162{,}28, \\ \frac{6}{5}x + 400, & 9.162{,}28 \le x < 13.500, \\ \frac{4}{5}x + 5.800, & 13.500 \le x. \end{cases}$$

Der entsprechende Gesamtkostenverlauf bei Kombinierbarkeit der drei Prozesse wird durch die Kurve $ABCD'E'F$ in Abbildung 5.11.3 veranschaulicht.

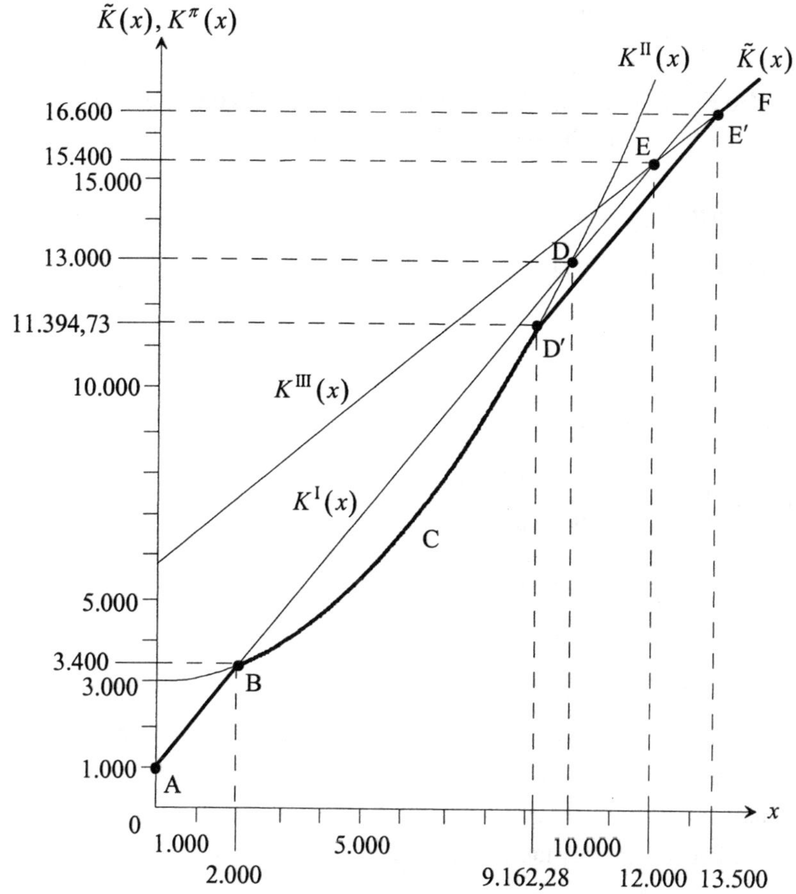

Abb. 5.11.3: Gesamtkostenverlauf bei kombinierbaren Prozessen

Aufgabe 5.12 Kombinierbare LEONTIEF-Prozesse mit technischem Fortschritt

Gegeben seien die dynamischen linearlimitationalen Produktionsprozesse

$$v^{\pi}(t)=\left(\bar{x};r_1^{\pi}(t);r_2^{\pi}(t)\right),\quad \pi=\text{I,II,III},$$

mit

$$v^{\text{I}}(t)=\left(\bar{x};\frac{10}{t-t_0+5};\frac{50}{t-t_0+5}\right),$$
$$v^{\text{II}}(t)=\left(\bar{x};\frac{60}{t-t_0+10};\frac{30}{t-t_0+5}\right),$$
$$v^{\text{III}}(t)=\left(\bar{x};\frac{70}{t-t_0+5};\frac{10}{t-t_0+5}\right),$$

wobei $t\geq t_0$. Ferner seien die Prozesse kombinierbar.

a) Zeichnen Sie die Prozessstrahlen für den Zeitpunkt $t=t_0$ in ein $(r_1;r_2)$-Diagramm ein. Sind die Prozesse im Zeitpunkt $t=t_0$ effizient? Zeichnen Sie weiterhin die im Zeitpunkt $t=t_0$ für die Herstellung der Ausbringungsmenge $\bar{x}$ effizienten Produktionspunkte in das Diagramm ein.

b) Bei welchen Prozessen liegt faktorneutraler technischer Fortschritt vor?

c) Bei welchen Prozesspaaren $\left[v^{\pi}(t),v^{\tilde{\pi}}(t)\right]$, $\pi,\tilde{\pi}\in\{\text{I,II,III}\}$, $\pi\neq\tilde{\pi}$, liegt gleichmäßiger technischer Fortschritt vor?

d) Bestimmen Sie denjenigen Zeitpunkt $\hat{t}$, bis zu dem keiner der drei Prozesse durch eine Kombination der beiden anderen Prozesse dominiert werden kann. Welcher Prozess wird nach diesem Zeitpunkt durch eine geeignete Kombination der beiden anderen Prozesse dominiert?

e) In welchem Verhältnis müssen ab dem in Aufgabenteil d) ermittelten Zeitpunkt $\hat{t}$ die Faktorpreise $q_1(t)$ und $q_2(t)$, $t>\hat{t}$, der Faktoren 1 und 2 im Zeitablauf zueinander stehen, damit die (beliebige) Kombination zweier Prozesse kostenoptimal ist bzw. bleibt. Kommentieren Sie das Ergebnis.

Lösung zu Aufgabe 5.12

zu a)

Durch Einsetzen von $t = t_0$ in $v^\pi(t)$ erhält man die Produktionspunkte

$$v^{\mathrm{I}}(t_0) = (\bar{x};2;10),$$
$$v^{\mathrm{II}}(t_0) = (\bar{x};6;6),$$
$$v^{\mathrm{III}}(t_0) = (\bar{x};14;2).$$

Die zu den Prozessen $v^\pi(t)$ gehörenden Prozessstrahlen sind aufgrund der Linearlimitationalität Halbgeraden, die durch den Ursprung und die Produktionspunkte $v^\pi(t_0)$ laufen (siehe Abbildung 5.12.1).

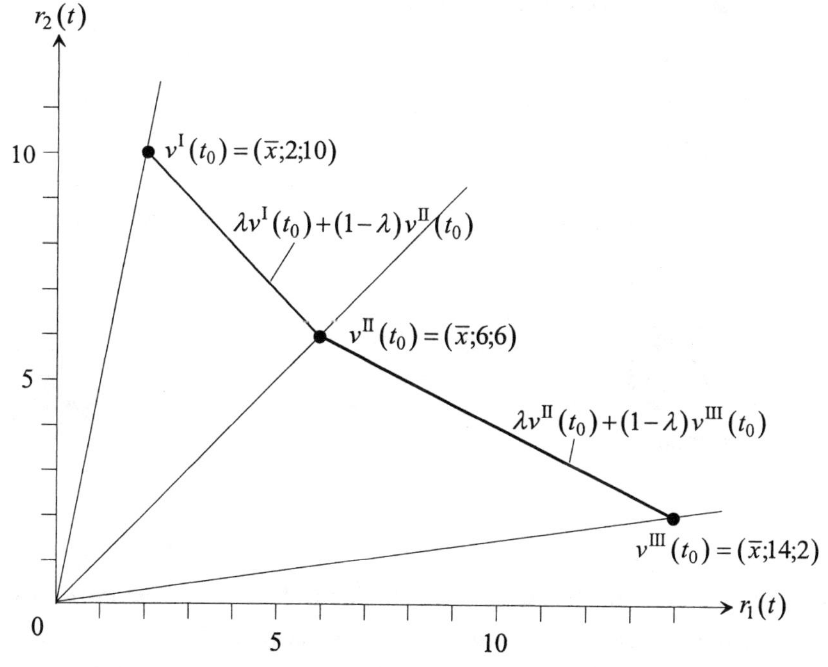

Abb. 5.12.1: Prozessstrahlen und effiziente Produktionspunkte in $t = t_0$

Alle drei Prozesse sind wegen

$$r_1^{\mathrm{I}}(t_0) < r_1^{\mathrm{II}}(t_0) < r_1^{\mathrm{III}}(t_0) \text{ und}$$

$$r_2^{\mathrm{I}}(t_0) > r_2^{\mathrm{II}}(t_0) > r_2^{\mathrm{III}}(t_0)$$

zum Zeitpunkt $t = t_0$ effizient. Die effizienten Produktionspunkte liegen auf dem Streckenzug $\overline{v^{\mathrm{I}}(t_0)v^{\mathrm{II}}(t_0)v^{\mathrm{III}}(t_0)}$ und sind in der Abbildung 5.12.1 fett hervorgehoben.

zu b)

Da das Faktoreinsatzmengenverhältnis

$$\frac{r_1^{\mathrm{I}}(t)}{r_2^{\mathrm{I}}(t)} = \frac{\dfrac{10}{t - t_0 + 5}}{\dfrac{50}{t - t_0 + 5}} = \frac{10}{50} = \frac{1}{5}$$

des Prozesses I unabhängig von t ist, liegt bei Prozess I faktorneutraler technischer Fortschritt vor. Das Gleiche gilt wegen

$$\frac{r_1^{\mathrm{III}}(t)}{r_2^{\mathrm{III}}(t)} = \frac{\dfrac{70}{t - t_0 + 5}}{\dfrac{10}{t - t_0 + 5}} = 7 \text{ (unabhängig von } t\text{)}$$

auch für Prozess III. Dagegen ist der technische Fortschritt bei Prozess II wegen

$$\frac{r_1^{\mathrm{II}}(t)}{r_2^{\mathrm{II}}(t)} = \frac{\dfrac{60}{t - t_0 + 10}}{\dfrac{30}{t - t_0 + 5}} = 2 \cdot \frac{t - t_0 + 5}{t - t_0 + 10} \neq \text{const.}$$

nicht faktorneutral.

zu c)

Als Implikation der Ergebnisse aus Aufgabenteil b) kann bei einem Prozesspaar, an dem Prozess II beteiligt ist, kein gleichmäßiger neutraler Fortschritt vorliegen. Daher muss nur noch das Prozesspaar $\left[v^{\mathrm{I}}(t), v^{\mathrm{III}}(t)\right]$ in Bezug auf die Gleichmäßigkeit des technischen Fortschritts überprüft werden. Hierzu betrachten wir zwei (beliebige) Zeitpunkte $\tilde{t}$ und $\tilde{\tilde{t}}$, $\tilde{t}$, $\tilde{\tilde{t}} \geq t_0$, $\tilde{\tilde{t}} > \tilde{t}$:

$$\frac{r_1^{\mathrm{I}}(\tilde{t})}{r_1^{\mathrm{I}}\left(\tilde{\tilde{t}}\right)} = \frac{\tilde{\tilde{t}} - t_0 + 5}{\tilde{t} - t_0 + 5} = \frac{r_1^{\mathrm{III}}(\tilde{t})}{r_1^{\mathrm{III}}\left(\tilde{\tilde{t}}\right)} = \gamma \text{ und}$$

$$\frac{r_2^{\mathrm{I}}(\tilde{t})}{r_2^{\mathrm{I}}\left(\tilde{\tilde{t}}\right)}=\frac{\tilde{\tilde{t}}-t_0+5}{\tilde{t}-t_0+5}=\frac{r_2^{\mathrm{III}}(\tilde{t})}{r_2^{\mathrm{III}}\left(\tilde{\tilde{t}}\right)}=\gamma .$$

Demnach ist bei den beiden Prozessen I und III das Tempo des technischen Fortschritts in Bezug auf beide Faktoreinsatzmengen identisch ist, so dass hier gleichmäßiger neutraler Fortschritt vorliegt.

zu d)

Betrachtet man zunächst die Faktoreinsatzfunktionen der drei Prozesse, dann stellt man fest, dass diese einen in Bezug auf die Zeit t hyperbolischen und damit konvex fallenden Verlauf aufweisen. Das Tempo des technischen Fortschritts schwächt sich demzufolge im Zeitablauf ab. Weiterhin fällt auf, dass das Tempo des technischen Fortschritts bei Prozess II in Bezug auf Faktor 1 geringer ist als bei den Prozessen I und III, da

$$\frac{r_1^{\mathrm{II}}(\tilde{t})}{r_1^{\mathrm{II}}\left(\tilde{\tilde{t}}\right)}=\frac{\tilde{\tilde{t}}-t_0+10}{\tilde{t}-t_0+10}<\frac{\tilde{\tilde{t}}-t_0+5}{\tilde{t}-t_0+5}=\gamma ,$$

während bezüglich Faktor 2 gilt:

$$\frac{r_2^{\mathrm{II}}(\tilde{t})}{r_2^{\mathrm{II}}\left(\tilde{\tilde{t}}\right)}=\frac{\tilde{\tilde{t}}-t_0+5}{\tilde{t}-t_0+5}=\gamma .$$

Folglich wird Prozess II nicht mit dem Tempo des technischen Fortschritts der beiden anderen Prozesse mithalten können, so dass Prozess II zu einem bestimmten zukünftigen Zeitpunkt $\hat{t}$ von einer Kombination der beiden Prozesse I und III dominiert und damit ineffizient wird. Die Prozesse I und III können dagegen nicht durch Kombinationen mit Beteiligung von Prozess II dominiert werden, da sich jede beliebige Kombination mit Beteiligung von Prozess II langsamer technisch fortentwickelt als die Prozesse I und III, die ja zum Zeitpunkt $t=t_0$ effizient waren.

Im letzten Zeitpunkt $\hat{t}$, zu dem Prozess II noch nicht durch die Realisierung einer bestimmten Kombination der Prozesse I und III dominiert werden kann, darf bei Prozess II die Faktoreinsatzmenge mindestens eines der beiden Faktoren nicht größer sein als die entsprechende Faktoreinsatzmenge einer geeignet gewählten

Kombination der beiden Prozesse I und III. Oder anders ausgedrückt: Der Zeitpunkt $\hat{t}$ ist der letzte Zeitpunkt, zu dem sich noch kein Mischungsparameter λ angeben lässt, bei dessen Anwendung die Kombination der Prozesse I und III bei mindestens einem Faktor eine geringere und bei keinem Faktor eine höhere Einsatzmenge aufweist als der bei Einsatz von Prozess II realisierbare Produktionspunkt $v^{\mathrm{II}}(\hat{t})$. Bezeichne $\tilde{t}$ den unmittelbar auf $\hat{t}$ folgenden Zeitpunkt, also denjenigen Zeitpunkt, zu dem man erstmals eine den Prozess II dominierende Kombination der Prozesse I und III angeben kann, dann ist die zu diesem Zeitpunkt $\tilde{t}$ realisierbare Kombination der Prozesse I und III durch eine im Vergleich zu Prozess II geringere Faktoreinsatzmenge bei mindestens einem Faktor gekennzeichnet. Sei dies ohne Beschränkung der Allgemeinheit Faktor 1; dann gilt für den Zeitpunkt $\tilde{t}$ und eine geeignet gewählte Prozesskombination $\lambda v^{\mathrm{I}}(\tilde{t})+(1-\lambda)v^{\mathrm{III}}(\tilde{t}),\ 0\le\lambda\le 1$:

$$\lambda r_1^{\mathrm{I}}(\tilde{t})+(1-\lambda)r_1^{\mathrm{III}}(\tilde{t})<r_1^{\mathrm{II}}(\tilde{t}),$$

$$\lambda r_2^{\mathrm{I}}(\tilde{t})+(1-\lambda)r_2^{\mathrm{III}}(\tilde{t})=r_2^{\mathrm{II}}(\tilde{t}).$$

Hieraus erhält man durch Einsetzen der Inputgleichungen von $r_i^{\pi}(\tilde{t}),\ i=1,2,$ $\pi=\mathrm{I,II,III}$, die Bedingungen:

$$\frac{10\lambda+(1-\lambda)\cdot 70}{\tilde{t}-t_0+5}=\frac{70-60\lambda}{\tilde{t}-t_0+5}<\frac{60}{\tilde{t}-t_0+10}, \tag{1}$$

$$\frac{50\lambda+(1-\lambda)\cdot 10}{\tilde{t}-t_0+5}=\frac{40\lambda+10}{\tilde{t}-t_0+5}=\frac{30}{\tilde{t}-t_0+5}. \tag{2}$$

Aus (2) ergibt sich sofort:

$$40\lambda=20\Leftrightarrow\lambda=\frac{1}{2}. \tag{3}$$

Das Einsetzen von (3) in (1) führt schließlich zu:

$$\begin{aligned}
&\frac{70-60\cdot\frac{1}{2}}{\tilde{t}-t_0+5}=\frac{40}{\tilde{t}-t_0+5}<\frac{60}{\tilde{t}-t_0+10}\\
\Leftrightarrow\quad & 40\cdot(\tilde{t}-t_0)+400<60\cdot(\tilde{t}-t_0)+300\\
\Leftrightarrow\quad & 100<20\cdot(\tilde{t}-t_0)\\
\Leftrightarrow\quad & 5<\tilde{t}-t_0\\
\Leftrightarrow\quad & \hat{t}=t_0+5<\tilde{t}.
\end{aligned}$$

Demnach kann man nach dem Zeitpunkt $\hat{t} = t_0 + 5$ eine geeignete Kombination der Prozesse I und III angeben, die Prozess II dominiert.

Das gleiche Ergebnis lässt sich auch herleiten, wenn man annimmt, dass durch die Kombination der Prozesse I und III von Zeitpunkt $\tilde{t}$ an im Vergleich zu Prozess II weniger von Faktor 2 (statt von Faktor 1) eingesetzt wird. Man erhält dann die Bedingungen:

$$\lambda r_1^{\mathrm{I}}(\tilde{t}) + (1-\lambda) r_1^{\mathrm{III}}(\tilde{t}) = r_1^{\mathrm{II}}(\tilde{t})$$

und

$$\lambda r_2^{\mathrm{I}}(\tilde{t}) + (1-\lambda) r_2^{\mathrm{III}}(\tilde{t}) < r_2^{\mathrm{II}}(\tilde{t})$$

bzw.

$$\frac{70 - 60\lambda}{\tilde{t} - t_0 + 5} = \frac{60}{\tilde{t} - t_0 + 10} \tag{4}$$

und

$$\frac{40\lambda + 10}{\tilde{t} - t_0 + 5} < \frac{30}{\tilde{t} - t_0 + 5}. \tag{5}$$

Aus (4) und (5) folgt durch Umformen:

$$\frac{7}{6} - \frac{\tilde{t} - t_0 + 5}{\tilde{t} - t_0 + 10} = \lambda, \tag{6}$$

$$\lambda < \frac{1}{2}. \tag{7}$$

Einsetzen von (6) in (7) liefert:

$$\frac{7}{6} - \frac{\tilde{t} - t_0 + 5}{\tilde{t} - t_0 + 10} < \frac{1}{2}.$$

Nach einigen Äquivalenzumformungen erhält man hieraus wieder:

$$t_0 + 5 < \tilde{t}.$$

Schließlich lässt sich der Zeitpunkt $\hat{t}$ mit Hilfe einer weiteren Überlegung herleiten: Aus der Analyse des Tempos des technischen Fortschritts in Aufgabenteil b) ist bekannt, dass bei den Prozessen I und III gleichmäßiger neutraler Fortschritt vorliegt, wobei zusätzlich das Fortschrittstempo von Prozess II bezüglich

Faktor 1 hinter demjenigen der Prozesse I und III zurückbleibt. In der graphischen Anschauung bedeutet dies, dass die Verbindungsstrecke $\overline{v^{I}(t)v^{III}(t)}$, auf der alle (konvexen) Kombinationen der (effizienten) Prozesspunkte $v^{I}(t)$ und $v^{III}(t)$ liegen, aufgrund des gleichmäßigen neutralen Fortschritts zu jedem Zeitpunkt die gleiche konstante Steigung $m^{I,III}(t)=\bar{m}^{I,III}$ aufweist. Dagegen wird die Verbindungsstrecke $\overline{v^{I}(t)v^{II}(t)}$ mit fortlaufender Zeit aufgrund des langsameren technischen Fortschritts von Prozess II in Bezug auf Faktor 2 immer flacher, während die Verbindungsstrecke $\overline{v^{II}(t)v^{III}(t)}$ im Zeitablauf immer steiler wird. Infolgedessen gibt es einen Zeitpunkt $\hat{t}$, zu dem alle Verbindungsstecken die gleiche Steigung $m^{I,II}(\hat{t})=m^{II,III}(\hat{t})=\bar{m}^{I,III}$ aufweisen, d.h. zu dem der Prozesspunkt $v^{II}(\hat{t})$ auf der Verbindungslinie $\overline{v^{I}(\hat{t})v^{III}(\hat{t})}$ liegt und sich als effiziente Kombination der Prozesse I und III darstellen lässt. $\hat{t}$ ist dann der letzte Zeitpunkt, zu dem $v^{II}(t)$ noch nicht von einer Kombination der Prozesse I und III, d.h. von einer Mischung $\lambda v^{I}(t)+(1-\lambda)v^{III}(t)$, $0\leq\lambda\leq1$, der Prozesspunkte $v^{I}(t)$ und $v^{III}(t)$ dominiert wird. Nach diesem Zeitpunkt fällt der Prozesspunkt $v^{II}(t)$ nach „rechts oben" hinter die Verbindungslinie $\overline{v^{I}(t)v^{III}(t)}$ zurück, was gleichbedeutend mit einer Dominanz der Kombination der Prozesse I und III gegenüber dem Prozesspunkt $v^{II}(t)$ ist.

Zur Ermittlung des Zeitpunktes $\hat{t}$, zu dem alle Verbindungsgeraden $\overline{v^{\pi}(\hat{t})v^{\tilde{\pi}}(\hat{t})}$, $\pi,\tilde{\pi}\in\{I,II,III\}$, $\pi\neq\tilde{\pi}$, die gleichen Steigungen $m^{\pi,\tilde{\pi}}(\hat{t})$, mit

$$m^{\pi,\tilde{\pi}}(\hat{t})=\frac{r_2^{\tilde{\pi}}(\hat{t})-r_2^{\pi}(\hat{t})}{r_1^{\tilde{\pi}}(\hat{t})-r_1^{\pi}(\hat{t})},$$

aufweisen, genügt es zu berechnen:

$$\begin{aligned}m^{I,II}(t)&=\frac{r_2^{II}(t)-r_2^{I}(t)}{r_1^{II}(t)-r_1^{I}(t)}\\&=\frac{\dfrac{30}{t-t_0+5}-\dfrac{50}{t-t_0+5}}{\dfrac{60}{t-t_0+10}-\dfrac{10}{t-t_0+5}}\\&=-\frac{\dfrac{20}{t-t_0+5}}{\dfrac{60}{t-t_0+10}-\dfrac{10}{t-t_0+5}}\end{aligned}$$

$$= -\frac{\dfrac{20}{t-t_0+5}}{\dfrac{60\cdot(t-t_0+5)-10\cdot(t-t_0+10)}{(t-t_0+10)\cdot(t-t_0+5)}}$$
$$= -\frac{20}{t-t_0+5}\cdot\frac{(t-t_0+10)\cdot(t-t_0+5)}{60\cdot(t-t_0+5)-10\cdot(t-t_0+10)}$$
$$= -\frac{2\cdot(t-t_0+10)}{6\cdot(t-t_0+5)-(t-t_0+10)}$$
$$= -\frac{2\cdot(t-t_0)+20}{5\cdot(t-t_0)+20}$$

und

$$m^{\mathrm{I,III}}(t)=\frac{r_2^{\mathrm{III}}(t)-r_2^{\mathrm{I}}(t)}{r_1^{\mathrm{III}}(t)-r_1^{\mathrm{I}}(t)}$$
$$=\frac{\dfrac{10}{t-t_0+5}-\dfrac{50}{t-t_0+5}}{\dfrac{70}{t-t_0+5}-\dfrac{10}{t-t_0+5}}$$
$$=-\frac{40}{60}$$
$$=-\frac{2}{3}=\overline{m}^{\mathrm{I,III}}.$$

Das Gleichsetzen der Bestimmungsgleichungen für $m^{\mathrm{I,II}}(t)$ und $m^{\mathrm{I,III}}(t)=\overline{m}^{\mathrm{I,III}}$ führt dann zu dem bekannten Ergebnis:

$$m^{\mathrm{I,II}}(\hat{t})=-\frac{2\cdot(\hat{t}-t_0)+20}{5\cdot(\hat{t}-t_0)+20}\overset{!}{=}-\frac{2}{3}=\overline{m}^{\mathrm{I,III}}$$
$$\Leftrightarrow \quad 6\cdot(\hat{t}-t_0)+60=10\cdot(\hat{t}-t_0)+40$$
$$20=4\cdot(\hat{t}-t_0)$$
$$t_0+5=\hat{t}.$$

In Abbildung 5.12.2 werden die Zusammenhänge noch einmal veranschaulicht. Man erkennt, dass die (negative) Steigung $m^{\mathrm{I,II}}(t)$ der Verbindungsstrecke $\overline{v^{\mathrm{I}}(t)v^{\mathrm{II}}(t)}$ mit der Zeit zunimmt, so dass die Verbindungsstrecke $\overline{v^{\mathrm{I}}(t)v^{\mathrm{II}}(t)}$ zum Zeitpunkt $t=t_0$ steiler und zu dem späteren Zeitpunkt $t=t_0+15$ flacher als die Verbindungsstrecken $\overline{v^{\mathrm{II}}(t)v^{\mathrm{III}}(t)}$ und $\overline{v^{\mathrm{I}}(t)v^{\mathrm{III}}(t)}$ verläuft. Die (negative) Steigung $m^{\mathrm{II,III}}(t)$ der Verbindungsstrecke $\overline{v^{\mathrm{II}}(t)v^{\mathrm{III}}(t)}$ nimmt dagegen im Zeitablauf immer weiter ab; die Verbindungsstrecke $\overline{v^{II}(t)v^{III}(t)}$ verläuft also mit der Zeit immer steiler. Zum Zeitpunkt $t = \hat{t} = t_0 + 5$ weisen alle drei Verbindungs-stecken die gleiche Steigung $m^{I,II}(\hat{t}) = m^{II,III}(\hat{t}) = \overline{m}^{I,III}$ auf, so dass der Prozess-punkt $v^{II}(\hat{t})$ auf der Verbindungsstrecke $\overline{v^{I}(\hat{t})v^{III}(\hat{t})}$ liegt, sich also als effiziente Kombination der Prozesse I und III darstellen lässt. Zu diesem Zeitpunkt $t = \hat{t} = t_0 + 5$ wird Prozess II letztmalig von keiner Kombination der beiden anderen Prozesse dominiert.

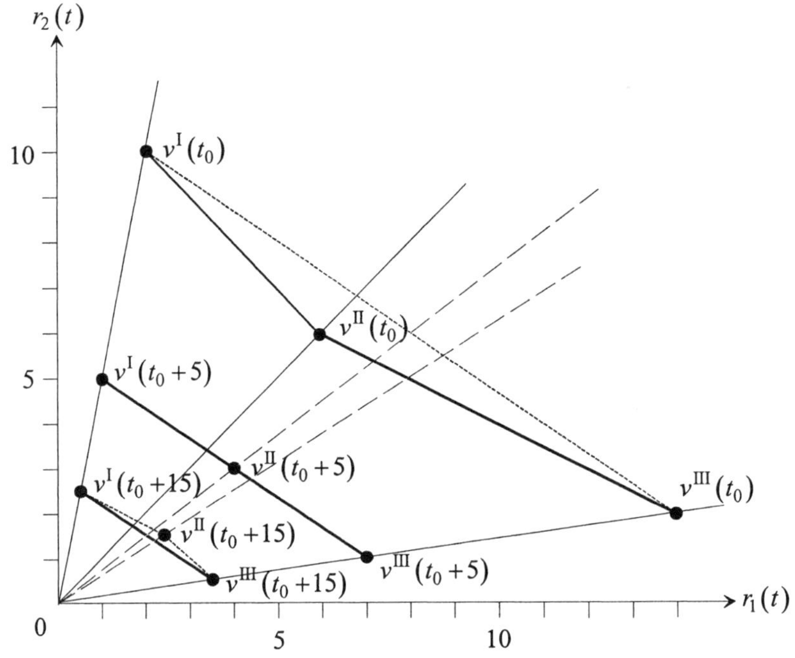

Abb. 5.12.2: Prozessstrahlen und effiziente Produktionspunkte zu den Zeitpunkten $t = t_0$, $t = \hat{t} = t_0{+}5$ und $t = t_0 + 15$

zu e)

Aus Aufgabenteil d) ist bekannt, dass nach dem Zeitpunkt $\hat{t} = t_0 + 5$ Prozess II durch eine Kombination der Prozesse I und III dominiert wird. Folglich sind nur noch die Prozesse I und III sowie beliebige Kombinationen dieser Prozesse effizient. Sollen nun diese Prozesskombinationen $\lambda v^{I}(t \geq \hat{t}) + (1-\lambda)v^{III}(t \geq \hat{t})$, $0 \leq \lambda \leq 1$, zum Zeitpunkt t, $t \geq \hat{t}$, kostenminimal sein, dann müssen diese unabhängig vom Mischungsparameter λ stets zu den gleichen Kosten führen. Dies gilt insbesondere für $\lambda = 0$ und $\lambda = 1$, also für Produktionen, bei denen lediglich einer der beiden Prozesse eingesetzt wird. Graphisch bedeutet dies, dass die effizienten Produktionen $v^{\mathrm{I}}(t)$ und $v^{\mathrm{III}}(t)$ auf der gleichen Isokostenlinie $\overline{K}(\overline{x},t)$ liegen müssen. Für die Steigung

$$m^{\overline{K}}(t) = \left.\frac{dr_2(t)}{dr_1(t)}\right|_{\overline{K}(\overline{x},t)} = -\frac{q_1(t)}{q_2(t)}$$

dieser Isokostenlinie muss demnach zum Zeitpunkt t, $t \geq \hat{t}$, gelten:

$$\left.\frac{dr_2(t)}{dr_1(t)}\right|_{\overline{K}(t)} = -\frac{q_1(t)}{q_2(t)} \stackrel{!}{=} \frac{r_2^{\mathrm{III}}(t) - r_2^{\mathrm{I}}(t)}{r_1^{\mathrm{III}}(t) - r_1^{\mathrm{I}}(t)} = m^{\mathrm{I,III}}(t) = \overline{m}^{\mathrm{I,III}} = -\frac{2}{3}.$$

Hieraus folgt sofort:

$$\frac{q_1(t)}{q_2(t)} = \frac{2}{3}.$$

Offensichtlich muss das Faktorpreisverhältnis und damit die Steigung der Isokostenlinie im Zeitablauf konstant sein. Dies ist darauf zurückzuführen, dass die Steigung $m^{\mathrm{I,III}}(t) = \overline{m}^{\mathrm{I,III}}$ der Verbindungslinie $\overline{v^{\mathrm{I}}(t)v^{\mathrm{III}}(t)}$ aufgrund des gleichmäßigen neutralen Fortschritts ebenfalls über die Zeit konstant ist (siehe auch Abbildung 5.12.2).

Aufgabe 5.13 Verfahrenswahl bei nicht kombinierbaren dynamischen LEONTIEF-Prozessen und zeitabhängigen Faktorpreisen

Gegeben seien die dynamischen linearlimitationalen Produktionsprozesse

$$v^{\pi}(t) = \left(\bar{x}; r_1^{\pi}(t); r_2^{\pi}(t)\right), \quad \pi = \mathrm{I,II,III},$$

mit

$$v^{\mathrm{I}}(t) = \left(\bar{x}; \frac{2}{t-t_0+1}; 8 + \frac{4}{t-t_0+1}\right),$$

$$v^{\mathrm{II}}(t) = \left(\bar{x}; 2 + \frac{4}{t-t_0+1}; 4\right),$$

$$v^{\mathrm{III}}(t) = \left(\bar{x}; \frac{20}{3} + \frac{10}{3\cdot(t-t_0+1)}; \frac{2}{3} + \frac{4}{3\cdot(t-t_0+1)}\right)$$

und $t \geq t_0$. Für die Faktorpreise gelte: $q_1(t) = 2$ und $q_2(t) = 3$ [€/ME].

a) Zeichnen Sie die Prozessstrahlen für den Zeitpunkt $t = t_0$ in ein $(r_1; r_2)$-Diagramm ein.

b) Ermitteln Sie die Minimalkostenkombination $v^*(t_0)$ im Zeitpunkt $t = t_0$.

c) Bestimmen Sie den Zeitpunkt, zu dem ein Verfahrenswechsel stattfindet. Welches Verfahren ist ab diesem Zeitpunkt kostenoptimal?

d) Der Preis $q_1(t)$ des ersten Faktors sei nun nicht mehr über die Zeit konstant, sondern erhöhe sich ausgehend von $q_1(t_0) = 2$ pro marginaler Zeiteinheit um den konstanten Betrag δ [€/ZE]; $q_2(t)$ bleibe unverändert, d.h. $q_2(t) = 3$ [€/ME].

   (i) Leiten Sie zunächst den Preis $q_1(t)$ in Abhängigkeit von t und den Parametern t_0 und δ her.

   (ii) Wie groß ist δ, wenn ab dem Zeitpunkt $\tilde{t} = t_0 + 6$ das Verfahren $v^{\mathrm{I}}(t)$ kostenminimal sein soll? Wie hoch ist dann der Faktorpreis $q_1(\tilde{t})$?

Lösung zu Aufgabe 5.13

zu a)

Durch Einsetzen von $t = t_0$ in $v^{\pi}(t)$, $\pi = \mathrm{I,II,III}$, erhält man die Produktionspunkte

$$v^{\mathrm{I}}(t_0) = (\overline{x};2;12),$$

$$v^{\mathrm{II}}(t_0) = (\overline{x};6;4) \text{ und}$$

$$v^{\mathrm{III}}(t_0) = (\overline{x};10;2).$$

Mit Hilfe dieser Produktionspunkte lassen sich leicht die Prozessstrahlen der drei Prozesse $v^{\pi}(t)$ zum Zeitpunkt $t = t_0$ in ein $(r_1;r_2)$-Diagramm einzeichnen (siehe Abbildung 5.13.1).

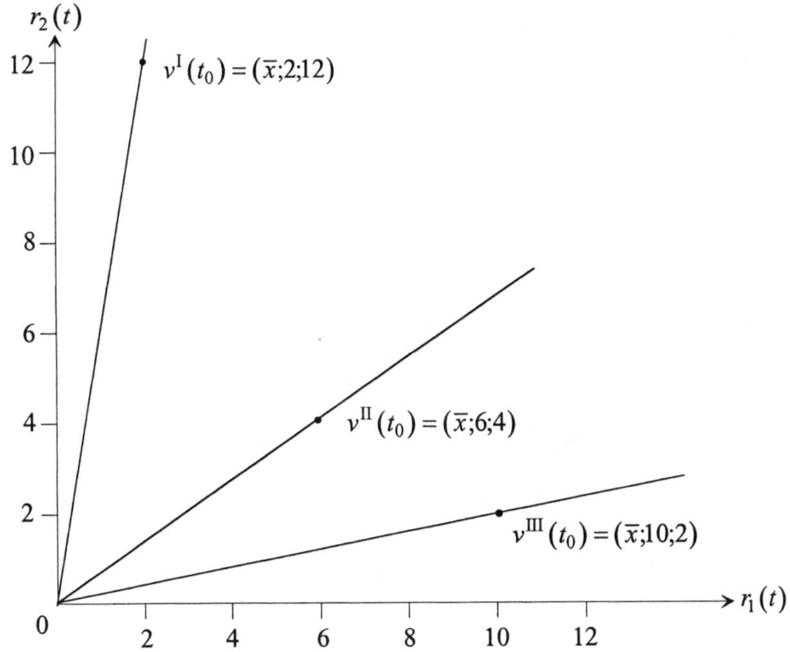

Abb. 5.13.1: Prozessstrahlen zum Zeitpunkt $t = t_0$

zu b)

Mittels Einsetzen der Faktormengen $r_1^{\pi}(t_0)$ und $r_2^{\pi}(t_0)$ sowie der Faktorpreise $q_1(t_0)$ und $q_2(t_0)$ in die Kostengleichung

$$K^{\pi}(\bar{x},t_0) = q_1(t_0)\cdot r_1^{\pi}(t_0) + q_2(t_0)\cdot r_2^{\pi}(t_0), \quad \pi = \text{I,II,III},$$

erhält man:

$$K^{\text{I}}(\bar{x},t_0) = 2\cdot 2 + 12\cdot 3 = 40,$$
$$K^{\text{II}}(\bar{x},t_0) = 6\cdot 2 + 4\cdot 3 = 24,$$
$$K^{\text{III}}(\bar{x},t_0) = 10\cdot 2 + 2\cdot 3 = 26.$$

Der Vergleich der Produktionskosten der drei Prozesse zeigt, dass zum Zeitpunkt $t = t_0$ die Produktion der Ausbringungsmenge $\bar{x}$ auf der Grundlage von Verfahren $v^{\text{II}}(t_0)$ die geringsten Kosten verursacht. Diese Situation wird in Abbildung 5.13.2 mit Hilfe von Isokostengeraden veranschaulicht:

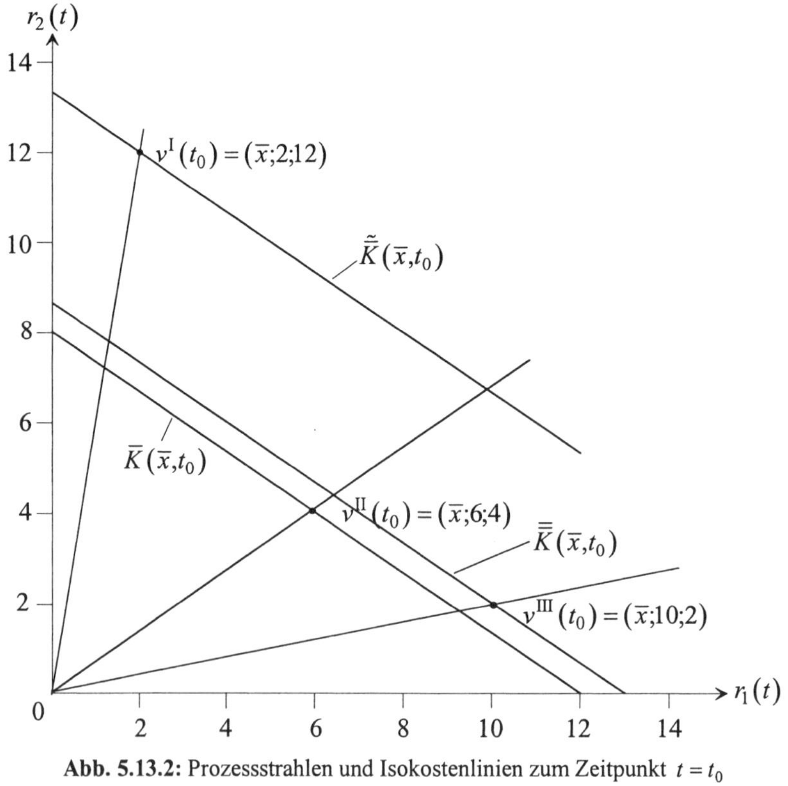

Abb. 5.13.2: Prozessstrahlen und Isokostenlinien zum Zeitpunkt $t = t_0$

Die Prozesspunkte $v^{\mathrm{I}}(t_0)$ und $v^{\mathrm{III}}(t_0)$ liegen „rechts oberhalb" der Isokostenlinie $\overline{K}(\overline{x},t_0)$ durch den Prozesspunkt $v^{\mathrm{II}}(t_0)$. Die zugehörigen Isokostenlinien $\tilde{\overline{K}}(\overline{x},t_0)$ und $\overline{\overline{K}}(\overline{x},t_0)$ spiegeln höhere Kostenniveaus als $\overline{K}(\overline{x},t_0)$ wider, so dass bezüglich der Minimalkostenkombination in $t = t_0$ gilt: $v^*(t_0) = v^{\mathrm{II}}(t_0)$.

zu c)

Ob und wann es zu einem Verfahrenswechsel von $v^{\mathrm{II}}(t)$ zu $v^{\mathrm{I}}(t)$ oder $v^{\mathrm{III}}(t)$ kommt, lässt sich durch einen direkten Vergleich der Steigung

$$m^{\overline{K}}(t) = \left.\frac{dr_2(t)}{dr_1(t)}\right|_{\overline{K}(\overline{x},t)}$$

der Isokostenlinie $\overline{K}(\overline{x},t)$ mit den Steigungen $m^{\mathrm{I,II}}(t)$ bzw. $m^{\mathrm{II,III}}(t)$ der Verbindungsstrecken $\overline{v^{\mathrm{I}}(t)v^{\mathrm{II}}(t)}$ bzw. $\overline{v^{\mathrm{II}}(t)v^{\mathrm{III}}(t)}$ feststellen. In Abbildung 5.13.3 sind diese Verbindungsstrecken für den Zeitpunkt $t = t_0$ gestrichelt dargestellt.

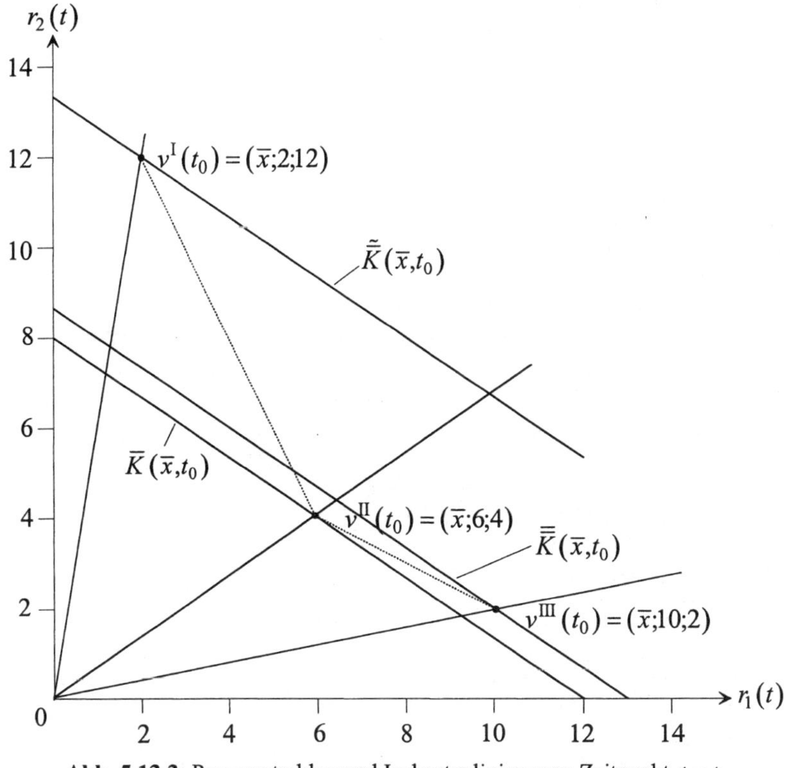

Abb. 5.13.3: Prozessstrahlen und Isokostenlinien zum Zeitpunkt $t = t_0$

Die Gleichung der Isokostenlinie $\bar{K}(\bar{x},t)$ lautet:

$$r_2(t) = -\frac{q_1(t)}{q_2(t)} \cdot r_1(t) + \frac{\bar{K}(\bar{x},t)}{q_2(t)}.$$

Ihre Steigung entspricht dem negativen Faktorpreisverhältnis

$$-\frac{q_1(t)}{q_2(t)} = -\frac{2}{3}.$$

Bezüglich der Steigungen $m^{\mathrm{I,II}}(t)$ und $m^{\mathrm{II,III}}(t)$ gilt:

$$\begin{aligned}
m^{\mathrm{I,II}}(t) &= \frac{r_2^{\mathrm{II}}(t) - r_2^{\mathrm{I}}(t)}{r_1^{\mathrm{II}}(t) - r_1^{\mathrm{I}}(t)} \\
&= \frac{4 - \left(8 + \dfrac{4}{t - t_0 + 1}\right)}{2 + \dfrac{4}{t - t_0 + 1} - \dfrac{2}{t - t_0 + 1}} \\
&= -\frac{4 + \dfrac{4}{t - t_0 + 1}}{2 + \dfrac{2}{t - t_0 + 1}} \\
&= -2 = \bar{m}^{\mathrm{I,II}};
\end{aligned}$$

$$\begin{aligned}
m^{\mathrm{II,III}}(t) &= \frac{r_2^{\mathrm{III}}(t) - r_2^{\mathrm{II}}(t)}{r_1^{\mathrm{III}}(t) - r_1^{\mathrm{II}}(t)} \\
&= \frac{\dfrac{2}{3} + \dfrac{4}{3 \cdot (t - t_0 + 1)} - 4}{\dfrac{20}{3} + \dfrac{10}{3 \cdot (t - t_0 + 1)} - \left(2 + \dfrac{4}{t - t_0 + 1}\right)} \\
&= \frac{2 + \dfrac{4}{t - t_0 + 1} - 12}{20 + \dfrac{10}{t - t_0 + 1} - 6 - \dfrac{12}{t - t_0 + 1}} \\
&= \frac{4 - 10 \cdot (t - t_0 + 1)}{14 \cdot (t - t_0 + 1) - 2} \\
&= -\frac{10 \cdot (t - t_0) + 6}{14 \cdot (t - t_0) + 12}.
\end{aligned}$$

Im Folgenden sind zwei Fälle zu untersuchen:

(1) Falls ein Zeitpunkt $\tilde{t}$ existiert mit

$$m^{\bar{K}}(\tilde{t}) = -\frac{q_1(\tilde{t})}{q_2(\tilde{t})} = m^{\mathrm{I,II}}(\tilde{t}) = \bar{m}^{\mathrm{I,II}},$$

dann sind zu diesem Zeitpunkt die Verfahren $v^{\mathrm{I}}(\tilde{t})$ und $v^{\mathrm{II}}(\tilde{t})$ kostengleich und es kommt zu einem Verfahrenswechsel zugunsten von Verfahren $v^{\mathrm{I}}(t)$, falls

$$m^{\bar{K}}(\tilde{t}) = -\frac{q_1(\tilde{t}+\varepsilon)}{q_2(\tilde{t}+\varepsilon)} < m^{\mathrm{I,II}}(\tilde{t}+\varepsilon) = \bar{m}^{\mathrm{I,II}}, \text{ mit } \varepsilon > 0, \ \varepsilon \text{ hinreichend klein.}$$

Da hier jedoch

$$m^{\bar{K}}(\tilde{t}) = -\frac{q_1(\tilde{t})}{q_2(\tilde{t})} = -\frac{2}{3} \neq -2 = m^{\mathrm{I,II}}(\tilde{t}) = \bar{m}^{\mathrm{I,II}}$$

für beliebige $\tilde{t} \geq t_0$ gilt, kommt es nie zu einem solchen Verfahrenswechsel von Verfahren $v^{\mathrm{II}}(t)$ zu Verfahren $v^{\mathrm{I}}(t)$.

(2) Analog findet zu einem Zeitpunkt $\tilde{\tilde{t}}$ ein Verfahrenswechsel von Verfahren $v^{\mathrm{II}}(t)$ zu Verfahren $v^{\mathrm{III}}(t)$ statt, falls zu diesem Zeitpunkt

$$m^{\bar{K}}(\tilde{\tilde{t}}) = -\frac{q_1(\tilde{\tilde{t}})}{q_2(\tilde{\tilde{t}})} = m^{\mathrm{II,III}}(\tilde{\tilde{t}})$$

und für unmittelbar anschließende Zeitpunkte $t = \tilde{\tilde{t}} + \varepsilon, \ \varepsilon > 0$,

$$m^{\bar{K}}(\tilde{\tilde{t}}+\varepsilon) = -\frac{q_1(\tilde{\tilde{t}}+\varepsilon)}{q_2(\tilde{\tilde{t}}+\varepsilon)} > m^{\mathrm{II,III}}(\tilde{\tilde{t}}+\varepsilon)$$

gilt. Durch Einsetzen erhält man hier zunächst:

$$m^{\bar{K}}(\tilde{\tilde{t}}) = -\frac{q_1(\tilde{\tilde{t}})}{q_2(\tilde{\tilde{t}})} = -\frac{2}{3} = -\frac{10\cdot(\tilde{\tilde{t}}-t_0)+6}{14\cdot(\tilde{\tilde{t}}-t_0)+12} = m^{\mathrm{II,III}}(\tilde{\tilde{t}})$$

$$\Leftrightarrow \quad 28\cdot(\tilde{\tilde{t}}-t_0)+24 = 30\cdot(\tilde{\tilde{t}}-t_0)+18$$

$$\Leftrightarrow \quad 6 = 2\cdot(\tilde{\tilde{t}}-t_0)$$

$$\Leftrightarrow \qquad 3 = \tilde{\tilde{t}} - t_0$$

$$\Leftrightarrow \qquad t_0 + 3 = \tilde{\tilde{t}}.$$

Einsetzen von $\tilde{\tilde{t}} + \varepsilon = t_0 + 3 + \varepsilon$ in die Ungleichung

$$m^{\bar{K}}\left(\tilde{\tilde{t}} + \varepsilon\right) = -\frac{q_1\left(\tilde{\tilde{t}} + \varepsilon\right)}{q_2\left(\tilde{\tilde{t}} + \varepsilon\right)} \overset{!}{>} m^{\mathrm{II,III}}\left(\tilde{\tilde{t}} + \varepsilon\right)$$

ergibt

$$-\frac{2}{3} \overset{!}{>} -\frac{10 \cdot (3+\varepsilon) + 6}{14 \cdot (3+\varepsilon) + 12}$$

$$\Leftrightarrow \frac{2}{3} < \frac{36 + 10\varepsilon}{54 + 14\varepsilon}$$

$$\Leftrightarrow 0 < 2\varepsilon,$$

was wegen $\varepsilon > 0$ eine wahre Aussage ist.

Im Ergebnis wird man also ab dem Zeitpunkt $t = t_0 + 3$ von Verfahren $v^{\mathrm{II}}(t)$ auf $v^{\mathrm{III}}(t)$ wechseln. Wegen der Eindeutigkeit der Ungleichheitsbeziehungen gibt es keinen weiteren Verfahrenswechsel.

Der Zeitpunkt eines Verfahrenswechsels lässt sich alternativ auch durch Kostenvergleich ermitteln. Hierzu berechnet man zunächst die bei Verwendung von Verfahren $v^{\pi}(t)$ entstehenden Produktionskosten $K^{\pi}(\bar{x},t)$, $\pi = \mathrm{I,II,III}$:

$$K^{\mathrm{I}}(\bar{x},t) = 2 \cdot \frac{2}{t - t_0 + 1} + 3 \cdot \left(8 + \frac{4}{t - t_0 + 1}\right) = 24 + \frac{16}{t - t_0 + 1},$$

$$K^{\mathrm{II}}(\bar{x},t) = 2 \cdot \left(2 + \frac{4}{t - t_0 + 1}\right) + 3 \cdot 4 = 16 + \frac{8}{t - t_0 + 1},$$

$$K^{\mathrm{III}}(\bar{x},t) = 2 \cdot \left(\frac{20}{3} + \frac{10}{3(t - t_0 + 1)}\right) + 3 \cdot \left(\frac{2}{3} + \frac{4}{3(t - t_0 + 1)}\right)$$

$$= \frac{46}{3} + \frac{32}{3(t - t_0 + 1)}.$$

Wieder sind zwei Fälle zu unterscheiden:

(1) Zu einem Zeitpunkt $\tilde{t}$ wird von Verfahren $v^{\mathrm{II}}(t)$ auf Verfahren $v^{\mathrm{I}}(t)$ gewechselt, wenn gilt:

$$K^{\mathrm{II}}(\bar{x},\tilde{t}) = K^{\mathrm{I}}(\bar{x},\tilde{t}) \text{ und } K^{\mathrm{II}}(\bar{x},\tilde{t}+\varepsilon) > K^{\mathrm{I}}(\bar{x},\tilde{t}+\varepsilon),$$

mit $\varepsilon > 0$, ε hinreichend klein.

Einsetzen für $K^{\mathrm{II}}(\bar{x},\tilde{t})$ bzw. $K^{\mathrm{I}}(\bar{x},\tilde{t})$ liefert hier zunächst:

$$24 + \frac{16}{\tilde{t} - t_0 + 1} = 16 + \frac{8}{\tilde{t} - t_0 + 1}$$

$$\Leftrightarrow \quad \frac{8}{\tilde{t} - t_0 + 1} = -8.$$

Diese Gleichung ist jedoch wegen $\tilde{t} \geq t_0$ und damit $\frac{8}{\tilde{t} - t_0 + 1} > 0$ niemals erfüllt.

(2) Gilt zu einem Zeitpunkt $\tilde{\tilde{t}}$:

$$K^{\mathrm{II}}\left(\bar{x},\tilde{\tilde{t}}\right) = K^{\mathrm{III}}\left(\bar{x},\tilde{\tilde{t}}\right) \text{ und } K^{\mathrm{II}}\left(\bar{x},\tilde{\tilde{t}}+\varepsilon\right) > K^{\mathrm{III}}\left(\bar{x},\tilde{\tilde{t}}+\varepsilon\right),$$

mit $\varepsilon > 0$, ε hinreichend klein, dann wird zum Zeitpunkt $\tilde{\tilde{t}}$ von Verfahren $v^{\mathrm{II}}(t)$ auf Verfahren $v^{\mathrm{III}}(t)$ gewechselt.

Einsetzen für $K^{\mathrm{II}}\left(\bar{x},\tilde{\tilde{t}}\right)$ bzw. $K^{\mathrm{III}}\left(\bar{x},\tilde{\tilde{t}}\right)$ liefert hier:

$$16 + \frac{8}{\tilde{\tilde{t}} - t_0 + 1} = \frac{46}{3} + \frac{32}{3 \cdot \left(\tilde{\tilde{t}} - t_0 + 1\right)}$$

$$\Leftrightarrow \quad \frac{2}{3} = \frac{8}{3 \cdot \left(\tilde{\tilde{t}} - t_0 + 1\right)}$$

$$\Leftrightarrow \quad \tilde{\tilde{t}} - t_0 + 1 = 4$$

$$\Leftrightarrow \quad \tilde{\tilde{t}} = t_0 + 3.$$

Setzt man $\tilde{\tilde{t}} + \varepsilon = t_0 + 3 + \varepsilon$ in die zweite Bedingung ein, dann erhält man:

$$16 + \frac{8}{3 + \varepsilon + 1} \overset{!}{>} \frac{46}{3} + \frac{32}{3 \cdot (3 + \varepsilon + 1)}$$

$$\Leftrightarrow \quad \frac{2}{3} > \frac{8}{3 \cdot (4 + \varepsilon)}$$

$$\Leftrightarrow \quad 4 + \varepsilon > 4$$

$$\Leftrightarrow \quad \varepsilon > 0.$$

Diese Ungleichung ist gemäß der Voraussetzung $\varepsilon > 0$ stets erfüllt.

Es folgt also wieder das bekannte Ergebnis, dass man zu dem Zeitpunkt $\tilde{\tilde{t}} = t_0 + 3$ von Verfahren $v^{\mathrm{II}}(t)$ auf Verfahren $v^{\mathrm{III}}(t)$ wechseln sollte. Zu einem weiteren Verfahrenswechsel kommt es aufgrund der eindeutigen Lösung nicht.

Abbildung 5.13.4 veranschaulicht noch einmal die Zusammenhänge anhand der Kostensituationen zu den Zeitpunkten $t = t_0$, $t = t_0+3$ und $t = t_0 + 39$:

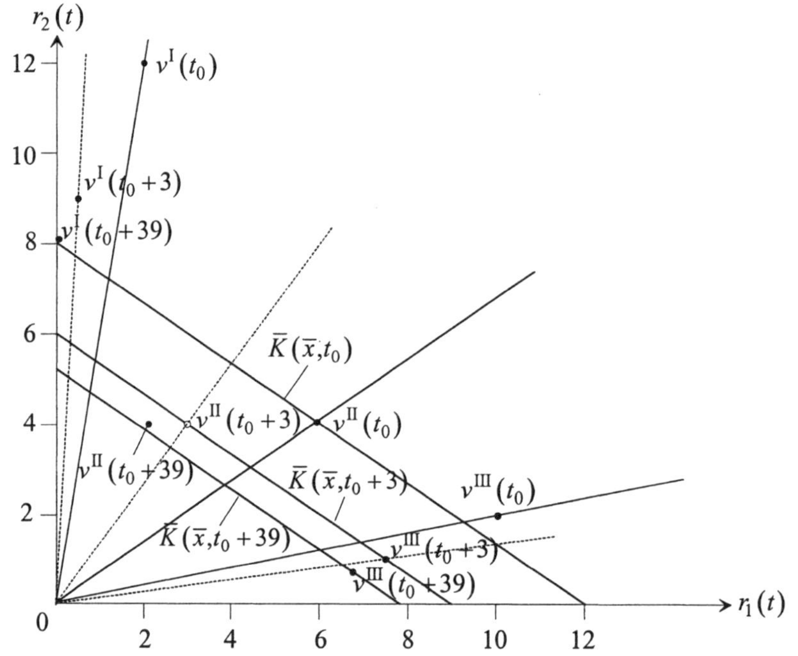

Abb. 5.13.4: Prozessstrahlen und Isokostenlinien zu den Zeitpunkten $t = t_0$, $t = t_0+3$ und $t = t_0 + 39$

Zum Zeitpunkt $t = t_0$ ist Verfahren $v^{\mathrm{II}}(t)$ kostenminimal. In $t = t_0 + 3$ verursacht dagegen die Herstellung der Ausbringungsmenge $\bar{x}$ bei den beiden Verfahren $v^{\mathrm{II}}(t)$ und $v^{\mathrm{III}}(t)$ gleich hohe Kosten; entsprechend liegen die effizienten Prozesspunkte $v^{\mathrm{II}}(t_0+3)$ und $v^{\mathrm{III}}(t_0+3)$ auf der gleichen Isokostenlinie $\bar{K}(\bar{x},t_0+3)$. Zu diesem Zeitpunkt $t = t_0 + 3$ wird von Verfahren $v^{\mathrm{II}}(t)$ auf Verfahren $v^{\mathrm{III}}(t)$ gewechselt, weil bei Einsatz des Verfahrens $v^{\mathrm{III}}(t)$ nachfolgend die niedrigsten Kosten anfallen. Letzteres wird in Abbildung 5.13.3 am Beispiel der Kostensituation zum Zeitpunkt $t = t_0 + 39$ aufgezeigt: Die Prozesspunkte $v^{\mathrm{I}}(t_0+39)$ und $v^{\mathrm{II}}(t_0+39)$ liegen „rechts oberhalb“ der durch den

Prozesspunkt $v^{\mathrm{III}}(t_0+39)$ verlaufenden Isokostenlinie $\overline{K}(\overline{x},t_0+39)$, sind demnach mit höheren Kostenniveaus verbunden als der Prozesspunkt $v^{\mathrm{III}}(t_0+39)$.

zu d)

(i)

Zunächst muss für die weiteren Überlegungen der Preis $q_1(t_0)$ bestimmt werden. Aufgrund der Aufgabenstellung weiß man, dass

$$q_1(t_0)=2$$

ist. Weiterhin ist bekannt, dass sich der Preis pro marginale Zeiteinheit um den konstanten Betrag δ erhöht. Also gilt für die Preisänderungsrate:

$$\frac{dq_1(t)}{dt}=\delta=\text{const.}$$

Die Integration der Preisänderungsrate über die Zeit t liefert:

$$q_1(t)=\delta\cdot t+c,$$

wobei c eine Integrationskonstante ist. Letztere errechnet sich aus

$$q_1(t_0)=\delta\cdot t_0+c\overset{!}{=}2$$
$$\Rightarrow \qquad c=2-\delta\cdot t_0.$$

Einsetzen liefert schließlich die gesuchte Bestimmungsgleichung für den Preis des Faktors 1:

$$q_1(t)=\delta\cdot t+2-\delta\cdot t_0=2+\delta\cdot(t-t_0).$$

(ii)

Aus Aufgabenteil b) ist bekannt, dass zum Zeitpunkt $t=t_0$ das Verfahren $v^{\mathrm{II}}(t)$ die geringsten Produktionskosten verursacht. Damit es zum Zeitpunkt $\tilde{t}=t_0+6$ zu einem Wechsel auf Verfahren $v^{\mathrm{I}}(t)$ kommen kann, muss gemäß den Überlegungen in Aufgabenteil c) gelten:

$$m^{\bar{K}}(\tilde{t}) = -\frac{q_1(\tilde{t})}{q_2(\tilde{t})} = m^{\mathrm{I,II}}(\tilde{t}) = \overline{m}^{\mathrm{I,II}}$$

und

$$m^{\bar{K}}(\tilde{t}+\varepsilon) = -\frac{q_1(\tilde{t}+\varepsilon)}{q_2(\tilde{t}+\varepsilon)} < m^{\mathrm{I,II}}(\tilde{t}+\varepsilon) = \overline{m}^{\mathrm{I,II}}, \quad \varepsilon > 0.$$

Einsetzen liefert:

$$m^{\bar{K}}(\tilde{t}) = -\frac{q_1(t_0+6)}{q_2(t_0+6)} = -\frac{2+\delta\cdot(t_0+6-t_0)}{3} = -\frac{2+6\delta}{3} \overset{!}{=} -2 = \overline{m}^{\mathrm{I,II}}$$

$$\Leftrightarrow \qquad 2+6\delta = 6$$

$$\Leftrightarrow \qquad \delta = \frac{2}{3}.$$

Wegen

$$m^{\bar{K}}(\tilde{t}+\varepsilon) = -\frac{q_1(\tilde{t}+\varepsilon)}{q_2(\tilde{t}+\varepsilon)} = -\frac{2+\frac{2}{3}\cdot(6+\varepsilon)}{3} \overset{!}{<} -2 = m^{\mathrm{I,II}}(\tilde{t}+\varepsilon) = \overline{m}^{\mathrm{I,II}}$$

$$\Leftrightarrow \qquad 2+\frac{2}{3}\cdot(6+\varepsilon) > 6$$

$$\Leftrightarrow \qquad 6+\frac{2}{3}\varepsilon > 6$$

$$\Leftrightarrow \qquad \varepsilon > 0$$

ist auch die zweite Bedingung für $\tilde{t} = t_0 + 6$ und $\delta = \frac{2}{3}$ nach Voraussetzung erfüllt. Aufgrund der Eindeutigkeit der Lösung ist zudem ein weiterer Verfahrenswechsel ausgeschlossen.

Alternativ kann die Aufgabe wieder durch Kostenvergleich gelöst werden. Hierzu berechnet man zunächst:

$$\begin{aligned} K^{\mathrm{I}}(\bar{x},\tilde{t}) &= K^{\mathrm{I}}(\bar{x},t_0+6) \\ &= [2+\delta\cdot(t_0+6-t_0)]\cdot\frac{2}{t_0+6-t_0+1} + 3\cdot\left(8+\frac{4}{t_0+6-t_0+1}\right) \\ &= (2+6\delta)\cdot\frac{2}{7} + 24 + \frac{12}{7} \\ &= \frac{12}{7}\delta + \frac{184}{7} \end{aligned}$$

und

$$\begin{aligned}K^{\mathrm{II}}(\bar{x},\tilde{t}) &= K^{\mathrm{II}}(\bar{x},t_0+6)\\ &= [2+6\delta)\cdot\left(2+\frac{4}{7}\right)+3\cdot 4\\ &= \frac{108}{7}\delta+\frac{120}{7}.\end{aligned}$$

Durch Gleichsetzen der Produktionskosten erhält man:

$$\begin{aligned}K^{\mathrm{I}}(\bar{x},\tilde{t}) = \frac{12}{7}\delta+\frac{184}{7} &\overset{!}{=} \frac{108}{7}\delta+\frac{120}{7} = K^{\mathrm{II}}(\bar{x},\tilde{t})\\ \Leftrightarrow \qquad 64 &= 96\delta\\ \Leftrightarrow \qquad \frac{2}{3} &= \delta.\end{aligned}$$

Wegen

$$\begin{aligned}K^{\mathrm{I}}(\bar{x},\tilde{t}+\varepsilon) &= \left[2+(6+\varepsilon)\cdot\frac{2}{3}\right]\cdot\frac{2}{7+\varepsilon}+3\cdot\left(8+\frac{4}{7+\varepsilon}\right)\\ &= \frac{24+\frac{4}{3}\varepsilon}{7+\varepsilon}+24\end{aligned}$$

und

$$\begin{aligned}K^{\mathrm{II}}(\bar{x},\tilde{t}+\varepsilon) &= \left[2+(6+\varepsilon)\cdot\frac{2}{3}\right]\cdot\left(2+\frac{4}{7+\varepsilon}\right)+3\cdot 4\\ &= \left(6+\frac{2}{3}\varepsilon\right)\cdot\left(2+\frac{4}{7+\varepsilon}\right)+12\\ &= 24+\frac{4}{3}\varepsilon+\frac{24+\frac{8}{3}\varepsilon}{7+\varepsilon}\end{aligned}$$

ist auch die zweite Bedingung

$$\begin{aligned}K^{\mathrm{I}}(\tilde{t}+\varepsilon) = \frac{24+\frac{4}{3}\varepsilon}{7+\varepsilon}+24 &\overset{!}{<} 24+\frac{4}{3}\varepsilon+\frac{24+\frac{8}{3}\varepsilon}{7+\varepsilon} = K^{\mathrm{II}}(\tilde{t}+\varepsilon)\\ \Leftrightarrow \qquad 0 &< \frac{\frac{4}{3}\varepsilon}{7+\varepsilon}+\frac{4}{3}\varepsilon\\ \Leftrightarrow \qquad 0 &< 4\varepsilon+(7+\varepsilon)\cdot 4\varepsilon\end{aligned}$$

$$\Leftrightarrow \qquad 0 < 4\varepsilon^2 + 32\varepsilon$$

für $\varepsilon > 0$ erfüllt. Folglich wird für $\delta = \frac{2}{3}$ zum Zeitpunkt $t = \tilde{t} = t_0 + 6$ von Verfahren $v^{\mathrm{II}}(t)$ auf Verfahren $v^{\mathrm{I}}(t)$ gewechselt. Der Preis des ersten Faktors beträgt zu diesem Zeitpunkt

$$q_1(\tilde{t}) = q_1(t_0 + 6) = 2 + \frac{2}{3} \cdot (t_0 + 6 - t_0) = 6.$$

Abbildung 5.13.5 stellt die Kostensituationen zu den Zeitpunkten $t = t_0$ und $t = \tilde{t} = t_0 + 6$ dar.

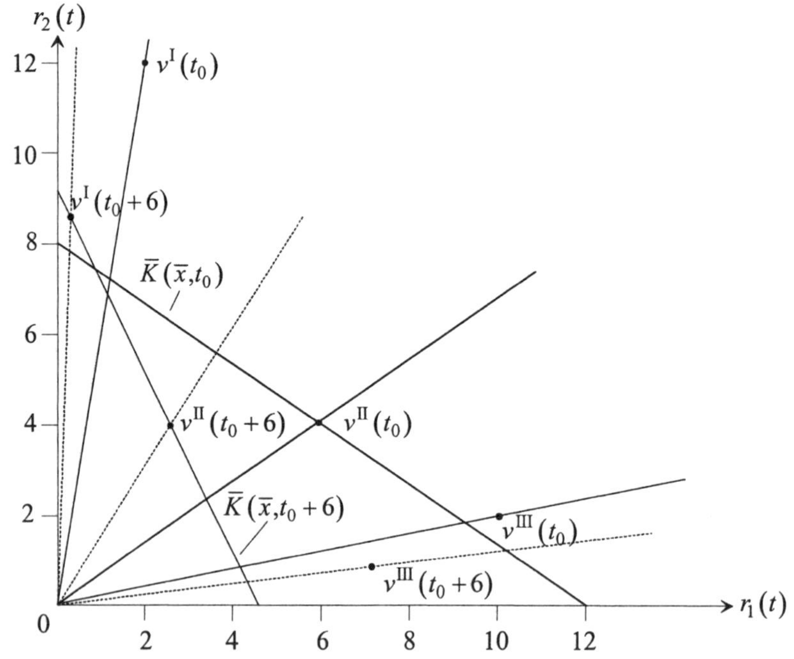

Abb. 5.13.5: Prozessstrahlen und Isokostenlinien zu den Zeitpunkten $t = t_0$ und $t = t_0 + 6$

Aufgrund des im Zeitablauf ansteigenden Faktorpreises $q_1(t)$ bei gleichzeitig konstantem Faktorpreis $q_2(t)$ verläuft die Isokostenlinie $\bar{K}(\bar{x},t)$ mit der Zeit immer steiler, bis sie schließlich zum Zeitpunkt $t = \tilde{t} = t_0 + 6$ durch die beiden effizienten Prozesspunkte $v^{\mathrm{I}}(t_0 + 6)$ und $v^{\mathrm{II}}(t_0 + 6)$ verläuft. Zu diesem Zeitpunkt wird von Verfahren $v^{\mathrm{II}}(t)$ auf Verfahren $v^{\mathrm{I}}(t)$ gewechselt.

Aufgabe 5.14 Verfahrenswahl bei kombinierbaren dynamischen LEONTIEF-Prozessen und zeitabhängigen Faktorpreisen

Gegeben seien die linearlimitationalen Produktionsprozesse

$$v^{\pi}(t)=\left(\bar{x};r_1^{\pi}(t);r_2^{\pi}(t)\right),\quad \pi=\text{I,II,III},$$

mit

$$v^{\text{I}}(t)=\left(\bar{x};\frac{12}{t-t_0+6};\frac{60}{t-t_0+6}\right),$$

$$v^{\text{II}}(t)=\left(\bar{x};\frac{36}{t-t_0+6};\frac{36}{t-t_0+6}\right),$$

$$v^{\text{III}}(t)=\left(\bar{x};\frac{84}{t-t_0+6};\frac{12}{t-t_0+6}\right),$$

wobei $t\geq t_0$. Darüber hinaus seien die drei Prozesse kombinierbar.

a) Zeichnen Sie die Prozessstrahlen für den Zeitpunkt $t=t_0$ in ein $(r_1;r_2)$-Diagramm ein. Sind die drei Prozesse zum Zeitpunkt $t=t_0$ effizient? Zeichnen Sie die im Zeitpunkt $t=t_0$ für die Herstellung der Ausbringungsmenge $\bar{x}$ effizienten Produktionspunkte in das Diagramm ein.

b) Bei welchen Prozessen liegt faktorneutraler technischer Fortschritt vor?

c) Bei welchen Prozesspaaren $\left[v^{\pi}(t),v^{\tilde{\pi}}(t)\right]$, $\pi,\tilde{\pi}\in\{\text{I,II,III}\}$, $\pi\neq\tilde{\pi}$, liegt gleichmäßiger technischer Fortschritt vor?

d) Gegeben seien die Faktorpreise $q_1(t)=5=\text{const.}$ und $q_2(t)=2=\text{const.}$ Bestimmen Sie die Minimalkostenkombination $v^*(t_0)$ zur Produktion von $\bar{x}$ im Zeitpunkt $t=t_0$. Ändert sich die Minimalkostenkombination über die Zeit?

e) Gegeben seien nun die sich über die Zeit verändernden Faktorpreise $q_1(t)=5+\frac{1}{3}\cdot(t-t_0)$ und $q_2(t)=2+\frac{4}{3}\cdot(t-t_0)$, $t\geq t_0$. Bestimmen Sie die

Minimalkostenkombination(en) $v^*(t)$ zur Produktion von $\bar{x}$ in Abhängigkeit vom Zeitpunkt t.

f) Nehmen Sie an, in der Situation von Aufgabenteil e) können von Faktor 2 stets maximal $\bar{r}_2 = 4$ Mengeneinheiten eingesetzt werden. Wie sollte dann die Fertigung der Ausbringungsmenge $\bar{x}$ kostenminimal auf die drei Prozesse verteilt werden? Geben Sie die Minimalkostenkombination $\tilde{v}^*(t)$ zur Herstellung der Ausbringungsmenge $\bar{x}$ in Abhängigkeit vom Zeitpunkt t an.

g) Ermitteln Sie für die Situation in Aufgabenteil f) die Produktionskosten $K(\bar{x}, t = t_0 + 2)$ zum Zeitpunkt $t = t_0 + 2$.

Lösung zu Aufgabe 5.14

zu a)

Durch Einsetzen von $t = t_0$ in $v^\pi(t)$, $\pi = \mathrm{I,II,III}$, erhält man die Produktionspunkte

$$v^{\mathrm{I}}(t_0) = (\bar{x};2;10),$$
$$v^{\mathrm{II}}(t_0) = (\bar{x};6;6),$$
$$v^{\mathrm{III}}(t_0) = (\bar{x};14;2).$$

Die zu den Prozessen $v^\pi(t)$ gehörenden Prozessstrahlen sind Halbgeraden, die durch den Ursprung und die Produktionspunkte $v^\pi(t_0)$ laufen (siehe Abbildung 5.14.1). Wegen

$$r_1^{\mathrm{I}}(t_0) < r_1^{\mathrm{II}}(t_0) < r_1^{\mathrm{III}}(t_0) \text{ und}$$

$$r_2^{\mathrm{I}}(t_0) > r_2^{\mathrm{II}}(t_0) > r_2^{\mathrm{III}}(t_0)$$

sind alle drei Prozesse zum Zeitpunkt $t = t_0$ effizient. Die zu diesem Zeitpunkt effizienten Produktionspunkte liegen auf dem Streckenzug $\overline{v^{\mathrm{I}}(t_0)v^{\mathrm{II}}(t_0)v^{\mathrm{III}}(t_0)}$ und sind in Abbildung 5.14.1 fett hervorgehoben.

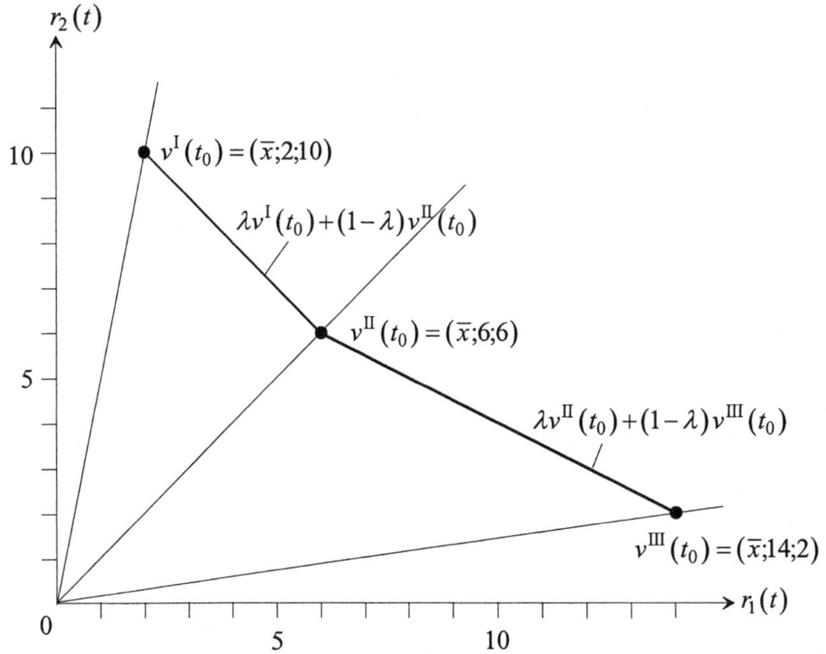

Abb. 5.14.1: Prozessstrahlen und effiziente Produktionspunkte im Zeitpunkt $t = t_0$

zu b)

Weil das Verhältnis

$$\frac{r_1^{I}(t)}{r_2^{I}(t)} = \frac{\dfrac{12}{t-t_0+6}}{\dfrac{60}{t-t_0+6}} = \frac{12}{60} = \frac{1}{5}$$

der Faktoreinsatzmengen unabhängig von t ist, liegt bei Prozess I faktorneutraler technischer Fortschritt vor. Das Gleiche gilt wegen

$$\frac{r_1^{II}(t)}{r_2^{II}(t)} = \frac{\dfrac{36}{t-t_0+6}}{\dfrac{36}{t-t_0+6}} = 1 = \text{const.} \text{ (unabhängig von } t\text{)}$$

und

$$\frac{r_1^{\mathrm{III}}(t)}{r_2^{\mathrm{III}}(t)} = \frac{\dfrac{84}{t-t_0+6}}{\dfrac{12}{t-t_0+6}} = 7 = \text{const. (unabhängig von } t\text{)}$$

auch für die beiden anderen Prozesse II und III.

zu c)

Damit gleichmäßiger neutraler technischer Fortschritt vorliegt, muss für ein Prozesspaar $\left[v^{\pi}(t), v^{\tilde{\pi}}(t)\right]$, $\pi, \tilde{\pi} \in \{\mathrm{I,II,III}\}$, $\pi \neq \tilde{\pi}$, und zwei beliebige Zeitpunkte $\tilde{t}$ und $\tilde{\tilde{t}}$, $\tilde{t}, \tilde{\tilde{t}} \geq t$, $\tilde{\tilde{t}} > \tilde{t}$, gelten:

$$\frac{r_1^{\pi}(\tilde{t})}{r_1^{\pi}(\tilde{\tilde{t}})} = \frac{r_1^{\tilde{\pi}}(\tilde{t})}{r_1^{\tilde{\pi}}(\tilde{\tilde{t}})} = \gamma = \text{const.}$$

und

$$\frac{r_2^{\pi}(\tilde{t})}{r_2^{\pi}(\tilde{\tilde{t}})} = \frac{r_2^{\tilde{\pi}}(\tilde{t})}{r_2^{\tilde{\pi}}(\tilde{\tilde{t}})} = \gamma = \text{const.}$$

Diese Bedingungen sind hier für alle drei Prozesspaare $\left[v^{\mathrm{I}}(t), v^{\mathrm{II}}(t)\right]$, $\left[v^{\mathrm{I}}(t), v^{\mathrm{III}}(t)\right]$ und $\left[v^{\mathrm{II}}(t), v^{\mathrm{III}}(t)\right]$ erfüllt, denn es gilt für $\pi, \tilde{\pi} \in \{\mathrm{I,II,III}\}$, $\pi \neq \tilde{\pi}$, $\tilde{t}$ und $\tilde{\tilde{t}}$, $\tilde{t}, \tilde{\tilde{t}} \geq t$, $\tilde{\tilde{t}} > \tilde{t}$:

$$\frac{r_1^{\pi}(\tilde{t})}{r_1^{\pi}(\tilde{\tilde{t}})} = \frac{\tilde{\tilde{t}}-t_0+6}{\tilde{t}-t_0+6} = \frac{r_1^{\tilde{\pi}}(\tilde{t})}{r_1^{\tilde{\pi}}(\tilde{\tilde{t}})} = \gamma = \text{const.}$$

und

$$\frac{r_2^{\pi}(\tilde{t})}{r_2^{\pi}(\tilde{\tilde{t}})} = \frac{\tilde{\tilde{t}}-t_0+6}{\tilde{t}-t_0+6} = \frac{r_2^{\tilde{\pi}}(\tilde{t})}{r_2^{\tilde{\pi}}(\tilde{\tilde{t}})} = \gamma = \text{const.}$$

zu d)

Zur Ermittlung der Minimalkostenkombination(en) ist es zweckmäßig, zunächst in Abhängigkeit von der Zeit t die Steigung

$$m^{\bar{K}}(t) = \left.\frac{dr_2(t)}{dr_1(t)}\right|_{\bar{K}(\bar{x},t)} = -\frac{q_1(t)}{q_2(t)} = -\frac{5}{2} = \bar{m}^{\bar{K}}$$

der Isokostenlinie $\bar{K}(\bar{x},t)$ zu bestimmen, wobei die Steigung $m^{\bar{K}}(t) = \bar{m}^{\bar{K}}$ in diesem Fall über die Zeit konstant ist.

Aufgrund des gleichmäßigen technischen Fortschritts für beliebige Prozesspaare $\left[v^{\pi}(t), v^{\tilde{\pi}}(t)\right]$, $\pi, \tilde{\pi} \in \{\mathrm{I,II,III}\}$, $\pi \neq \tilde{\pi}$, liegen die effizienten Kombinationen der Prozesse $v^{\mathrm{I}}(t)$ und $v^{\mathrm{II}}(t)$ sowie diejenigen der Prozesse $v^{\mathrm{II}}(t)$ und $v^{\mathrm{III}}(t)$ jeweils auf einer Geraden bzw. Strecke mit über die Zeit konstanter (negativer) Steigung $m^{\mathrm{I,II}}(t) = \bar{m}^{\mathrm{I,II}} = \text{const.}$ bzw. $m^{\mathrm{II,III}}(t) = \bar{m}^{\mathrm{II,III}} = \text{const.}$ Darüber hinaus verlaufen wegen

$$m^{\mathrm{I,II}}(t) = \frac{r_2^{\mathrm{II}}(t) - r_2^{\mathrm{I}}(t)}{r_1^{\mathrm{II}}(t) - r_1^{\mathrm{I}}(t)} = \frac{\dfrac{36}{t-t_0+6} - \dfrac{60}{t-t_0+6}}{\dfrac{36}{t-t_0+6} - \dfrac{12}{t-t_0+6}} = -\frac{24}{24} = -1 = \bar{m}^{\mathrm{I,II}},$$

$$m^{\mathrm{II,III}}(t) = \frac{r_2^{\mathrm{III}}(t) - r_2^{\mathrm{II}}(t)}{r_1^{\mathrm{III}}(t) - r_1^{\mathrm{II}}(t)} = \frac{\dfrac{12}{t-t_0+6} - \dfrac{36}{t-t_0+6}}{\dfrac{84}{t-t_0+6} - \dfrac{36}{t-t_0+6}} = -\frac{24}{48} = -\frac{1}{2} = \bar{m}^{\mathrm{II,III}}$$

und damit

$$m^{\mathrm{II,III}}(t) > m^{\mathrm{I,II}}(t) > m^{\bar{K}}(t)$$

bzw.

$$\bar{m}^{\mathrm{II,III}} > \bar{m}^{\mathrm{I,II}} > \bar{m}^{\bar{K}}$$

die Strecken $\overline{v^{\mathrm{I}}(t)v^{\mathrm{II}}(t)}$ und $\overline{v^{\mathrm{II}}(t)v^{\mathrm{III}}(t)}$ stets flacher als die Isokostenlinie. Infolgedessen verursacht bei den gegebenen Faktorpreisen $q_1(t) = 5 = \text{const.}$ und $q_2(t) = 2 = \text{const.}$ zu allen Zeitpunkten $t \geq t_0$ die alleinige Verwendung des Prozesses I die geringsten Kosten der Herstellung der Ausbringungsmenge $\bar{x}$.

zu e)

Zusätzlich zum technischen Fortschritt ist nun auch noch das sich über die Zeit verändernde Faktorpreisverhältnis zu berücksichtigen. In Aufgabenteil d) wurde gezeigt, dass die Steigungen $m^{\mathrm{I,II}}(t) = \overline{m}^{\mathrm{I,II}}$ bzw. $m^{\mathrm{II,III}}(t) = \overline{m}^{\mathrm{II,III}}$ aufgrund des gleichmäßigen neutralen Fortschritts über die Zeit konstant bleiben. In Abhängigkeit vom Zeitpunkt $t \geq t_0$ lassen sich nun die Minimalkostenkombinationen durch Vergleich der Steigung

$$m^{\overline{K}}(t) = \left.\frac{dr_2(t)}{dr_1(t)}\right|_{\overline{K}(\overline{x},t)} = -\frac{q_1(t)}{q_2(t)} = -\frac{5+\frac{1}{3}\cdot(t-t_0)}{2+\frac{4}{3}\cdot(t-t_0)}$$

der Isokostenlinie $\overline{K}(\overline{x},t)$, die sich aus dem zeitabhängigen negativen Faktorpreisverhältnis berechnet, mit den zeitinvarianten Steigungen $\overline{m}^{\mathrm{I,II}}$ bzw. $\overline{m}^{\mathrm{II,III}}$ bestimmen. Ausgangspunkt der Betrachtung ist der Zeitpunkt $t = t_0$:

$$m^{\overline{K}}(t_0) = \left.\frac{dr_2(t_0)}{dr_1(t_0)}\right|_{\overline{K}(\overline{x},t_0)} = -\frac{q_1(t_0)}{q_2(t_0)} = -\frac{5}{2} < -1 = \overline{m}^{\mathrm{I,II}} < -\frac{1}{2} = \overline{m}^{\mathrm{II,III}}.$$

Demnach ist, wie auch schon in Aufgabenteil d) gezeigt wurde, in $t = t_0$ der ausschließliche Einsatz des Prozesses I kostenoptimal. Dagegen sind (beliebige) Kombinationen der Prozesse I und II zum Zeitpunkt $t = \hat{t}$ kostenoptimal, wenn gilt:

$$m^{\overline{K}}(\hat{t}) = -\frac{q_1(\hat{t})}{q_2(\hat{t})} = -1 = \overline{m}^{\mathrm{I,II}}$$

bzw.

$$-\frac{5+\frac{1}{3}\cdot(\hat{t}-t_0)}{2+\frac{4}{3}\cdot(\hat{t}-t_0)} = -1.$$

Durch Umformen erhält man hieraus:

$$5+\frac{1}{3}\cdot(\hat{t}-t_0) = 2+\frac{4}{3}\cdot(\hat{t}-t_0)$$

$$\Leftrightarrow \qquad \hat{t} = t_0 + 3.$$

Analog lässt sich der Zeitpunkt $\hat{\hat{t}}$ bestimmen, zu dem (beliebige) Kombinationen der Prozesse II und III minimale Kosten verursachen:

$$m^{\bar{K}}\left(\hat{\hat{t}}\right)=-\frac{5+\frac{1}{3}\cdot\left(\hat{\hat{t}}-t_0\right)}{2+\frac{4}{3}\cdot\left(\hat{\hat{t}}-t_0\right)}=-\frac{1}{2}==\bar{m}^{\mathrm{II,III}}$$

$$\Leftrightarrow \qquad 5+\frac{1}{3}\cdot\left(\hat{\hat{t}}-t_0\right)=1+\frac{2}{3}\cdot\left(\hat{\hat{t}}-t_0\right)$$

$$\Leftrightarrow \qquad \hat{\hat{t}}=t_0+12.$$

Zu den anderen Zeitpunkten ist es kostenminimal, lediglich einen der drei Prozesse einzusetzen. Abbildung 5.14.2 veranschaulicht noch einmal die Kostensituationen zu den relevanten Zeitpunkten $t=t_0$, $t=\hat{t}=t_0+3$ und $t=\hat{\hat{t}}=t_0+12$:

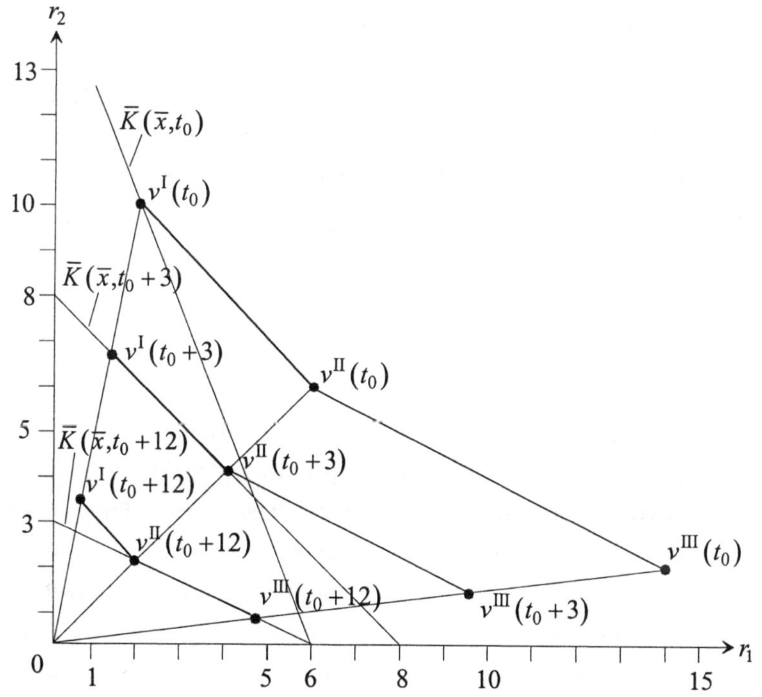

Abb. 5.14.2: Prozesspunkte und Isokostenlinien zu den Zeitpunkten $t=t_0$, $t=\hat{t}=t_0+3$ und $t=\hat{\hat{t}}=t_0+12$

Bezeichne $v^*(t)$ die Minimalkostenkombination zum Zeitpunkt t, dann erhält man im Ergebnis:

$$v^*(t) = \begin{cases} v^{\mathrm{I}}(t) & \text{für } t_0 \leq t < t_0 + 3, \\ \lambda v^{\mathrm{I}}(t) + (1-\lambda) v^{\mathrm{II}}(t) & \text{für } t = t_0 + 3, \\ v^{\mathrm{II}}(t) & \text{für } t_0 + 3 < t < t_0 + 12, \\ \lambda v^{\mathrm{II}}(t) + (1-\lambda) v^{\mathrm{III}}(t) & \text{für } t = t_0 + 12, \\ v^{\mathrm{III}}(t) & \text{für } t_0 + 12 < t, \end{cases}$$

mit $0 \leq \lambda \leq 1$.

zu f)

Ohne das Vorliegen einer Faktorrestriktion ergeben sich die in Aufgabenteil e) ermittelten Minimalkostenkombinationen. Wie anhand der Abbildung 5.14.3 anschaulich klar wird, können bei der Einführung einer Faktorrestriktion $\overline{r}_2 = 4$ für Faktor 2 einige der zuvor erreichbaren Minimalkostenkombinationen nicht mehr realisiert werden. So kann z.B. die Ausbringungsmenge $\overline{x}$ zum Zeitpunkt $t = t_0$ nicht länger durch den Einsatz von Prozess I produziert werden; vielmehr muss man in $t = t_0$ – und auch zu anderen Zeitpunkten – wegen des nur beschränkt verfügbaren Faktors 2 auf eine zulässige Minimalkostenkombination, d.h. auf eine geeignete Kombination $\lambda(t) \cdot v^{\mathrm{II}}(t) + [1 - \lambda(t)] \cdot v^{\mathrm{III}}(t)$ der Prozesse II und III ausweichen, wobei gilt: $0 \leq \lambda(t) \leq 1$.

Aufgrund des technischen Fortschritts bei sich gleichzeitig änderndem Faktorpreisverhältnis können allerdings zu einem späteren Zeitpunkt wieder die wegen der Faktorrestriktion zunächst ausgeschlossenen Prozesse bzw. Prozesskombinationen – wie z.B. der alleinige Einsatz von Prozess I, die Kombination der Prozesse I und II oder aber die Produktion nur mit Prozess II – relevant werden, d.h. für die kostenminimale Produktion in Frage kommen. Aus Aufgabenteil e) wissen wir jedoch, dass Prozess I höchstens bis zum Zeitpunkt $t = \hat{t} = t_0 + 3$ eingesetzt wird. Ab diesem Zeitpunkt wird nur noch mit Prozess II und/oder mit Prozess III produziert.

Um nun zu prüfen, ob eine Produktion mit Beteiligung von Prozess I im Zeitraum $t_0 \leq t < t_0 + 3$ angesichts des technischen Fortschritts und der Faktorrestriktion überhaupt in Frage kommt, genügt es, den Faktorverbrauch von Prozess II im Zeitpunkt $\hat{t} = t_0 + 3$ zu betrachten, da die alleinige Verwendung von Prozess II von allen denkbaren Prozesskombinationen $\lambda v^{\mathrm{I}}(t) + (1-\lambda) v^{\mathrm{II}}(t)$, $0 \leq \lambda \leq 1$, den geringsten Verbrauch an Faktor 2 aufweist und der Faktorverbrauch zudem wegen des technischen Fortschritts über die Zeit abnimmt. Wegen

$$r_2^{\text{II}}(t = t_0 + 3) = \frac{36}{t_0 + 3 - t_0 + 6} = \frac{36}{9} = 4$$

ist offensichtlich die Restriktion $\overline{r}_2 = 4$ bis zum Zeitpunkt $\hat{t} = t_0 + 3$ bindend, so dass für Zeitpunkte t, $t_0 \le t < t_0 + 3$, eine Beteiligung von Prozess I bei der Produktion der Ausbringungsmenge $\overline{x}$ ausscheidet und infolgedessen eine geeignete Kombination $\lambda(t) \cdot v^{\text{II}}(t) + [1 - \lambda(t)] \cdot v^{\text{III}}(t)$, $0 \le \lambda(t) \le 1$, der Prozesse II und III kostenminimal ist. Ab $t = \hat{t} = t_0 + 3$ ist die Faktorrestriktion nicht mehr bindend, so dass sich für spätere Zeitpunkte $t > \hat{t} = t_0 + 3$ die gleichen Minimalkostenkombinationen wie in Aufgabenteil e) ergeben (vgl. auch Abbildung 5.14.3).

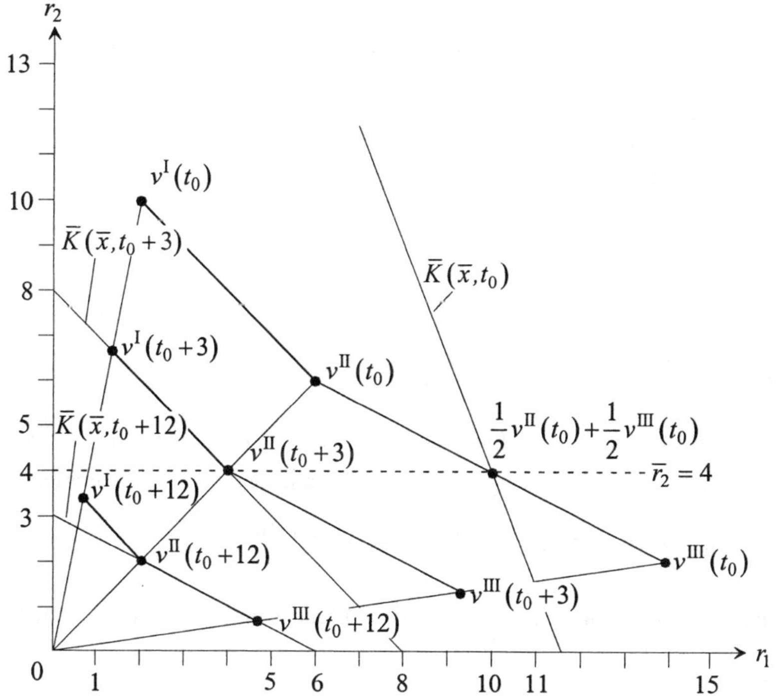

Abb. 5.14.3: Prozesspunkte und Isokostenlinien zu den Zeitpunkten $t = t_0$, $t = \hat{t} = t_0 + 3$ und $t = \hat{\hat{t}} = t_0 + 12$ bei beschränkt verfügbarer Faktoreinsatzmenge $\overline{r}_2 = 4$

Im nächsten Schritt ist der geeignete Mischungsparameter $\lambda(t)$, $0 \leq \lambda(t) \leq 1$, zu bestimmen. Hierzu setzt man einfach:

$$\lambda(t) \cdot r_2^{\mathrm{II}}(t \leq t_0 + 3) + [1 - \lambda(t)] \cdot r_2^{\mathrm{III}}(t \leq t_0 + 3) = 4.$$

Das Einsetzen der entsprechenden Inputgleichungen führt zu:

$$\lambda(t) \cdot \frac{36}{t - t_0 + 6} + [1 - \lambda(t)] \cdot \frac{12}{t - t_0 + 6} = \frac{24\lambda(t) + 12}{t - t_0 + 6} = 4$$

und durch Auflösen nach $\lambda(t)$ dann zu:

$$\lambda(t) = \frac{4 \cdot (t - t_0 + 6) - 12}{24} = \frac{t - t_0 + 3}{6}.$$

Im Ergebnis erhält man als zeitpunktabhängige Minimalkostenkombination $\tilde{v}^*(t)$:

$$\tilde{v}^*(t) = \begin{cases} \lambda(t) \cdot v^{\mathrm{II}}(t) + [1 - \lambda(t)] \cdot v^{\mathrm{III}}(t) & \text{für } t_0 \leq t < t_0 + 3, \\ v^{\mathrm{II}}(t) & \text{für } t_0 + 3 \leq t < t_0 + 12, \\ \mu v^{\mathrm{II}}(t) + (1 - \mu) v^{\mathrm{III}}(t) & \text{für } t = t_0 + 12, \\ v^{\mathrm{III}}(t) & \text{für } t_0 + 12 < t, \end{cases}$$

mit $\lambda(t) = \dfrac{t - t_0 + 3}{6}$ und $0 \leq \mu \leq 1$.

zu g)

Gemäß dem Ergebnis aus Aufgabenteil f) ist es zum Zeitpunkt $t = t_0 + 2$ kostenoptimal, die Ausbringungsmenge $\overline{x}$ auf der Grundlage der Prozesskombination

$$\lambda(t = t_0 + 2) \cdot v^{\mathrm{II}}(t = t_0 + 2) + [1 - \lambda(t = t_0 + 2)] \cdot v^{\mathrm{III}}(t = t_0 + 2)$$

herzustellen, wobei gilt: $\lambda(t) = \dfrac{t - t_0 + 3}{6}$. Für den Zeitpunkt $t = t_0 + 2$ erhält man dann:

$$\lambda(t=t_0+2)=\frac{t_0+2-t_0+3}{6}=\frac{5}{6} \quad \Rightarrow \quad 1-\lambda(t=t_0+2)=\frac{1}{6},$$

$$q_1(t=t_0+2)=5+\frac{1}{3}\cdot(t_0+2-t_0)=\frac{17}{3},$$

$$q_2(t=t_0+2)=2+\frac{4}{3}\cdot(t_0+2-t_0)=\frac{14}{3},$$

$$r_1^{\mathrm{II}}(t=t_0+2)=r_2^{\mathrm{II}}(t=t_0+2)=\frac{36}{t_0+2-t_0+6}=\frac{36}{8}=\frac{9}{2},$$

$$r_1^{\mathrm{III}}(t=t_0+2)=\frac{84}{t_0+2-t_0+6}=\frac{84}{8}=\frac{21}{2},$$

$$r_2^{\mathrm{III}}(t=t_0+2)=\frac{12}{t_0+2-t_0+6}=\frac{12}{8}=\frac{3}{2},$$

$$r_1(t=t_0+2)=\frac{5}{6}\cdot\frac{9}{2}+\frac{1}{6}\cdot\frac{21}{2}=\frac{11}{2},$$

$$r_2(t=t_0+2)=4 \quad (\text{wegen der Faktorrestriktion}).$$

Die Produktionskosten $K(\overline{x},t=t_0+2)$ ergeben sich schließlich durch Einsetzen der entsprechenden Werte in die allgemeine Kostengleichung:

$$\begin{aligned} K(\overline{x},t=t_0+2) &= \sum_{i=1}^{2} q_i(t=t_0+2)\cdot r_i(t=t_0+2) \\ &= \frac{17}{3}\cdot\frac{11}{2}+\frac{14}{3}\cdot 4 \\ &= \frac{299}{6} \\ &= 49\tfrac{5}{6}. \end{aligned}$$

Aufgabe 5.15 Verfahrenswahl bei kombinierbaren dynamischen LEONTIEF-Prozessen und zeitabhängigem Absatzpreis

Ein Zulieferunternehmen befindet sich mit einem Abnehmerunternehmen in Vertragsverhandlungen über die exklusive Belieferung mit einem Zwischenprodukt. Bisher ist vereinbart worden, dass das Abnehmerunternehmen zukünftig zu bestimmten Zeitpunkten t_τ, $t_\tau = t_0 + \tau$, $\tau = 0,1,2,\ldots$, jeweils die konstante Menge $\overline{x}$ des Zwischenproduktes zu einem noch auszuhandelnden Stückpreis $p(t_\tau)$ abnimmt (vertragliche Abnahmeverpflichtung). Im Gegenzug hat das Zulieferunternehmen zugesichert, das Zwischenprodukt an keinen anderen Abnehmer zu liefern (Exklusivitätsklausel).

Aufgrund von Erfahrungen in der Vergangenheit geht das Zulieferunternehmen davon aus, dass für die Herstellung des Zwischenproduktes auch zukünftig die drei linearlimitationalen Produktionsprozesse

$$v^\pi(t) = \left(\overline{x}; r_1^\pi(t); r_2^\pi(t)\right), \quad \pi = \text{I,II,III},$$

mit

$$v^{\text{I}}(t) = \left(\overline{x}; \frac{36}{t - t_0 + 12}; \frac{144}{t - t_0 + 12}\right),$$

$$v^{\text{II}}(t) = \left(\overline{x}; \frac{72}{t - t_0 + 12}; \frac{72}{t - t_0 + 12}\right),$$

$$v^{\text{III}}(t) = \left(\overline{x}; \frac{192}{t - t_0 + 24}; \frac{96}{t - t_0 + 24}\right),$$

$$t \geq t_0,$$

zur Verfügung stehen, wobei die Produktionsvorgänge selbst keine Zeit in Anspruch nehmen sollen (unendlich hohe Produktionsgeschwindigkeiten). Zudem seien die drei Prozesse kombinierbar.

a) Sind die drei Prozesse zu beliebigen Zeitpunkten t, $t \geq t_0$, effizient?

b) Zeichnen Sie die Fortschrittspfade der drei Prozesse $v^\pi(t)$, $\pi = \text{I,II,III}$, für $t \geq t_0$ in ein $(r_1;r_2)$-Diagramm ein. Beachten Sie dabei, dass die Zeit eine stetige Größe ist. Kommentieren Sie die Verläufe. Zeichnen Sie weiterhin die zum Zeitpunkt $t = t_0$ für das Produktionsniveau $\overline{x}$ effizienten Produktionspunkte in das Diagramm ein.

c) Gegeben seien die Faktorpreise $q_1(t) = 1 = \text{const.}$ und $q_2(t) = 7 = \text{const.}$ Bestimmen Sie die Minimalkostenkombination $v^*(t)$ zur Produktion von $\overline{x}$ in Abhängigkeit vom Zeitpunkt t, $t \geq t_0$, sowie die jeweils resultierenden minimalen Produktionskosten $K(\overline{x},t)$.

d) Nehmen Sie an, in der Situation von c) schlagen die Vertreter des Abnehmerunternehmens im Rahmen der Preisverhandlungen den zeitabhängigen Stückpreis

$$p(t_\tau) = \frac{702}{(t_\tau - t_0 + 18) \cdot \overline{x}}$$

vor, um am vermuteten technischen Fortschritt des Zulieferunternehmens zu partizipieren. Wäre ein solcher Stückpreis für das Zulieferunternehmen akzeptabel bzw. welche vertraglichen Vorkehrungen sollte die Geschäftsführung des Zulieferunternehmens unbedingt treffen, falls es sich um ein ultimatives Preisangebot der Abnehmerseite handelt und der Preis nicht weiter verhandelt werden kann? Welche Konsequenzen ergeben sich hieraus in Bezug auf die Fertigung (und Lieferung) des Zwischenproduktes?

e) Angenommen, das Zulieferunternehmen könnte gegen eine zu den Zeitpunkten t_τ zu zahlende Lizenzgebühr $L(t_\tau)$ von einem anderen Unternehmen das Recht auf Nutzung des neuartigen Produktionsverfahrens

$$v^{\text{IV}}(t) = \left(\overline{x}; \frac{144}{t - t_0 + 18}; \frac{72}{t - t_0 + 18} \right)$$

erwerben. Wie hoch darf die zeitabhängige Lizenzgebühr $L(t_\tau)$ höchstens sein, damit sich die Position des Zulieferunternehmens durch den Einsatz des neuen Verfahrens im Vergleich zur Situation in Aufgabenteil d) nicht verschlechtert?

Lösung zu Aufgabe 5.15

zu a)

Zur Überprüfung der Effizienz der drei Prozesse ist es zweckmäßig, zunächst den Zeitpunkt $t = t_0$ zu betrachten. Aus dem Vergleich der Faktoreinsatzmengen $r_1^{\pi}(t_0)$ und $r_2^{\pi}(t_0)$, $\pi = \text{I,II,III}$, im Zeitpunkt $t = t_0$ erhält man die Beziehungen

$$r_1^{\text{I}}(t_0) = 3 < r_1^{\text{II}}(t_0) = 6 < r_1^{\text{III}}(t_0) = 8$$

und

$$r_2^{\text{I}}(t_0) = 12 > r_2^{\text{II}}(t_0) = 6 > r_2^{\text{III}}(t_0) = 4.$$

Demnach wird im Zeitpunkt $t = t_0$ keiner der drei Prozesse durch einen anderen Prozess dominiert, so dass alle drei Prozesse zu diesem Zeitpunkt effizient sind. Die Effizienz der drei Prozesse bleibt auch für beliebige Zeitpunkte t, $t \geq t_0$, erhalten, falls die Ungleichheitsrelationen

$$r_1^{\text{I}}(t) < r_1^{\text{II}}(t) < r_1^{\text{III}}(t) \tag{1}$$

und

$$r_2^{\text{I}}(t) > r_2^{\text{II}}(t) > r_2^{\text{III}}(t) \tag{2}$$

für beliebige $t \geq t_0$ gelten. Nach Einsetzen für $r_i^{\pi}(t)$, $i = 1,2$, $\pi = \text{I,II,III}$, $t \geq t_0$, und Multiplikation der beiden Ungleichungen mit $(t - t_0 + 12)$ sieht man sofort, dass in (1) und (2) jeweils die linken Ungleichheitsrelationen für alle $t \geq t_0$ erfüllt sind, sich die Prozesse I und II also zu keinem Zeitpunkt gegenseitig dominieren. Weiterhin ist wegen

$$\begin{aligned}
& \frac{72}{t - t_0 + 12} < \frac{192}{t - t_0 + 24} \\
\Leftrightarrow \quad & \frac{3}{t - t_0 + 12} < \frac{8}{t - t_0 + 24} \\
\Leftrightarrow \quad & 3 \cdot (t - t_0 + 24) < 8 \cdot (t - t_0 + 12) \\
\Leftrightarrow \quad & 72 - 96 < 5 \cdot (t - t_0) \\
\Leftrightarrow \quad & -\frac{24}{5} < \underbrace{t - t_0}_{\geq 0}
\end{aligned}$$

auch die rechte Ungleichheitsrelation in (1) wegen $t \geq t_0$ erfüllt. Dagegen ist die rechte Ungleichheitsrelation in (2) wegen

$$\begin{aligned}
& \frac{72}{t-t_0+12} > \frac{96}{t-t_0+24} \\
\Leftrightarrow \quad & \frac{3}{t-t_0+12} > \frac{4}{t-t_0+24} \\
\Leftrightarrow \quad & 3\cdot(t-t_0+24) > 4\cdot(t-t_0+12) \\
\Leftrightarrow \quad & 72-48 > t-t_0 \\
\Leftrightarrow \quad & t_0+24 > t
\end{aligned}$$

nur für $t < t_0+24$ erfüllt, so dass Prozess III zu Zeitpunkten $t \geq t_0+24$ von Prozess II dominiert wird. Im Ergebnis sind also zu den Zeitpunkten $t < t_0+24$ alle drei Prozesse und nachfolgend $(t \geq t_0+24)$ nur noch die Prozesse I und II sowie beliebige Kombinationen $\lambda v^{\mathrm{I}}(t)+(1-\lambda)v^{\mathrm{II}}(t)$, $0 \leq \lambda \leq 1$, dieser Prozesse effizient.

zu b)

Zum Zeitpunkt $t = t_0$ gilt:

$$\begin{aligned}
& v^{\mathrm{I}}(t_0) = (\bar{x};3;12), \\
& v^{\mathrm{II}}(t_0) = (\bar{x};6;6), \\
& v^{\mathrm{III}}(t_0) = (\bar{x};8;4).
\end{aligned}$$

Die Fortschrittspfade sind bei den drei Prozessen Geradenabschnitte bzw. Strecken, die ausgehend vom Prozesspunkt $v^{\pi}(t_0)$, $\pi = \mathrm{I,II,III}$, im Ursprung enden. Dies ist darauf zurückzuführen, dass alle drei Prozesse wegen

$$\frac{r_1^{\mathrm{I}}(t)}{r_2^{\mathrm{I}}(t)} = \frac{\dfrac{36}{t-t_0+12}}{\dfrac{144}{t-t_0+12}} = \frac{1}{4} = \text{const.} \quad \forall t \geq t_0,$$

$$\frac{r_1^{\mathrm{II}}(t)}{r_2^{\mathrm{II}}(t)} = \frac{\dfrac{72}{t-t_0+12}}{\dfrac{72}{t-t_0+12}} = 1 = \text{const.} \quad \forall t \geq t_0,$$

$$\frac{r_1^{\text{III}}(t)}{r_2^{\text{III}}(t)} = \frac{\dfrac{192}{t-t_0+24}}{\dfrac{96}{t-t_0+24}} = 2 = \text{const.} \quad \forall t \geq t_0$$

faktorneutralen technischen Fortschritt aufweisen.

Die zum Zeitpunkt $t = t_0$ effizienten Produktionspunkte liegen auf dem Streckenzug $\overline{v^{\text{I}}(t_0)v^{\text{II}}(t_0)v^{\text{III}}(t_0)}$ und sind in der Abbildung 5.15.1 fett hervorgehoben.

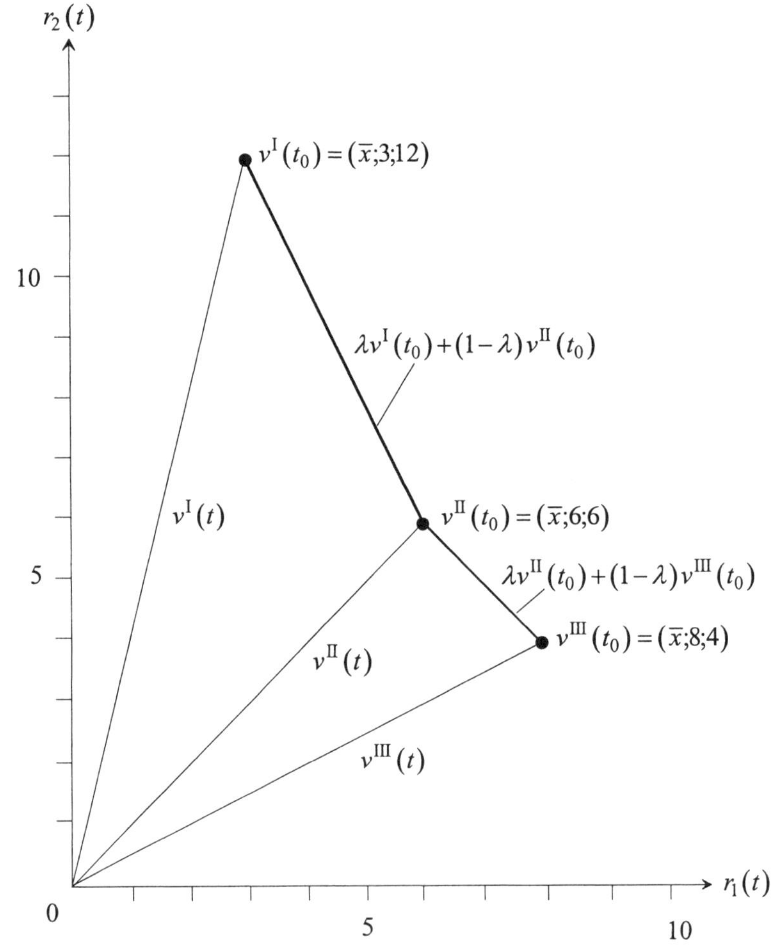

Abb. 5.15.1: Effiziente Produktionspunkte zum Zeitpunkt $t = t_0$ und Fortschrittspfade

zu c)

Zur Bestimmung der Minimalkostenkombination $v^*(t)$ ist es zweckmäßig, zunächst die Steigung $m^{\bar{K}}(t)$ der Isokostenlinie $\bar{K}(\bar{x},t)$ zu berechnen:

$$m^{\bar{K}}(t) = \left.\frac{dr_2(t)}{dr_1(t)}\right|_{\bar{K}(\bar{x},t)} = -\frac{q_1(t)}{q_2(t)} = -\frac{1}{7} = \bar{m}^{\bar{K}}.$$

Die effizienten Produktionspunkte bei Kombinierbarkeit aller drei Prozesse liegen auf der Strecke $\overline{v^{\mathrm{I}}(t)v^{\mathrm{II}}(t)}$ und für $t < t_0 + 24$ zusätzlich auf der Strecke $\overline{v^{\mathrm{II}}(t)v^{\mathrm{III}}(t)}$. Die zugehörigen Steigungen $m^{\mathrm{I,II}}(t)$ bzw. $m^{\mathrm{II,III}}(t)$ betragen

$$m^{\mathrm{I,II}}(t) = \frac{r_2^{\mathrm{II}}(t) - r_2^{\mathrm{I}}(t)}{r_1^{\mathrm{II}}(t) - r_1^{\mathrm{I}}(t)} = \frac{\dfrac{72}{t-t_0+12} - \dfrac{144}{t-t_0+12}}{\dfrac{72}{t-t_0+12} - \dfrac{36}{t-t_0+12}} = -2 = \bar{m}^{\mathrm{I,II}} < -\frac{1}{7} = m^{\bar{K}}(t)$$

und

$$m^{\mathrm{II,III}}(t) = \frac{r_2^{\mathrm{III}}(t) - r_2^{\mathrm{II}}(t)}{r_1^{\mathrm{III}}(t) - r_1^{\mathrm{II}}(t)} = \frac{\dfrac{96}{t-t_0+24} - \dfrac{72}{t-t_0+12}}{\dfrac{192}{t-t_0+24} - \dfrac{72}{t-t_0+12}}$$

$$= \frac{4(t-t_0+12) - 3(t-t_0+24)}{8(t-t_0+12) - 3(t-t_0+24)}$$

$$= \frac{t-t_0-24}{5(t-t_0)+24} \underset{t \geq t_0}{\geq} -1 > -2 = \bar{m}^{\mathrm{I,II}}.$$

Demnach ist die über die Zeit konstante (negative) Steigung $m^{\mathrm{I,II}}(t) = \bar{m}^{\mathrm{I,II}}$ der Verbindungsstrecke $\overline{v^{\mathrm{I}}(t)v^{\mathrm{II}}(t)}$ stets kleiner als die ebenfalls im Zeitablauf konstante (negative) Steigung $m^{\bar{K}}(t) = \bar{m}^{\bar{K}}$ der Isokostenlinie $\bar{K}(\bar{x},t)$ und auch kleiner als die Steigung $m^{\mathrm{II,III}}(t)$ der Verbindungsstrecke $\overline{v^{\mathrm{II}}(t)v^{\mathrm{III}}(t)}$, so dass die Strecke $\overline{v^{\mathrm{I}}(t)v^{\mathrm{II}}(t)}$ steiler bzw. stärker fallend verläuft als die Isokostenlinie $\bar{K}(\bar{x},t)$ und die Strecke $\overline{v^{\mathrm{II}}(t)v^{\mathrm{III}}(t)}$. Weiterhin ist die Steigung $m^{\mathrm{II,III}}(t)$ der Strecke $\overline{v^{\mathrm{II}}(t)v^{\mathrm{III}}(t)}$ aufgrund von $m^{\mathrm{II,III}}(t_0) = -1$ und $m^{\mathrm{II,III}}(t_0 + 24) = 0$ zunächst noch kleiner und zu späteren Zeitpunkten dann größer als $\bar{m}^{\bar{K}} = -\frac{1}{7}$, so dass die Strecke $\overline{v^{\mathrm{II}}(t)v^{\mathrm{III}}(t)}$ anfangs steiler und dann flacher als die Isokostenlinie $\bar{K}(\bar{x},t)$ verläuft. Wegen dieser Zusammenhänge ist es daher kostenoptimal, zunächst, d.h. in $t = t_0$ und eine „gewisse Zeit" danach, die Ausbringungsmenge

$\bar{x}$ mit Prozess III zu produzieren, um dann zu einem kritischen Zeitpunkt $\hat{t}$, zu dem die Steigungen $m^{\text{II,III}}(t)$ und $\bar{m}^{\bar{K}}$ übereinstimmen, einen Verfahrenswechsel zu Prozess II durchzuführen. Den kritischen Zeitpunkt $\hat{t}$ erhält man aus:

$$
\begin{aligned}
m^{\text{II,III}}(\hat{t}) = \frac{\hat{t}-t_0-24}{5\cdot(\hat{t}-t_0)+24} &\overset{!}{=} -\frac{1}{7} = \bar{m}^{\bar{K}} \\
\Leftrightarrow \qquad 7\cdot(\hat{t}-t_0-24) &= -5\cdot(\hat{t}-t_0)-24 \\
\Leftrightarrow \qquad 12\cdot(\hat{t}-t_0) &= 144 \\
\Leftrightarrow \qquad \hat{t} &= t_0+12.
\end{aligned}
$$

Insgesamt hat man dann die folgende Minimalkostenkombination $v^*(t)$ in Abhängigkeit vom Zeitpunkt *t*:

$$
v^*(t) = \begin{cases} v^{\text{III}}(t) & \text{für } t_0 \le t < t_0+12, \\ \lambda v^{\text{II}}(t)+(1-\lambda)v^{\text{III}}(t) & \text{für } t = t_0+12, \\ v^{\text{II}}(t) & \text{für } t_0+12 < t, \end{cases}
$$

mit $0 \le \lambda \le 1$.

Aus der Fertigung der Minimalkostenkombination resultieren minimale Produktionskosten $K(\bar{x},t)$ in Höhe von

$$
\begin{aligned}
K(\bar{x},t) &= q_1(t)\cdot r_1(t)+q_2(t)\cdot r_2(t) \\
&= \begin{cases} 1\cdot\dfrac{192}{t-t_0+24}+7\cdot\dfrac{96}{t-t_0+24} & \text{für } t_0 \le t < t_0+12, \\ 1\cdot\dfrac{192}{t_0+12-t_0+24}+7\cdot\dfrac{96}{t_0+12-t_0+24} & \text{für } t = t_0+12, \\ 1\cdot\dfrac{72}{t-t_0+12}+7\cdot\dfrac{72}{t-t_0+12} & \text{für } t_0+12 < t. \end{cases} \qquad (3) \\
&= \begin{cases} \dfrac{864}{t-t_0+24} & \text{für } t_0 \le t < t_0+12, \\ 24 & \text{für } t = t_0+12, \\ \dfrac{576}{t-t_0+12} & \text{für } t_0+12 < t. \end{cases}
\end{aligned}
$$

zu d)

Um feststellen zu können, ob das Zulieferunternehmen den vom Abnehmerunternehmen vorgeschlagenen zeitabhängigen Stückpreis

$$p(t_\tau) = \frac{702}{(t_\tau - t_0 + 18) \cdot \bar{x}}$$

akzeptieren kann, muss zunächst überprüft werden, ob sich zu den Zeitpunkten $t_\tau \geq t_0$ die Produktion des Zwischenproduktes für das Zulieferunternehmen überhaupt lohnt, also zu den verschiedenen Produktions- und Lieferzeitpunkten t_τ stets mindestens die Produktionskosten gedeckt werden. Ist dies der Fall, dann kann das Zulieferunternehmen den angebotenen Stückpreis prinzipiell annehmen, da keine Gefahr eines (Perioden-)Verlustes besteht. Andernfalls müssten zusätzliche Überlegungen angestellt werden, wie das Zulieferunternehmen einen drohenden (Perioden-)Verlust aus der Geschäftbeziehung vermeiden kann.

Damit sich zu einem Zeitpunkt $t_\tau \geq t_0$ die Produktion des Zwischenproduktes für das Zulieferunternehmen lohnt, muss die Bedingung

$$G^{ZU}(\bar{x}, t_\tau) = p(t_\tau) \cdot \bar{x} - K(\bar{x}, t_\tau) \geq 0 \tag{4}$$

erfüllt sein, wobei $G^{ZU}(\bar{x}, t_\tau)$ den Gewinn des Zulieferunternehmens im Zeitpunkt t_τ bezeichnet. Umformen von Bedingung (4) führt zu:

$$p(t_\tau) \cdot \bar{x} \geq K(\bar{x}, t_\tau) = \begin{cases} \dfrac{864}{t_\tau - t_0 + 24} & \text{für } t_0 \leq t_\tau < t_0 + 12, \\ 24 & \text{für } t_\tau = t_0 + 12, \\ \dfrac{576}{t_\tau - t_0 + 12} & \text{für } t_0 + 12 < t_\tau. \end{cases} \tag{5}$$

Durch Einsetzen des Stückpreises in die Bedingung (5) für das erste Intervall $t_0 \leq t_\tau < t_0 + 12$ erhält man:

$$\frac{702}{(t_\tau - t_0 + 18) \cdot \bar{x}} \cdot \bar{x} \geq \frac{864}{t_\tau - t_0 + 24}$$

$$\Leftrightarrow \quad \frac{13}{t_\tau - t_0 + 18} \geq \frac{16}{t_\tau - t_0 + 24}$$

$$\Leftrightarrow \quad 13 \cdot (t_\tau - t_0 + 24) \geq 16 \cdot (t_\tau - t_0 + 18)$$

$$\Leftrightarrow \quad 24 \geq 3 \cdot (t_\tau - t_0)$$

$$\Leftrightarrow \quad t_0 + 8 \geq t_\tau.$$

Demnach ist die Bedingung nur zu den Zeitpunkten $t_\tau \leq t_0 + 8$ erfüllt. Zu späteren Zeitpunkten t_τ, $t_0 + 8 < t_\tau < t_0 + 12$, dieses Intervalls existiert dagegen keine Minimalkostenkombination, durch deren Realisierung das Zulieferunternehmen nichtnegative Gewinne erzielen kann. Gleiches gilt wegen

$$p(t_0 + 12) = \frac{702}{(t_0 + 12 - t_0 + 18) \cdot \bar{x}} = \frac{117}{5\bar{x}} < 24 = K(\bar{x}, t_0 + 12)$$

auch für die Kostendeckung im Zeitpunkt $t_\tau = t_0 + 12$.

Für die Zeitpunkte $t_\tau > t_0 + 12$ lautet die Bedingung (5):

$$\begin{aligned}
& \frac{702}{(t_\tau - t_0 + 18) \cdot \bar{x}} \cdot \bar{x} \geq \frac{576}{t_\tau - t_0 + 12} \\
\Leftrightarrow \quad & \frac{39}{t_\tau - t_0 + 18} \geq \frac{32}{t_\tau - t_0 + 12} \\
\Leftrightarrow \quad & 39 \cdot (t_\tau - t_0 + 12) \geq 32 \cdot (t_\tau - t_0 + 18) \\
\Leftrightarrow \quad & 7 \cdot (t_\tau - t_0) \geq 108 \\
\Leftrightarrow \quad & t_\tau \geq t_0 + 15\tfrac{3}{7}.
\end{aligned}$$

Demnach sind die Produktionskosten erst wieder in den Produktions- und Lieferzeitpunkten $t_\tau \geq t_0 + 16$ durch den Stückpreis gedeckt.

In Abbildung 5.15.2 sind die Erlöse $p(t_\tau) \cdot \bar{x}$ und die Produktionskosten $K(\bar{x}, t_\tau)$ des Zulieferunternehmens im Zeitraum $[t_0; t_0 + 24]$ dargestellt. Man erkennt, dass die Produktionskosten $K(\bar{x}, t_\tau)$ zu den Zeitpunkten t_τ, $t_0 + 9 \leq t_\tau \leq t_0 + 15$, die Erlöse $p(t_\tau) \cdot \bar{x}$ übersteigen, so dass sich die Produktion der Ausbringungsmenge $\bar{x}$ zu diesen Zeitpunkten für das Zulieferunternehmen nicht lohnt.

Letzten Endes muss also die Geschäftsleitung des Zulieferunternehmens für die Produktions- und Lieferzeitpunkte t_τ, $t_0 + 9 \leq t_\tau \leq t_0 + 15$, geeignete vertragliche Vorkehrungen treffen, um die drohenden (Perioden-)Verluste zu vermeiden. Hierbei ist zu berücksichtigen, dass

- es aufgrund der Exklusivitätsklausel keinen Absatzmarkt für das Zwischenprodukt außerhalb der Vertrags- bzw. Lieferbeziehung gibt und infolgedessen in Bezug auf die Zwischenproduktfertigung nur die beiden Handlungsalternativen Weiterproduktion und -belieferung oder aber vorübergehender Produktionsstillstand verbleiben;

- nach dem derzeitigen Verhandlungsstand nur das Abnehmerunternehmen per Abnahmeverpflichtung während der Vertragslaufzeit gebunden ist, während für das Zulieferunternehmen (noch) keine Lieferverpflichtung besteht, und
- es schließlich bei einem ultimativen Preisangebot der Abnehmerseite keinerlei Möglichkeit gibt, einen anderen als den von der Abnehmerseite vorgeschlagenen Preis zu vereinbaren.

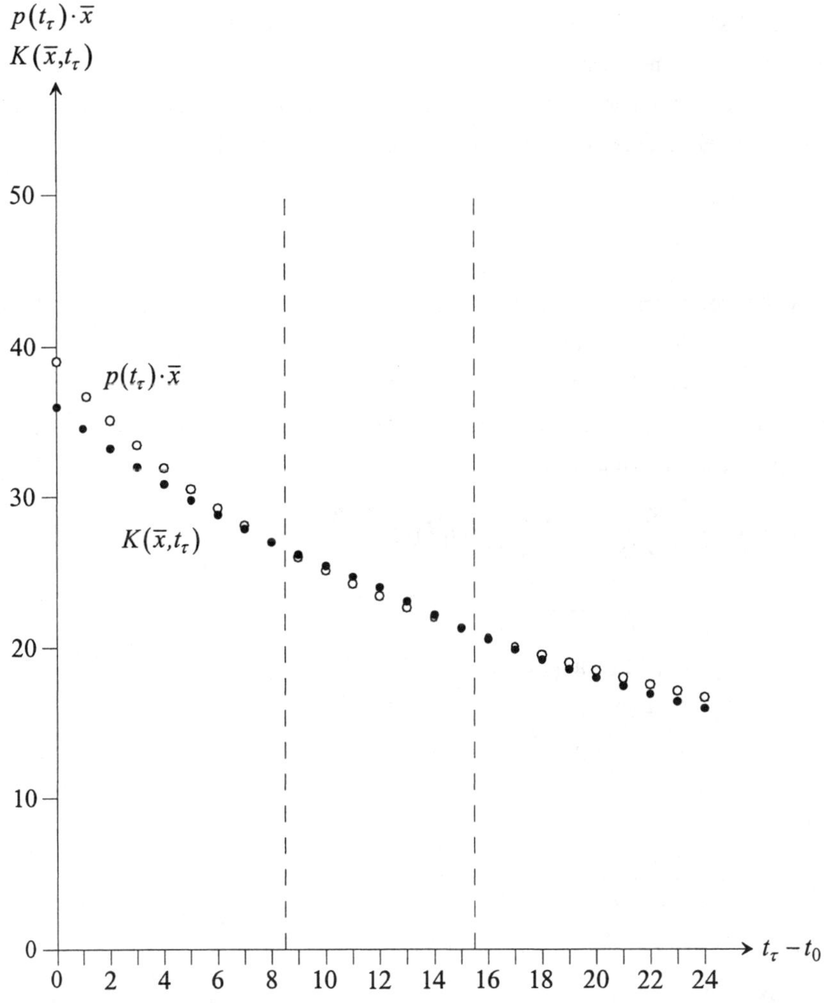

Abb. 5.15.2: Erlöse und Kosten des Zulieferunternehmens im Zeitraum $[t_0;t_0+24]$

In Anbetracht dessen wäre es für das Zulieferunternehmen sinnvoll, sich eine „vorübergehende Ausstiegsmöglichkeit“ aus der Vertrags- bzw. Lieferbeziehung in der Form auszubedingen, dass das Zulieferunternehmen in dem Zeitraum nicht zur Lieferung des Zwischenproduktes verpflichtet ist, in dem der Stückpreis die Produktionsstückkosten unterschreitet. In diesem Fall würde das Zulieferunternehmen zu den Zeitpunkten $t_i = t_0, t_0 + 1, \ldots, t_0 + 8$ und wieder ab $t_\tau = t_0 + 16$ jeweils $\overline{x}$ Mengeneinheiten des Zwischenproduktes produzieren und an das Abnehmerunternehmen ausliefern, während die Produktion und die Belieferung zu den anderen Zeitpunkten vorübergehend eingestellt würden.

Prinzipiell könnte das Zulieferunternehmen auch die vorübergehenden Periodenverluste in Kauf nehmen, sofern nicht aus der Vertragsbeziehung insgesamt ein Verlust resultiert. Gleichwohl wäre diese Strategie aus der Sicht des Zulieferunternehmens unter den hier gegebenen Umständen nicht optimal.

zu e)

Sinnvollerweise prüft man im ersten Schritt, ob das neue Verfahren $v^{\mathrm{IV}}(t)$ (mindestens) eines der anderen drei Verfahren $v^{\mathrm{I}}(t)$, $v^{\mathrm{II}}(t)$ oder $v^{\mathrm{III}}(t)$ zu bestimmten Zeitpunkten $t \geq t_0$ dominiert. Wegen $v^{\mathrm{IV}}(t_0) = (\overline{x};8;4) = v^{\mathrm{III}}(t_0)$ beginnt man am besten mit dem Vergleich der Verfahren $v^{\mathrm{IV}}(t)$ und $v^{\mathrm{III}}(t)$. Es zeigt sich, dass aufgrund von

$$
\begin{aligned}
& r_1^{\mathrm{IV}}(t) = \frac{144}{t - t_0 + 18} < \frac{192}{t - t_0 + 24} = r_1^{\mathrm{III}}(t) \\
\Leftrightarrow \quad & \frac{3}{t - t_0 + 18} < \frac{4}{t - t_0 + 24} \\
\Leftrightarrow \quad & 3 \cdot (t - t_0 + 24) < 4 \cdot (t - t_0 + 18) \\
\Leftrightarrow \quad & 72 - 72 < t - t_0 \\
\Leftrightarrow \quad & t_0 < t
\end{aligned}
$$

und

$$
\begin{aligned}
& r_2^{\mathrm{IV}}(t) = \frac{72}{t - t_0 + 18} < \frac{96}{t - t_0 + 24} = r_2^{\mathrm{III}}(t) \\
\Leftrightarrow \quad & \frac{3}{t - t_0 + 18} < \frac{4}{t - t_0 + 24} \\
\Leftrightarrow \quad & t_0 < t
\end{aligned}
$$

das Verfahren $v^{\mathrm{III}}(t)$ zu den Zeitpunkten $t > t_0$ von Verfahren $v^{\mathrm{IV}}(t)$ dominiert wird. Dagegen besteht zwischen den Verfahren $v^{\mathrm{II}}(t)$ und $v^{\mathrm{IV}}(t)$ – und damit auch zwischen $v^{\mathrm{I}}(t)$ und $v^{\mathrm{IV}}(t)$ – wegen

$$
\begin{aligned}
& r_1^{\mathrm{IV}} = \frac{144}{t-t_0+18} > \frac{72}{t-t_0+12} = r_1^{\mathrm{II}}(t) \\
\Leftrightarrow \quad & \frac{2}{t-t_0+18} > \frac{1}{t-t_0+12} \\
\Leftrightarrow \quad & 2\cdot(t-t_0+12) > t-t_0+18 \\
\Leftrightarrow \quad & t-t_0 > 18-24 \\
\Leftrightarrow \quad & \underbrace{t-t_0}_{\geq 0} > -6
\end{aligned}
$$

und

$$
r_2^{\mathrm{IV}}(t) = \frac{72}{t-t_0+18} < \frac{72}{t-t_0+12} = r_2^{\mathrm{II}}(t)
$$

keine Dominanzbeziehung, so dass insgesamt zu den Zeitpunkten $t > t_0$ die Verfahren $v^{\mathrm{I}}(t)$, $v^{\mathrm{II}}(t)$ und $v^{\mathrm{IV}}(t)$ effizient sind, während das von $v^{\mathrm{IV}}(t)$ dominierte Verfahren $v^{\mathrm{III}}(t)$ ineffizient ist. Folglich würde das Zulieferunternehmen das bisher eingesetzte Verfahren $v^{\mathrm{III}}(t)$ durch das Verfahren $v^{\mathrm{IV}}(t)$ ersetzen.

Analog zur Argumentation in Aufgabenteil c) ist im zweiten Schritt die Steigung

$$
\begin{aligned}
m^{\mathrm{II,IV}}(t) = \frac{r_2^{\mathrm{IV}}(t)-r_2^{\mathrm{II}}(t)}{r_1^{\mathrm{IV}}(t)-r_1^{\mathrm{II}}(t)} &= \frac{\dfrac{72}{t-t_0+18}-\dfrac{72}{t-t_0+12}}{\dfrac{144}{t-t_0+18}-\dfrac{72}{t-t_0+12}} \\
&= \frac{(t-t_0+12)-(t-t_0+18)}{2\cdot(t-t_0+12)-(t-t_0+18)} \\
&= -\frac{6}{t-t_0+6} \underset{t\geq t_0}{\geq} -1
\end{aligned}
$$

der Verbindungsstrecke $\overline{v^{\mathrm{II}}(t)v^{\mathrm{IV}}(t)}$ sowie der Zeitpunkt $\tilde{t}$ eines Verfahrenswechsels von Verfahren $v^{\mathrm{IV}}(t)$ auf Verfahren $v^{\mathrm{II}}(t)$ zu ermitteln:

$$m^{\mathrm{II,IV}}(\tilde{t}) = -\frac{6}{\tilde{t} - t_0 + 6} \stackrel{!}{=} -\frac{1}{7} = \overline{m}^{\overline{K}}$$
$$\Leftrightarrow \qquad 42 = \tilde{t} - t_0 + 6$$
$$\Leftrightarrow \qquad t_0 + 36 = \tilde{t}.$$

Man erhält dann insgesamt die folgende zeitabhängige Minimalkostenkombination $\tilde{v}^*(t)$:

$$\tilde{v}^*(t) = \begin{cases} v^{\mathrm{IV}}(t) & \text{für } t_0 \le t < t_0 + 36, \\ \lambda v^{\mathrm{II}}(t) + (1-\lambda) v^{\mathrm{IV}}(t) & \text{für } t = t_0 + 36, \\ v^{\mathrm{II}}(t) & \text{für } t_0 + 36 < t, \end{cases}$$

mit $0 \le \lambda \le 1$.

Die zugehörigen minimalen Produktionskosten $\tilde{K}(\overline{x},t)$ betragen

$$\tilde{K}(\overline{x},t) = q_1(t) \cdot r_1(t) + q_2(t) \cdot r_2(t)$$
$$= \begin{cases} 1 \cdot \dfrac{144}{t - t_0 + 18} + 7 \cdot \dfrac{72}{t - t_0 + 18} & \text{für } t_0 \le t < t_0 + 36, \\ 1 \cdot \dfrac{144}{t_0 + 36 - t_0 + 18} + 7 \cdot \dfrac{72}{t_0 + 36 - t_0 + 18} & \text{für } t = t_0 + 36, \\ 1 \cdot \dfrac{72}{t - t_0 + 12} + 7 \cdot \dfrac{72}{t - t_0 + 12} & \text{für } t_0 + 36 < t. \end{cases} \tag{6}$$
$$= \begin{cases} \dfrac{648}{t - t_0 + 18} & \text{für } t_0 \le t < t_0 + 36, \\ 12 & \text{für } t = t_0 + 36, \\ \dfrac{576}{t - t_0 + 12} & \text{für } t_0 + 36 < t. \end{cases}$$

Im dritten Schritt muss nun untersucht werden, inwieweit diese minimalen Produktionskosten $\tilde{K}(\overline{x},t)$ durch den in Aufgabenteil d) genannten Stückpreis $p(t_\tau)$ gedeckt werden. Einsetzen des Stückpreises in die bekannte Bedingung für das erste Intervall $t_0 \le t_\tau < t_0 + 36$ liefert:

$$p(0 \le t_\tau < t_0 + 36) = \frac{702}{(t_\tau - t_0 + 18) \cdot \overline{x}} \cdot \overline{x} \ge \frac{648}{t_\tau - t_0 + 18} = K(\overline{x}, 0 \le t_\tau < t_0 + 36)$$
$$\Leftrightarrow \qquad 702 \ge 648.$$

Demnach ist in diesem Zeitintervall die Kostendeckung gewährleistet. Für $t_\tau = t_0 + 36$ wird die Kostendeckung ebenfalls erreicht:

$$p(t_\tau = t_0 + 36) = \frac{702}{(t_0 + 36 - t_0 + 18)} = 13 \geq 12 = K(\bar{x}, t_\tau = t_0 + 36).$$

Für die nachfolgenden Zeitpunkte $t_\tau > t_0 + 36$ erhält man die bereits aus Aufgabenteil d) bekannte Bedingung $t_\tau \geq t_0 + 15\frac{3}{7}$, die nach Voraussetzung erfüllt ist.

Im Ergebnis wäre also das Zulieferunternehmen durch die Nutzung des neuen Produktionsverfahrens zu jedem beliebigen Zeitpunkt in der Lage, die benötigte Zwischenproduktmenge $\bar{x}$ zum von der Abnehmerseite vorgeschlagenen Stückpreis $p(t_\tau)$ zu liefern, ohne dabei zu irgendeinem Zeitpunkt Verluste zu erwirtschaften.

Im letzten Schritt kann schließlich die maximal zulässige Lizenzgebühr $L(t_\tau)$ für die Nutzung des neuen Verfahrens $v^{\text{IV}}(t)$ ermittelt werden. Hierzu müssen die Gewinnsituationen des Zulieferunternehmens mit und ohne Nutzung des Verfahrens $v^{\text{IV}}(t)$ miteinander verglichen werden. Die maximal zulässige Lizenzgebühr $L(t_\tau)$ ergibt sich dann aus der Differenz der entsprechenden Gewinne, also aus

$$L(t_\tau) = \tilde{G}^{ZU}(\bar{x}, t_\tau) - G^{ZU}(\bar{x}, t_\tau) \quad \forall t_\tau \geq t_0,$$

wobei mit $\tilde{G}^{ZU}(\bar{x}, t_\tau)$ der Gewinn des Zulieferunternehmens zum Zeitpunkt t_τ bei Verfügbarkeit des zusätzlichen Produktionsverfahrens $v^{\text{IV}}(t)$ bezeichnet wird.

Betrachtet man die einzelnen relevanten Zeitintervalle, dann wird zunächst für die Zeitpunkte t_τ, $t_0 \leq t_\tau \leq t_0 + 8$, das ursprünglich kostenminimale Verfahren $v^{\text{III}}(t)$ durch das Verfahren $v^{\text{IV}}(t)$ ersetzt; als Gewinndifferenz und damit als maximale Lizenzgebühr $L(t_0 \leq t_\tau \leq t_0 + 8)$ bekommt man:

$$\begin{aligned} L(t_0 \leq t_\tau \leq t_0 + 8) &= \tilde{G}^{ZU}(\bar{x}, t_0 \leq t_\tau \leq t_0 + 8) - G^{ZU}(\bar{x}, t_0 \leq t_\tau \leq t_0 + 8) \\ &= \left(\frac{702}{t_\tau - t_0 + 18} - \frac{648}{t_\tau - t_0 + 18} \right) - \left(\frac{702}{t_\tau - t_0 + 18} - \frac{864}{t_\tau - t_0 + 24} \right) \\ &= \frac{864}{t_\tau - t_0 + 24} - \frac{648}{t_\tau - t_0 + 18}. \end{aligned}$$

Weiterhin wird im Gegensatz zum bisherigen Produktionsstillstand zu den Zeitpunkten t_τ, $t_0+9 \le t_\tau \le t_0+15$, nunmehr mit Verfahren $v^{\mathrm{IV}}(t)$ produziert, so dass statt eines Nullgewinns ein positiver Gewinn

$$\tilde{G}^{ZU}(\bar{x}, t_0+9 \le t_\tau \le t_0+15) = \frac{702}{(t_\tau - t_0 + 18)} - \frac{648}{t_\tau - t_0 + 18} = \frac{54}{t_\tau - t_0 + 18}$$

anfällt. Nachfolgend wird bis zum Zeitpunkt $t_\tau = t_0 + 36$ das Verfahren $v^{\mathrm{II}}(t)$ durch das neue Verfahren $v^{\mathrm{IV}}(t)$ ersetzt, wodurch sich ein zusätzlicher Gewinn in Höhe von

$$\begin{aligned}&\tilde{G}^{ZU}(\bar{x}, t_0+16 \le t_\tau \le t_0+36) - G^{ZU}(\bar{x}, t_0+16 \le t_\tau \le t_0+36)\\ &= \frac{576}{t_\tau - t_0 + 12} - \frac{648}{t_\tau - t_0 + 18}\end{aligned}$$

erzielen lässt. Danach kann sich das Unternehmen jedoch nicht mehr durch den Einsatz des neuen Verfahrens $v^{\mathrm{IV}}(t)$ gegenüber der Ausgangssituation verbessern, da es wie zuvor kostenoptimal wäre, mit Verfahren $v^{\mathrm{II}}(t)$ zu produzieren; der zusätzliche Gewinn beträgt infolgedessen null. Insgesamt erhält man dann das folgende Ergebnis:

$$L(t_\tau) = \begin{cases} \dfrac{864}{t_\tau - t_0 + 24} - \dfrac{648}{t_\tau - t_0 + 18} & \text{für } t_0 \le t_\tau \le t_0 + 8, \\ \dfrac{54}{t_\tau - t_0 + 18} & \text{für } t_0 + 8 < t_\tau \le t_0 + 15, \\ \dfrac{576}{t_\tau - t_0 + 12} - \dfrac{648}{t_\tau - t_0 + 18} & \text{für } t_0 + 15 < t_\tau \le t_0 + 36, \\ 0 & \text{für } t_0 + 36 < t_\tau. \end{cases}$$

6 Analyse limitationaler Modelle mit indirektem Input-Output-Bezug: GUTENBERG- und HEINEN-Modelle

Aufgabe 6.1 Kostenoptimale Anpassungsbereiche funktionsgleicher Maschinen auf der Basis vorgegebener Verbrauchsfunktionen

Einem Unternehmen stehen zur Produktion eines Endproduktes die funktionsgleichen Aggregate n, $n = 1{,}2$, zur Verfügung, die jedoch Unterschiede im Verbrauch eines Betriebsstoffes aufweisen. Als zugehörige Verbrauchsfunktionen $a(\lambda_n)$ wurden ermittelt:

Aggregat 1: $a(\lambda_1) = \frac{3}{2}\lambda_1^2 - 9\lambda_1 + 20, \qquad 0 \le \lambda_1 \le 10,$

Aggregat 2: $a(\lambda_2) = \frac{1}{4}\lambda_2^2 - 3\lambda_2 + 50, \qquad 0 \le \lambda_2 \le 15.$

Die maximale Einsatzzeit der ersten Maschine beträgt $\overline{t}_1 = 9$ Zeiteinheiten, während Aggregat 2 lediglich $\overline{t}_2 = 6$ Zeiteinheiten zur Produktion genutzt werden kann. Da die abgegebenen Arbeitseinheiten der beiden Aggregate mit den von ihnen hergestellten Endproduktmengen übereinstimmen, gilt $d = 1$. Die Kosten des Betriebsstoffes belaufen sich auf 3 $[€/\text{ME}]$. Fixe Kosten fallen bei der Inbetriebnahme der Maschinen nicht an.

Bestimmen Sie auf der Grundlage der angegebenen Verbrauchsfunktionen $a(\lambda_n)$ für jedes Aggregat n, $n \in \{1{,}2\}$, die kostenoptimale Leistungsintensität λ_n^*, die aggregatspezifische Kostenfunktion $K_n(x_n)$ sowie die zugehörigen Grenzkostenfunktionen $K_n'(x_n)$ in Abhängigkeit der Ausbringungsmenge bei optimaler zeitlicher und intensitätsmäßiger Anpassung.

Lösung zu Aufgabe 6.1

Zur Bestimmung der kostenoptimalen Intensität ist zunächst die Kosten-Leistungsfunktion zu ermitteln. Dies erfolgt durch die Bewertung der Verbrauchsfunktion $a(\lambda_n)$ mit dem Faktorpreis. Man erhält

für Aggregat 1:

$$k_1(\lambda_1) = a(\lambda_1) \cdot q = \left(\frac{3}{2}\lambda_1^2 - 9\lambda_1 + 20\right) \cdot 3 = \frac{9}{2}\lambda_1^2 - 27\lambda_1 + 60,$$

für Aggregat 2:

$$k_2(\lambda_2) = a(\lambda_2) \cdot q = \left(\frac{1}{4}\lambda_2^2 - 3\lambda_2 + 50\right) \cdot 3 = \frac{3}{4}\lambda_2^2 - 9\lambda_2 + 150.$$

Bildet man die erste Ableitung der Kosten-Leistungsfunktionen und setzt diese gleich null, so ergeben sich durch geeignetes Umformen die verbrauchs- und kostenoptimalen Leistungsintensitäten λ_n^* der beiden Aggregate n, $n = 1{,}2$, sowie die bei einer Produktion mit den optimalen Maschinenintensitäten anfallenden minimalen variablen Stückkosten $k_n(\lambda_n^*)$ je Mengeneinheit des Outputs im betrachteten Zeitraum.

Für Aggregat 1:

$$\frac{dk_1(\lambda_1)}{d\lambda_1} = \frac{d\left(\frac{9}{2}\lambda_1^2 - 27\lambda_1 + 60\right)}{d\lambda_1} = 9\lambda_1 - 27 \overset{!}{=} 0 \quad \Rightarrow \quad \lambda_1^* = 3 \in [0;10],$$

mit

$$k_1(\lambda_1^*) = k_1(3) = \frac{9}{2} \cdot 3^2 - 27 \cdot 3 + 60 = \frac{39}{2}. \tag{1}$$

Für Aggregat 2:

$$\frac{dk_2(\lambda_2)}{d\lambda_2} = \frac{d\left(\frac{3}{4}\lambda_2^2 - 9\lambda_2 + 150\right)}{d\lambda_2} = \frac{3}{2}\lambda_2 - 9 \overset{!}{=} 0 \quad \Rightarrow \quad \lambda_2^* = 6 \in [0;15],$$

mit

$$k_2(\lambda_2^*) = k_2(6) = \frac{3}{4} \cdot 6^2 - 9 \cdot 6 + 150 = 123. \tag{2}$$

Die aggregatbezogenen Bereiche einer optimalen zeitlichen und intensitätsmäßigen Anpassung erstrecken sich wegen $\overline{t}_1 = 9$ bei Aggregat 1 über die Intervalle:

$$\begin{aligned} \lambda_1^* \cdot \underline{t}_1 \le x_1 \le \lambda_1^* \cdot \overline{t}_1 &\Rightarrow 3 \cdot 0 \le x_1 \le 3 \cdot 9 \Rightarrow 0 \le x_1 \le 27\,[\text{ME}], \\ \lambda_1^* \cdot \overline{t}_1 < x_1 \le \overline{\lambda}_1 \cdot \overline{t}_1 &\Rightarrow 3 \cdot 9 < x_1 \le 10 \cdot 9 \Rightarrow 27 < x_1 \le 90\,[\text{ME}]. \end{aligned} \tag{3}$$

Wegen $\overline{t}_2 = 6$ gilt für Aggregat 2 entsprechend:

$$\begin{aligned} \lambda_2^* \cdot \underline{t}_2 \le x_2 \le \lambda_2^* \cdot \overline{t}_2 &\Rightarrow 6 \cdot 0 \le x_2 \le 6 \cdot 6 \Rightarrow 0 \le x_2 \le 36\,[\text{ME}], \\ \lambda_2^* \cdot \overline{t}_2 < x_2 \le \overline{\lambda}_2 \cdot \overline{t}_2 &\Rightarrow 6 \cdot 6 < x_2 \le 15 \cdot 6 \Rightarrow 36 < x_2 \le 90\,[\text{ME}]. \end{aligned} \tag{4}$$

Da keine Fixkosten berücksichtigt werden müssen, lassen sich die aggregatspezifischen Kostenfunktionen $K_n(x_n)$ hier allgemein wie folgt darstellen:

$$K_n(x_n) = \begin{cases} k_n\left(\lambda_n^*\right) \cdot x_n & \text{bei zeitlicher Anpassung,} \\ k_n\left(\dfrac{x_n}{\overline{t}_n}\right) \cdot x_n & \text{bei intensitätsmäßiger Anpassung.} \end{cases}$$

Unter Rückgriff auf die bisherigen Ergebnisse (1) bis (4) ergeben sich die folgenden konkreten Kostenfunktionen bei optimaler zeitlicher und intensitätsmäßiger Anpassung:

Für Aggregat 1:

$$\begin{aligned} K_1(x_1) &= \begin{cases} \dfrac{39}{2} \cdot x_1 & \text{für } 0 \le x_1 \le 27, \\ \left[\dfrac{9}{2} \cdot \left(\dfrac{x_1}{9}\right)^2 - 27 \cdot \left(\dfrac{x_1}{9}\right) + 60\right] \cdot x_1 & \text{für } 27 < x_1 \le 90, \end{cases} \\ &= \begin{cases} \dfrac{39}{2} \cdot x_1 & \text{für } 0 \le x_1 \le 27, \\ \dfrac{1}{18} \cdot x_1^3 - 3 \cdot x_1^2 + 60 \cdot x_1 & \text{für } 27 < x_1 \le 90. \end{cases} \end{aligned}$$

Für Aggregat 2:

$$K_2(x_2) = \begin{cases} 123 \cdot x_2 & \text{für } 0 \le x_2 \le 36, \\ \left[\frac{3}{4} \cdot \left(\frac{x_2}{6}\right)^2 - 9 \cdot \left(\frac{x_2}{6}\right) + 150\right] \cdot x_2 & \text{für } 36 < x_2 \le 90, \end{cases}$$

$$= \begin{cases} 123 \cdot x_2 & \text{für } 0 \le x_2 \le 36, \\ \frac{1}{48} \cdot x_2^3 - \frac{3}{2} \cdot x_2^2 + 150 \cdot x_2 & \text{für } 36 < x_2 \le 90. \end{cases}$$

Die zugehörigen Grenzkostenfunktionen $K_n'(x_n)$ lauten:

$$K_1'(x_1) = \frac{dK_1(x_1)}{dx_1} = \begin{cases} \frac{39}{2} & \text{für } 0 \le x_1 \le 27, \\ \frac{1}{6} \cdot x_1^2 - 6 \cdot x_1 + 60 & \text{für } 27 < x_1 \le 90. \end{cases}$$

bzw.

$$K_2'(x_2) = \frac{dK_2(x_2)}{dx_2} = \begin{cases} 123 & \text{für } 0 \le x_2 \le 36, \\ \frac{1}{16} \cdot x_2^2 - 3 \cdot x_2 + 150 & \text{für } 36 < x_2 \le 90. \end{cases}$$

Aufgabe 6.2 Kostenoptimale Anpassung funktionsverschiedener Aggregate bei mehrstufiger Fertigung

In einem Unternehmen, welches in einem dreistufigen Produktionsverfahren Holzwaren fertigt, müssen zur Herstellung eines bestimmten Endproduktes nacheinander die Sägerei (Fertigungsstelle 1), die Fräserei (Fertigungsstelle 2) und abschließend die Montagewerkstatt (Fertigungsstelle 3) durchlaufen werden.
Dabei gelten die folgenden Daten:

Stelle 1: Sägerei mit einer Säge, die 8 Stunden am Tag zur Verfügung steht. Die Intensität λ_1 kann zwischen 5 und 18 Mengeneinheiten pro Stunde variiert werden. Dabei treten folgende Verbräuche der Produktionsfaktoren Strom und Kühlmittel auf:

Strom:	$a_1(\lambda_1) = 0{,}3 \cdot \lambda_1^2 - 3 \cdot \lambda_1 + 7{,}7$	[kWh/ME]
Kühlmittel:	$a_2(\lambda_1) = 0{,}1 \cdot \lambda_1^2 - 3{,}6 \cdot \lambda_1 + 32{,}4$	[Liter/ME]

Die Fixkosten betragen 35 € pro Tag.

Stelle 2: Fräserei mit einer Fräsmaschine, die 7 Stunden am Tag zur Verfügung steht und deren Intensität λ_2 so eingestellt werden kann, dass zwischen 5 und 15 Endprodukte pro Stunde produzierbar sind. Es gelten folgende Verbrauchsfunktionen:

Strom:	$a_1(\lambda_2) = 1{,}75 \cdot \lambda_2 - 8$	[kWh/ME]
Kühlmittel:	$a_2(\lambda_2) = 0{,}5 \cdot \lambda_2^2 - 11{,}5 \cdot \lambda_2 + 68{,}5$	[Liter/ME]

Die Fixkosten betragen 50 € pro Tag.

Stelle 3: Montage mit einer Maschine, die 8 Stunden am Tag zur Verfügung steht und deren Intensität λ_3 zwischen 9 und 20 Mengeneinheiten pro Stunde variiert werden kann. Dabei treten folgende Verbräuche der Produktionsfaktoren Strom, Kühlmittel und Korrosionsschutzmittel auf:

Strom:	$a_1(\lambda_3) = 0{,}1 \cdot \lambda_3^2 - 1{,}6 \cdot \lambda_3 + 29{,}05$	[kWh/ME]
Kühlmittel:	$a_2(\lambda_3) = 0{,}3 \cdot \lambda_3^2 - 4{,}8 \cdot \lambda_3 + 19$	[Liter/ME]
Korrosionsschutzmittel:	$a_3(\lambda_3) = 0{,}2 \cdot \lambda_3^2 - 3{,}2 \cdot \lambda_3 + 15$	[Liter/ME]

Die Fixkosten betragen 15 € pro Tag.

Pro Einheit des Endproduktes werden zusätzlich noch eine Holzplatte sowie ein Satz Metallbeschläge benötigt.

Die Einstandspreise für die Produktionsfaktoren betragen:

0,20 € pro kWh Strom,

0,70 € pro Liter Kühlmittel,

1,20 € pro Liter Korrosionsschutzmittel,

8,00 € pro Holzplatte und

5,00 € pro Satz Metallbeschläge.

a) Ermitteln Sie die minimalen variablen Stückkosten, die bei der Herstellung einer Einheit des Endproduktes anfallen.

b) Geben Sie die Gesamtkostenfunktion $K(x)$ in Abhängigkeit von den an einem Tag herstellbaren Endproduktmengen x an.

c) Die Vertriebsabteilung der Unternehmung schlägt einen Verkaufspreis in Höhe von 31 € pro Outputeinheit vor. Welche Ausbringungsmenge $\tilde{x}$ darf an einem Tag maximal hergestellt werden, ohne dass die variablen Stückkosten den vorgeschlagenen Absatzpreis überschreiten?

Lösung zu Aufgabe 6.2

zu a)

Die minimalen variablen Stückkosten $k_v^*(x)$ der Produktion einer Mengeneinheit des Endproduktes setzen sich hier zusammen

- aus der Summe der minimalen leistungsintensitätsabhängigen Stückkosten $k_m\left(\lambda_m^*\right)$ der einzelnen Fertigungsstufen m, $m = 1,2,3$,
- sowie der Summe der intensitätsunabhängigen variablen Stückkosten, die einer Outputeinheit direkt zugerechnet werden können.

Die minimalen leistungsintensitätsabhängigen Stückkosten $k_m\left(\lambda_m^*\right)$ der m Fertigungsstufen lassen sich auf der Grundlage der Kosten-Leistungsfunktionen $k_m(\lambda_m) = \sum_{i=1}^{3} a_{im}(\lambda_m) \cdot q_i$ wie folgt bestimmen:

Fertigungsstelle 1: Sägerei

Die Kosten-Leistungsfunktion der ersten Fertigungsstelle lautet:

$$\begin{aligned} k_1(\lambda_1) &= 0,2 \cdot \left(0,3 \cdot \lambda_1^2 - 3 \cdot \lambda_1 + 7,7\right) + 0,7 \cdot \left(0,1 \cdot \lambda_1^2 - 3,6 \cdot \lambda_1 + 32,4\right) \\ &= 0,13 \cdot \lambda_1^2 - 3,12 \cdot \lambda_1 + 24,22. \end{aligned}$$

Die optimale Leistungsintensität λ_1^* ermittelt man durch Differentiation der Stückkosten- bzw. Kosten-Leistungsfunktion nach der Leistungsintensität λ und Nullsetzen der ersten Ableitung:

$$\begin{aligned} k_1'(\lambda_1) &= 0,26 \cdot \lambda_1 - 3,12 \overset{!}{=} 0 \\ &\Rightarrow \lambda_1^* = 12 \in [5;18]. \end{aligned}$$

Wegen

$$k_1''(\lambda_1) = 0,26 > 0$$

handelt es sich bei $\lambda_1^* = 12$ um die Leistungsintensität, die die aggregatbezogene Kosten-Leistungsfunktion $k_1(\lambda_1)$ minimiert. Die minimalen Stückkosten der Fertigungsstelle 1 belaufen sich somit auf:

$$k_1\left(\lambda_1^*\right) = k_1(12) = 0,13 \cdot 12^2 - 3,12 \cdot 12 + 24,22 = 5,50 \text{ [€/ME]}.$$

Analog lassen sich die gesuchten Größen für die Fertigungsstellen 2 und 3 herleiten:

Fertigungsstelle 2: Fräserei

$$\begin{aligned} k_2\left(\lambda_2^*\right) &= 0,2 \cdot (1,75 \cdot \lambda_2 - 8) + 0,7 \cdot \left(0,5 \cdot \lambda_2^2 - 11,5 \cdot \lambda_2 + 68,5\right) \\ &= 0,35 \cdot \lambda_2^2 - 7,7 \cdot \lambda_2 + 46,35, \end{aligned}$$

$$\begin{aligned} k_2'(\lambda_2) &= 0,7 \cdot \lambda_2 - 7,7 \overset{!}{=} 0 \\ &\Rightarrow \lambda_2^* = 11 \in [5;15], \end{aligned}$$

$$k_2''(\lambda_2) = 0{,}7 > 0 \Rightarrow \text{Minimum!}$$

$$\Rightarrow k_2^*(\lambda_2^*) = k_2(11) = 0{,}35 \cdot 11^2 - 7{,}7 \cdot 11 + 46{,}35 = 4{,}00 \;[€/\text{ME}].$$

Fertigungsstelle 3: Montage

$$\begin{aligned} k_3(\lambda_3) &= 0{,}2 \cdot \left(0{,}1 \cdot \lambda_3^2 - 1{,}6 \cdot \lambda_3 + 29{,}05\right) + 0{,}7 \cdot \left(0{,}3 \cdot \lambda_3^2 - 4{,}8 \cdot \lambda_3 + 19\right) \\ &\quad + 1{,}2 \cdot \left(0{,}2 \cdot \lambda_3^2 - 3{,}2 \cdot \lambda_3 + 15\right) \\ &= 0{,}47 \cdot \lambda_3^2 - 7{,}52 \cdot \lambda_3 + 37{,}11. \end{aligned}$$

$$\begin{aligned} k_3'(\lambda_3) &= 0{,}94 \cdot \lambda_3 - 7{,}52 \overset{!}{=} 0 \\ &\Rightarrow \hat{\lambda}_3 = 8 \notin [9;20]. \end{aligned}$$

Da die errechnete Optimalintensität $\hat{\lambda}_3 = 8$ der Fertigungsstelle 3 außerhalb des technisch zulässigen Intensitätsbereichs der Montagemaschine liegt, ist im Folgenden die kostenminimale zulässige Leistungsintensität λ_3^* (als Randlösung) zu ermitteln. Hierzu bestimmt man zunächst das Vorzeichen der zweiten Ableitung $k_3''(\lambda_3)$ der Kosten-Leistungsfunktion $k_3(\lambda_3)$ nach der Leistungsintensität λ_3:

$$k_3''(\lambda_3) = 0{,}94 > 0.$$

Demnach ist die Kosten-Leistungsfunktion im zulässigen Bereich streng konvex gekrümmt und besitzt bei der Intensität $\hat{\lambda}_3 = 8$ ihr außerhalb des zulässigen Bereichs liegendes Minimum. Aufgrund dieser Verlaufseigenschaften der unterstellten Kosten-Leistungsfunktion führen Leistungsintensitäten λ_3, $\hat{\lambda}_3 = 8 < \underline{\lambda}_3 = 9 \leq \lambda_3 \leq \overline{\lambda}_3 = 20$, mit zunehmendem Intensitätsniveau zu ansteigenden (Stück-)Kosten. Folglich würde man optimalerweise die kleinste zulässige Leistungsintensität, also $\lambda_3^* = 9$ wählen.

Zu diesem Ergebnis gelangt man bei der hier vorliegenden quadratischen Kosten-Leistungsfunktion auch über einen direkten Vergleich der Kosten an den Rändern des zulässigen Intensitätsbereichs:

$$k_3(\lambda_3^*) = min\{k_3(\underline{\lambda}_3); k_3(\overline{\lambda}_3)\} = min\{k_3(9); k_3(20)\}.$$

Einsetzen führt direkt zu:

$$k_3(9) = 0{,}47 \cdot 9^2 - 7{,}52 \cdot 9 + 37{,}11 = 7{,}50 \; [€/ME],$$

$$k_3(20) = 0{,}47 \cdot 20^2 - 7{,}52 \cdot 20 + 37{,}11 = 74{,}71 \; [€/ME]$$

$$\Rightarrow k_3^*(\lambda_3^*) = min\{7{,}50;74{,}71\} = 7{,}50 \; [€/ME] \text{ mit } \lambda_3^* = \underline{\lambda}_3 = 9.$$

Da zusätzlich zu den leistungsintensitätsabhängigen Kosten der Stellen 1 bis 3 pro hergestellter Outputeinheit noch Kosten in Höhe von 13 [€/ME] für die Metallbeschläge und die Holzplatte zu berücksichtigen sind, erhält man zusammenfassend als minimale variable Stückkosten der Fertigung einer Mengeneinheit des Endproduktes:

$$\begin{aligned} k_v^*(x) &= 13{,}00 + k_1(\lambda_1^*) + k_2(\lambda_2^*) + k_3(\lambda_3^*) \\ &= 13{,}00 + 5{,}50 + 4{,}00 + 7{,}50 \\ &= 30{,}00 \; [€/ME]. \end{aligned}$$

zu b)

Da es – wie gezeigt werden kann – für die Unternehmung sinnvoll ist, die Maschinen der einzelnen Fertigungsstellen zunächst zeitlich und danach intensitätsmäßig anzupassen, liegt eine zweigeteilte Kostenfunktion vor, wobei für die Intervallgrenzen der Anpassungsbereiche eines Aggregates m gilt:

$\lambda_m^* \cdot \underline{t}_m \le x_m \le \lambda_m^* \cdot \overline{t}_m$ bei zeitlicher Anpassung von Aggregat m und

$\lambda_m^* \cdot \overline{t}_m < x_m \le \overline{\lambda}_m \cdot \overline{t}_m$ bei intensitätsmäßiger Anpassung von Aggregat m.

Die aggregatspezifischen Kostenfunktionen $K_m(x_m)$ bei optimaler zeitlicher und intensitätsmäßiger Anpassung lassen sich allgemein damit wie folgt formulieren:

$$K_m(x_m) = \begin{cases} k_m(\lambda_m^*) \cdot x_m + K_{m_f} & \text{für } \lambda_m^* \cdot \underline{t}_m \le x_m \le \lambda_m^* \cdot \overline{t}_m \\ k_m\left(\dfrac{x_m}{\overline{t}_m}\right) \cdot x_m + K_{m_f} & \text{für } \lambda_m^* \cdot \overline{t}_m < x_m \le \overline{\lambda}_m \cdot \overline{t}_m \end{cases}$$

Für $\lambda_1^* = 12$, $\lambda_2^* = 11$, $\lambda_3^* = 9$ sowie $\overline{t}_1 = \overline{t}_3 = 8$ und $\overline{t}_2 = 7$ lauten die entsprechenden Kostenfunktionen hier:

Fertigungsstelle 1: Sägerei

$$K_1(x_1) = \begin{cases} 5{,}5 \cdot x_1 + 35 & \text{für} \quad 0 \le x_1 \le 12 \cdot 8, \\ \left[0{,}13 \cdot \left(\frac{x_1}{8} \right)^2 - 3{,}12 \cdot \left(\frac{x_1}{8} \right) + 24{,}22 \right] \cdot x_1 + 35 & \text{für} \quad 12 \cdot 8 < x_1 \le 18 \cdot 8. \\ 5{,}5 \cdot x_1 + 35 & \text{für} \quad 0 \le x_1 \le 96, \\ \frac{13}{6.400} \cdot x_1^3 - 0{,}39 \cdot x_1^2 + 24{,}22 \cdot x_1 + 35 & \text{für} \quad 96 < x_1 \le 144. \end{cases}$$

Fertigungsstelle 2: Fräserei

$$K_2(x_2) = \begin{cases} 4 \cdot x_2 + 50 & \text{für} \quad 0 \le x_2 \le 11 \cdot 7, \\ \left[0{,}35 \cdot \left(\frac{x_2}{7} \right)^2 - 7{,}7 \cdot \left(\frac{x_2}{7} \right) + 46{,}35 \right] \cdot x_2 + 50 & \text{für} \quad 11 \cdot 7 < x_2 \le 15 \cdot 7. \\ 4 \cdot x_2 + 50 & \text{für} \quad 0 \le x_2 \le 77, \\ \frac{1}{140} \cdot x_2^3 - 1{,}1 \cdot x_2^2 + 46{,}35 \cdot x_2 + 50 & \text{für} \quad 77 \le x_2 \le 105. \end{cases}$$

Fertigungsstelle 3: Montage

$$K_3(x_3) = \begin{cases} 7{,}5 \cdot x_3 + 15 & \text{für} \quad 0 \le x_3 \le 9 \cdot 8, \\ \left[0{,}47 \cdot \left(\frac{x_3}{8} \right)^2 - 7{,}52 \cdot \left(\frac{x_3}{8} \right) + 37{,}11 \right] \cdot x_3 + 15 & \text{für} \quad 9 \cdot 8 < x_3 \le 20 \cdot 8. \\ 7{,}5 \cdot x_3 + 15 & \text{für} \quad 0 \le x_3 \le 72, \\ \frac{47}{6.400} \cdot x_3^3 - 0{,}94 \cdot x_3^2 + 37{,}11 \cdot x_3 + 15 & \text{für} \quad 72 < x_3 \le 160. \end{cases}$$

Man erkennt, dass die maximale Tagesproduktion der Unternehmung wegen

$$\bar{x} = min\{\bar{x}_1, \bar{x}_2, \bar{x}_3\} = min\{144, 105, 160\} = 105 = \bar{x}_2$$

durch die Kapazitäten der Fertigungsstelle 2 bestimmt wird und 105 Mengeneinheiten beträgt.

Es ist leicht nachvollziehbar, dass die Kosten der Produktion einer bestimmten Ausbringungsmenge $\tilde{x}$, $0 \le \tilde{x} \le 105$, davon abhängen, unter welcher Anpassung die einzelnen Aggregate die Outputmenge $\tilde{x}$ produzieren (müssen). Abbildung 6.2.1 verdeutlicht diesen Sachverhalt graphisch.

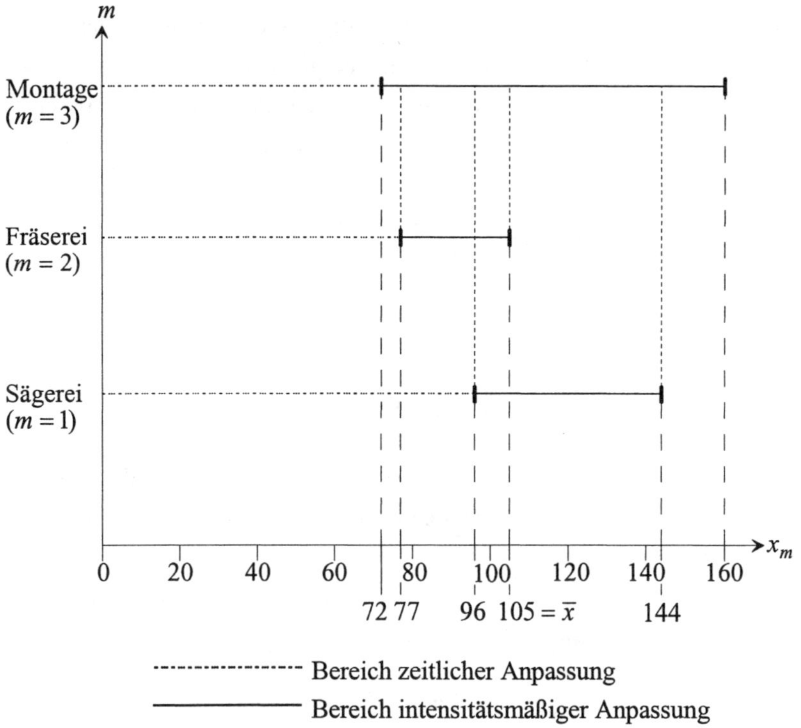

Abb. 6.2.1: Anpassungsbereiche der Fertigungsstellen 1 bis 3

Wie aus der Graphik ersichtlich, werden für Ausbringungsmengen x, $0 \leq x \leq 72$, alle drei Aggregate optimal zeitlich angepasst (Intervall 1). Unter Berücksichtigung der zusätzlich pro Outputeinheit anfallenden Kosten in Höhe von 13 $[€/ME]$ für die Metallbeschläge und die Holzplatte gilt für die Gesamtkostenfunktionen $K(x)$ in diesem Bereich:

$$K(x)|_{0 \leq x \leq 72} = (5{,}5x + 35) + (4x + 50) + (7{,}5x + 15) + 13x = 30x + 100.$$

Sollen Outputmengen x, $72 < x \leq 77$, produziert werden, muss das Montageaggregat als erste Maschine intensitätsmäßig angepasst werden. Für die übrigen Aggregate ist nach wie vor die zeitliche Anpassung möglich (Intervall 2). Entsprechend lautet die Gesamtkostenfunktion in diesem Bereich:

$$K(x)|_{72 < x \leq 77} = (5{,}5x + 35) + (4x + 50) + \left(\frac{47}{6.400}x^3 - 0{,}94x^2 + 37{,}11x + 15\right) + 13x$$

$$= \frac{47}{6.400}x^3 - 0{,}94x^2 + 59{,}61x + 100.$$

Produktionsmengen x, $77 < x \leq 96$, werden sowohl in Fertigungsstelle 3 als auch in der Fräserei bei intensitätsmäßiger Anpassung gefertigt. In diesem Bereich (Intervall 3) befindet sich nur noch die Maschine der Sägerei im Bereich der kostenminimalen zeitlichen Anpassung. Als intervallbezogene Kostenfunktion ergibt sich:

$$\begin{aligned} K(x)|_{77<x\leq 96} &= (5{,}5x+35)+\left(\frac{1}{140}x^3-1{,}1x^2+46{,}35x+50\right) \\ &\quad +\left(\frac{47}{6.400}x^3-0{,}94x^2+37{,}11x+15\right)+13\cdot x \\ &= \frac{649}{44.800}x^3-2{,}04x^2+101{,}96x+100. \end{aligned}$$

Für Ausbringungsmengen x, $96 < x \leq 105$, müssen schließlich alle drei Aggregate intensitätsmäßig angepasst werden (Intervall 4). Für die Gesamtkostenfunktion gilt in diesem Intervall:

$$\begin{aligned} K(x)|_{96<x\leq 105} &= \left(\frac{13}{6.400}x^3-0{,}39x^2+24{,}22x+35\right) \\ &\quad +\left(\frac{1}{140}x^3-1{,}1x^2+46{,}35x+50\right) \\ &\quad +\left(\frac{47}{6.400}x^3-0{,}94x^2+37{,}11x+15\right)+13\cdot x \\ &= \frac{37}{2.240}x^3-2{,}43x^2+120{,}68x+100. \end{aligned}$$

Zusammengefasst erhält man:

$$K(x)=\begin{cases} 30x+100 & \text{für} \quad 0\leq x\leq 72, \\ \frac{47}{6.400}x^3-0{,}94x^2+59{,}61x+100 & \text{für} \quad 72<x\leq 77, \\ \frac{649}{44.800}x^3-2{,}04x^2+101{,}96x+100 & \text{für} \quad 77<x\leq 96, \\ \frac{37}{2.240}x^3-2{,}43x^2+120{,}68x+100 & \text{für} \quad 96<x\leq 105. \end{cases}$$

bzw. in Dezimalschreibweise:

$$K(x) = \begin{cases} 30x + 100 & \text{für} \quad 0 \le x \le 72, \\ 0{,}00734375x^3 - 0{,}94x^2 + 59{,}61x + 100 & \text{für} \quad 72 < x \le 77, \\ 0{,}014486607x^3 - 2{,}04x^2 + 101{,}96x + 100 & \text{für} \quad 77 < x \le 96, \\ 0{,}016517857x^3 - 2{,}43x^2 + 120{,}68x + 100 & \text{für} \quad 96 < x \le 105. \end{cases}$$

zu c)

Zur Bestimmung der Ausbringungsmenge $\tilde{x}$, die unter Einhaltung der gegebenen Kostenvorgabe $p = 31 \ge k_v(x)$ pro Tag produziert werden kann, bieten sich mehrere alternative Verfahren an:

<u>1. Alternative:</u> Betrachtung der Intervallgrenzen unter Vernachlässigung der Fixkosten und sukzessive Ermittlung der optimalen Lösung:

Hierzu berechnet man zunächst auf der Grundlage der Kostenfunktionen aus Aufgabenteil b) solange die konkreten variablen Stückkosten $k_v(\hat{x})$, die an den jeweiligen Intervallgrenzen $\hat{x}$ anfallen, bis der geforderte Verkaufspreis in Höhe von $p = 31$ [€/ME] erstmalig überschritten wird. Man erhält:

$$k_v(x)\big|_{x=\hat{x}=72} = \frac{K_v(x)}{x} = \frac{30x}{x} = 30 \text{ [€/ME]},$$

$$k_v(x)\big|_{x=\hat{x}=77} - 30{,}77 \text{ [€/ME]},$$

$$k_v(x)\big|_{x=\hat{x}=96} = 39{,}63 \text{ [€/ME]}.$$

Die gesuchte Ausbringung liegt demnach in Intervall 3 und lässt sich durch sukzessive Überprüfung von Produktionsmengen $x > 77$ bestimmen. Es zeigt sich, dass wegen $k_v(78) = 30{,}97$ [€/ME] und $k_v(79) = 31{,}21$ [€/ME] maximal $\tilde{x} = 78$ Mengeneinheiten des Outputs produziert werden dürfen, damit der gegebene Verkaufspreis $p = 31$ [€/ME] durch die variablen Stückkosten nicht überschritten wird.

<u>2. Alternative:</u> Auflösung der abschnittsweise definierten Stückkostenfunktion

Hierzu wird die abschnittsweise definierte Stückkostenfunktion sukzessiv dem Verkaufspreis gegenübergestellt. Man erhält für die einzelnen Intervalle:

$$k_v(x)\big|_{0 \le x \le 72} = 30 < 31,$$

$$
\begin{aligned}
k_v(x)\big|_{72<x\le 77} &= \frac{47}{6.400}x^2 - 0{,}94x + 59{,}61 \overset{!}{=} 31 \\
&\Leftrightarrow (x-64)^2 = 200{,}17 \\
&\Rightarrow x_1 = 78{,}15 \notin (72;77] \\
&\ x_2 = 49{,}85 \notin (72;77],
\end{aligned}
$$

$$
\begin{aligned}
k_v(x)\big|_{77<x\le 96} &= \frac{649}{44.800}x^2 - 2{,}04x + 101{,}96 \overset{!}{=} 31 \\
&\Leftrightarrow (x-70{,}41)^2 = 59{,}23 \\
&\Rightarrow x_1 = 78{,}11 \in (77;96] \\
&\ x_2 = 62{,}71 \notin (77;96].
\end{aligned}
$$

Erwartungsgemäß weist auch diese Berechnung als kritische Ausbringungsmenge $\tilde{x} = 78$ $[\text{ME}]$ aus.

Als dritter alternativer Lösungsweg sei noch die graphische Ermittlung der kritischen Ausbringungsmenge in einem $(x;K(x))$-Diagramm erwähnt. Diese soll hier jedoch nicht weiter verfolgt werden, da sie unter bestimmten Annahmen (beliebige Teilbarkeit der Outputmengen etc.) sehr schnell an die Grenzen einer „vertretbaren" Lösung stößt.

Aufgabe 6.3 Kostenoptimale Anpassung kombinierbarer Aggregate auf der Grundlage vorgegebener Grenzkostenverläufe

Einem Unternehmen stehen für die Herstellung eines Endproduktes die beiden funktionsgleichen Aggregate n, $n = 1,2$, zur Verfügung. Die Aggregate können zur Fertigung des Endproduktes parallel eingesetzt werden, unterscheiden sich allerdings hinsichtlich ihrer Faktorverbrauchsfunktionen.

Das $(x_n;K'(x_n))$-Diagramm in Abbildung 6.3.1 veranschaulicht die Grenzkostenverläufe $K'(x_n)$ der Aggregate n in Abhängigkeit von der Endproduktmenge x_n. Der Übergang vom Bereich der zeitlichen Anpassung zum Bereich der intensitätsmäßigen Anpassung erfolgt für Aggregat 1 bei einer Tagesproduktion von $\hat{x}_1 = 60$ Mengeneinheiten, für Aggregat 2 bei $\hat{x}_2 = 40$ Mengeneinheiten pro Tag. Der Produktionskoeffizient zwischen der Ausbringungsmenge und der Leistungsabgabe des jeweiligen Aggregates sei gleich 1.

a) Welches Outputniveau $\bar{x}$ kann das Unternehmen mit den gegebenen Kapazitäten pro Tag maximal realisieren?

b) Bestimmen Sie für aggregatspezifische Ausbringungsmengen $x_n > 0$ die jeweils kostenminimalen Intensitäten λ_n^* und die Maximalintensitäten $\bar{\lambda}_n$ der Aggregate n, wenn Aggregat 1 pro Tag maximal $\bar{t}_1 = 5$ Zeiteinheiten und Aggregat 2 maximal $\bar{t}_2 = 10$ Zeiteinheiten pro Tag eingesetzt werden kann.

c) Erläutern Sie auf der Grundlage des angegebenen $(x_n;K'(x_n))$-Diagramms (siehe Abbildung 6.3.1) den kostenminimalen Anpassungsprozess auf der Basis voroptimierter Grenzkostenfunktionen bei steigender Endproduktmenge x und berechnen bzw. geben Sie für jedes Anpassungsintervall neben den Intervallgrenzen die in der folgenden tabellarischen Übersicht geforderten Daten und Parameter an.

Aggregat	Anpassung	Intensität	Zeit	Grenzkosten
1				
2				

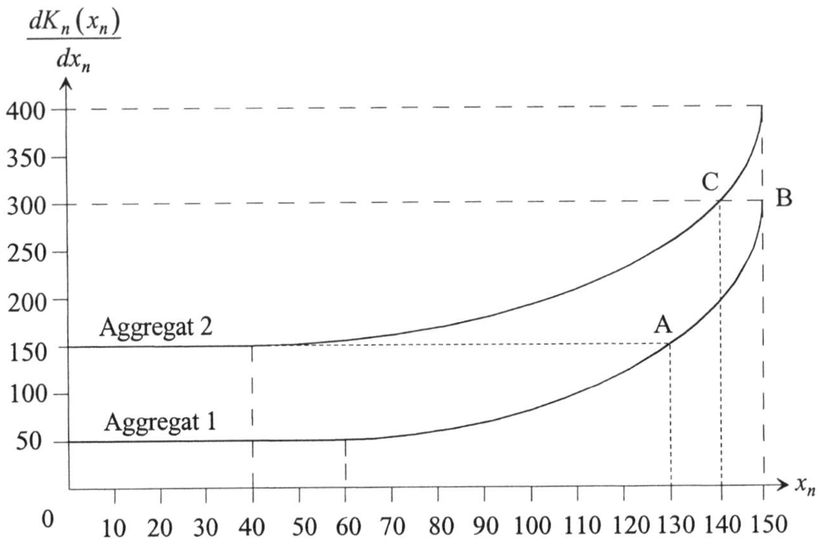

Abb. 6.3.1: Grenzkostenverläufe der Aggregate 1 und 2

Lösung zu Aufgabe 6.3

zu a)

Wie aus der Graphik ersichtlich, beträgt die maximale Ausbringungsmenge $\overline{x}_n$ für beide Aggregate jeweils 150 Mengeneinheiten. Mit den gegebenen Kapazitäten kann das Unternehmen somit insgesamt maximal

$$\overline{x} = \overline{x}_1 + \overline{x}_2 = 150 + 150 = 300$$

Mengeneinheiten pro Tag herstellen.

zu b)

Wegen $d = 1$ gilt:

$$x_n = \lambda_n \cdot t_n \text{ bzw. } \lambda_n = \frac{x_n}{t_n}.$$

Bezeichne $\hat{x}_n$ die maximale Ausbringungsmenge im Bereich der optimalen zeitlichen Anpassung von Maschine n; dann berechnet man die in der Aufgabenstellung geforderten Größen für $\bar{t}_1 = 5$ und $\bar{t}_2 = 10$ wie folgt:

- Optimale Intensität von Aggregat 1:

$$\lambda_1^* = \frac{\hat{x}_1}{\bar{t}_1} = \frac{60}{5} = 12\,[\text{ME/ZE}].$$

- Maximale Intensität von Aggregat 1:

$$\bar{\lambda}_1 = \frac{\bar{x}_1}{\bar{t}_1} = \frac{150}{5} = 30\,[\text{ME/ZE}].$$

- Optimale Intensität von Aggregat 2:

$$\lambda_2^* = \frac{\hat{x}_2}{\bar{t}_2} = \frac{40}{10} = 4\,[\text{ME/ZE}].$$

- Maximale Intensität von Aggregat 2:

$$\bar{\lambda}_2 = \frac{\bar{x}_2}{\bar{t}_2} = \frac{150}{10} = 15\,[\text{ME/ZE}].$$

zu c)

Allgemein lässt sich der optimale Anpassungsprozess auf der Basis voroptimierter Grenzkostenfunktionen für den hier verfolgten 2-Maschinen-Fall durch fünf Intervalle beschreiben:

1. Anpassungsintervall:

Zuerst wird das (grenz-)kostengünstigere Aggregat zeitlich angepasst. Das andere Aggregat wird nicht eingesetzt, da dessen Grenzkosten für jedes Produktionsniveau $x > 0$ höher sind als die Grenzkosten, die bei der zeitlichen Anpassung des (grenz-)kostengünstigeren Aggregats anfallen.

2. Anpassungsintervall:

Im zweiten Anpassungsintervall erfolgt die optimale intensitätsmäßige Anpassung des (grenz-)kostengünstigeren Potentialfaktors, bis die Grenzkosten bei intensitätsmäßiger Anpassung den Grenzkosten des anderen Aggregats bei dessen zeitlicher Anpassung entsprechen (Punkt A). Dies ist sinnvoll, da die Produktion jeder weiteren marginalen Produkteinheit auf dem intensitätsmäßig angepassten

Aggregat mit höheren Grenzkosten verbunden wäre als die Herstellung derselben Menge unter zeitlicher Anpassung der bislang unberücksichtigten Maschine.

3. Anpassungsintervall:
In diesem Schritt wird das Aggregat, das die höheren Grenzkosten im Bereich der zeitlichen Anpassung aufweist, zur Produktion hinzugenommen und zeitlich angepasst. Das andere Aggregat produziert im Rahmen seiner intensitätsmäßigen Anpassung bei maximalem Zeiteinsatz mit der Intensität, für die in Schritt 2 die Grenzkostengleichheit ermittelt wurde.

4. Anpassungsintervall:
In diesem Intervall werden beide Maschinen solange intensitätsmäßig angepasst, bis das Aggregat mit den geringeren maximalen Grenzkosten an seine Kapazitätsgrenze stößt (Punkt *B*). Die Produktmengen werden dabei so auf die zur Verfügung stehenden Aggregate aufgeteilt, dass beide Maschinen mit denselben Grenzkosten im Bereich ihrer intensitätsmäßigen Anpassung produzieren.

5. Anpassungsintervall:
Im letzten Schritt wird das verbleibende Aggregat bis zur Kapazitätsgrenze intensitätsmäßig angepasst, währenddessen das andere Aggregat mit maximaler Auslastung, d.h. mit $\bar{\lambda}_n$ und $\bar{t}_n$ produziert.

Die Lösung des vorliegenden Entscheidungsproblems stellt sich demnach wie folgt dar:

Wegen

$$K_1'(x_1)\big|_{0\le x_1\le 60} = 50 < 150 = K_2'(x_2)\big|_{0\le x_2\le 40}$$

wird das erste Aggregat gemäß der Schritte 1 und 2 zunächst zeitlich im Bereich $0 \le x_1 = x \le 60$ und anschließend bis zur Ausbringungsmenge $\tilde{x}_1 = x = 130$ intensitätsmäßig angepasst, da gilt:

$$K_1'(x_1)\big|_{\tilde{x}_1=130} = 150 = K_2'(x_2)\big|_{0\le x_2\le 40}.$$

Für $130 < x \le 130 + 40 = 170$ Mengeneinheiten wird das zweite Aggregat zugeschaltet und optimal zeitlich angepasst. Für noch größere Ausbringungsmengen werden, soweit möglich, beide Aggregate bei gleichen Grenzkosten intensitätsmäßig angepasst. Wegen

$$K_1'(x_1)\big|_{x_1=\bar{x}_1=150} = 300 < 400 = K_2'(x_2)\big|_{x_2=\bar{x}_2=150}$$

erreicht Aggregat 1 zuerst seine maximale Auslastung, wohingegen gemäß Abbildung 6.3.1 ab einem Grenzkostenniveau von $K_2'(140)=300$ mit Aggregat 2 noch weitere

$$\overline{x}_2 - \tilde{x}_2\big|_{K_2'(\tilde{x}_2)=300} = 150 - 140 = 10$$

Mengeneinheiten des Endproduktes durch intensitätsmäßige Anpassung produziert werden können (siehe Punkt *C* in Abbildung 6.3.1). Folglich werden Produktionsmengen x, $170 < x \leq 290$, durch intensitätsmäßige Anpassung beider Aggregate bei gleichen Grenzkosten gefertigt. Im Bereich $290 < x \leq 300$ wird dann nur noch Aggregat 2 bis zur Maximalintensität angepasst. Bei der maximalen Tagesproduktion in Höhe von $\overline{x} = 300$ Mengeneinheiten produzieren beide Aggregate mit ihren jeweiligen Maximalintensitäten $\overline{\lambda}_n$ und maximalen Einsatzzeiten $\overline{t}_n$.

Nachfolgend sind die einzelnen Anpassungsintervalle nochmals im Überblick dargestellt. Die mathematische Bestimmungen von Parameterwerten, die weder unter a) noch direkt aus der Abbildung 6.3.1 entnommen werden können, sind an den entsprechenden Stellen angegeben.

1. Anpassungsintervall: $0 < x \leq 60$

Aggregat	Anpassung	Intensität	Zeit	Grenzkosten
1	zeitlich	$\lambda_1^* = 12$	$0 \leq t_1 \leq 5$	$K_1'(x_1) = 50$
2	---	---	---	---

2. Anpassungsintervall: $60 < x \leq 130$

Aggregat	Anpassung	Intensität	Zeit	Grenzkosten
1	intensitätsmäßig	$12 < \lambda_1 \leq 26$[1]	$\overline{t}_1 = 5$	$50 < K_1'(x_1) \leq 150$
2	---	---	---	---

<u>Zusätzliche Berechnung:</u>

[1]: $\tilde{\lambda}_1 = \dfrac{\tilde{x}_1}{\overline{t}_1} = \dfrac{130}{5} = 26\,[\text{ME/ZE}]$.

3. Anpassungsintervall: $130 < x \leq 170$ [2]

Aggregat	Anpassung	Intensität	Zeit	Grenzkosten
1	intensitätsmäßig (konstant)	$\lambda_1 = 26$	$\bar{t}_1 = 5$	$K_1'(x_1) = 150$
2	zeitlich	$\lambda_2^* = 4$	$0 \leq t_2 \leq 10$	$K_1'(x_2) = 150$

Zusätzliche Berechnung:

$$[2]: \tilde{x} = \tilde{x}_1\big|_{K_1'(\tilde{x}_1)=K_2'(\tilde{x}_2)=150} + \hat{x}_2$$
$$= 130 + 40 = 170\,[\text{ME}].$$

4. Anpassungsintervall: $170 < x \leq 290$ [3]

Aggregat	Anpassung	Intensität	Zeit	Grenzkosten
1	intensitätsmäßig	$26 < \lambda_1 \leq 30$	$\bar{t}_1 = 5$	$150 < K'(x_1) \leq 300$
2	intensitätsmäßig	$4 < \lambda_2 \leq 14$[4]	$\bar{t}_2 = 10$	$150 < K'(x_2) \leq 300$

Zusätzliche Berechnungen:

$$[3]: \tilde{\tilde{x}} = \bar{x}_1 + \tilde{x}_2\big|_{K_2'(\tilde{x}_2)=K_1'(\bar{x}_1)=300}$$
$$= 150 + 140 = 290\,[\text{ME}],$$

$$[4]: \tilde{\lambda}_2 = \frac{\tilde{x}_2}{\bar{t}_2} = \frac{140}{10} = 14\,[\text{ME/ZE}].$$

5. Anpassungsintervall: $290 < x \leq 300$

Aggregat	Anpassung	Intensität	Zeit	Grenzkosten
1	intensitätsmäßig (konstant)	$\bar{\lambda}_1 = 30$	$\bar{t}_1 = 5$	$K_1'(x_1) = 300$
2	intensitätsmäßig	$14 < \lambda_2 \leq 15$	$\bar{t}_2 = 10$	$300 < K'(x_2) \leq 400$

Aufgabe 6.4 Kostenoptimale Anpassung funktionsgleicher Aggregate anhand voroptimierter Grenzkostenfunktionen (I)

Einem Unternehmen stehen zur Produktion eines Endproduktes die funktionsgleichen, aber kostenverschiedenen Aggregate n, $n = 1{,}2$, zur Verfügung, die beide mit Leistungsintensitäten im Bereich $0 \leq \lambda_n \leq 20$ produzieren können. Als aggregatbezogene Kostenfunktionen $K_n(x_n)$ der beiden Maschinen wurden ermittelt:

$$K_1(x_1) = \begin{cases} 20x_1 & \text{bei zeitlicher Anpassung,} \\ 0{,}04x_1^3 - 3{,}2x_1^2 + 84x_1 & \text{bei intensitätsmäßiger Anpassung} \end{cases}$$

und

$$K_2(x_2) = \begin{cases} 132x_2 & \text{bei zeitlicher Anpassung,} \\ 0{,}04231x_2^3 - 5{,}5x_2^2 + 310{,}70x_2 & \text{bei intensitätsmäßiger Anpassung.} \end{cases}$$

Die maximale Einsatzzeit der beiden Aggregate beträgt jeweils 5 Zeiteinheiten. Für die optimalen Intensitäten gilt: $\lambda_1^* = 8$ [ME/ZE] und $\lambda_2^* = 13$ [ME/ZE].

Des Weiteren fallen mit der Inbetriebnahme der Maschinen keine fixen Kosten an. Der Produktionskoeffizient zwischen der Ausbringungsmenge und der Leistungsabgabe des jeweiligen Aggregates sei gleich 1.

a) Bestimmen Sie auf der Grundlage der angegebenen Kostenfunktionen $K_n(x_n)$, $n = 1{,}2$, die aggregatbezogenen Grenzkostenfunktionen $K_n'(x_n)$ sowie die zugehörigen Anpassungsintervalle und veranschaulichen Sie die Grenzkostenverläufe in einem $(x_n; K'(x_n))$-Diagramm graphisch.

b) Ermitteln Sie den kostenminimalen Anpassungsprozess bei steigender Endproduktmenge x mit Hilfe voroptimierter Grenzkostenfunktionen.

Lösung zu Aufgabe 6.4

zu a)

Die Grenzkostenfunktionen $K_n'(x_n)$ der Aggregate n, $n = 1,2$, lauten

$$K_1'(x_1) = \begin{cases} 20 & \text{bei zeitlicher Anpassung,} \\ 0{,}12x_1^2 - 6{,}4x_1 + 84 & \text{bei intensitätsmäßiger Anpassung} \end{cases}$$

für Aggregat 1 und

$$K_2'(x_2) = \begin{cases} 132 & \text{bei zeitlicher Anpassung,} \\ 0{,}12693x_2^2 - 11x_2 + 310{,}70 & \text{bei intensitätsmäßiger Anpassung} \end{cases}$$

für Aggregat 2.

Das aggregatbezogene Anpassungsintervall bei zeitlicher Anpassung erstreckt sich in Abhängigkeit der Ausbringungsmenge bei Maschine 1 dabei auf

$$\lambda_1^* \cdot \underline{t}_1 \leq x_1 \leq \lambda_1^* \cdot \overline{t}_1 \quad \Rightarrow \quad 8 \cdot 0 \leq x_1 \leq 8 \cdot 5 \quad \Rightarrow \quad 0 \leq x_1 \leq 40\,[\text{ME}],$$

das von Aggregat 2 auf

$$\lambda_2^* \cdot \underline{t}_2 \leq x_2 \leq \lambda_2^* \cdot \overline{t}_2 \quad \Rightarrow \quad 13 \cdot 0 \leq x_2 \leq 13 \cdot 5 \quad \Rightarrow \quad 0 \leq x_2 \leq 65\,[\text{ME}].$$

Die intensitätsmäßige Anpassung erfolgt bei den Aggregaten n, $n = 1,2$, in den Bereichen

$$\lambda_1^* \cdot \overline{t}_1 < x_1 \leq \overline{\lambda}_1 \cdot \overline{t}_1 \quad \Rightarrow \quad 40 < x_1 \leq 20 \cdot 5 \quad \Rightarrow \quad 40 < x_1 \leq 100\,[\text{ME}]$$

und

$$\lambda_2^* \cdot \overline{t}_2 < x_2 \leq \overline{\lambda}_2 \cdot \overline{t}_2 \quad \Rightarrow \quad 65 < x_2 \leq 20 \cdot 5 \quad \Rightarrow \quad 65 < x_2 \leq 100\,[\text{ME}].$$

Insgesamt kann die Unternehmung im Planungszeitraum demnach maximal

$$\overline{x} = \overline{x}_1 + \overline{x}_2 = \overline{\lambda}_1 \cdot \overline{t}_1 + \overline{\lambda}_2 \cdot \overline{t}_2 = 100 + 100 = 200\,[\text{ME}]$$

produzieren, wobei an den aggregatspezifischen Kapazitätsgrenzen die folgenden Grenzkosten anfallen:

$$K_1'(x_1)\big|_{x_1 = \overline{x}_1 = 100} = 0{,}12 \cdot (100)^2 - 6{,}4 \cdot 100 + 84 = 644 \text{ bzw.}$$

$$K_2'(x_2)\big|_{x_2 = \overline{x}_2 = 100} = 0{,}12693 \cdot (100)^2 - 11 \cdot 100 + 310{,}70 = 480.$$

Die Verläufe der Grenzkostenfunktionen $K_n'(x_n)$ sind in Abbildung 6.4.1 graphisch veranschaulicht.

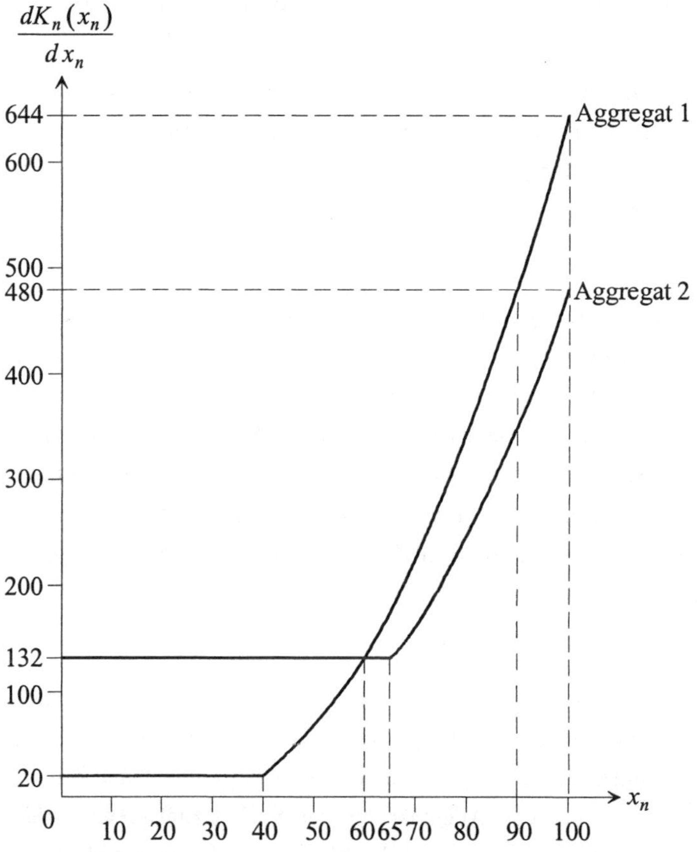

Abb. 6.4.1: Grenzkostenverläufe der Aggregate 1 und 2

zu b)

Der kostenoptimale Anpassungsprozess bei steigender Endproduktmenge x erfolgt auf der Grundlage voroptimierter Grenzkostenfunktionen hier in fünf Schritten:

Wegen

$$K_1'(x_1)\big|_{0 \le x_1 \le 40} = 20 < 132 = K_2'(x_2)\big|_{0 \le x_2 \le 65}$$

wird zunächst Aggregat 1 bis zur Ausbringungsmenge $x_1 = x = 40$ $[\text{ME}]$ zeitlich angepasst, da die Grenzkosten bei zeitlicher Anpassung von Aggregat 1 geringer sind als die Grenzkosten, die bei zeitlicher Anpassung des zweiten Aggregates anfallen.

Daran anschließend erfolgt die intensitätsmäßige Anpassung von Aggregat 1, bis die Grenzkosten einer zeitlichen Anpassung von Aggregat 2 erreicht werden. Dies ist – wie die Abbildung 6.4.1 verdeutlicht – bei der Ausbringungsmenge $x_1 = 60$ $[\text{ME}]$ der Fall, da gilt:

$$K'_1(60) = 132 = K'_2(60).$$

Für Ausbringungsmengen $x = x_1 > 60$ zeigt der Grenzkostenvergleich, dass Maschine 2 bei zeitlicher Anpassung geringere Grenzkosten aufweist als Aggregat 1 bei einer Ausweitung der intensitätsmäßigen Anpassung. Gesamtausbringungsmengen $x > 60$ werden demnach mittels einer Aggregatkombination produziert, wobei Aggregat 1 eine konstante Ausbringungsmenge in Höhe von $x_1 = 60$ zur Outputmenge beisteuert. Aggregat 2 produziert unter zeitlicher Anpassung Ausbringungsmengen zwischen 0 und 65 Mengeneinheiten. Also gilt für dieses Anpassungsintervall:

$$60 < x \leq 60 + 65 = 125\,[\text{ME}].$$

Zur Produktion von Gesamtausbringungsmengen $x > 125$ ist nur noch die intensitätsmäßige Anpassung beider Aggregate möglich, wobei die Herstellung der Ausbringungsmengen unter dem Aspekt der Grenzkostengleichheit auf beiden Maschinen erfolgt, bis ein Aggregat an seine Kapazitätsgrenze stößt. Wegen $K'_2(\overline{x}_2) < K'_1(\overline{x}_1)$ erreicht hier zunächst Maschine 2 ihre maximale Auslastung.

Da zu Grenzkosten in Höhe von $K'_2(\overline{x}_2) = K'_2(100) = 480$ mit Prozess 1 wegen

$$K'_1(\tilde{x}_1) \stackrel{!}{=} 480$$

$\tilde{x}_1 = 90$ Mengeneinheiten produziert werden, erstreckt sich das vierte Anpassungsintervall über den Bereich $125 < x \leq 100 + 90 = 190$.

Danach kann nur noch Aggregat 1 intensitätsmäßig bis zur Menge $x_1 = 100$ $[\text{ME}]$ bzw. $x = 200$ $[\text{ME}]$ angepasst werden.

Tabelle 6.4.1 zeigt die Ergebnisse noch einmal im Überblick:

Tab. 6.4.1: Übersicht der Anpassungsbereiche bei optimaler zeitlichen und intensitätsmäßiger Anpassung der Aggregate 1 und 2

Gesamtausbringungsmenge $x = x_1 + x_2$	**Ausbringungsmenge Aggregat 1** x_1	**Ausbringungsmenge Aggregat 2** x_2	**Aggregatanpassung**	**Parameter**	**Grenzkosten**
$[0, 40]$	$[0, 40]$	0	1–zeitlich	$\lambda_1^* = 8$ $0 \le t_1 \le 5$	20
$(40, 60]$	$(40, 60]$	0	1–intensitätsmäßig	$8 < \lambda_1 \le 12$ $\bar{t}_1 = 5$	$(20, 132]$
$(60, 125]$	60	$[0, 65]$	1–konstant 2–zeitlich	$\lambda_1 = 12$ $\bar{t}_1 = 5$ $\lambda_2^* = 13$ $0 \le t_2 \le 5$	132
$(125, 190]$	$(60, 90]$ bei Grenzkostengleichheit	$(65, 100]$	1–intensitätsmäßig 2–intensitätsmäßig	$12 < \lambda_1 \le 18$ $\bar{t}_1 = 5$ $13 < \lambda_2 \le 20$ $\bar{t}_2 = 5$	$(132, 480]$
$(190, 200]$	$(90, 100]$	100	1–intensitätsmäßig 2–konstant	$18 < \lambda_1 \le 20$ $\bar{t}_1 = 5$ $\bar{\lambda}_2 = 20$ $\bar{t}_2 = 5$	$(480, 644]$

Aufgabe 6.5 Kostenoptimale Anpassung funktionsgleicher Aggregate anhand voroptimierter Grenzkostenfunktionen (II)

Einem Unternehmen stehen für die Endproduktherstellung zwei funktionsgleiche, aber kostenverschiedene Aggregate n, $n = 1{,}2$, zur Verfügung. Für die Aggregate sind die folgenden Kostenfunktionen $K_n(x_n)$ für den Bereich der intensitätsmäßigen Anpassung ermittelt worden:

$$K_1(x_1) = \frac{1}{128}x_1^3 - \frac{25}{8}x_1^2 + \frac{3.379}{10}x_1,$$

$$K_2(x_2) = \frac{1}{320}x_2^3 - \frac{3}{4}x_2^2 + 47x_2.$$

Die maximale Einsatzzeit der beiden Aggregate beträgt jeweils 8 Stunden. Für die aggregatspezifischen Leistungsintensitäten gilt: $0 \le \lambda_1 \le 35$ und $0 \le \lambda_2 \le 30$. Der Produktionskoeffizient zwischen der Ausbringungsmenge und der Leistungsabgabe des jeweiligen Aggregates sei gleich 1.

a) Bestimmen Sie auf der Grundlage der gegebenen Kostenfunktionen $K_n(x_n)$ für beide Aggregate n die Faktorverbrauchsfunktionen $a(\lambda_n)$ in Abhängigkeit der aggregatspezifischen Leistungsintensität λ_n sowie die Grenzkostenfunktionen $K'_n(x_n)$ in Abhängigkeit von der Ausbringungsmenge bei optimaler zeitlicher und intensitätsmäßiger Anpassung. Der Preis für eine Mengeneinheit des Verbrauchsfaktors beträgt $q = 5$ $[€/ME]$.

b) Ermitteln Sie den kostenminimalen Anpassungsprozess bei steigender Endproduktmenge x mit Hilfe des Lösungsansatzes voroptimierter Grenzkostenfunktionen. Veranschaulichen Sie Ihre Lösung in einem $(x;K'(x))$-Diagramm und kennzeichnen Sie, welche Maschine wann wie angepasst wird.

c) Bestimmen Sie die kostenminimale Anpassungsstrategie, wenn unter Einsatz beider Aggregate insgesamt $\overline{x} = 480$ Mengeneinheiten des Endproduktes gefertigt werden sollen?

Lösung zu Aufgabe 6.5

zu a)

Zur Herleitung der Faktorverbrauchsfunktionen $a(\lambda_n)$ auf der Grundlage der gegebenen Kostenfunktionen $K_n(x_n)$ sind zunächst die Stückkostenfunktionen $k_n(x_n)$ zu bestimmen. Man erhält:

$$k_1(x_1)=\frac{K_1(x_1)}{x_1}=\frac{\frac{1}{128}x_1^3-\frac{25}{8}x_1^2+\frac{3.379}{10}x_1}{x_1}=\frac{1}{128}x_1^2-\frac{25}{8}x_1+\frac{3.379}{10}, \qquad (1)$$

$$k_2(x_2)=\frac{K_2(x_2)}{x_2}=\frac{\frac{1}{320}x_2^3-\frac{3}{4}x_2^2+47x_2}{x_2}=\frac{1}{320}x_2^2-\frac{3}{4}x_2+47. \qquad (2)$$

Wegen der Annahme $d=1$ und der Gültigkeit der angegebenen Kostenfunktionen bzw. der ermittelten Stückkostenfunktionen für den Bereich der intensitätsmäßigen Anpassung der einzelnen Aggregate n, $n=1,2$, lassen sich in (1) und (2) die aggregatspezifischen Ausbringungsmengen x_n durch $x_n=\lambda_n\cdot t_n$ bzw. $x_n=\lambda_n\cdot\overline{t}_n$ ersetzen. Für $\overline{t}_1=\overline{t}_2=8$ erhält man als Kosten-Leistungsfunktionen $k_n(\lambda_n)$:

$$k_1(\lambda_1)=k_1(x_1)\big|_{x_1=\lambda_1\cdot 8}=\frac{1}{128}(\lambda_1\cdot 8)^2-\frac{25}{8}(\lambda_1\cdot 8)+\frac{3.379}{10}=\frac{1}{2}\lambda_1^2-25\lambda_1+\frac{3.379}{10},$$

$$k_2(\lambda_2)=k_2(x_2)\big|_{x_2=\lambda_2\cdot 8}=\frac{1}{320}(\lambda_2\cdot 8)^2-\frac{3}{4}(\lambda_2\cdot 8)+47=\frac{1}{5}\lambda_2^2-6\lambda_2+47.$$

Die gesuchten Faktorverbrauchsfunktionen $a(\lambda_n)$ lassen sich nun bestimmen, indem man die Kosten-Leistungsfunktionen $k_n(\lambda_n)$ durch den Faktorpreis $q=5$ [€/ME] dividiert:

$$a(\lambda_1)=\frac{k_1(\lambda_1)}{q}=\frac{\frac{1}{2}\lambda_1^2-25\lambda_1+\frac{3.379}{10}}{5}=\frac{1}{10}\lambda_1^2-5\lambda_1+\frac{3.379}{50},$$

$$a(\lambda_2)=\frac{k_2(\lambda_2)}{q}=\frac{\frac{1}{5}\lambda_2^2-6\lambda_2+47}{5}=\frac{1}{25}\lambda_2^2-\frac{6}{5}\lambda_2+\frac{47}{5}.$$

Die Grenzkostenfunktionen für den Bereich der intensitätsmäßigen Anpassung der einzelnen Aggregate lassen sich durch Ableiten der gegebenen Kostenfunktionen nach der Ausbringungsmenge bestimmen und lauten,

$$\frac{dK_1(x_1)}{dx_1} = \frac{d\left(\frac{1}{128}x_1^3 - \frac{25}{8}x_1^2 + \frac{3.379}{10}x_1\right)}{dx_1} = \frac{3}{128}x_1^2 - \frac{25}{4}x_1 + \frac{3.379}{10},$$

$$\frac{dK_2(x_2)}{dx_2} = \frac{d\left(\frac{1}{320}x_2^3 - \frac{3}{4}x_2^2 + 47x_2\right)}{dx_2} = \frac{3}{320}x_2^2 - \frac{3}{2}x_2 + 47.$$

Zur Bestimmung der Grenzkostenfunktionen bei zeitlicher Anpassung sind zunächst die optimalen Leistungsintensitäten λ_n^* der beiden Aggregate n zu ermitteln. Aus den notwendigen Optimalitätsbedingungen erhält man für Aggregat 1:

$$\frac{dk_1(\lambda_1)}{d\lambda_1} = \frac{d\left(\frac{1}{2}\lambda_1^2 - 25\lambda_1 + \frac{3.379}{10}\right)}{d\lambda_1} = \lambda_1 - 25 \overset{!}{=} 0 \quad \Rightarrow \quad \lambda_1^* = 25 \in [0;35],$$

mit

$$k_1(\lambda_1^*) = k_1(25) = \frac{1}{2}\cdot 25^2 - 25\cdot 25 + \frac{3.379}{10} = \frac{127}{5}.$$

Die Grenzkosten von Aggregat 1 belaufen sich demnach in Abhängigkeit der optimalen zeitlichen und intensitätsmäßigen Anpassung auf:

$$K_1'(x_1) = \begin{cases} \frac{127}{5} & \text{für} \quad \lambda_1^* \cdot \underline{t}_1 = 0 \le x_1 \le \lambda_1^* \cdot \overline{t}_1 = 200, \\ \frac{3}{128}x_1^2 - \frac{25}{4}x_1 + \frac{3.379}{10} & \text{für} \quad \lambda_1^* \cdot \overline{t}_1 = 200 < x_1 \le \overline{\lambda}_1 \cdot \overline{t}_1 = 280. \end{cases}$$

Analog lassen sich die Werte für Aggregat 2 herleiten. Es gilt:

$$\frac{dk_2(\lambda_2)}{d\lambda_2} = \frac{d\left(\frac{1}{5}\lambda_2^2 - 6\lambda_2 + 47\right)}{d\lambda_2} = \frac{2}{5}\lambda_2 - 6 \overset{!}{=} 0 \quad \Rightarrow \quad \lambda_2^* = 15 \in [0;30],$$

mit

$$k_2(\lambda_2^*) = k_2(15) = \frac{1}{5}\cdot 15^2 - 6\cdot 15 + 47 = 2$$

und

$$K_2'(x_2)=\begin{cases}2 & \text{für} \quad \lambda_2^*\cdot \underline{t}_2 = 0 \le x_2 \le \lambda_2^* \cdot \overline{t}_2 = 120,\\ \dfrac{3}{320}x_2^2-\dfrac{3}{2}x_2+47 & \text{für} \quad \lambda_2^*\cdot \overline{t}_2 = 120 < x_2 \le \overline{\lambda}_2 \cdot \overline{t}_2 = 240.\end{cases}$$

zu b)

Der kostenminimale Anpassungsprozess bei steigender Endproduktmenge x lässt sich auf der Basis voroptimierter Grenzkostenfunktionen wie folgt beschreiben:

<u>1. Schritt: Zeitliche Anpassung des (grenz-)kostengünstigsten Aggregates</u>
Wegen

$$K_2'(x_2)\big|_{0\le x_2\le 120} = 2 < \frac{127}{5} = K_1'(x_1)\big|_{0\le x_1 \le 200}$$

wird zunächst Aggregat 2 bis zur Ausbringungsmenge $x_2 = x = 120$ [ME] zeitlich angepasst.

<u>2. Schritt: Intensitätsmäßige Anpassung von Aggregat 2, bis die Grenzkosten bei zeitlicher Anpassung des Aggregates 1 erreicht werden</u>
Gesucht ist demnach die konkrete Ausbringungsmenge $\tilde{x}_2$, für die gilt:

$$K_2'(\tilde{x}_2)\big|_{120<\tilde{x}_2\le 240} \overset{!}{=} K_1'(x_1)\big|_{0\le x_1\le 200} \quad \Rightarrow \quad \frac{3}{320}\tilde{x}_2^2-\frac{3}{2}\tilde{x}_2+47=\frac{127}{5}$$

$$\Rightarrow \quad \tilde{x}_2^2-160\tilde{x}_2+\frac{15.040}{3}=\frac{8.128}{3}$$

$$\Rightarrow \quad \tilde{x}_2^2-160\tilde{x}_2+2.304=0.$$

Auflösen der quadratischen Gleichung ergibt dann:

$$\tilde{x}_2^2-160\tilde{x}_2+2.304\overset{!}{=}0 \quad \Rightarrow \quad \tilde{x}_{2_{1,2}} = 80 \pm \frac{1}{2}\cdot\sqrt{(-160)^2-4\cdot 2.304}$$

$$= 80 \pm 64$$

$$\Rightarrow \quad \tilde{x}_{2_1} = 144 \in [120;240] \text{ und } \tilde{x}_{2_2} = 16 \notin [120;240]$$

$$\Rightarrow \quad \tilde{x}_2 = \tilde{x}_{2_1} = 144\,[\text{ME}],$$

mit

$$K_2'(\tilde{x}_2) = K_2'(144) = \frac{3}{320}\cdot 144^2 - \frac{3}{2}\cdot 144 + 47 = \frac{52}{5} = 10{,}4,$$

$$\lambda_2(\tilde{x}_2) = \frac{\tilde{x}_2}{\bar{t}_2} \quad \Rightarrow \quad \lambda_2(144) = \frac{144}{8} = 18\,[\text{ME/ZE}].$$

Die intensitätsmäßige Anpassung des zweiten Aggregates ist demnach kostenoptimal für Ausbringungsmengen $120 < x \leq 144$.

3. Schritt: Zeitliche Anpassung von Aggregat 1 bis zur Obergrenze des Bereiches zeitlicher Anpassung:

Die zeitliche Anpassung des ersten Aggregates erfolgt mit $\lambda_1^* = 25$ und Grenzkosten in Höhe von $K_1'(x_1) = \frac{127}{5}$ für Outputmengen zwischen $0 \leq x_1 \leq 200$ [ME]. Mit der Kombination von Aggregat 1 und 2 können demnach Ausbringungsmengen im Bereich

$$144 < x \leq 144 + 200 = 344$$

Mengeneinheiten kostenoptimal hergestellt werden.

Für die Produktion von Ausbringungsmengen $x_1 > 200$ [ME] ist schließlich auch das Aggregat 1 intensitätsmäßig anzupassen, weshalb der vierte Schritt lautet:

4. Schritt: Intensitätsmäßige Anpassung beider Aggregate, bis eines der Aggregate an seine Kapazitätsgrenze stößt.

Bei dieser Anpassungsstrategie wird eine Produktionsmenge $\tilde{\tilde{x}} = \tilde{\tilde{x}}_1 + \tilde{\tilde{x}}_2$ so auf die beiden Maschinen aufgeteilt, dass Grenzkostengleichheit vorliegt, also gilt:

$$K_1'\left(\tilde{\tilde{x}}_1\right)\Big|_{200<\tilde{\tilde{x}}_1\leq 280} = K_2'\left(\tilde{\tilde{x}}_2\right)\Big|_{120<\tilde{\tilde{x}}_2\leq 240.}$$

Hierzu ist zunächst dasjenige Aggregat n zu ermitteln, das zuerst seine Produktionsgrenze $\overline{x}_n$ erreicht, da ab dieser Outputmenge die Bedingung der Grenzkostengleichheit nicht mehr erfüllt werden kann. Der Vergleich der mit den Maximalausbringungen der beiden Maschinen verbundenen Grenzkosten zeigt, dass wegen

$$K_1'(x_1)\big|_{x_1=\overline{x}_1=280} = 425{,}4 > 227 = K_2'(x_2)\big|_{x_2=\overline{x}_2=240},$$

Aggregat 2 bei $x_2 = 240$ Mengeneinheiten als erste Maschine sein maximales Outputniveau erreicht. Die mit entsprechenden Grenzkosten $(K_2'(240) = 227)$ verbundene Ausbringungsmenge des ersten Aggregates erhält man durch Auflösen der quadratischen Gleichung, die aus dem Vergleich der Grenzkosten resultiert:

$$K_1'\left(\tilde{\tilde{x}}_1\right)\Big|_{200<\tilde{\tilde{x}}_1\leq 280} \overset{!}{=} 227 \Rightarrow \frac{3}{128}\tilde{\tilde{x}}_1^2 - \frac{25}{4}\tilde{\tilde{x}}_1 + \frac{3.379}{10} = 227$$

$$\Rightarrow \tilde{\tilde{x}}_1^2 - \frac{800}{3}\tilde{\tilde{x}}_1 + \frac{216.256}{15} = \frac{145.280}{15}$$

$$\Rightarrow \tilde{\tilde{x}}_1^2 - \frac{800}{3}\tilde{\tilde{x}}_1 + \frac{70.976}{15} = 0.$$

$$\Rightarrow \tilde{\tilde{x}}_{1_{1,2}} = \frac{400}{3} \pm \frac{1}{2}\cdot\sqrt{\left(-\frac{800}{2}\right)^2 - 4\cdot\frac{70.976}{15}}$$

$$= \frac{400}{3} \pm \frac{5711}{50}$$

$$\Rightarrow \tilde{\tilde{x}}_{1_1} = \frac{37.133}{150} \approx 247{,}55 \in [200;280] \text{ und}$$

$$\Rightarrow \tilde{\tilde{x}}_{1_2} = \frac{2.867}{150} \approx 19{,}11 \notin [200;280]$$

$$\Rightarrow \tilde{\tilde{x}}_1 = \tilde{\tilde{x}}_{1_1} = 247{,}55\,[\text{ME}],$$

mit

$$K_1'\left(\tilde{\tilde{x}}_1\right) = K_1'\left(\frac{37.133}{150}\right) = \frac{3}{128}\cdot\left(\frac{37.133}{150}\right)^2 - \frac{25}{4}\cdot\frac{37.133}{150} + \frac{3.379}{10} = 227,$$

$$\lambda_1\left(\tilde{\tilde{x}}_1\right) = \frac{\tilde{\tilde{x}}_1}{\bar{t}_1} \Rightarrow \lambda_1\left(\frac{37.133}{150}\right) = \frac{37.133}{150\cdot 8} \approx 30{,}94\,[\text{ME/ZE}].$$

Die intensitätsmäßige Anpassung beider Aggregate bei Grenzkostengleichheit ist demnach für Ausbringungsmengen x, $344 < x \leq 240 + 247{,}55 = 487{,}55$, kostenoptimal.

Da die Kapazitätsgrenze von Aggregat 1 wegen $\lambda_1\left(\tilde{\tilde{x}}_1\right) \approx 30{,}94 < 35 = \lambda_1(\bar{x}_1)$ noch nicht erreicht ist, gilt für Schritt 5:

<u>5. Schritt: Intensitätsmäßige Anpassung von Aggregat 1 bis zur Kapazitätsgrenze:</u>

Für Ausbringungsmengen x, $487{,}55 < x \leq \bar{x}_1 + \bar{x}_2 = 280 + 240 = 520$, wird Aggregat 1 bei maximaler Einsatzzeit mit der Intensität λ_1, $30{,}94 < \lambda_1 \leq 35 = \bar{\lambda}_1$, angepasst. Das Aggregat 2 arbeitet mit maximaler Intensität $\bar{\lambda}_2 = 30$ und maximalem Zeiteinsatz $\bar{t}_2 = 8$. Der Grenzkostenbereich erstreckt sich über

$$(K'(487{,}55); K'(580)] = (227; K_1'(\bar{x}_1)] = (227; 425{,}4].$$

Abbildung 6.5.1 veranschaulicht den kostenoptimalen Anpassungspfad der Aggregate 1 und 2:

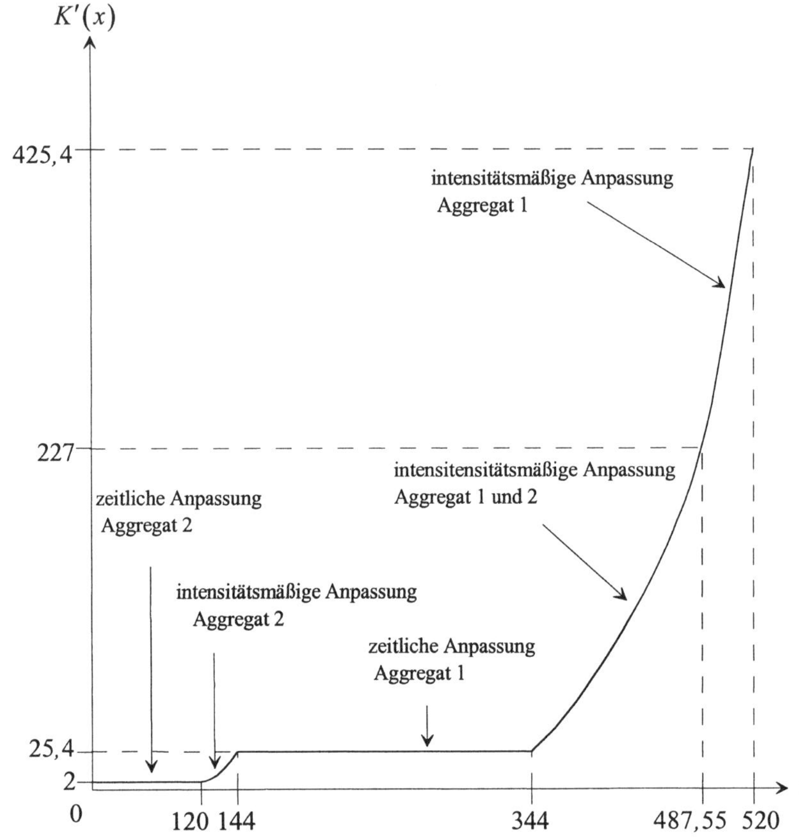

Abb. 6.5.1: Kostenoptimaler Anpassungspfad der Aggregate 1 und 2

zu c)

Zur Produktion einer Ausbringungsmenge $\overline{x} = 480$ ist es – wie die Überlegungen aus Aufgabenteil b) zeigen – für die Unternehmung kostenminimal, beide Aggregate zu gleichen Grenzkosten intensitätsmäßig anzupassen. Da in diesem Anpassungsbereich beide Maschinen unter Ausnutzung ihrer maximalen Einsatzzeit $\overline{t}_1 = \overline{t}_2 = \overline{t} = 8$ [ZE] durch Anpassung ihrer Leistungsintensitäten λ_n produzieren, muss folglich gelten:

$$K_1'(\lambda_1 \overline{t}) = K_2'(\lambda_2 \overline{t}) \text{ mit } \lambda_1 \overline{t} + \lambda_2 \overline{t} = (\lambda_1 + \lambda_2) \cdot \overline{t} = 480 \, [\text{ME}]$$

bzw.

$$K_1'(x_1) = K_2'(x_2) \text{ mit } x_1 + x_2 = \overline{x} = 480 \, [\text{ME}]. \tag{3}$$

Durch Einsetzen von $x_2 = 480 - x_1$ erhält man aus (3):

$$K_1'(x_1) = K_2'(480 - x_1)$$

$$\Rightarrow \quad \frac{3}{128}x_1^2 - \frac{25}{4}x_1 + \frac{3.379}{10} = \frac{3}{320}(480 - x_1)^2 - \left[\frac{3}{2}(480 - x_1)\right] + 47$$

$$= \frac{3}{320}\left(480^2 - 960x_1 + x_1^2\right) - \left[\frac{3}{2}(480 - x_1)\right] + 47$$

$$= \frac{3}{320}x_1^2 - \frac{15}{2}x_1 + 1.487$$

$$\frac{9}{640}x_1^2 + \frac{5}{4}x_1 = \frac{11.491}{10}$$

$$x_1^2 + \frac{800}{9}x_1 - \frac{735.424}{9} = 0.$$

Auflösen der quadratischen Gleichung ergibt dann:

$$x_{1_{1,2}} = -\frac{400}{9} \pm \frac{1}{2} \cdot \sqrt{\left(\frac{800}{9}\right)^2 - 4 \cdot \left(-\frac{735.424}{9}\right)}$$

$$= -\frac{400}{9} \pm \frac{\sqrt{27.115.264}}{18}$$

$$\Rightarrow \quad x_{1_1} \approx 244{,}85 \in [200; 280] \text{ und}$$

$$x_{1_2} < 0 \quad \text{nicht definiert}$$

$$\Rightarrow \quad x_1 = x_{1_1} \approx 244{,}85\,[\text{ME}],$$

mit

$$K_1'(x_1) = K_1'(244{,}85) = \frac{3}{128} \cdot (244{,}85)^2 - \frac{25}{4} \cdot (244{,}85) + \frac{3379}{10} \approx 212{,}70,$$

$$\lambda_1(x_1) = \frac{x_1}{\overline{t_1}} \quad \Rightarrow \quad \lambda_1(244{,}85) = \frac{244{,}85}{8} \approx 30{,}61\,[\text{ME/ZE}].$$

Einsetzen von $x_1 = 244{,}85$ in (3) liefert schließlich die entsprechende Ausbringungsmenge von Aggregat 2

$$x_2 = 480 - x_1 = 480 - 244{,}85 = 235{,}15\,[\text{ME}],$$

mit

$$K_2'(x_2) = K_2'(235{,}15) = \frac{3}{320} \cdot (235{,}15)^2 - \frac{3}{2} \cdot (235{,}15) + 47 \approx 212{,}67,$$

$$\lambda_2(x_2) = \frac{x_2}{\overline{t_2}} \quad \Rightarrow \quad \lambda_2(235{,}15) = \frac{235{,}15}{8} \approx 29{,}39\,[\text{ME/ZE}].$$

Aufgabe 6.6 Kostenoptimale Anpassung bei drei funktionsgleichen Maschinen

In einem Unternehmen stehen für die Endproduktherstellung drei funktionsgleiche, aber kostenverschiedene Aggregate n, $n = 1,2,3$, zur Verfügung. Für die Aggregate sind die folgenden Kosten-Leistungsfunktionen ermittelt worden:

$$k_1(\lambda_1) = 0{,}1 \cdot \lambda_1^2 - 4 \cdot \lambda_1 + 42{,}5 \qquad 0 \le \lambda_1 \le 15,$$
$$k_2(\lambda_2) = 0{,}1 \cdot \lambda_2^2 - 2{,}4 \cdot \lambda_2 + 20{,}4 \qquad 0 \le \lambda_2 \le 25,$$
$$k_3(\lambda_3) = 0{,}12 \cdot \lambda_3^2 - 3{,}6 \cdot \lambda_3 + 32 \qquad 0 \le \lambda_3 \le 25.$$

Die maximale Einsatzzeit der drei Aggregate beträgt jeweils 8 Stunden. Des Weiteren fallen mit der Inbetriebnahme der Maschinen keine fixen Kosten an. Der Produktionskoeffizient zwischen der Ausbringungsmenge und der Leistungsabgabe des jeweiligen Aggregates sei gleich 1.

a) Bestimmen Sie die Kosten- und die Grenzkostenfunktionen der einzelnen Aggregate in Abhängigkeit von der Ausbringungsmenge bei optimaler zeitlicher und intensitätsmäßiger Anpassung.

b) Ermitteln Sie den kostenminimalen Anpassungsprozess bei steigender Endproduktmenge x mit Hilfe des Lösungsansatzes voroptimierter Grenzkostenfunktionen. Veranschaulichen Sie Ihre Lösung in einem $(x;K'(x))$-Diagramm und kennzeichnen Sie, welche Maschine wann wie angepasst wird.

c) Mit welchen Intensitäten werden welche Ausbringungsmengen jeweils mit den drei Aggregaten gefertigt, wenn insgesamt $\overline{x} = 440$ Mengeneinheiten des Endproduktes produziert werden sollen?

Lösung zu Aufgabe 6.6

zu a)

Zur Bestimmung der Gesamtkostenfunktionen $K_n(x_n)$ der Aggregate n, $n = 1,2,3$, sind zunächst die optimalen aggregatbezogenen Leistungsintensitäten

λ_n^* durch jeweilige Differentiation der Kosten-Leistungsfunktionen nach der Aggregatintensität zu ermitteln: Man erhält:

$$\frac{dk_1(\lambda_1)}{d\lambda_1} = \frac{d\left(0{,}1\cdot\lambda_1^2 - 4\cdot\lambda_1 + 42{,}5\right)}{d\lambda_1} = 0{,}2\cdot\lambda_1 - 4 \stackrel{!}{=} 0$$

$$\Rightarrow \hat{\lambda}_1 = 20 \notin [0;15].$$

Da die errechnete Optimalintensität $\hat{\lambda}_1 = 20$ von Aggregat 1 außerhalb des technisch zulässigen Intensitätsbereichs der Maschine liegt, ist im Folgenden die kostenminimale zulässige Leistungsintensität λ_1^* (als Randlösung) zu ermitteln. Hierzu bestimmt man zunächst das Vorzeichen der zweiten Ableitung $k_1''(\lambda_1)$ der Kosten-Leistungsfunktion $k_1(\lambda_1)$ nach der Leistungsintensität λ_1:

$$k_1''(\lambda_1) = 0{,}2 > 0.$$

Demnach besitzt die Kosten-Leistungsfunktion bei der Intensität $\hat{\lambda}_1 = 20$ ihr außerhalb des zulässigen Bereichs liegendes Minimum. Aufgrund der Verlaufseigenschaften der unterstellten Kosten-Leistungsfunktion führen Leistungsintensitäten λ_1, $\underline{\lambda}_1 = 0 \le \lambda_1 \le \overline{\lambda}_1 = 15 < \hat{\lambda}_1 = 20$, mit zunehmendem Intensitätsniveau zu fallenden (Stück-)Kosten. Folglich wird man optimalerweise die größte zulässige Leistungsintensität wählen. Es gilt:

$$\lambda_1^* = \overline{\lambda}_1 = 15 \in [0;15],$$

d.h. Aggregat 1 produziert immer unter Ausnutzung seiner maximalen Leistungsintensität. Es ist leicht nachvollziehbar, dass aus diesem Grunde für Aggregat 1 lediglich die zeitliche, nicht aber eine intensitätsmäßige Anpassung möglich ist. Als Kostenfunktion bei optimaler zeitlicher Anpassung ergibt sich damit für Ausbringungsmengen $0 \le x_1 \le \lambda_1^* \cdot \overline{t}_1 = 15 \cdot 8 = 120$:

$$\begin{aligned} K_1(x_1) &= k_1(\lambda_1)\cdot\lambda_1^*\cdot\overline{t}_1 = k_1(\lambda_1^*)\cdot x_1 \\ &= \left(0{,}1\cdot 15^2 - 4\cdot 15 + 42{,}5\right)\cdot x_1 \\ &= 5x_1. \end{aligned}$$

Die Grenzkosten von Aggregat 1 belaufen sich auf $K_1'(x_1) = 5\,[€]$ pro zusätzlich hergestellter Einheit des Endproduktes.

Durch entsprechende Vorgehensweise ergeben sich für Aggregat 2 und 3 die folgenden optimalen Leistungsintensitäten, Kosten- und Grenzkostenfunktionen:

Für Aggregat 2:

$$\frac{dk_2(\lambda_2)}{d\lambda_2} = \frac{d\left(0{,}1\cdot\lambda_2^2 - 2{,}4\cdot\lambda_2 + 20{,}4\right)}{d\lambda_2} = 0{,}2\cdot\lambda_2 - 2{,}4 \overset{!}{=} 0$$

$$\Rightarrow \quad \lambda_2^* = 12 \in [0;25],$$

mit

$$k_2\left(\lambda_2^*\right) = k_2(12) = 0{,}1\cdot 12^2 - 2{,}4\cdot 12 + 20{,}4 = 6\ [€/\text{ME}].$$

Als Kostenfunktion bei optimaler zeitlicher und intensitätsmäßiger Anpassung von Aggregat 2 erhält man:

$$K_2(x_2) = \begin{cases} 6x_2 & \text{für} \quad 0 \le x_2 \le \lambda_2^* \cdot \bar{t}_2 = 96, \\ k_2\left(\dfrac{x_2}{8}\right)\cdot x_2 & \\ = \dfrac{1}{640}x_2^3 - \dfrac{3}{10}x_2^2 + 20{,}4x_2 & \text{für} \quad 96 < x_2 \le \bar{\lambda}_2 \cdot \bar{t}_2 = 200, \end{cases}$$

sowie als zugehörige Grenzkostenfunktion:

$$K_2'(x_2) = \begin{cases} 6 & \text{für} \quad 0 \le x_2 \le 96, \\ \dfrac{3}{640}x_2^2 - \dfrac{3}{5}x_2 + 20{,}4 & \text{für} \quad 96 < x_2 \le 200. \end{cases}$$

Wegen

$$\frac{dk_3(\lambda_3)}{d\lambda_3} = \frac{d\left(0{,}12\cdot\lambda_3^2 - 3{,}6\cdot\lambda_3 + 32\right)}{d\lambda_3} = 0{,}24\cdot\lambda_3 - 3{,}6 \overset{!}{=} 0$$

$$\Rightarrow \quad \lambda_3^* = 15 \in [0;25],$$

mit

$$k_3\left(\lambda_3^*\right) = k_3(15) = 0{,}12\cdot 15^2 - 3{,}6\cdot 15 + 32 = 5\ [€/\text{ME}],$$

erhält man als Kosten- und Grenzkostenfunktion bei optimaler zeitlicher und intensitätsmäßiger Anpassung von Aggregat 3:

$$K_3(x_3) = \begin{cases} 5x_3 & \text{für} \quad 0 \le x_3 \le \lambda_3^* \cdot \bar{t}_3 = 120, \\ \dfrac{3}{1.600}x_3^3 - \dfrac{9}{20}x_3^2 + 32x_3 & \text{für} \quad 120 < x_3 \le \bar{\lambda}_3 \cdot \bar{t}_3 = 200, \end{cases}$$

und

$$K_3'(x_3) = \begin{cases} 5 & \text{für} \quad 0 \le x_3 \le 120, \\ \dfrac{9}{1.600}x_3^2 - \dfrac{9}{10}x_3 + 32 & \text{für} \quad 120 < x_3 \le 200. \end{cases}$$

zu b)

Auf der Grundlage der unter a) ermittelten Grenzkostenfunktionen stellt sich der kostenminimale Anpassungsprozess bei steigender Endproduktmenge x wie folgt dar:

Wegen

$$K_1'(x_1) = K_3'(x_3)\big|_{0 \le x_3 \le 120} < K_2'(x_2)\big|_{0 \le x_2 \le 96}$$

werden Ausbringungsmengen

$$0 \le x \le \lambda_1^* \cdot \overline{t} + \lambda_3^* \cdot \overline{t} = 120 + 120 = 240$$

durch zeitliche Anpassung der Aggregate 1 und 3 hergestellt. Bei einem Outputniveau $x = 240$ [ME] produziert das erste Aggregat an seiner Kapazitätsgrenze, weshalb für Endproduktmengen $x > 240$ [ME] lediglich die dritte Maschine intensitätsmäßig angepasst werden kann.

Für Endproduktmengen $\tilde{x} > \overline{x}_1 + 122{,}16 = 120 + 122{,}16 = 242{,}16$ ist es – wie der Vergleich der Grenzkostenfunktionen von Maschine 2 und 3 zeigt – für die Unternehmung kostenoptimal, auch das zweite Aggregat zur Produktion zu nutzen und dieses zeitlich anzupassen:

$$K_3'(\tilde{x}_3)\big|_{120 < \tilde{x}_3 \le 200} \stackrel{!}{=} K_2'(x_2)\big|_{0 \le x_2 \le 96}$$

ergibt

$$\begin{aligned} K_3'(\tilde{x}_3)\big|_{120 < \tilde{x}_3 \le 200} \stackrel{!}{=} 6 \quad &\Rightarrow \quad \frac{9}{1.600}\tilde{x}_3^2 - \frac{9}{10}\tilde{x}_3 + 32 = 6 \\ &\Rightarrow \quad \tilde{x}_3^2 - 160\tilde{x}_3 + \frac{51.200}{9} = \frac{9.600}{9} \\ &\Rightarrow \quad \tilde{x}_3^2 - 160\tilde{x}_3 + \frac{41.600}{9} = 0. \end{aligned}$$

Durch Auflösen der quadratischen Gleichung erhält man:

$$\tilde{x}_3^2 - 160\tilde{x}_3 + \frac{41.600}{9} = 0 \;\Rightarrow\; \tilde{x}_{3_{1,2}} = 80 \pm \frac{1}{2} \cdot \sqrt{(-160)^2 - 4 \cdot \frac{41.600}{9}}$$

$$\Rightarrow \quad = 80 \pm \frac{40}{3} \cdot \sqrt{10}$$

$$\Rightarrow \quad \tilde{x}_{3_1} = 80 + \frac{40}{3} \cdot \sqrt{10} \approx 122{,}16 \in [100;200]$$

$$\tilde{x}_{3_2} = 80 - \frac{40}{3} \cdot \sqrt{10} \approx 37{,}84 \notin [100;200]$$

$$\Rightarrow \quad \tilde{x}_3 = \tilde{x}_{3_1} = 122{,}16\,[\mathrm{ME}].$$

Die zeitliche Anpassung von Aggregat 2 erfolgt dabei für Produktionsniveaus im Bereich $242{,}16 < x \leq 242{,}16 + 96 = 338{,}16$ Mengeneinheiten. Da aus

$$K_2'(\overline{x}_2) = K_2'(200) = \frac{3}{640} \cdot 200^2 - \frac{3}{5} \cdot 200 + 20{,}4 = 87{,}9$$

und

$$K_3'(\overline{x}_3) = K_3'(200) = \frac{9}{1.600} \cdot 200^2 - \frac{9}{10} \cdot 200 + 32 = 77$$

folgt, dass $K_2'(\overline{x}_2) > K_3'(\overline{x}_3)$, stößt Aggregat 3 bei $\overline{x}_3 = 200$ Mengeneinheiten als erste der beiden Maschinen an die Kapazitätsgrenze. Die mit entsprechenden Grenzkosten $(K_3'(200) = 77)$ verbundene Ausbringungsmenge $\tilde{\tilde{x}}_2$ des zweiten Aggregates erhält man durch das Auflösen der quadratischen Gleichung, die sich durch den Vergleich der Grenzkostenfunktionen $K_2'(x_2)$ und $K_3'(\overline{x}_3)$ ergibt:

$$K_2'\left(\tilde{\tilde{x}}_2\right)\Big|_{96 < \tilde{\tilde{x}}_2 \leq 200} \overset{!}{=} 77 \;\Rightarrow\; \frac{3}{640}\tilde{\tilde{x}}_2^2 - \frac{3}{5}\tilde{\tilde{x}}_2 + \frac{510}{25} = 77$$

$$\Rightarrow \quad \tilde{\tilde{x}}_2^2 - 128\tilde{\tilde{x}}_2 + 4.352 = \frac{49.280}{3}$$

$$\Rightarrow \quad \tilde{\tilde{x}}_2^2 - 128\tilde{\tilde{x}}_2 - \frac{36.224}{3} = 0.$$

$$\tilde{\tilde{x}}_2^2 - 128\tilde{\tilde{x}}_2 - \frac{36.224}{3} = 0 \quad \Rightarrow \quad \tilde{\tilde{x}}_{2_{1,2}} = 64 \pm \frac{1}{2} \cdot \sqrt{(-128)^2 + 4 \cdot \frac{36.224}{3}}$$

$$\Rightarrow \quad = 64 \pm 8 \cdot \sqrt{\frac{758}{3}}$$

$$\Rightarrow \quad \tilde{\tilde{x}}_{2_1} = 64 + 8 \cdot \sqrt{\frac{758}{3}} \approx 191{,}16 \in [96;200] \quad \text{und}$$

$$\tilde{\tilde{x}}_{2_2} = 64 - 8 \cdot \sqrt{\frac{758}{3}} < 0 \quad \text{nicht definiert}$$

$$\Rightarrow \quad \tilde{\tilde{x}}_2 = \tilde{\tilde{x}}_{2_1} = 191{,}16\,[\text{ME}].$$

Ausbringungsmengen im Bereich $338{,}16 < x \leq 120 + 200 + \tilde{\tilde{x}}_2 = 511{,}16$ werden demnach durch optimale intensitätsmäßige Anpassung der Aggregate 2 und 3 (und der zeitlichen Anpassung von Maschine 1) hergestellt, wobei für die Ausbringungsmengen der Maschinen 2 und 3 in diesem Bereich gilt:

$$K_2'(x_2)\big|_{96 < x_2 \leq 191{,}16} = K_3'(x_3)\big|_{120 < x_3 \leq 200.}$$

Für Endproduktmengen $511{,}16 < x \leq 120 + 200 + 200 = 520$ wird schließlich noch Aggregat 2 bis zu $\overline{\lambda}_2 = 25$ intensitätsmäßig angepasst.

Abbildung 6.6.1 veranschaulicht den zuvor beschriebenen Anpassungspfad.

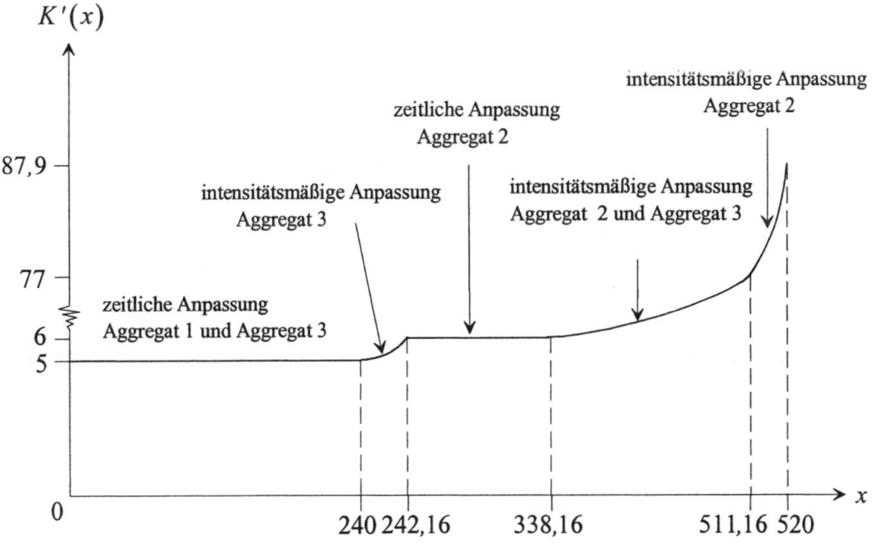

Abb. 6.6.1: Kostenoptimaler Anpassungspfad für die Aggregate 1,2 und 3

zu c)

Sollen insgesamt $\bar{x} = 440$ Mengeneinheiten des Endproduktes hergestellt werden, so zeigen die Ausführungen aus b), dass Aggregat 1 unter zeitlicher Anpassung $\bar{x}_{\mathrm{I}} = 120$ Mengeneinheiten zur Endproduktmenge beisteuert und die Aggregate 2 und 3 die restlichen $440 - 120 = 320$ Mengeneinheiten bei intensitätsmäßiger Anpassung produzieren. Folglich gilt:

$$K_2'\left(\lambda_2 \bar{t}\right) = K_3'\left(\lambda_3 \bar{t}\right) \quad \text{mit} \quad \lambda_2 \bar{t} + \lambda_3 \bar{t} = 320\,[\text{ME}]$$

bzw.

$$K_2'(x_2) = K_3'(x_3) \qquad \text{mit} \quad x_2 + x_3 = 320\,[\text{ME}].$$

Einsetzen von $x_2 = 320 - x_3$ liefert

$$K_2'(320 - x_3) = K_3'(x_3)$$

bzw. konkret:

$$\frac{3}{640}(320 - x_3)^2 - \frac{3}{5}(320 - x_3) + \frac{510}{25} = \frac{9}{1.600}x_3^2 - \frac{9}{10}x_3 + 32$$

$$\Rightarrow \quad 480 - 3x_3 + \frac{3}{640}x_3^2 - 192 + \frac{3}{5}x_3 + \frac{510}{25} = \frac{9}{1.600}x_3^2 - \frac{9}{10}x_3 + 32$$

$$\Rightarrow \quad \frac{3}{640}x_3^2 + \frac{12}{5}x_3 + \frac{1.542}{5} = \frac{9}{1.600}x_3^2 - \frac{9}{10}x_3 + 32$$

$$\Rightarrow \quad \frac{3}{3.200}x_3^2 + \frac{3}{2}x_3 = \frac{1.382}{5}$$

$$\Rightarrow \quad x_3^2 + 1.600x_3 - \frac{884.480}{3} = 0$$

Die von Produktionsprozess 3 zur Ausbringungsmenge von $x = 320$ bzw. $x = 440$ beizusteuernde Endproduktmenge erhält man durch Auflösen der quadratischen Gleichung:

$$x_3^2 + 1.600x_3 - \frac{884.480}{3} = 0 \quad \Rightarrow \quad x_{3_{1,2}} = -800 \pm \frac{1}{2} \cdot \sqrt{1.600^2 + 4 \cdot \frac{884.480}{3}}$$

$$\Rightarrow \quad = -800 \pm 16 \cdot \sqrt{\frac{10.955}{3}}$$

$$\Rightarrow \quad x_{3_1} = -800 + 16 \cdot \sqrt{\frac{10.955}{3}}$$

$$\approx 166{,}86 \in [120;200]$$

$$x_{3_2} < 0 \quad \text{nicht definiert}$$

$$\Rightarrow \quad x_3 = x_{3_1} \approx 166{,}86\,[\text{ME}],$$

mit

$$\lambda_3(x_3) = \frac{x_3}{\bar{t}_3} \quad \Rightarrow \quad \lambda_3(166{,}86) = \frac{166{,}86}{8} \approx 20{,}86\,[\text{ME/ZE}].$$

Als notwendige Ausbringungsmenge von Aggregat 2 erhält man

$$x_2 = 320 - x_3 = 320 - 166{,}86 = 153{,}14\,[\text{ME}],$$

mit

$$\lambda_2(x_2) = \frac{x_2}{\bar{t}_2} \quad \Rightarrow \quad \lambda_2(153{,}14) = \frac{153{,}14}{8} \approx 19{,}14\,[\text{ME/ZE}].$$

Die Aggregate n, $n = 1,2,3$, produzieren die geforderte Ausbringungsmenge $\bar{x} = 440$ wie folgt:

Tab. 6.6.1: Kostenoptimale Anpassung für $\bar{x} = 440\,[\text{ME}]$

n	x_n	λ_n	t_n
1	120 [ME]	15 [ME/ZE]	8 [ZE]
2	153,14 [ME]	19,14 [ME/ZE]	8 [ZE]
3	166,86 [ME]	20,86 [ME/ZE]	8 [ZE]

Aufgabe 6.7 Intensitätssplitting bei vorgegebenen Intensitäten

Für ein Aggregat wurde die folgende Zeit-Kosten-Leistungsfunktion ermittelt:

$$z(\lambda) = \frac{1}{4} \cdot \lambda^3 - 3 \cdot \lambda^2 + 34 \cdot \lambda.$$

Die Intensität λ des Aggregates kann zwischen 0 und 10 Mengeneinheiten pro Zeiteinheit angepasst werden. Für die Laufzeit t des Aggregates gilt $0 \leq t \leq 8$ Zeiteinheiten.

a) Bestimmen Sie die Optimalintensität des Aggregates sowie die maximale Ausbringungsmenge, die Grenzkosten und die Gesamtkosten bei zeitlicher Anpassung.

b) Welche Werte nimmt die Zeit-Kosten-Leistungsfunktion bei den Intensitäten $\tilde{\lambda} = 4$ und $\tilde{\tilde{\lambda}} = 8$ an?

c) Welche Kosten entstehen bei einem Intensitätssplitting mit den Intensitäten $\tilde{\lambda} = 4$ und $\tilde{\tilde{\lambda}} = 8$, wenn eine Ausbringungsmenge von $\hat{x} = 48$ Mengeneinheiten erzielt werden soll und die Planperiode $T = \overline{t} = 8$ Zeiteinheiten umfasst? Ist das Intensitätssplitting günstiger als die zeitliche Anpassung?

Lösung zu Aufgabe 6.7

zu a)

Zur Bestimmung der maximalen Ausbringungsmenge und der Grenzkosten des Aggregates bei zeitlicher Anpassung, ist zweckmäßigerweise zunächst die Kosten-Leistungsfunktion des Aggregates herzuleiten. Diese erhält man, indem man die Zeit-Kosten-Leistungsfunktion durch die Leistungsintensität dividiert. Es gilt:

$$k(\lambda) = \frac{z(\lambda)}{\lambda},$$

woraus hier folgt:

$$k(\lambda)=\frac{\frac{1}{4}\cdot\lambda^3-3\cdot\lambda^2+34}{\lambda}=\frac{1}{4}\cdot\lambda^2-3\cdot\lambda+34.$$

Durch Differentiation der Kosten-Leistungsfunktion nach der Leistungsintensität λ und Nullsetzen der ersten Ableitung ermittelt man als optimale Leistungsintensität λ^*:

$$\frac{dk}{d\lambda}=\frac{1}{2}\cdot\lambda-3\overset{!}{=}0\Rightarrow\lambda^*=6\in[0;10].$$

Hieraus ergeben sich minimale (konstante) Stückkosten in Höhe von

$$k\left(\lambda^*\right)=\frac{1}{4}\cdot6^2-3\cdot6+34=9-18+34=25,$$

die im Bereich der zeitlichen Anpassung mit den Grenzkosten übereinstimmen.

Die maximale Ausbringungsmenge bei zeitlicher Anpassung beläuft sich auf

$$\bar{x}=\bar{\lambda}\cdot\bar{t}=6\cdot8=48\,[\text{ME}],$$

wobei maximale Gesamtkosten in Höhe von

$$K(x)=z\left(\lambda^*\right)\cdot\bar{t}=k\left(\lambda^*\right)\cdot\lambda^*\cdot\bar{t}=25\cdot6\cdot8=1.200\,[€]$$

anfallen.

zu b)

Für $\tilde{\lambda}=4$ und $\tilde{\tilde{\lambda}}=8$ belaufen sich die Kosten der Zeit-Kosten-Leistungsfunktion auf:

$$z\left(\tilde{\lambda}\right)=z(4)=\frac{1}{4}\cdot4^3-3\cdot4^2+34\cdot4=104\,[€/\text{ZE}],$$

$$z\left(\tilde{\tilde{\lambda}}\right)=z(8)=\frac{1}{4}\cdot8^3-3\cdot8^2+34\cdot8=208\,[€/\text{ZE}].$$

zu c)

Aus der Linearkombination der beiden Intensitäten $\tilde{\lambda}=4$ und $\tilde{\tilde{\lambda}}=8$ ergibt sich als Kostenfunktion:

$$K\left(\tilde{\lambda},\tilde{\tilde{\lambda}},\tilde{t},\tilde{\tilde{t}}\right)=z\left(\tilde{\lambda}\right)\cdot\tilde{t}+z\left(\tilde{\tilde{\lambda}}\right)\cdot\tilde{\tilde{t}}=z(4)\cdot\tilde{t}+z(8)\cdot\tilde{\tilde{t}}=104\cdot\tilde{t}+208\cdot\tilde{\tilde{t}},$$

mit

$$\tilde{t}+\tilde{\tilde{t}}=T=\overline{t}=8 \text{ und } 48=\tilde{x}=\tilde{\lambda}\cdot\tilde{t}+\tilde{\tilde{\lambda}}\cdot\tilde{\tilde{t}}=4\cdot\tilde{t}+8\cdot\tilde{\tilde{t}}.$$

Hieraus folgt:

$$48=4\cdot\left(8-\tilde{\tilde{t}}\right)+8\cdot\tilde{\tilde{t}}=32+4\cdot\tilde{\tilde{t}} \quad\Rightarrow\quad \tilde{\tilde{t}}=4\,[\text{ZE}]$$

$$\Rightarrow\quad \tilde{t}=8-\tilde{\tilde{t}}=8-4=4\,[\text{ZE}].$$

Die Kosten einer Produktion der Ausbringungsmenge $\tilde{x}=48$ betragen damit im Fall des Intensitätssplittings $K(\lambda_1,\lambda_3)=104\cdot 4+208\cdot 4=1.248$ [€].

Würde das Aggregat hingegen mit der unter a) ermittelten Optimalintensität $\lambda^*=6$ betrieben und zeitlich mit $t=\frac{\tilde{x}}{\lambda^*}=\frac{48}{6}=8=\overline{t}$ angepasst, so würden die Kosten, wie in Aufgabenteil a) gezeigt, nur 1.200 Geldeinheiten betragen.

Aus Kostengesichtspunkten ist es deshalb nicht sinnvoll, das Intensitätssplitting durchzuführen.

Aufgabe 6.8 Intensitätssplitting mit optimal gewählten Leistungsintensitäten

In einem Unternehmen werden zur Endproduktherstellung zwei Verbrauchsfaktoren 1 und 2 mit den Faktoreinsatzmengen r_1 und r_2 auf derselben Maschine eingesetzt. Der Produktionskoeffizient zwischen der Leistungsabgabe der Maschine und der Ausbringungsmenge betrage eins, so dass die Leistungsintensität λ direkt in Endprodukt-Mengeneinheiten pro Maschinenstunde gemessen werden kann. Entsprechend sind von dem Unternehmen folgende Verbrauchsfunktionen $a_i(\lambda)$, $i = 1{,}2$, in Abhängigkeit von der Leistungsintensität λ der Maschine ermittelt worden:

$$a_1(\lambda) = \frac{1}{60}\lambda,$$

$$a_2(\lambda) = \frac{1}{2000}\lambda^2 - \frac{3}{20}\lambda + 12.$$

Die Leistungsintensität λ kann zwischen $\underline{\lambda} = 50$ und $\overline{\lambda} = 180$ Endprodukt-Mengeneinheiten pro Maschinenstunde, die Laufzeit t der Maschine zwischen $\underline{t} = 0$ und $\overline{t} = 8$ Stunden variiert werden. Die Preise der beiden Faktoren betragen $q_1 = 3$ und $q_2 = 2$ [€/ME].

a) Um welche Arten von Produktionsfaktoren könnte es sich bei den beiden Verbrauchsfaktoren handeln?

b) Ermitteln Sie die Kosten-Leistungsfunktion.

c) Bestimmen Sie die Kostenfunktion $K(x)$ in Abhängigkeit von der Ausbringungsmenge x, wenn die Maschine sowohl rein zeitlich als auch intensitätsmäßig angepasst werden kann.

d) Im Folgenden sei eine rein zeitliche Anpassung der Maschine ausgeschlossen, d.h. für die Betriebszeit der Maschine gelte entweder $t = \overline{t} = 8$ (maximale Einsatzzeit) oder aber $t = \underline{t} = 0$ (Produktionsstillstand). Jedoch kann im Fall maximaler Einsatzzeit der Maschine die Leistungsintensität während der Produktionsperiode verändert werden (Intensitätssplitting).

(i) Bestimmen Sie zunächst die für das Intensitätssplitting optimalen Leistungsintensitäten der Maschine.

(ii) Ermitteln Sie nun die Kostenfunktion $\tilde{K}(x)$ in Abhängigkeit von der Ausbringungsmenge x.

Lösung zu Aufgabe 6.8

zu a)

Bei Faktor 1 könnte es sich um einen Verbrauchsfaktor mit substantiellem Eingang in das Endprodukt (z.B. Materialverbrauch), bei Faktor 2 um einen Verbrauchsfaktor ohne substantiellen Eingang in das Endprodukt (z.B. Betriebsstoff) handeln.

zu b)

Die Kosten-Leistungsfunktion, welche die Stückkosten der Produktion in Abhängigkeit der Leistungsintensität angibt, erhält man aus:

$$\begin{aligned} k(\lambda) &= q_1 \cdot a_1(\lambda) + q_2 \cdot a_2(\lambda) \\ &= 3 \cdot \frac{1}{60}\lambda + 2 \cdot \left(\frac{1}{2.000}\lambda^2 - \frac{3}{20} \cdot \lambda + 12 \right) \\ &= \frac{1}{1.000}\lambda^2 - \frac{1}{4}\lambda + 24. \end{aligned}$$

zu c)

Ist sowohl die rein zeitliche Anpassung als auch die intensitätsmäßige Anpassung des Aggregates möglich, dann wird man das Aggregat zur kostenminimalen Herstellung des Produktes zunächst rein zeitlich mit optimaler Leistungsintensität λ^* bis zur maximalen Einsatzzeit $\bar{t}$ und erst dann – bei maximaler Einsatzzeit $\bar{t}$ – intensitätsmäßig bis zur maximal zulässigen Intensität $\bar{\lambda}$ anpassen. Die optimale Leistungsintensität λ^* ermittelt man durch Differentiation der Stückkosten- bzw.

Kosten-Leistungsfunktion nach der Leistungsintensität λ und Nullsetzen der ersten Ableitung:

$$k'(\lambda) = 2 \cdot \frac{1}{1.000} \lambda - \frac{1}{4} \stackrel{!}{=} 0$$
$$\Leftrightarrow \lambda^* = 125.$$

Hieraus ergeben sich minimale (konstante) Stückkosten in Höhe von

$$\begin{aligned} k(\lambda^*) &= \frac{1}{1.000}(\lambda^*)^2 - \frac{1}{4}\lambda^* + 24 \\ &= \frac{1}{1.000} \cdot 125^2 - \frac{1}{4} \cdot 125 + 24 \\ &= \frac{67}{8} = 8\tfrac{3}{8}, \end{aligned}$$

welche bei zeitlicher Anpassung des Aggregates bis zur maximalen Ausbringungsmenge $\hat{x} = \lambda^* \cdot \bar{t} = 125 \cdot 8 = 1.000$ pro Mengeneinheit des Endproduktes anfallen. Dementsprechend werden bei zeitlicher Anpassung am Aggregat Verbrauchsfaktorkosten in Höhe von

$$\begin{aligned} K(x) &= K(\lambda^*, t) = k(\lambda^*) \cdot \lambda^* \cdot t = k(\lambda^*) \cdot x \\ &= \frac{67}{8} x \end{aligned}$$

verursacht, mit $0 \leq x \leq 1.000$.

Für Ausbringungsmengen x, $1.000 < x \leq \bar{\lambda} \cdot \bar{t} = 180 \cdot 8 = 1.440$, muss das Aggregat intensitätsmäßig angepasst werden. Hierbei fallen von der Ausbringungsmenge x abhängige Stückkosten in Höhe von

$$\begin{aligned} k(\lambda) &= k\left(\frac{x}{\bar{t}}\right) \\ &= \frac{1}{1.000} \cdot \left(\frac{x}{8}\right)^2 - \frac{1}{4} \cdot \frac{x}{8} + 24 \\ &= \frac{1}{64.000} x^2 - \frac{1}{32} x + 24 \end{aligned}$$

bzw. Verbrauchsfaktorkosten in Höhe von

$$\begin{aligned} K(x) &= k\left(\frac{x}{\overline{t}}\right)\cdot x \\ &= \left(\frac{1}{64.000}x^2 - \frac{1}{32}x + 24\right)\cdot x \\ &= \frac{1}{64.000}x^3 - \frac{1}{32}x^2 + 24x \end{aligned}$$

an. Insgesamt erhält man dann die folgende Kostenfunktion:

$$K(x) = \begin{cases} \frac{67}{8}x & \text{für } 0 \le x \le 1.000, \\ \frac{1}{64.000}x^3 - \frac{1}{32}x^2 + 24x & \text{für } 1.000 \le x \le 1.440. \end{cases}$$

zu d)

(i)

Ist eine rein zeitliche Anpassung des Aggregates nicht möglich, weil die Maschine nur über die gesamte Einsatzzeit $(t = \overline{t})$ oder aber gar nicht $(t = 0)$ betrieben werden kann, dann ist es unter Umständen kostenoptimal, positive Ausbringungsmengen x mit Hilfe einer geeigneten Intensitätsaufteilung (Intensitätssplitting) innerhalb der (maximalen) Betriebszeit des Aggregates herzustellen. Ist – wie in diesem Fall – zudem die Leistungsintensität des Aggregates erst ab einer bestimmten Mindestintensität $\underline{\lambda} > 0$ variierbar, dann können positive Ausbringungen nur in Mengen ab $\underline{x} = \underline{\lambda} \cdot \overline{t}$ bis maximal $\overline{x} = \overline{\lambda} \cdot \overline{t}$ Einheiten erzeugt werden.

Im Fall des Intensitätssplittings impliziert die kostenminimale Herstellung der Ausbringungsmenge x in dem Bereich $\underline{x} = \underline{\lambda} \cdot \overline{t} \le x \le \overline{\lambda} \cdot \overline{t} = \overline{x}$ eine zeitliche Linearkombination aus der unteren Splittingintensität $\underline{\lambda}$, welche der Minimalintensität des Aggregates entspricht, und der oberen Splittingintensität λ_s, welche nicht mit der zuvor ermittelten kostenminimalen Intensität λ^* des Aggregates übereinstimmt, sondern sich durch die Tangente vom unteren (positiven) Startpunkt $(\underline{\lambda}, z(\underline{\lambda})) = (\underline{\lambda}, k(\underline{\lambda}) \cdot \underline{\lambda})$ der Zeit-Kosten-Leistungsfunktion an den Graphen eben dieser Zeit-Kosten-Leistungsfunktion ergibt. Da bei Intensitätssplitting die Betriebszeit des Aggregates mit $t = \overline{t}$ fest vorgegeben ist, lässt sich die obere Splittingintensität bei konstanten Faktorpreisen alternativ auch durch die Tangente vom unteren Kostenpunkt $(\underline{x},K(\underline{x}))=(\underline{\lambda}\cdot\overline{t},K(\underline{\lambda},\overline{t}))$ an die Kostenfunktion $K(x)=K(\lambda,\overline{t})$ bei variabler Leistungsintensität ermitteln. In Abbildung 6.9.1 berührt die entsprechende Tangente $\overline{AC}$ die Kostenfunktion $K(x)=K(\lambda,\overline{t})$ im Punkt *B*.

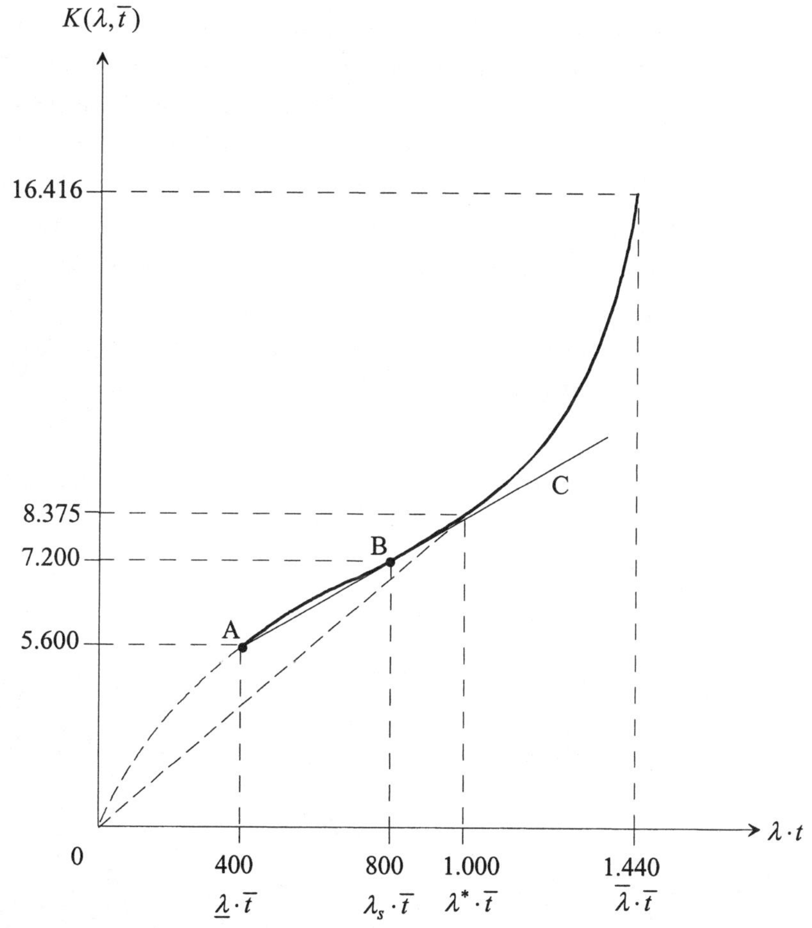

Abb. 6.8.1: Kostenfunktion bei variabler Leistungsintensität $\lambda \geq \underline{\lambda} = 50$

Die Steigung m_s dieser Tangente entspricht der Steigung $m^{\overline{AB}}$ der Strecke $\overline{AB}$ in Abbildung 6.8.1 und ist gegeben durch

$$m_s = m^{\overline{AB}} = \left|\frac{\Delta K(x)}{\Delta x}\right| = \frac{K(x_s)-K(\underline{x})}{x_s-\underline{x}} = \frac{K(\lambda_s,\overline{t})-K(\underline{\lambda},\overline{t})}{(\lambda_s-\underline{\lambda})\cdot\overline{t}} = \frac{z(\lambda_s)-z(\underline{\lambda})}{\lambda_s-\underline{\lambda}},$$

mit $x_s = \lambda_s \cdot \bar{t}$. Zugleich entspricht sie der Steigung der (linearen) Kostenfunktion sowie der Steigung der Zeit-Kosten-Leistungsfunktion bei Intensitätssplitting mit den Intensitäten $\underline{\lambda}$ und λ_s.

Es ist nun anschaulich klar, dass die obere Splittingintensität λ_s genau dann optimal gewählt ist, wenn – ausgehend von der Mindestausbringungsmenge $\underline{x}$ – jede weitere Ausbringungsmengeneinheit durch eine geeignete zeitliche Linearkombination der unteren Splitting- bzw. Minimalintensität $\underline{\lambda}$ und der oberen Splittingintensität λ_s mit minimalen zusätzlichen konstanten (Grenz-)Kosten erzeugt wird, oder mit anderen Worten: wenn die Steigung der Kostenfunktion im Falle eines Intensitätssplittings mit λ_s minimiert wird. Dieser Zusammenhang lässt sich nutzen, um die obere Splittingintensität durch Differenzieren der Funktion der Tangentensteigung(en) bzw. der Steigung der Kostenfunktion nach x_s und Nullsetzen der ersten Ableitung zu ermitteln. Durch Einsetzen der entsprechenden Kostenterme hat man zunächst:

$$m_s = \frac{\frac{1}{64.000}(x_s)^3 - \frac{1}{32}(x_s)^2 + 24x_s - \left(\frac{1}{64.000}\cdot 400^3 - \frac{1}{32}\cdot 400^2 + 24\cdot 400\right)}{x_s - 400}$$

$$= \frac{\frac{1}{64.000}(x_s)^3 - \frac{1}{32}(x_s)^2 + 24x_s - 5.600}{x_s - 400}.$$

Hieraus erhält man durch einfache Polynomdivision:

$$m_s = \frac{1}{64.000}(x_s)^2 - \frac{1}{40}x_s + 14.$$

Das Nullsetzen der ersten Ableitung nach x_s ergibt schließlich:

$$\frac{dm_s}{dx_s} = 2\cdot\frac{1}{64.000}x_s - \frac{1}{40} \overset{!}{=} 0$$

$$\Rightarrow x_s = 800 \text{ bzw. } \lambda_s = \frac{x_s}{\bar{t}} = \frac{800}{8} = 100.$$

Im Ergebnis splittet man also optimalerweise zwischen den Intensitäten $\underline{\lambda} = 50$ und $\lambda_s = 100$.

(ii)

Zur Ermittlung der Kostenfunktion bei Intensitätssplitting berechnet man zunächst durch Einsetzen von $x_s = 800$ in die Bestimmungsgleichung von m_s die Steigung der Kostenfunktion bei Intensitätssplitting:

$$m_s = \frac{1}{64.000} \cdot 800^2 - \frac{1}{40} \cdot 800 + 14 = 4.$$

Diese misst die pro Mengeneinheit des Endproduktes anfallenden variablen Stückkosten bzw. die konstanten Grenzkosten der Produktion der Ausbringungsmenge x, $\underline{x} = 400 \leq x \leq 800 = x_s$. Nun muss nur noch das Absolutglied der linearen Kostenfunktion mit Hilfe der Geradengleichung $K(\underline{x}) = m_s \cdot \underline{x} + K_f$ berechnet werden:

$$K(400) = 5.600 = 4 \cdot 400 + K_f$$
$$\Rightarrow \quad K_f = 4.000.$$

Demnach lautet die Kostenfunktion bei Intensitätssplitting:

$$K(x) = 4x + 4.000, \quad 400 \leq x \leq 800.$$

Für die Fertigung größerer Ausbringungsmengen $x > 800$ greift man wieder auf die intensitätsmäßige Anpassung des Aggregates zurück. Im Ergebnis erhält man dann als Funktion der am Aggregat anfallenden Verbrauchsfaktorkosten:

$$K(x) = \begin{cases} 4x + 4.000 & \text{für } 400 \leq x \leq 800, \\ \frac{1}{64.000} x^3 - \frac{1}{32} x^2 + 24x & \text{für } 800 \leq x \leq 1.440. \end{cases}$$

Aufgabe 6.9 Anpassungsprozesse bei konstanter Leistungsintensität mehrerer funktions- und kostengleicher Aggregate

Ein Unternehmen verfügt zur Erzeugung einer Outputart über drei funktions- und kostengleiche Maschinen n, $n=1,2,3$, die jeweils mit den fünf Leistungsintensitäten $\lambda_n = 0{,}1,2,3,4$ $[\text{ME/ZE}]$ produzieren können. Für die Einsatzzeiten der Betriebsmittel gelte: $t_n \in \{0,1\}$.

Die intensitätsabhängigen Kosten $K_n(\lambda_n) = K_n(x_n)$, $n=1,2,3$, sind bekannt und lauten:

$\lambda_n = x_n$	0	1	2	3	4	[ME]
$K_n(x_n)$	0	12	15	23	35	[€]

a) Bestimmen Sie für ganzzahlige Ausbringungsmengen

$$0 \le x = \sum_{n=1}^{3} x_n \le 12, \quad x \in \mathbb{N},$$

der Planperiode die kostenoptimale intensitätsmäßige und quantitative Anpassung der Aggregate im Maschinenpark. Sollte im Verlauf der Ermittlung der kostenoptimalen Maschineneinsätze Kostengleichheit auftreten, so werden die Maschinen in aufsteigender Nummernfolge (z.B. Maschine 1 vor Maschine 2, etc.) eingesetzt.

b) Ermitteln Sie auf der Grundlage Ihrer Berechnungen aus a) die kostenoptimale intensitätsmäßige und quantitative Anpassung für die konkreten Ausbringungsniveaus $\tilde{x} = 10$ und $\tilde{\tilde{x}} = 5$ $[\text{ME}]$ und geben Sie die mit der jeweiligen Produktion verbundenen minimalen Gesamtkosten an.

Lösung zu Aufgabe 6.9

zu a)

Da die Einsatzzeiten t_n der Betriebsmittel n, $n=1,2,3$, lediglich die Werte $\underline{t}_n=0$ oder $\overline{t}_n=1$ annehmen können, ist eine zeitliche Anpassung der Aggregate hier nicht möglich. Nur die intensitätsmäßige und quantitative Anpassung der Aggregate sind zulässig. Wegen $\overline{t}_n=1$ gilt zudem, dass die einmal festgelegten Leistungsintensitäten der einzelnen Maschinen über die gesamte Produktionsperiode konstant gehalten werden, so dass während des Planungszeitraums für jedes Aggregat nur eine Intensität vorkommen kann.

Die Ermittlung der kostenoptimalen intensitätsmäßigen und quantitativen Anpassung kann mit Hilfe der Rekursionsformel der Dynamischen Programmierung erfolgen, deren Grundgedanke darin besteht, eine gegebene Endproduktmenge $\tilde{x}$ in einem iterativen Verfahren so in Produktionsteilmengen $\tilde{x}_n$ den zur Verfügung stehenden Aggregaten n, $n=1,2,3$, optimal zuzuordnen, dass die gesamten Herstellkosten möglichst klein werden. Dabei wird auf jeder Berechnungsstufe ein weiteres Aggregat zusätzlich in die Betrachtung einbezogen. Die Anzahl der Rechenstufen entspricht damit der Anzahl der vorhandenen Aggregate.

Obgleich angesichts der unterstellten Funktions- und Kostengleichheit der einzelnen Betriebsmittel die Reihenfolge der Berücksichtigung im Lösungsverfahren unerheblich ist, sollen hier die drei Aggregate gemäß ihrer Maschinenbezeichnung, d.h. in der Reihenfolge 1, 2, 3, in das Kalkül einbezogen werden. Das Rekursionsschema der Dynamischen Programmierung zur Bestimmung der optimalen Produktionsteilmengen $\tilde{x}_n$ lautet hier demnach:

Für Aggregat 1:

$$F_1(x)=K_1(x_1),\quad 0\le x=x_1\le\overline{x}_1,\quad x\in\mathbb{N}.$$

Für die Aggregate n, $n=1,2$:

$$F_n(x)=\min_{x_n}\{F_{n-1}(x-x_n)+K_n(x_n)\},\quad 0\le x_n\le\overline{x}_n,\quad 0\le x_n\le x,\quad x_n,x\in\mathbb{N}.$$

Wegen $F_1(x)=K_1(x_1)$ und der Unmöglichkeit der quantitativen Anpassung bei Berücksichtigung eines Aggregates lassen sich die minimalen Kosten der Produktion von Ausbringungsmengen $0 \leq x = x_1 \leq 4 = \overline{x}_1$ bei intensitätsmäßiger Anpassung von Aggregat 1 direkt aus der Aufgabenstellung übernehmen.

Berücksichtigt man bei der Suche nach der optimalen intensitätsmäßigen und quantitativen Anpassung zusätzlich Maschine 2, so lassen sich die minimalen Kosten für Outputmengen $0 \leq x \leq 8 = \overline{x}_1 + \overline{x}_2$ auf der Grundlage der Rekursionsformel

$$F_2(x) = \min_{x_2} \{F_1(x - x_2) + K_2(x_2)\}, \quad 0 \leq x_2 \leq 4,$$

bestimmen. Exemplarisch soll hier die Herleitung der Kosten für die Ausbringungsmengen $\tilde{x} = 2$ und $\tilde{\tilde{x}} = 4$ dargestellt werden. Die Ergebnisse der übrigen Berechnungen finden sich in Tabelle 6.9.1.

$$\begin{aligned} F_2(2) &= \min\{F_1(2) + K_2(0),\ F_1(1) + K_2(1),\ F_1(0) + K_2(2)\} \\ &= \min\{15 + 0,\ 12 + 12,\ 0 + 15\} \\ &= \min\{15,\ 24,\ 15\} = 15 \quad \Rightarrow \quad x_1 = 2 \wedge x_2 = 0. \end{aligned}$$

Unter Berücksichtigung von zwei Maschinen sollte das Unternehmen aus Kostengründen die Ausbringungsmenge $\tilde{x} = 2$ lediglich mit Aggregat 1 bei intensitätsmäßiger Anpassung produzieren und von einer Inbetriebnahme der Maschine 2 absehen, d.h. keine quantitative Anpassung durchführen.

$$\begin{aligned} F_2(4) &= \min\left\{\begin{matrix} F_1(4) + K_2(0),\ F_1(3) + K_2(1),\ F_1(2) + K_2(2), \\ F_1(1) + K_2(3),\ F_1(0) + K_2(4) \end{matrix}\right\} \\ &= \min\{35 + 0,\ 23 + 12,\ 15 + 15,\ 12 + 23,\ 0 + 35\} \\ &= \min\{35,\ 35,\ 30,\ 35,\ 35\} = 30 \quad \Rightarrow \quad x_1 = 2 \wedge x_2 = 2. \end{aligned}$$

Der Kostenvergleich für eine Ausbringungsmenge $\tilde{\tilde{x}} = 4$ ergibt, dass es für die Unternehmung kostenoptimal ist, die Maschinen quantitativ anzupassen und auf beiden Maschinen jeweils mit der Leistungsintensität $\lambda_n = 2 = x_n$, $n = 1,2$, zu produzieren.

Die Ermittlung der kostenoptimalen intensitätsmäßigen und quantitativen Anpassung und die damit einhergehende Aufteilung von Outputmengen x, $0 \leq x \leq 12$, erfolgt in der dritten Iteration analog auf der Basis der Rekursionsformel:

$$F_3(x) = \min_{x_3} \{F_2(x - x_3) + K_3(x_3)\}, \quad 0 \leq x_3 \leq 4.$$

Tab. 6.9.1: Ergebnisse der Ermittlung der kostenoptimalen intensitätsmäßigen und quantitativen Anpassung der Aggregate 1, 2 und 3

x	$F_1(x)$	$F_2(x)$	$x-x_2$	x_2	$F_3(x)$	$x-x_3$	x_3
0	0	0	0	0	0	0	0
1	12	12	1	0	12	1	0
2	15	15	2	0	15	2	0
3	23	23	3	0	23	3	0
4	35	30	2	2	30	4	0
5		38	3	2	38	5	0
6		46	3	3	45	4	2
7		58	4	3	53	5	2
8		70	4	4	61	6	2
9					69	6	3
10					81	7	3
11					93	8	3
12					105	8	4

zu b)

Beginnend in der letzten Spalte der Tabelle 6.6.1 lassen sich rekursiv nach den vorderen Spalten sukzessiv voranschreitend die optimalen Produktionsaufteilungen $\tilde{x}_n$, $n=1,2,3$, für ein gegebenes $\tilde{x}$ ermitteln. So erhält man für $\tilde{x}=10$:

$$\tilde{x}_3^*=3 \Rightarrow \tilde{x}-\tilde{x}_3^*=7 \Rightarrow \tilde{x}_2^*=3 \Rightarrow \tilde{x}-\tilde{x}_3^*-\tilde{x}_2^*=\tilde{x}_1^*=4 \text{ mit } K^*(\tilde{x})=81\,[€].$$

Zur kostenminimalen Produktion von $\tilde{x}=10$ Mengeneinheiten werden demnach alle drei Aggregate in der Weise $\tilde{x}_1^*=4$, $\tilde{x}_2^*=3$ und $\tilde{x}_3^*=3$ eingesetzt. Hierdurch fallen minimale Gesamtkosten in Höhe von $K^*(10)=81\,[€]$ an.

Für die Ausbringungsmenge $\tilde{\tilde{x}}=5$ weist das Verfahren die folgende kostenoptimale intensitätsmäßige und quantitative Anpassung der Aggregate 1, 2 und 3 aus:

$$\tilde{\tilde{x}}_3^*=0 \Rightarrow \tilde{\tilde{x}}-\tilde{\tilde{x}}_3^*=5 \Rightarrow \tilde{\tilde{x}}_2^*=2 \Rightarrow \tilde{\tilde{x}}-\tilde{\tilde{x}}_3^*-\tilde{\tilde{x}}_2^*=\tilde{\tilde{x}}_1^*=3 \text{ mit } K^*\left(\tilde{\tilde{x}}\right)=38\,[€].$$

Aufgabe 6.10 Kombinierte intensitätsmäßige und quantitative Aggregatanpassung bei vorgegebener Grenzkostenfunktion

Einem Unternehmen stehen zur Herstellung der Ausbringungsmenge x zwei funktions- und kostengleiche Aggregate n, $n = 1{,}2$, zur Verfügung, deren Kostenverlauf durch die Funktion

$$K_n(x_n) = \frac{3}{512.000} x_n^4 + \frac{1}{16.000} x_n^3 - \frac{51}{800} x_n^2 + 5x_n, \quad n = 1{,}2,$$

beschrieben wird. Die beiden Aggregate können nur intensitätsmäßig mit der Intensität λ_n, $0 \leq \lambda_n \leq \overline{\lambda}_n = 10$, oder aber quantitativ angepasst werden. Eine zeitliche Anpassung der Aggregate sei ausgeschlossen, so dass die Einsatzzeiten der Betriebsmittel lediglich die Werte $t_n = 0$ oder $t_n = \overline{t}_n = 8$ annehmen können. Darüber hinaus darf eine einmal gewählte Intensität im betrachteten Planungszeitraum nicht mehr variiert werden; ein Intensitätssplitting scheidet somit aus.

a) Bestimmen Sie für beide Aggregate die Grenzkostenfunktion $K_n'(x_n)$, $n = 1{,}2$, bei alleinigem Einsatz des jeweiligen Aggregates. Welche Charakteristika weist diese Grenzkostenfunktion $K_n'(x_n)$ auf? Weisen Sie diese Eigenschaften formal nach.

b) Welche Produktionsverfahren (Anpassungsstrategien) stehen dem Unternehmen in der beschriebenen Situation grundsätzlich zur Verfügung, um eine vorgegebene Ausbringungsmenge x herzustellen?

c) Ermitteln Sie die Grenzkostenverläufe für alle gemäß Aufgabenteil b) relevanten Anpassungsstrategien des Unternehmens und stellen Sie diese in einem geeigneten Diagramm graphisch dar.

d) Leiten Sie mit Hilfe von Grenzkostenbetrachtungen (Flächenvergleichen) die für die Herstellung einer Ausbringungsmenge x, $0 \leq x \leq \overline{x}$, kostenminimale intensitätsmäßige und quantitative Anpassung der beiden Aggregate her.

e) Ermitteln Sie für jede Anpassungsstrategie gemäß Aufgabenteil b) die entsprechende Kostenfunktion und stellen Sie die Kostenfunktionen in einem gemeinsamen Diagramm dar. Kennzeichnen Sie den Kostenverlauf bei optimaler Anpassung.

f) Auf welches Kalkül müsste man zurückgreifen, wenn die Aggregate nur mit einer Mindestintensität $\underline{\lambda}_n > 0,\ n = 1{,}2,$ eingesetzt werden können? Durch welche Anpassungsstrategien ist in einem solchen Fall der optimale Anpassungspfad gekennzeichnet?

Lösung zu Aufgabe 6.10

zu a)

Die Grenzkostenfunktion $K_n'(x_n)$ erhält man durch Differentiation der Kostenfunktion $K_n(x_n)$ nach der Ausbringung x_n:

$$K_n'(x_n) = \frac{dK_n(x_n)}{dx_n} = \frac{3}{128.000}x_n^3 + \frac{3}{16.000}x_n^2 - \frac{51}{400}x_n + 5, \quad n = 1{,}2.$$

Erneute Differentiation nach x_n und Nullsetzen der Ableitung liefert die (notwendige) Bedingung erster Ordnung für Extrema der Grenzkostenfunktion:

$$K_n''(x_n) = \frac{9}{128.000}x_n^2 + \frac{3}{8.000}x_n - \frac{51}{400} \stackrel{!}{=} 0$$

Durch Umformung erhält man hieraus die Extremstellen:

$$x_n^2 + \frac{16}{3}x_n - \frac{5.440}{3} \stackrel{!}{=} 0$$

$$\Rightarrow (x_n^*)_{1,2} = -\frac{8}{3} \pm \frac{1}{2} \cdot \sqrt{\left(\frac{16}{3}\right)^2 - 4 \cdot \left(-\frac{5.440}{3}\right)}$$

$$= -\frac{8}{3} \pm \frac{1}{2} \cdot \sqrt{\frac{256}{9} + \frac{21.760}{3}}$$

$$= -\frac{8}{3} \pm \frac{1}{2} \cdot \sqrt{\frac{65.536}{9}}$$

$$= -\frac{8}{3} \pm \frac{1}{2} \cdot \frac{256}{3}$$

$$\Rightarrow \quad \left(x_n^*\right)_1 = 40 > 0,$$

$$\left(x_n^*\right)_2 = -\frac{136}{3} < 0.$$

Das Krümmungsverhalten der Grenzkostenfunktion und damit die Art der einzigen relevanten Extremstelle $x_n^* = 40$ ergibt sich aus dem Vorzeichen der zweiten Ableitung der Grenzkostenfunktion nach x_n:

$$K_n'''(x_n) = \frac{9}{64.000} x_n + \frac{3}{8.000} > 0 \text{ für } x_n \geq 0.$$

Demnach ist die Grenzkostenfunktion $K_n'(x_n)$ im relevanten Bereich $0 \leq x_n \leq \overline{x}_n = \overline{\lambda}_n \cdot \overline{t}_n = 80$ streng konvex gekrümmt und weist an der Stelle $x_n^* = 40$ ein Minimum auf.

Im Folgenden ist noch zu untersuchen, ob die Grenzkostenfunktion linksschief, symmetrisch oder rechtsschief ist. Wegen

$$K_n'(0) = 5 < K_n'(80) = \frac{3}{128.000} \cdot 80^3 + \frac{3}{16.000} \cdot 80^2 - \frac{51}{400} \cdot 80 + 5 = 8$$

liegt die Vermutung nahe, dass die Grenzkostenfunktion rechtsschief ist. In diesem Fall müssten zusätzlich zur Eigenschaft der strengen Konvexität die Funktionswerte $K_n'\left(x_n^* + h\right)$ in der Entfernung h rechts vom Minimum $x_n^* = 40$ stets größer als die entsprechenden Funktionswerte $K_n'\left(x_n^* - h\right)$ in gleicher Entfernung h links vom Minimum sein, so dass hier gelten müsste:

$$K_n'\left(x_n^* + h\right) > K_n'\left(x_n^* - h\right)$$

bzw.

$$K_n'\left(x_n^* + h\right) - K_n'\left(x_n^* - h\right) \stackrel{!}{>} 0.$$

Einsetzen ergibt:

$$\frac{3}{128.000}\left[(40+h)^3 - (40-h)^3\right] + \frac{3}{16.000}\left[(40+h)^2 - (40-h)^2\right]$$
$$-\frac{51}{400}[(40+h) - (40-h)] \stackrel{!}{>} 0$$

$$\begin{aligned}
\Leftrightarrow & \left[40^3+3\cdot 40^2h+3\cdot 40h^2+h^3-\left(40^3-3\cdot 40^2h+3\cdot 40h^2-h^3\right)\right] \\
& \quad +8\cdot\left[40^2+2\cdot 40h+h^2-\left(40^2-2\cdot 40h+h^2\right)\right]-5.440\cdot 2\cdot h>0 \\
\Leftrightarrow & \quad 6\cdot 40^2h+2h^3+8\cdot 4\cdot 40h-5.440\cdot 2h>0 \\
\Leftrightarrow & \quad 2h^3>0.
\end{aligned}$$

Diese Bedingung ist für $h > 0$ stets erfüllt. Demnach ist die Grenzkostenfunktion rechtsschief.

Alternativ ließe sich die Rechtsschiefe auch ohne Rückgriff auf die strenge Konvexität untersuchen; denn die Grenzkostenfunktion $K_n'(x_n)$ ist genau dann rechtsschief, wenn sie rechts im Abstand h vom Grenzkostenminimum x_n^* stärker steigt als sie im Abstand h links vom Optimum fällt, d.h. wenn gilt

$$K_n''\left(x_n^*+h\right)>-K_n''\left(x_n^*-h\right)$$

bzw.

$$K_n''\left(x_n^*+h\right)+K_n''\left(x_n^*-h\right)>0.$$

Nutzt man die Beziehung

$$\begin{aligned}
K_n''\left(x_n^*\pm h\right) &= \frac{9}{128.000}\left(x_n^*\pm h\right)^2+\frac{3}{8.000}\left(x_n^*\pm h\right)-\frac{51}{800} \\
&= \frac{9}{128.000}\left[\left(x_n^*\right)^2\pm 2x_n^*h+h^2\right]+\frac{3}{8.000}\left(x_n^*\pm h\right)-\frac{51}{800} \\
&= \underbrace{\frac{9}{128.000}\left(x_n^*\right)^2+\frac{3}{8.000}x_n^*-\frac{51}{800}}_{=0 \text{ wegen BEO für } x_n^*} \\
&\quad +\frac{9}{128.000}\cdot\left(\pm 2x_n^*h+h^2\right)\pm\frac{3}{8.000}h \\
&= \frac{9}{128.000}\left(\pm 2x_n^*h+h^2\right)\pm\frac{3}{8.000}h
\end{aligned}$$

aus, dann zeigt sich, dass die obige Bedingung für $h > 0$ ebenfalls erfüllt ist:

$$K_n''\left(x_n^*+h\right)+K_n''\left(x_n^*-h\right)=\frac{9}{128.000}\cdot 2h^2=\frac{9}{64.000}h^2>0 \quad \text{q.e.d.}$$

Anmerkung:

Man kann zeigen, dass Aggregate mit einer Kostenfunktion

$$K_n(x_n) = ax_n^4 + bx_n^3 + cx_n^2 + dx_n + e, \quad x_n \geq 0, \quad a,b > 0, \quad c < 0,$$

$$d > \left[2a\left(x_n^*\right)^2 - c\right] \cdot x_n^*, \quad x_n^* = \frac{-b + \sqrt{b^2 - \frac{8ac}{3}}}{4a}, \quad e > 0,$$

stets eine rechtsschiefe konvexe Grenzkostenfunktion mit einem Grenzkostenminimum bei $x_n^* > 0$ aufweisen.

zu b)

In der beschriebenen Situation stehen dem Unternehmen grundsätzlich drei verschiedene Produktionsverfahren (Anpassungsstrategien) zur Herstellung einer vorgegebenen Ausbringungsmenge x zur Verfügung:

(1) Einsatz nur eines Aggregates,

(2) Einsatz beider Aggregate bei gleichen Grenzkosten und verschiedenen Intensitäten,

(3) Einsatz beider Aggregate bei gleichen Grenzkosten und gleichen Intensitäten.

Die Strategien (2) und (3) resultieren aus der Tatsache, dass die Gleichheit der Grenzkosten beider Aggregate eine notwendige Bedingung für den optimalen Einsatz der beiden Aggregate ist. Darüber hinaus existieren wegen des in Aufgabenteil a) nachgewiesenen asymmetrischen u-förmigen Verlaufs der Grenzkostenfunktion $K_n'(x_n)$, $n = 1,2$, für bestimmte Ausbringungsniveaus zwei Intensitäten, die zu gleichen Grenzkostenniveaus führen, so dass bei den Strategien unterschieden werden muss, ob die Aggregate mit gleichen oder aber mit verschiedenen Intensitäten betrieben werden sollen.

zu c)

Der Grenzkostenverlauf für die Herstellung einer vorgegebenen Ausbringungsmenge x auf der Grundlage von Verfahren bzw. Anpassungsstrategie (1) aus

Aufgabenteil b) kann direkt mit Hilfe der Ergebnisse aus Aufgabenteil a) angegeben werden:

$$K'(x) = K'_n(x) = \frac{3}{128.000}x^3 + \frac{3}{16.000}x^2 - \frac{51}{400}x + 5, \quad n = 1,2.$$

Dabei ist zu berücksichtigen, dass man bei Einsatz nur eines einzigen Aggregates höchstens die Ausbringung $x = \overline{x}_n = \overline{\lambda}_n \cdot \overline{t}_n = 10 \cdot 8 = 80$ erreichen kann. Größere Ausbringungen können mit dieser Strategie nicht realisiert werden.

Die Kurve *ABE* in Abbildung 6.10.1 gibt den Grenzkostenverlauf für diese erste Strategie an.

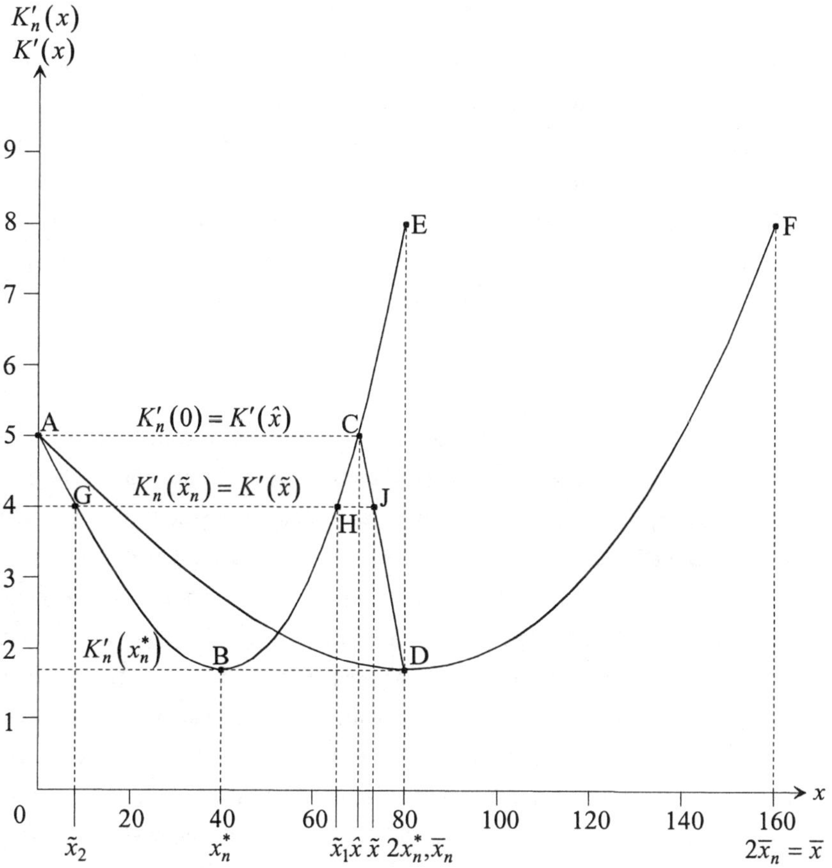

Abb. 6.10.1: Grenzkostenverläufe der drei Anpassungsstrategien

Vergleichsweise einfach lässt sich auch der Grenzkostenverlauf für Strategie (3) herleiten, bei der beide Aggregate bei gleichen Grenzkosten und gleichen Intensitäten eingesetzt werden. Eine solche Strategie impliziert, dass eine vorgegebene Ausbringungsmenge x stets je zur Hälfte auf Aggregat 1 und auf Aggregat 2 gefertigt wird, so dass gilt

$$\begin{aligned} K'(x,\lambda_1=\lambda_2) &= K'_n\left(\frac{x}{2}\right) \\ &= \frac{3}{128.000}\left(\frac{x}{2}\right)^3+\frac{3}{16.000}\left(\frac{x}{2}\right)^2-\frac{51}{400}\left(\frac{x}{2}\right)+5 \\ &= \frac{3}{1.024.000}x^3+\frac{3}{64.000}x^2-\frac{51}{800}x+5, \quad \text{mit } 0\le x\le 160. \end{aligned}$$

Graphisch bedeutet die gleichmäßige Aufteilung der Fertigung der Gesamtausbringung auf die beiden Aggregate eine Streckung der Grenzkostenfunktion $K'_n(x_n)$ eines einzelnen Aggregates um den Faktor 2 entlang der Abszisse. Bei jedem Grenzkostenniveau werden nämlich die Ausbringungen der beiden Maschinen „horizontal addiert", also verdoppelt, um die zugehörige Gesamtausbringung zu errechnen. Dementsprechend können mit diesem Verfahren maximal $\overline{x}=2\overline{x}_n=2\cdot\overline{\lambda}_n\cdot\overline{t}_n=2\cdot 10\cdot 8=160$ Mengeneinheiten an Ausbringung erzeugt werden. Die Kurve ADF in Abb. 6.10.1 stellt den Grenzkostenverlauf von Strategie (3) dar.

Sollen dagegen beide Aggregate bei gleichen Grenzkosten mit unterschiedlichen Intensitäten betrieben werden, dann kann diese Strategie (2) nur für solche Ausbringungen $\tilde{x}=\tilde{x}_1+\tilde{x}_2$, $\tilde{x}_n=\tilde{\lambda}_n\cdot\overline{t}_n$, $n=1{,}2$, realisiert werden, für die beim zugehörigen Grenzkostenniveau $K'(\tilde{x})$ zwei verschiedene Intensitäten $\tilde{\lambda}_1$ und $\tilde{\lambda}_2$ mit $K'_n(\tilde{\lambda}_1\cdot\overline{t}_n)=K'_n(\tilde{\lambda}_2\cdot\overline{t}_n)$ existieren. So können in der hier vorliegenden Situation nur für Grenzkostenniveaus $K'(\tilde{x})\in\left(K'_n(x_n^*);K'_n(0)\right]$ zwei unterschiedliche Intensitäten für die beiden Aggregate gewählt werden. Zudem ist anschaulich klar, dass die grenzkostengleichen Produktionspunkte der beiden Aggregate aufgrund sich unterscheidender Intensitäten und damit auch unterschiedlicher Ausbringungsmengen auf gegenüberliegenden Ästen der Grenzkostenfunktion $K'_n(x_n)$ liegen müssen, da beispielsweise bei einer Festlegung der Ausbringungsmenge von Aggregat 1 auf das Ausbringungsniveau $x_1=\tilde{x}_1>x_n^*$ (rechter Ast der Grenzkostenkurve; Punkt H in Abb. 6.10.1) die grenzkostengleiche, aber intensitätsverschiedene Ausbringungsmenge $x_2=\tilde{x}_2$, $K'_2(\tilde{x}_2)=K'_1(\tilde{x}_1)$,

$\tilde{x}_2 \neq \tilde{x}_1$, von Aggregat 2 kleiner als x_n^* sein und damit auf dem linken Ast der Grenzkostenkurve $K_n'(x_n)$ liegen muss (siehe Punkt G in Abb. 6.10.1).

Wählt man beispielsweise für Aggregat 1 die Ausbringung $\tilde{x}_1 = \hat{x}$, dann resultiert hieraus für Aggregat 2 die Ausbringung $\tilde{x}_2 = 0$, mit $K_n'(\tilde{x}_1) = K_n'(\hat{x}) = K_n'(0)$. Senkt man nun ausgehend von $\tilde{x}_1 = \hat{x}$ sukzessive die Ausbringung des ersten Aggregates, dann muss gleichzeitig die Ausbringung von Aggregat 2 ausgehend von $\tilde{x}_2 = 0$ erhöht werden, um das gesunkene Grenzkostenniveau von Aggregat 1 auch auf Aggregat 2 zu erreichen. Allerdings sinkt aufgrund der rechtsschiefen Grenzkostenfunktion $K_n'(x_n)$ die Ausbringung von Aggregat 1 langsamer, als die Ausbringung von Aggregat 2 zunimmt, so dass im Ergebnis die Gesamtausbringung beider Aggregate zusammen steigt (siehe z.B. Punkt J in Abb. 6.10.1). Das Ende dieses Prozesses ist erreicht, wenn die Ausbringungsmenge von Aggregat 1 beliebig nahe an das Grenzkostenminimum x_n^* herangekommen ist; dann ist die Ausbringungsmenge des zweiten Aggregates ebenfalls beliebig nahe an x_n^*, so dass die maximale Gesamtausbringung beider Aggregate bei gleichen Grenzkosten, aber unterschiedlichen Intensitäten insgesamt $\tilde{x}_1 + \tilde{x}_2 = 2x_n^* - \varepsilon$, beträgt, wobei $\varepsilon > 0$ beliebig klein sei.

Demnach eignet sich Strategie (2) nur für die Fertigung von Ausbringungsmengen $x \in \left[\hat{x}; 2x_n^*\right)$. Die kritische Ausbringungsmenge $\hat{x}$, $\hat{x} > x_n^*$, errechnet sich dabei aus

$$
\begin{aligned}
& K_n'(\hat{x}) = K_n'(0) = 5 \\
\Leftrightarrow\quad & \frac{3}{128.000}\hat{x}^3 + \frac{3}{16.000}\hat{x}^2 - \frac{51}{400}\hat{x} + 5 = 5 \\
\Leftrightarrow\quad & \hat{x}^3 + 8\hat{x}^2 - 5.440\hat{x} = 0 \\
\Leftrightarrow\quad & \hat{x}\left(\hat{x}^2 + 8\hat{x} - 5.440\right) = 0 \\
\Rightarrow\quad & \hat{x}^2 + 8\hat{x} - 5.440 = 0 \\
\Rightarrow\quad & \hat{x}_{1,2} = -4 \pm \sqrt{4^2 - (-5.440)} \\
& \quad = -4 \pm \sqrt{5.456} \\
& \quad = -4 \pm 4 \cdot \sqrt{341} \\
\Rightarrow\quad & \hat{x} = -4 + 4 \cdot \sqrt{341}.
\end{aligned}
$$

Folglich hat man als Geltungsbereich von Strategie (2): $x \in \left[-4 + 4 \cdot \sqrt{341}; 80\right)$. Den zugehörigen Grenzkostenverlauf erhält man entweder, indem man das Grenzkostenniveau $K'\left(\tilde{x},\tilde{\lambda}_1 \neq \tilde{\lambda}_2\right) = \bar{K} \in \left(K_n'\left(x_n^*\right);K_n'(\hat{x})\right]$ vorwählt und anschließend die zugehörigen Ausbringungsmengen $\tilde{x}_1$ und $\tilde{x}_2$ sowie die Gesamtausbringungsmenge $\tilde{x} = \tilde{x}_1 + \tilde{x}_2$ ermittelt, oder aber, indem man die Gesamtausbringungsmenge $\tilde{x}$, $\tilde{x} \in \left[\hat{x};2x_n^*\right) = \left[-4+4\cdot\sqrt{341};80\right)$, vorwählt, dann die zugehörigen grenzkostengleichen Ausbringungsmengen $\tilde{x}_1$ und $\tilde{x}_2$ mit $K_n'(\tilde{x}_1) = K_n'(\tilde{x}_2)$, $\tilde{x}_1 \neq \tilde{x}_2$, und schließlich das zugehörige Grenzkostenniveau $K'\left(\tilde{x},\tilde{\lambda}_1 \neq \tilde{\lambda}_2\right) = K_n'(\tilde{x}_n(\tilde{x}))$ errechnet. Im Folgenden wird die zweite Vorgehensweise vorgestellt, da bei der ersten Vorgehensweise eine kubische Gleichung gelöst werden müsste.

Ausgangspunkt aller weiteren Überlegungen ist die notwendige Bedingung für den optimalen Einsatz der Aggregate:

$$K_1'(\tilde{x}_1) = K_2'(\tilde{x}_2)$$

bzw.

$$K_1'(\tilde{x}_1) - K_2'(\tilde{x}_2) = 0.$$

Einsetzen von

$$K_n'(\tilde{x}_n) = \frac{3}{128.000}\tilde{x}_n^3 + \frac{3}{16.000}\tilde{x}_n^2 - \frac{51}{400}\tilde{x}_n + 5$$

führt zu

$$K_1'(\tilde{x}_1) - K_2'(\tilde{x}_2) = \frac{3}{128.000}\left(\tilde{x}_1^3 - \tilde{x}_2^3\right) + \frac{3}{16.000}\left(\tilde{x}_1^2 - \tilde{x}_2^2\right) - \frac{51}{400}(\tilde{x}_1 - \tilde{x}_2) = 0.$$

Wendet man die binomischen Formeln auf $\tilde{x}_1^3 - \tilde{x}_2^3$ und $\tilde{x}_1^2 - \tilde{x}_2^2$ an, so erhält man

$$\begin{aligned} 0 &= \frac{3}{128.000}(\tilde{x}_1 - \tilde{x}_2)\left(\tilde{x}_1^2 + \tilde{x}_1\tilde{x}_2 + \tilde{x}_2^2\right) + \frac{3}{16.000}(\tilde{x}_1 - \tilde{x}_2)(\tilde{x}_1 + \tilde{x}_2) - \frac{51}{400}(\tilde{x}_1 - \tilde{x}_2) \\ &= (\tilde{x}_1 - \tilde{x}_2)\left[\frac{3}{128.000}\left(\tilde{x}_1^2 + \tilde{x}_1\tilde{x}_2 + \tilde{x}_2^2\right) + \frac{3}{16.000}(\tilde{x}_1 + \tilde{x}_2) - \frac{51}{400}\right] \end{aligned}$$

bzw.

$$0 = (\tilde{x}_1 - \tilde{x}_2)\left[\tilde{x}_1^2 + \tilde{x}_1\tilde{x}_2 + \tilde{x}_2^2 + 8(\tilde{x}_1 + \tilde{x}_2) - 5.440\right].$$

Der erste Faktor in dieser Gleichung liefert die triviale Lösung $\tilde{x}_1 = \tilde{x}_2$, die jedoch wegen der Forderung ungleicher Intensitäten bei Strategie (2) unzulässig ist. Somit muss der zweite Faktor den Wert null annehmen. Setzt man zudem $\tilde{x}_1 = \tilde{x} - \tilde{x}_2$, dann erhält man die Bedingung

$$
\begin{aligned}
&(\tilde{x}-\tilde{x}_2)^2+(\tilde{x}-\tilde{x}_2)\tilde{x}_2+\tilde{x}_2^2+8(\tilde{x}-\tilde{x}_2+\tilde{x}_2)-5.440=0\\
\Leftrightarrow\quad &\tilde{x}^2-2\tilde{x}\tilde{x}_2+\tilde{x}_2^2+\tilde{x}\tilde{x}_2-\tilde{x}_2^2+\tilde{x}_2^2+8\tilde{x}-5.440=0\\
\Leftrightarrow\quad &\tilde{x}_2^2-\tilde{x}\tilde{x}_2+\tilde{x}^2+8\tilde{x}-5.440=0
\end{aligned}
$$

Die Lösung dieser quadratischen Gleichung liefert die zum Gesamtausbringungsniveau $\tilde{x}$ korrespondierenden grenzkostengleichen Ausbringungsmengen $\tilde{x}_1$ und $\tilde{x}_2$:

$$
\begin{aligned}
\Rightarrow \tilde{x}_2 &= \frac{\tilde{x}}{2}\pm\frac{1}{2}\sqrt{\tilde{x}^2-4\cdot\left(\tilde{x}^2+8\tilde{x}-5.440\right)}\\
&=\frac{\tilde{x}\pm\sqrt{21.760-32\tilde{x}-3\tilde{x}^2}}{2},\\
\tilde{x}_1 &= \tilde{x}-\tilde{x}_2=\frac{\tilde{x}\mp\sqrt{21.760-32\tilde{x}-3\tilde{x}^2}}{2},\\
&\text{mit } \tilde{x}\in\left[-4+4\cdot\sqrt{341};80\right).
\end{aligned}
$$

Die Doppelwertigkeit der Ausbringungen $\tilde{x}_1$ und $\tilde{x}_2$ resultiert dabei aus der Tatsache, dass bei beiden Aggregaten jeweils zwei verschiedene Ausbringungsniveaus $\tilde{x}_n$ zu gleichen Grenzkosten führen, je nachdem, ob für die Aggregate die Aufteilung $\tilde{x}_1<\tilde{x}_2$ oder aber $\tilde{x}_1>\tilde{x}_2$ gewählt wird.

Die zum Gesamtausbringungsniveau $\tilde{x}=\tilde{x}_1+\tilde{x}_2$ gehörende Grenzkostenfunktion bei Wahl von Strategie (2) ergibt sich dann durch Einsetzen von $\tilde{x}_n=\tilde{x}_n(\tilde{x})$ in $K'(\tilde{x};\lambda_1\neq\lambda_2)=K_n'(\tilde{x}_n)$. In der üblichen Schreibweise mit x als Gesamtausbringungsmenge hat man dann:

$$
\begin{aligned}
K'(x;\lambda_1\neq\lambda_2)=&\frac{3}{128.000}\cdot\left(\frac{x\pm\sqrt{21.760-32x-3x^2}}{2}\right)^3\\
&+\frac{3}{16.000}\cdot\left(\frac{x\pm\sqrt{21.760-32x-3x^2}}{2}\right)^2\\
&-\frac{51}{400}\cdot\left(\frac{x\pm\sqrt{21.760-32x-3x^2}}{2}\right)+5,\\
\text{mit } x\in\left[-4+4\cdot\sqrt{341};80\right).
\end{aligned}
$$

Hierbei ist es aufgrund der Doppelwertigkeit von $\tilde{x}_1$ und $\tilde{x}_2$ unerheblich, ob beim Einsetzen das Plus- oder das Minuszeichen verwendet wird. Die Kurve *CD* in Abbildung 6.10.1 veranschaulicht den Grenzkostenverlauf, wenn man die Aggregate gemäß Strategie (2) anpasst.

zu d)

Aufgrund der unterschiedlichen Geltungsbereiche der drei Produktionsverfahren bzw. Anpassungsstrategien ist es zweckmäßig, den Definitionsbereich der Ausbringungsmenge x, $0 \leq x \leq \overline{x} = 2 \cdot \overline{\lambda}_n \overline{x}_n = 160$, in drei Intervalle aufzuteilen, wobei sich die Intervallgrenzen direkt aus den Rändern des Geltungsbereichs von Strategie (2) ergeben:

Im ersten Intervall $0 \leq x \leq \hat{x} = -4 + 4 \cdot \sqrt{341} \approx 69{,}86$ stehen lediglich die Strategien (1) und (3), also der Einsatz nur eines Aggregates oder aber beider Aggregate bei gleichen Grenzkosten und gleichen Intensitäten, zur Verfügung.

Im Intervall $\hat{x} \leq x < 2\overline{x}_n^* = 80$ können neben den im ersten Intervall wählbaren Strategien (1) und (3) nunmehr auch gemäß Strategie (2) beide Aggregate mit unterschiedlichen Intensitäten betrieben werden.

Im letzten Intervall $2x_n^* \leq x \leq \overline{x} = 2 \cdot \overline{x}_n = 160$ kann dagegen nur noch die dritte Strategie verfolgt werden, da die in diesem Intervall grundsätzlich ebenfalls denkbare Strategie (1) in diesem konkreten Fall an der jeweiligen Kapazitätsgrenze $\overline{x}_n = 80 = 2 \cdot x_n^*$, $n = 1{,}2$, der einzelnen Aggregate scheitert. Somit steht in diesem Intervall bereits Strategie (3) als optimale Anpassung bzw. Strategie fest.

Betrachten wir im Weiteren zunächst das erste Intervall, dann kann eine vorgegebene Ausbringungsmenge x, $0 \leq x \leq \hat{x}$, entweder gemäß Strategie (1) durch den Einsatz eines Aggregates oder aber gemäß Strategie (3) durch den Einsatz beider Aggregate bei gleichen Grenzkosten und gleichen Intensitäten gefertigt werden. Welche von beiden Alternativen vorteilhaft ist, entscheidet sich danach, welche Strategie die geringeren variablen Gesamtkosten verursacht. Letztere werden in Abbildung 6.10.2 durch die Fläche unter der betreffenden Grenzkostenkurve repräsentiert bzw. gemessen, so dass man zum Vergleich der Kostenwirkungen der verschiedenen Strategien lediglich einen Größenvergleich der Flächen unter den Grenzkostenkurven durchführen muss.

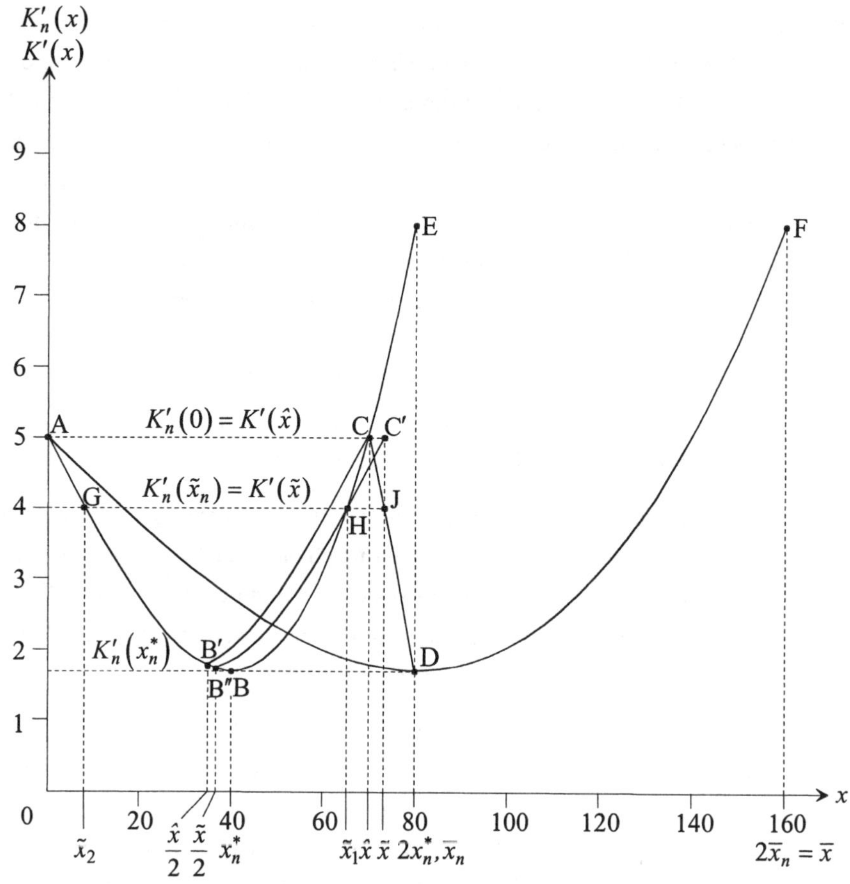

Abb. 6.10.2: Grenzkostenverläufe der drei Anpassungsstrategien

Wählt nun das Unternehmen Strategie (1) und fertigt die Ausbringungsmenge x, $0 \leq x \leq \hat{x}$, nur mit einem Aggregat, dann entsprechen die bei dieser Strategie anfallenden variablen Gesamtkosten der Fläche unter der Kurve ABE (bzw. wegen $0 \leq x \leq \hat{x}$ auch unter der Kurve ABC) in den Grenzen von 0 bis x. Werden dagegen beide Aggregate bei gleichen Grenzkosten und gleichen Intensitäten eingesetzt, dann entstehen variable Gesamtkosten, die der Fläche unter der Kurve ADF in den Grenzen von 0 bis x entsprechen. Da sich die Grenzkostenkurven überschneiden und damit ein direkter Flächenvergleich ausscheidet, bedient man sich nun eines geeigneten „Kunstgriffs". Hierzu betrachtet man zunächst die Fertigung der Ausbringungsmenge $x = \hat{x}$. Produziert man diese mit nur einem Aggregat, dann entstehen variable Gesamtkosten, die genau der Fläche unter der Kurve ABC entsprechen. Bei Einsatz zweier Aggregate, die mit gleichen Intensitäten betrieben werden, fallen dagegen variable Gesamtkosten an, die der Fläche unter der Kurve $AB'C$ entsprechen, denn die Kurve $AB'C$ lässt sich so interpretieren, dass das erste Aggregat im Punkt 0 mit der Produktion beginnt, während das zweite Aggregat von rechts bei der Ausbringungsmenge $\hat{x}$ startet. Erhöhen nun beide Aggregate sukzessive ihre Produktionsgeschwindigkeiten (Intensitäten) bei gleichen Grenzkosten und trägt man die Produktionsmengen und Grenzkosten von Aggregat 1 von links ab dem Punkt 0 und diejenigen von Aggregat 2 von rechts ab dem Punkt $x = \hat{x}$ ab, dann entsteht die zum Punkt $x = \hat{x}/2$ achsensymmetrische Grenzkostenkurve $AB'C$. Die Fläche unter dieser Kurve entspricht folglich exakt der Fläche unter der Kurve ADF in den Grenzen von 0 bis $\hat{x}$, da ja bei beiden Kurven die gleiche Strategie unterstellt wurde.

Vergleicht man nun die Fläche unter der Kurve ABC bei Wahl von Strategie (1) mit der Fläche unter der Kurve $AB'C$ bei Implementierung von Strategie (3), dann zeigt sich, dass die variablen Gesamtkosten der Strategie (3) um die Fläche $B'BC$ diejenigen der Strategie (1) übersteigen. Demnach wäre für die Produktion der Ausbringungsmenge $x = \hat{x}$ die erste Strategie optimal.

Es ist nun anschaulich klar, dass Strategie (1) auch für die Fertigung von Ausbringungen x, $0 \leq x < \hat{x}$, optimal ist, denn die Wahl von Strategie (3) bedeutet graphisch, dass die Kurve $B'C$ in der Weise parallel nach links verschoben wird, dass die rechte Intervallgrenze der aus der Spiegelung der Kurve AB' an der senkrechten Achse durch $x = x/2$ hervorgehenden Grenzkostenkurve $B'C$ stets die Ausbringung x erreicht. Wieder fiele der Flächenvergleich zugunsten von Strategie (1) aus, so dass man im Ergebnis festhalten kann, dass es im ersten Intervall $0 \leq x \leq \hat{x}$ stets optimal ist, nur ein Aggregat einzusetzen.

Will das Unternehmen eine Ausbringung x, $\hat{x} \leq x < 2 \cdot x_n^* = 80$, produzieren, dann kann es hierfür auf alle drei Strategien zurückgreifen. Allerdings ist es unmittelbar einsichtig, dass Strategie (1) durch den Einsatz von zwei Aggregaten kostenmäßig dominiert wird, denn für Ausbringungsniveaus $x > \hat{x}$ würden die Grenzkosten eines einzeln eingesetzten Aggregates n diejenigen eines alternativ hinzukommenden Aggregates $\tilde{n}$ wegen $K_n'(x_n > \hat{x}) > K_{\tilde{n}}'(x_{\tilde{n}} < \hat{x})$ überschreiten, so dass es für $x > \hat{x}$ sinnvoll wäre, ein zweites Aggregat in Betrieb zu nehmen. Zu klären bleibt jedoch noch, ob das Unternehmen Strategie (2) oder Strategie (3) verfolgen sollte.

Betrachten wir hierzu in Abbildung 6.10.2 die Produktion der Ausbringungsmenge $\tilde{x}$, $\hat{x} \le \tilde{x} < 2x_n^*$: Wählt das Unternehmen Strategie (2), setzt es also zwei Aggregate mit unterschiedlichen Intensitäten ein, dann entsprechen die variablen Gesamtkosten der Fläche unter der Kurve $ABCJ$. Dies wird sofort einsichtig, wenn man bedenkt, dass bis zur Ausbringungsmenge $x = \hat{x}$ nur Aggregat 1 zum Einsatz gelangt (Kurve ABC) und ab $\hat{x}$ dann die Produktion von Aggregat 1 sukzessive abgesenkt und diejenige von Aggregat 2 sukzessive erhöht wird, so dass insgesamt bis zum Erreichen der Gesamtausbringung zusätzlich die Grenzkostenkurve CJ entsteht (vgl. auch Aufgabenteil c)). Diese Überlegungen machen aber zugleich auch deutlich, dass die Fläche unter der Kurve $ABCJ$ der Fläche unter der Kurve $ABHC'$ entspricht, denn die Fläche unter der Kurve ABH repräsentiert die variablen Gesamtkosten des Einsatzes von Aggregat 1 mit der Ausbringung $\tilde{x}_1$, während die Fläche unter der Kurve HC' die variablen Gesamtkosten des Einsatzes von Aggregat 2 mit der Ausbringung $\tilde{x}_2$ misst. Letzteres ergibt sich aus der Tatsache, dass die Kurve HC' aus der Spiegelung der Kurve AG an der senkrechten Achse durch $x = \tilde{x}/2$ hervorgegangen ist. Setzt dagegen das Unternehmen die beiden Aggregate mit gleichen Intensitäten ein, dann entsprechen die variablen Gesamtkosten wieder der Fläche unter der Kurve ADF in den Grenzen von 0 bis $\tilde{x}$. Analog zu den Überlegungen zum zweiten Intervall entspricht diese Fläche wieder der Fläche unter der Kurve $AB''C'$, die durch Achsenspiegelung des linken Astes AB'' der Grenzkostenkurve ABC an der senkrechten Achse durch $x = \tilde{x}/2$ entsteht.

Der direkte Größenvergleich der Flächen unter den Kurven $ABHC'$ und $AB''C'$ legt offen, dass bei Strategie (3) im Vergleich zu Strategie (2) zusätzliche variable Gesamtkosten im Ausmaß der Fläche $B''BH$ anfallen. Dieser Vorteil der Strategie (2) gegenüber Strategie (3) nimmt zwar mit zunehmender Gesamtausbringung ab, bleibt aber bis zur Ausbringungsmenge $x = 2x_n^*$ erhalten, so dass es im Ergebnis für das Unternehmen optimal ist, Ausbringungsmengen x, $\hat{x} \le x < 2x_n^*$, durch den Einsatz beider Aggregate bei gleichen Grenzkosten und verschiedenen Intensitäten zu fertigen.

Zusammenfassend gilt dann die folgende Handlungsempfehlung:

$$\text{Wähle} \begin{cases} \text{Strategie (1)} & \text{für } 0 \le x \le -4 + 4 \cdot \sqrt{341} \approx 69{,}86, \\ \text{Strategie (2)} & \text{für } 69{,}86 < x < 80 \text{ und} \\ \text{Strategie (3)} & \text{für } x \ge 80. \end{cases}$$

zu e)

Die Kostenfunktion bei Umsetzung von Strategie (1) ergibt sich unmittelbar aus der Aufgabenstellung:

$$K(x) = K_n(x_n = x) = \frac{3}{512.000}x^4 + \frac{1}{16.000}x^3 - \frac{51}{800}x^2 + 5x, \quad 0 \le x \le 80.$$

Sie wird in Abb. 6.10.3 durch die Kurve $0A$ graphisch veranschaulicht.

Zur Berechnung der Kostenfunktion $K(x;\lambda_1 \neq \lambda_2)$, wenn das Unternehmen gemäß Strategie (2) beide Aggregate bei gleichen Grenzkosten mit unterschiedlichen Intensitäten anpasst, müssen zunächst die einzelnen Kostenfunktionen $K_n(x_n)$ der beiden Aggregate durch Integration der entsprechenden Grenzkostenfunktionen $K'_n(x_n)$ über die Ausbringung x_n bestimmt und anschließend zur Gesamtkostenfunktion $K(x) = K_1(x_1) + K_2(x_2)$ addiert werden. Da die einzelnen Kostenfunktionen $K_n(x_n)$, $n = 1{,}2$, bereits aus der Aufgabenstellung bekannt sind, erhält man zusammen mit den Ergebnissen aus Aufgabenteil c):

$$\begin{aligned} K(x;\lambda_1 \neq \lambda_2) &= K_1(x_1) + K_2(x_2) \\ &= \frac{3}{512.000}\left[[x_1(x)]^4 + [x_2(x)]^4\right] + \frac{1}{16.000}\left[[x_1(x)]^3 + [x_2(x)]^3\right] \\ &\quad - \frac{51}{800}\left[[x_1(x)]^2 + [x_2(x)]^2\right] + 5[x_1(x) + x_2(x)], \end{aligned}$$

mit

$$x_1 = \frac{x \mp \sqrt{21.760 - 32x - 3x^2}}{2},$$

$$x_2 = \frac{x \pm \sqrt{21.760 - 32x - 3x^2}}{2},$$

$$x_1 \neq x_2,$$

$$x \in \left[-4 + 4 \cdot \sqrt{341}; 80\right).$$

In Abbildung 6.10.3 spiegelt die Kurve BC den Kostenverlauf bei Anwendung von Strategie (2) wider.

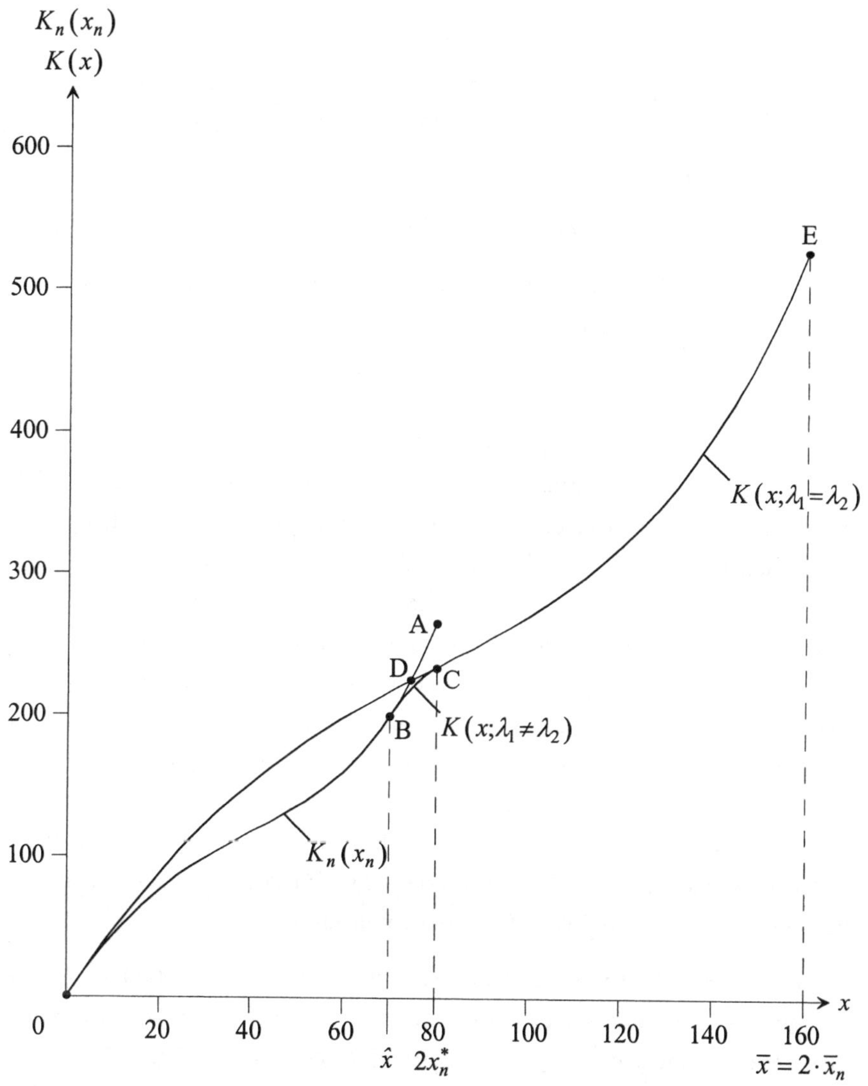

Abb. 6.10.3: Kostenverläufe der drei Anpassungsstrategien

Werden dagegen die beiden Aggregate gemäß Strategie (3) bei gleichen Grenzkosten und gleichen Intensitäten eingesetzt, dann muss zur Berechnung der Kostenfunktion $K(x;\lambda_1 = \lambda_2)$ die in Aufgabenteil c) hergeleitete Grenzkostenfunktion

$$K'(x;\lambda_1 = \lambda_2) = \frac{3}{1.024.000}x^3 + \frac{3}{64.000}x^2 - \frac{51}{800}x + 5, \quad 0 \le x \le 160,$$

über die Ausbringungsmenge x integriert werden:

$$K(x;\lambda_1=\lambda_2)=\int_0^x K'(\xi)\,d\xi=\frac{3}{4.096.000}x^4+\frac{1}{64.000}x^3-\frac{51}{1.600}x^2+5x,$$

mit $0 \le x \le 160$.

Der Kostenverlauf entspricht der Kurve $0DE$ in Abb. 6.10.3.

Wie nun aus der Abbildung 6.10.3 unmittelbar abgelesen werden kann, wird der optimale Anpassungspfad durch die Kurve $0BCE$ repräsentiert.

zu f)

Können die beiden Aggregate nur mit einer Mindestintensität $\underline{\lambda}_n > 0$, $n = 1{,}2$, eingesetzt werden, dann kann die Ausbringungsmenge x entgegen dem bisher betrachteten Fall mit $\underline{\lambda}_n = 0$, $n = 1{,}2$, im Bereich $0 \le x \le \underline{x} = \underline{\lambda}_n \cdot \overline{t}_n$ nicht mehr stetig variiert werden, so dass bei der Inbetriebnahme der einzelnen Aggregate infolge sprungfixer bzw. intervallfixer Kosten Kostensprünge in Höhe von $K_f = K_n(\underline{x}_n) = \underline{K}$ mit $\underline{x}_n = \underline{\lambda}_n \cdot \overline{t}_n = \underline{\lambda} \cdot \overline{t} = \underline{x}$ auftreten. Aufgrund dieser sprungfixen Kosten beim Einsatz der Maschine scheidet die Ermittlung des optimalen Anpassungspfades auf der Grundlage von Grenzkostenüberlegungen aus, weswegen man auf einen Gesamtkostenvergleich der zur Verfügung stehenden Anpassungsstrategien zurückgreifen muss. Ein solcher Gesamtkostenvergleich ließe sich beispielsweise im Fall nur diskret bzw. ganzzahlig variierbarer Intensitäten mit Hilfe der Dynamischen Programmierung anstellen.

Der auf der Grundlage von Gesamtkostenvergleichen ermittelte optimale Anpassungspfad ist dann durch die Anwendung von vier Verfahren bzw. Strategien gekennzeichnet, die in der folgenden Reihenfolge eingesetzt werden:

(1) Einsatz nur eines Aggregates,

(2) Einsatz beider Aggregate bei ungleichen Grenzkosten und verschiedenen Intensitäten, wobei ein Aggregat mit der Mindestintensität betrieben wird,

(3) Einsatz beider Aggregate bei gleichen Grenzkosten und verschiedenen Intensitäten,

(4) Einsatz beider Aggregate bei gleichen Grenzkosten und gleichen Intensitäten.

Aufgabe 6.11 Grundlagen der HEINEN-Produktionsfunktion

a) Stellen Sie die grundlegenden produktionstheoretischen Überlegungen von HEINEN dar. Gehen Sie dabei insbesondere auf die Gemeinsamkeiten mit und die Unterschiede zu der Produktionsfunktion von GUTENBERG ein und zeigen Sie auf, wie man nach HEINEN den Faktorverbrauch von Potentialgütern ermittelt.

b) Welche Arten und Wiederholungstypen von Elementarkombinationen unterscheidet HEINEN? Beschreiben Sie diese kurz und geben Sie jeweils ein praktisches Beispiel an.

Lösung zu Aufgabe 6.11

zu a)

HEINEN setzt das Bemühen GUTENBERGs um eine möglichst genaue Abbildung des betrieblichen Geschehens fort. Zur Darstellung der Input-Output-Beziehungen von Potentialgütern schlägt HEINEN – wie bereits GUTENBERG vor ihm – ein System von Verbrauchsfunktionen vor. Der Zusammenhang zwischen dem Faktormengenverzehr an Potentialgütern und der ökonomischen Leistung, definiert als Output pro Zeit, wird durch ökonomische Verbrauchsfunktionen beschrieben. Von diesen sind nach HEINEN die technischen Verbrauchsfunktionen zu unterscheiden, welche lediglich die quantitativen Beziehungen zwischen dem Faktorverbrauch und der technisch-physikalischen Leistung von Potentialgütern abbilden. Da jedoch nur erstere für wirtschaftliche Überlegungen von Belang sind, müssen die von den Potentialgütern abgegebenen physikalisch-technischen in ökonomische Leistungsmengen umgerechnet werden.

Nun hält es HEINEN nicht für gerechtfertigt, in allen Fällen von der Hypothese eines eindeutigen Zusammenhanges zwischen technischer und ökonomischer Leistung von Aggregaten auszugehen, wie es in der GUTENBERG-Produktionsfunktion durch die Proportionalität zwischen der Leistungsabgabe der Aggregate und der an ihnen gefertigten Produktionsmengen unterstellt wird. Nach HEINEN gelingt die Umrechnung technischer in ökonomische Leistungsgrößen erst dann, wenn man den Produktionsprozess genügend fein in seine Teilkomponenten zerlegt. Diese Teilkomponenten bezeichnet HEINEN als Elementarkombinationen. Eine Elementarkombination ist der Teil eines Produktionsprozesses, für den eine eindeutige Beziehung zwischen technischer und ökonomischer Leistung sichergestellt ist.

Die Verbindung zwischen der Ausbringung pro einmaligem Vollzug der Elementarkombination und der (pro Periode) zu erstellenden Ausbringungsmenge wird durch Wiederholungsfunktionen hergestellt. Letztere ergeben sich aus der detaillierten Analyse der Produktionsstruktur und lassen sich auch für Fälle der mehrstufigen Mehrproduktfertigung mit substitutionalen oder limitationalen Produktionsbedingungen formulieren.

Die Mengen von Hilfs- und Betriebsstoffen, die an den Potentialgütern eingesetzt werden, sind von den technischen Eigenschaften der Potentialfaktoren abhängig. HEINEN unterscheidet dabei die z-, die u- sowie die l-Situation. In der z-Situation werden alle technischen Eigenschaften eines Aggregates beschrieben, die durch dessen Konstruktion mehr oder weniger endgültig festgelegt sind. Die u-Situation umfasst dagegen all jene technischen Daten, die sich im normalen Betriebsablauf von Zeit zu Zeit ändern lassen; als Beispiel seien hier Rüstvorgänge genannt. Diejenigen technischen Daten eines Aggregates, die fortwährend situationsbedingten Schwankungen unterworfen sind, wie z.B. die Temperatur- und Druckverhältnisse, Laufgeschwindigkeiten und Drehzahlen, fasst HEINEN in der l-Situation zusammen.

Wie bei GUTENBERG spielt auch bei HEINEN die Intensität λ eines Aggregates eine zentrale Rolle, weil diese in den meisten Fällen allein den Faktorverbrauch pro Elementarkombination bestimmt. Jedoch weist HEINEN darauf hin, dass man nicht – wie GUTENBERG – eine konstante durchschnittliche Intensität λ während der Dauer einer Elementarkombination annehmen kann, sondern vielmehr von in der Zeit schwankenden Intensitäten ausgehen muss (l-Situation). Demnach gilt: $\lambda = \lambda(t)$. Entsprechend erhält man die während einer Elementarkombination von einem Aggregat geleistete Arbeit b durch Integration der Funktion $\lambda(t)$ nach der Zeit:

$$b = \int \lambda(t)\,dt, \text{ d.h. } \lambda = \frac{db}{dt}.$$

Die Veränderung der geleisteten Arbeit im Zeitablauf richtet sich nach der Intensität des Aggregates im jeweiligen Zeitpunkt. Die Beziehung $b = \lambda t$ der GUTENBERG-Produktionsfunktion ist hier nicht anwendbar; sie gilt nur bei konstanten Intensitäten λ. Trägt man nun die Intensität $\lambda(t) = db/dt$ in einem Diagramm gegen die Zeit t ab, dann erhält man das so genannte Zeitbelastungsbild. Entsprechend gibt die Fläche unter der Zeitbelastungskurve wieder die geleistete technische Arbeit b an.

Die zur Produktion gleicher Outputmengen in einer Elementarkombination erforderliche technische Arbeit $\bar{b}$ ist konstant. Demnach hat man für die zu erbringende technische Arbeit:

$$\bar{b} = \int_0^{\bar{t}} \lambda(t)\,dt,$$

wobei $\bar{t}$ hier die zur Durchführung der Elementarkombination erforderliche Zeitspanne angibt. Die erforderliche Arbeit $\bar{b}$ ist für unterschiedliche Produktionsdauern desselben Aggregates bei einer Elementarkombination gleich groß. Allerdings können an ein und demselben Aggregat auch unterschiedliche Elementarkombinationen durchführbar sein.

Will man nun den Verbrauch an Hilfs- und Betriebsstoffen pro Zeiteinheit bei sich verändernden Intensitäten genau beschreiben, dann darf sich die technische Verbrauchsfunktion nur auf sehr kleine Zeiteinheiten beziehen. Bei infinitesimal kleinen Zeitabschnitten erhält man einen funktionalen Zusammenhang zwischen dem Momentanverbrauch dr/dt und der Momentanleistung db/dt eines Aggregates:

$$\frac{dr}{dt} = \lim_{\Delta t \to 0} \frac{\Delta r}{\Delta t} = a\left(\frac{db}{dt}\right) \cdot \frac{db}{dt} = f\left(\frac{db}{dt}\right),$$

wobei $a(db/dt)$ den Faktorverbrauch pro Arbeitseinheit bei gegebener Momentanleistung des Aggregates angibt.

Mit Hilfe solcher technischer Verbrauchsfunktionen und der Zeitbelastungskurven können dann die ökonomischen Verbrauchsfunktionen hergeleitet werden. Aus den technischen Verbrauchsfunktionen erhält man den Faktorverbrauch einer Elementarkombination l bei gegebener Produktionszeit bzw. Zeitspanne t_l zur einmaligen Durchführung dieser Elementarkombination. Bei jeder Durchführung der Elementarkombination l an einem Aggregat wird außerdem stets eine feste Produktmenge x_l hergestellt. Damit hat man den eindeutigen Zusammenhang zwischen Input und Output für eine Elementarkombination bei gegebener Produktionszeit erfasst; man kann auf dieser Grundlage dann die ökonomischen Verbrauchsfunktionen beschreiben (siehe im Folgenden auch die graphische Herleitung in Abbildung 6.11.1).

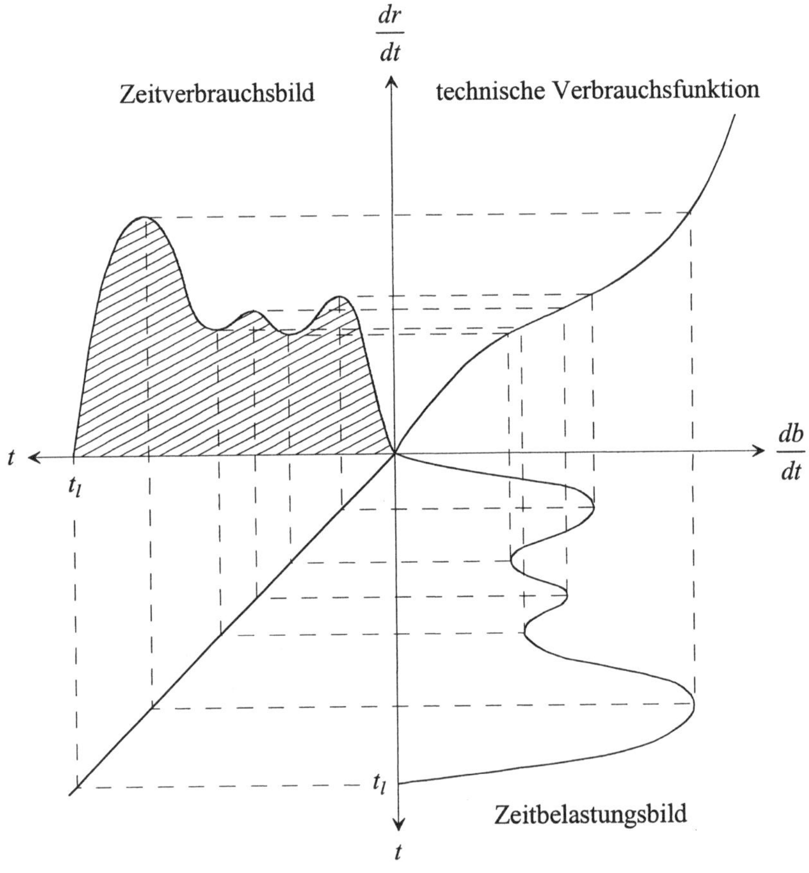

Abb. 6.11.1: Graphische Herleitung des Zeitverbrauchs

Aus dem Zeitbelastungsbild $\lambda(t) = db/dt$ einer Elementarkombination („Südost-Quadrant" in Abbildung 6.11.1) und der technischen Verbrauchsfunktion $dr/dt = f(db/dt)$ („Nordost-Quadrant" in Abbildung 6.11.1) lässt sich ein Zeitverbrauchsbild ableiten („Nordwest-Quadrant" in Abbildung 6.11.1), das die Entwicklung des Momentanverbrauchs im Zeitablauf $dr/dt = f[\lambda(t)]$ darstellt. Der Gesamtverbrauch r_l bei einmaliger Durchführung der l-ten Elementarkombination ergibt sich dann durch Integration der Verbrauchsfunktion in den Grenzen $t = 0$ bis $t = t_l$:

$$r_l = \int_0^{t_l} \frac{dr}{dt}(t)\,dt;$$

er entspricht der Fläche unter der Kurve des Zeitverbrauchs dr/dt (grau schraffierte Fläche in Abbildung 6.11.1).

zu b)

HEINEN unterscheidet nach den Gegebenheiten auf der Input- bzw. der Outputseite eines Produktionsprozesses vier Arten von Elementarkombinationen:

Als outputfix werden solche Elementarkombinationen bezeichnet, bei deren einmaliger Durchführung stets die gleiche (fixe) Menge an Output erzeugt wird. Typischerweise stellen mechanische Bearbeitungen von Werkstücken, wie das Fräsen von Nuten oder das Bohren von Löchern, outputfixe Elementarkombinationen dar.

Können dagegen bei einmaliger Durchführung einer Elementarkombination in bestimmten technischen Grenzen unterschiedlich große (variable) Mengen an Output hergestellt werden, wie dies oftmals bei der Chargenfertigung – beispielsweise bei Brennvorgängen im Ofen im Rahmen der Porzellanherstellung – der Fall ist, dann nennt man diese Elementarkombination outputvariabel.

Von einer limitationalen Elementarkombination spricht man, wenn die Einsatzmengen der am Vollzug der Elementarkombination beteiligten Potentialfaktoren in einem technisch bedingten festen Verhältnis zueinander stehen. Solche Einsatzbedingungen finden sich insbesondere bei hochgradig automatisierten Montageprozessen. So werden beispielsweise in der Automobilindustrie beim Zusammenfügen von Karosserieteilen regelmäßig mehrere Produktionsroboter gleichzeitig auf der Grundlage eines fest vorgegebenen Bewegungsschemas eingesetzt, um die Karosserieteile zu positionieren und zusammenzuschweißen.

Bei substitutionalen Elementarkombinationen können dagegen die Einsatzmengen der an der Elementarkombination beteiligten Potentialfaktoren durch die Wahl unterschiedlicher Verfahrensausprägungen in einem gewissen Maß variiert werden, ohne dass die Ausbringungsmenge hierdurch verändert wird. Diese Einsatzbedingungen sind vor allem für die Prozessindustrie charakteristisch. So erlauben es beispielsweise komplexe Pharma-Produktionsanlagen, bestimmte Mengen eines Wirkstoffs auf der Grundlage unterschiedlicher Einsatzverhältnisse der Anlagenkomponenten herzustellen, indem z.B. für den Einsatz von Kaltwasser und Tiefkälte unterschiedlicher Temperatur- oder von Prozessdampf unterschiedlicher Druck- und Temperaturstufen das Leistungsniveau der Heiz- oder Kälteanlagen bzw. der Zuführungs- und Verteilsysteme entsprechend variiert wird.

Gemäß diesen vier Merkmalsausprägungen differenziert man outputfix-limitationale, outputfix-substitutionale, ferner outputvariabel-limitationale und outputvariabel-substitutionale Elementarkombinationen.

Darüber hinaus unterscheidet HEINEN nach der Abhängigkeit der Zahl der (notwendigen) Wiederholungen von der Ausbringungsmenge primäre, sekundäre und tertiäre Elementarkombinationen. Während bei primären Elementarkombinationen – wie z.B. Produktionsvorgängen, bei denen ein Produkt unmittelbar bearbeitet wird – die Zahl der erforderlichen Wiederholungen direkt von der angestrebten Endproduktmenge abhängt, steht die Zahl der Wiederholungen bei sekundären Elementarkombinationen, wie z.B. Anlauf- und Bremsphasen oder Rüst- und Justiervorgängen, nur in einer sehr losen Beziehung zur Endproduktmenge und wird vor allem von der Serien-, Auflagen- oder Chargengröße bestimmt. Die Zahl der Wiederholungen bei tertiären Elementarkombinationen hängt dagegen über andere Größen indirekt von der Endproduktmenge oder überhaupt nicht von dieser ab. Zu den tertiären Elementarkombinationen zählen beispielsweise Reinigungs- und Wartungsarbeiten an Maschinen, ferner Planungs- und Kontrollprozesse der Produktion sowie Beschaffungs- Absatz-, Verwaltungs- und Finanzierungstätigkeiten. Als Bezugsgröße für die Zahl der Wiederholungen tertiärer Elementarkombinationen wird häufig die Zeit vorgeschlagen.

Aufgabe 6.12 Anwendungsbeispiel für die HEINEN-Produktionsfunktion

Ein Unternehmen fertigt in maximal 16 Stunden Gesamtarbeitszeit pro Tag (Zwei-Schicht-Betrieb) ein Produkt auf einer Maschine, welche auf eine Intensität λ, $\underline{\lambda} = 0 \le \lambda \le 8 = \overline{\lambda}$, eingestellt werden kann. Nach dem Start benötigt die Maschine jedoch eine gewisse Anlaufzeit, um die angestrebte Intensität λ^0 zu erreichen; entsprechend muss sie zur Rückkehr in den Stillstand erst abgebremst werden. In solchen Anlauf- bzw. Bremsphasen kann die Intensität mit einer konstanten Veränderungsrate von

$$|\alpha| = \left|\frac{d\lambda}{dt}\right| = \left|\frac{d^2b}{dt^2}\right| = 4$$

verändert werden, wobei b die von der Maschine geleistete Arbeit angibt. Sei zum Beispiel die angestrebte Intensität $\lambda^0 = 2$, dann benötigt man jeweils eine halbe Stunde, um diese Intensität aus dem Stillstand zu erreichen bzw. wieder von der Intensität $\lambda^0 = 2$ auf $\lambda = 0$ zu kommen. Ist die angestrebte Intensität erreicht, so kann sie – für die Länge einer ununterbrochenen Produktionsphase (z.B. für 6 Stunden) – konstant beibehalten werden. Allerdings darf die Gesamtlaufzeit der Maschine inklusive aller Anlauf- und Bremsphasen $\overline{t} = 16$ Stunden nicht überschreiten. Spätestens dann muss die Maschine abgeschaltet sein, um wieder für den nächsten Produktionstag gerüstet zu werden.

In einer Stunde kann die Maschine bei einer Intensität von $\lambda = 1$ genau eine Arbeitseinheit abgeben; die zum Anlaufen und Bremsen des Aggregates aufgewendete Arbeit ist zur Produktion nicht nutzbar.

Weiterhin muss die Werkstückzuführung der Maschine jeweils nach 26 in der Produktionsphase erbrachten Arbeitseinheiten neu justiert werden. Über Nacht geschieht dies automatisch im Rahmen des Rüstvorgangs, so dass die Maschine an jedem Morgen neu justiert gestartet werden kann. Am Tag dauert jede Neujustierung eine Stunde. Hierfür muss die Maschine nicht vollständig abgeschaltet werden; jedoch kann die während dieser Zeit aufgewendete Arbeit nicht zur Produktion verwendet werden. Deshalb ist die Maschine zur Vermeidung unnötigen Faktorverbrauchs während der Justierarbeiten so abzubremsen und wieder anzufahren, dass die Produktion unmittelbar nach Abschluss der Neujustierung mit der angestrebten Intensität λ^0 fortgesetzt werden kann, sofern an diesem Arbeitstag weitere Arbeitseinheiten für die Herstellung des Produktes zu erbringen sind.

a) Angenommen, für die Fertigung der Outputmenge eines Tages müssten insgesamt $\bar{b}^p$ Arbeitseinheiten aufgewandt werden und es würde $\lambda^0 = 4$ als (Produktions-)Intensität angestrebt. Bestimmen Sie in Abhängigkeit von $\bar{b}^p$ die gesamte Produktionsdauer $t(\bar{b}^p)$ einschließlich aller Anlauf-, Brems- und Justierphasen.

b) Welche Intensität $\underline{\lambda}^0$ ist mindestens anzustreben, damit von der Maschine an einem Produktionstag $\bar{b}^p = 28$ Arbeitseinheiten für die Herstellung des Produktes bereitgestellt werden können? Stellen Sie das zugehörige Zeitbelastungsbild bei Verwendung dieser Mindestintensität $\underline{\lambda}^0$ in einem geeigneten Koordinatensystem graphisch dar.

c) Wie viele Arbeitseinheiten $\bar{b}$ an technischem Output würden bei Verwendung der Mindestintensität $\underline{\lambda}^0$ aus Aufgabenteil b) als angestrebter Produktionsintensität von der Maschine bei maximaler Ausnutzung der zur Verfügung stehenden Tagesarbeitszeit erbracht?

d) Ermitteln Sie in Abhängigkeit von der angestrebten (Produktions-)Intensität λ^0 die pro Arbeitstag maximal nutzbare Produktionszeit $\bar{t}^p(\lambda^0)$ (= kumulierte Länge der Produktionsphasen). Wie viele Stunden lassen sich dann pro Arbeitstag für die Herstellung des Produktes nutzen, wenn man die (Produktions-)Intensitäten $\tilde{\lambda}^0 = 6$ bzw. $\tilde{\tilde{\lambda}}^0 = 8$ anstrebt?

e) Zeichnen Sie das Zeitbelastungsbild für die Produktion mit der angestrebten Intensität $\lambda^0 = 4$ bei maximaler Ausschöpfung der zur Verfügung stehenden Tagesarbeitszeit in ein geeignetes Koordinatensystem ein. Wie viele Arbeitseinheiten $\bar{b}^p$ können maximal pro Arbeitstag für die Herstellung des Produktes genutzt werden? Berechnen Sie, wie viele Mengeneinheiten des potentialabhängigen Faktors 1 bei einem Momentanverbrauch von

$$\frac{dr_1}{dt} = e^{\frac{1}{2}\lambda(t)} - 1$$

pro Arbeitstag verbraucht werden (Rundung auf 4 Dezimalstellen).

f) Gehen Sie nun davon aus, dass pro Rüstvorgang, der von Vorarbeitern nach dem Ausschalten am Ende eines Produktionstages bzw. am Morgen vor dem Anlaufen der Maschinen durchgeführt wird, Rüstkosten in Höhe von 100 € anfallen. Die Neujustierung der Werkstückzuführung bei laufender Maschine verursacht dagegen zusätzliche (Personal-)Kosten in Höhe von 50 € pro Justiervorgang.

Weiterhin kann das Unternehmen zwischen zwei verschiedenen Produktionsverfahren bzw. Maschineneinstellungen wählen: Beim ersten Verfahren wird für die Herstellung des Endproduktes die Produktionsintensität $\lambda^0 = 4$ angestrebt. Für die Bedienung der Maschine und den Transport der Werkstücke zu und von der Maschine werden bei diesem Verfahren pro 8-Stunden-Schicht vier Arbeitskräfte benötigt, die pro Kopf und Schicht Lohnkosten in Höhe von 144 € verursachen. Eine zeitliche Anpassung des Arbeitskräfteeinsatzes in kleineren Zeiteinheiten als in ganzen Schichten sei nicht möglich. Darüber hinaus habe man im Rahmen der Qualitätssicherung festgestellt, dass man aufgrund von Ausschuss durchschnittlich 110 Mengeneinheiten des Endproduktes herstellen muss, um 100 Mengeneinheiten eines mängelfreien Outputs zu erhalten. Wählt das Unternehmen das zweite Verfahren, dann wird das Endprodukt mit der angestrebten Produktionsintensität $\tilde{\tilde{\lambda}}^0 = 8$ hergestellt. Allerdings muss in diesem Fall aufgrund der höheren Produktionsgeschwindigkeit pro Schicht eine zusätzliche Arbeitskraft eingesetzt werden. Ferner erhöht sich die für die Herstellung von 100 mängelfreien Mengeneinheiten erforderliche durchschnittliche Produktionsmenge auf 115 Mengeneinheiten des Endproduktes.

Unabhängig von dem gewählten Produktionsverfahren beansprucht die Fertigung des Endproduktes die Maschine im Umfang von zwei Arbeitseinheiten pro erzeugter Mengeneinheit. Der durch den Maschineneinsatz bedingte Verbrauch des potentialabhängigen Produktionsfaktors 1 verursacht dabei Kosten in Höhe von 0,40 € pro Mengeneinheit des Faktors, wobei weiterhin der in Aufgabenteil e) unterstellte Momentanverbrauch gelte. Schließlich erfordert die Herstellung des Endproduktes den Einsatz eines bestimmten Werkstoffes (Produktionsfaktor 2). Hierdurch fallen Materialkosten in Höhe von 54 € pro erzeugter Mengeneinheit des Endproduktes an.

(i) Ermitteln Sie zunächst das Zeitbelastungsbild für die Produktion mit der angestrebten Intensität $\tilde{\tilde{\lambda}}^0 = 8$ (Verfahren 2), wenn die Ausbringung pro Arbeitstag maximiert werden soll. Berechnen Sie den pro Arbeitstag entstehenden Verbrauch an Faktor 1 (Rundung auf 4 Dezimalstellen).

(ii) Definieren Sie nun für beide Verfahren geeignete Elementarkombinationen l und bestimmen Sie jeweils die Zahl der erforderlichen Wiederholungen w_l, wenn das Unternehmen einen Auftrag über die Produktion von 780 Mengeneinheiten des Endproduktes erhalten und angenommen hat.

(iii) Für welches Produktionsverfahren sollte sich das Unternehmen in der Situation von Aufgabenteil f) (ii) entscheiden, wenn allein die Gesamtkosten entscheidungsrelevant sind (Rundung des Endergebnisses auf 2 Dezimalstellen)?

Lösung zu Aufgabe 6.12

zu a)

Die gesamte Produktionsdauer $t(\bar{b}^p)$ eines Arbeitstages setzt sich aus der kumulierten Länge $t^p(\bar{b}^p)$ der Produktionsphasen, den Längen $t^a(\lambda^0)$ und $t^b(\lambda^0)$ der Anlauf- und der Bremsphase sowie der (kumulierten) Länge $t^j(\bar{b}^p)$ der Justierphasen zusammen.

Bei einer angestrebten Intensität von $\lambda^0 = 4$ und insgesamt $\bar{b}^p$ direkt für die Produktion zu erbringenden Arbeitseinheiten erhält man als kumulierte Länge $t^p(\bar{b}^p)$ der Produktionsphasen:

$$t^p(\bar{b}^p) = \frac{\bar{b}^p}{\lambda^0} = \frac{\bar{b}^p}{4}.$$

Für das Anlaufen und das Abbremsen der Maschine zu Beginn und am Ende des Arbeitstages benötigt man

$$t^{a+b}(\lambda^0) = t^a(\lambda^0) + t^b(\lambda^0) = \frac{|\Delta\lambda|}{\alpha} + \frac{|\Delta\lambda|}{\alpha} = \frac{4}{4} + \frac{4}{4} = 2$$

Stunden, so dass für die Produktion und die Justierung pro Arbeitstag maximal

$$\overline{t}^{\,p+j}\left(\lambda^0\right)=\overline{t}-t^{a+b}\left(\lambda^0\right)=16-2=14$$

Stunden zur Verfügung stehen. Könnte man auf eine Neujustierung der Maschine verzichten, dann ließen sich in dieser Zeit insgesamt

$$\hat{b}^p=\lambda^0\cdot\overline{t}^{\,p+j}\left(\lambda^0\right)=4\cdot 14=56$$

Arbeitseinheiten erbringen. Tatsächlich ist dies jedoch nicht möglich, da die Maschine bei Erreichen von 26 Arbeitseinheiten eine Stunde lang justiert werden muss. Der maximale (fiktive) technische Produktionsoutput $\hat{b}^p$ ist infolgedessen um die während der Neujustierung anfallenden, bisher zuviel erfassten Arbeitseinheiten, d.h. um $\lambda^0\cdot t^j=4\cdot 1=4$ Arbeitseinheiten, zu reduzieren, so dass man als maximal realisierbaren technischen Produktionsoutput eines Arbeitstages

$$\overline{\overline{b}}^{\,p}=\hat{b}^p-4=56-4=52$$

Arbeitseinheiten erhält. Zur Erbringung dieser 52 Arbeitseinheiten bedarf es keiner zweiten Neujustierung der Anlage, da die Maschine nach der zweiten Produktionsphase, in der die zweiten 26 Arbeitseinheiten erbracht werden, ohnehin abgeschaltet werden muss, um für den nächsten Arbeitstag gerüstet und damit neu justiert zu werden. Folglich muss die Maschine für technische Produktionsoutputs $0\le\overline{b}^{\,p}\le 26$ nicht und für $26<\overline{b}^{\,p}\le 52$ genau einmal neu justiert werden.

Im Ergebnis erhält man dann für die gesamte Produktionsdauer $t\left(\overline{b}^{\,p}\right)$ in Abhängigkeit vom gewählten technischen Produktionsoutput $\overline{b}^{\,p}$:

$$t\left(\overline{b}^{\,p}\right)=\begin{cases}\dfrac{\overline{b}^{\,p}}{4}+2 & \text{für } 0\le\overline{b}^{\,p}\le 26,\\[2ex] \dfrac{\overline{b}^{\,p}}{4}+3 & \text{für } 26<\overline{b}^{\,p}\le 52.\end{cases}$$

zu b)

Wegen $\overline{b}^{\,p}=28>26$ muss die Maschine an diesem Produktionstag genau einmal neu justiert werden. Folglich verbleiben für die Anlauf-, die Produktions- und die Bremsphase insgesamt maximal

$$\overline{t}^{\,p+a+b}=\overline{t}-t^j=16-1=15$$

Stunden. Die kumulierte Länge der Anlauf- sowie der Bremsphase hängt von der angestrebten Produktionsintensität λ^0 ab (siehe Aufgabenteil a):

$$t^{a+b}\left(\lambda^0\right) = t^a\left(\lambda^0\right) + t^b\left(\lambda^0\right) = \frac{|\Delta\lambda|}{\alpha} + \frac{|\Delta\lambda|}{\alpha} = 2\cdot\frac{\lambda^0}{4} = \frac{1}{2}\lambda^0.$$

In Abhängigkeit von λ^0 verbleiben demnach für die Produktion

$$t^p\left(\lambda^0\right) = \bar{t}^{\,p+a+b} - t^{a+b}\left(\lambda^0\right) = 15 - \frac{1}{2}\lambda^0$$

Stunden, in denen der technische Produktionsoutput $\bar{b}^p = 28$ erbracht werden muss. Durch Einsetzen von $t^p\left(\lambda^0\right)$ in

$$\bar{b}^p = \lambda^0 \cdot t^p\left(\lambda^0\right)$$

erhält man nach entsprechender Umformung die folgende quadratische Bestimmungsgleichung für die Mindestintensität $\underline{\lambda}^0$:

$$\left(\underline{\lambda}^0\right)^2 - 30\underline{\lambda}^0 + 2\bar{b}^p = 0.$$

Die Lösung dieser quadratischen Gleichung lautet:

$$\underline{\lambda}^0_{1,2} = 15 \pm \frac{1}{2}\sqrt{30^2 - 4\left(2\bar{b}^p\right)}.$$

Einsetzen von $\bar{b}^p = 28$ liefert die gesuchte Mindestintensität:

$$\begin{aligned}\underline{\lambda}^0_{1,2} &= 15 \pm \frac{1}{2}\sqrt{30^2 - 4\cdot 2\cdot 28}\\ &= 15 \pm 13\\ \Rightarrow \underline{\lambda}^0 &= 2.\end{aligned}$$

Die zweite denkbare Lösung $\underline{\lambda}^0 = 28$ ist wegen $0 \le \lambda \le 8$ nicht zulässig.

Bei einer angestrebten Produktionsintensität $\underline{\lambda}^0 = 2$ ergibt sich dann das in Abbildung 6.12.1 dargestellte Zeitbelastungsbild:

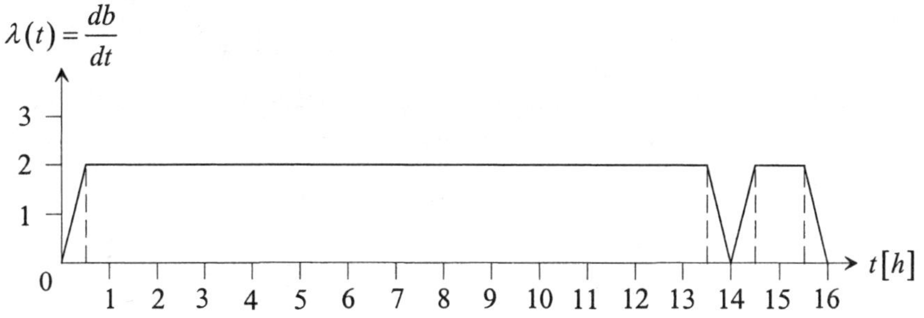

Abb. 6.12.1: Zeitbelastungsbild für $\underline{\lambda}^0 = 2$

zu c)

Den insgesamt bei einer angestrebten Intensität von $\underline{\lambda}^0$ erbrachten technischen Output $\bar{b}$ erhält man durch Integration der Funktion $\lambda(t)$ über die an einem Arbeitstag verfügbare Zeit:

$$\bar{b} = \int_0^{\bar{t}} \lambda(t)\,dt = \int_0^{16} \lambda(t)\,dt;$$

er entspricht der Fläche unter der Zeitbelastungskurve und kann hier vergleichsweise einfach mit Hilfe des Zeitbelastungsbildes aus Aufgabenteil b) durch Addition von Dreieck- und Rechteckflächeninhalten ermittelt werden:

$$\begin{aligned}\bar{b} &= \underbrace{\frac{1}{2}\cdot\frac{1}{2}\cdot 2}_{\substack{\text{Dreieckfläche:}\\ \text{Anlaufphase}}} + \underbrace{13\cdot 2}_{\substack{\text{Rechteckfläche:}\\ \text{1. Produktionsphase}}} + \underbrace{\left(\frac{1}{2}\cdot\frac{1}{2}\cdot 2 + \frac{1}{2}\cdot\frac{1}{2}\cdot 2\right)}_{\substack{\text{2 Dreieckflächen:}\\ \text{Justierphasen}}} + \underbrace{1\cdot 2}_{\substack{\text{Rechteckfläche:}\\ \text{2. Produktionsphase}}} + \underbrace{\frac{1}{2}\cdot\frac{1}{2}\cdot 2}_{\substack{\text{Dreieckfläche:}\\ \text{Bremsphase}}}\\ &= \frac{1}{2} + 26 + 1 + 2 + \frac{1}{2}\\ &= 30.\end{aligned}$$

Alternativ lässt sich der technische Output $\bar{b}$ auch direkt aus den Überlegungen zu Aufgabenteil b) ableiten, denn unter den gegebenen Bedingungen gilt:

$$\begin{aligned}\bar{b} &= \bar{b}^p + \frac{1}{2}\cdot t^j \cdot \underline{\lambda}^0 + \frac{1}{2}\cdot t^{a+b}\left(\underline{\lambda}^0\right)\cdot \underline{\lambda}^0\\ &= 28 + \frac{1}{2}\cdot 1\cdot 2 + \frac{1}{2}\cdot\left(\frac{1}{2}\cdot 2\right)\cdot 2\\ &= 30.\end{aligned}$$

zu d)

Aus Aufgabenteil b) ist bekannt, dass man für das Anlaufen und das Abbremsen der Maschine zu Beginn und am Ende des Arbeitstages bei einer angestrebten Produktionsintensität λ^0

$$t^{a+b}\left(\lambda^0\right) = t^a\left(\lambda^0\right) + t^b\left(\lambda^0\right) = \frac{|\Delta\lambda|}{\alpha} + \frac{|\Delta\lambda|}{\alpha} = 2 \cdot \frac{\lambda^0}{4} = \frac{1}{2}\lambda^0$$

Stunden benötigt, so dass für die Produktion und die Justierung pro Arbeitstag maximal

$$\bar{t}^{p+j}\left(\lambda^0\right) = \bar{t} - t^{a+b}\left(\lambda^0\right) = 16 - \frac{1}{2}\lambda^0$$

Stunden zur Verfügung stehen. Hiervon ist bei einer retrograden Ermittlung der maximal an einem Arbeitstag zur Verfügung stehenden Produktionszeit $\bar{t}^p\left(\lambda^0\right)$ zunächst die kumulierte Länge der zwischen jeweils zwei Produktionsphasen anfallenden Justierphasen abzuziehen. Anschließend muss die Restzeit herausgerechnet werden, die am Ende eines Arbeitstages aufgrund einer möglicherweise fälligen, aber nicht mehr sinnvoll durchführbaren Justierphase ungenutzt bleibt.

Bezeichne $\hat{i}\left(\lambda^0\right)$ die Anzahl der bei maximaler Ausnutzung der Produktionszeit und angestrebter Produktionsintensität λ^0 zwischen jeweils zwei Produktionsphasen anfallenden Justierphasen, dann ergibt sich $\hat{i}\left(\lambda^0\right)$ aus folgender Überlegung:

Jeweils nach 26 innerhalb einer Produktionsphase geleisteten Arbeitseinheiten ist eine Justierphase einzuschieben, sofern nach der Justierung der Maschine wieder die Produktion aufgenommen wird, weil bis zum Abbremsen und Abschalten der Maschine am Ende eines Tages noch eine gewisse Restproduktionszeit verbleibt. Ist dies der Fall, dann schließt sich an jede „volle" Produktionsphase der Länge $26/\lambda^0$ stets eine Justierphase von einer Stunde Länge an. Andernfalls wird in der verbleibenden Restzeit bis zu einem Umfang von maximal 26 Arbeitseinheiten produziert und dann die Maschine abgebremst und abgeschaltet. Folglich gilt in Bezug auf die Anzahl $\hat{i}\left(\lambda^0\right)$ der an einem Arbeitstag tatsächlich durchzuführenden Justierungen:

$$\hat{i}(\lambda^0) = max\left\{i \in \{0,1,\ldots\} \middle| i \cdot \left(\frac{26}{\lambda^0}+1\right) < \overline{t}^{\,p+j}(\lambda^0) = 16 - \frac{1}{2}\lambda^0\right\}$$
$$= max\left\{i \in \{0,1,\ldots\} \middle| i < \frac{16\lambda^0 - \frac{1}{2}(\lambda^0)^2}{(26+\lambda^0)}\right\}. \qquad (1)$$

Zieht man nun von der pro Arbeitstag für die Produktion und Justierung maximal zur Verfügung stehenden Zeit $\overline{t}^{\,p+j}(\lambda^0)$ die kumulierte Gesamtlänge der „vollen" Produktionsphasen (mit einem Arbeitsumfang von jeweils 26 Arbeitseinheiten) sowie der unmittelbar anschließenden Justierphasen ab, dann verbleibt eine Restzeit von

$$\hat{t}^{\hat{i}}(\lambda^0) = \overline{t}^{\,p+j}(\lambda^0) - \hat{i}\cdot\left(\frac{26}{\lambda^0}+1\right) = 16 - \frac{1}{2}\lambda^0 - \hat{i}\cdot\left(\frac{26}{\lambda^0}+1\right)$$

Stunden. Diese steht aber höchstens bis zum Erreichen eines Arbeitsumfangs von 26 Arbeitseinheiten für die Produktion zur Verfügung, denn spätestens dann müsste die Maschine wieder neu justiert werden. Allerdings reicht in einem solchen Fall die Restzeit $\hat{t}^{\hat{i}}(\lambda^0)$ per definitionem nicht mehr dazu aus, sowohl einen Arbeitsumfang von 26 Arbeitseinheiten für die Produktion zu erbringen als auch eine vollständige Justierung durchzuführen. Dies fällt jedoch nicht weiter ins Gewicht, da die Maschine ohnehin über Nacht im Rahmen des Rüstvorgangs neu justiert und daher auf eine anstehende Justierung vor dem endgültigen Abbremsen und Abschalten der Maschine am Ende des Arbeitstages verzichtet wird. Dementsprechend werden von der Restzeit $\hat{t}^{\hat{i}}(\lambda^0)$ tatsächlich nur

$$\hat{t}^{p}(\lambda^0) = min\left\{\frac{26}{\lambda^0}, \hat{t}^{\hat{i}}(\lambda^0)\right\}$$
$$= min\left\{\frac{26}{\lambda^0}, 16 - \frac{1}{2}\lambda^0 - \hat{i}\cdot\left(\frac{26}{\lambda^0}+1\right)\right\}$$

Stunden für die Produktion in Anspruch genommen, so dass man im Ergebnis pro Arbeitstag auf eine maximale Produktionszeit von

$$\overline{t}^{\,p}(\lambda^0) = \hat{i}\cdot\frac{26}{\lambda^0} + min\left\{\frac{26}{\lambda^0}, 16 - \frac{1}{2}\lambda^0 - \hat{i}\cdot\left(\frac{26}{\lambda^0}+1\right)\right\} \qquad (2)$$

Stunden kommt.

Setzt man nun $\tilde{\lambda}^0 = 6$ und $\tilde{\tilde{\lambda}}^0 = 8$ in die Bestimmungsgleichung (1) von $\hat{i}(\lambda^0)$ ein, dann erhält man zunächst $\hat{i}(\tilde{\lambda}^0 = 6) = 2$ und $\hat{i}(\tilde{\lambda}^0 = 8) = 2$. Erneutes Einsetzen von $\tilde{\lambda}^0 = 6$ und $\tilde{\tilde{\lambda}}^0 = 8$ bzw. $\hat{i}(\tilde{\lambda}^0 = 6) = 2$ und $\hat{i}(\tilde{\lambda}^0 = 8) = 2$ in Gleichung (2) liefert schließlich die pro Tag maximal nutzbaren Produktionszeiten

$$\bar{t}^p(\lambda^0 = 6) = 2 \cdot \frac{26}{6} + min\left\{\frac{26}{6}, 16 - \frac{1}{2} \cdot 6 - 2 \cdot \left(\frac{26}{6} + 1\right)\right\}$$
$$= \frac{26}{3} + min\left\{\frac{13}{3}, \frac{7}{3}\right\}$$
$$= 11$$

und

$$\bar{t}^p(\lambda^0 = 8) = 2 \cdot \frac{26}{8} + min\left\{\frac{26}{8}, 16 - \frac{1}{2} \cdot 8 - 2 \cdot \left(\frac{26}{8} + 1\right)\right\}$$
$$= \frac{13}{2} + min\left\{\frac{13}{4}, \frac{7}{2}\right\}$$
$$= \frac{39}{4} = 9\tfrac{3}{4}.$$

zu e)

Bei einer angestrebten Produktionsintensität von $\lambda^0 = 4$ ergibt sich das in Abbildung 6.12.2 dargestellte Zeitbelastungsbild. Wie bereits aus Aufgabenteil a) bekannt ist, können bei einer angestrebten Produktionsintensität von $\lambda^0 = 4$ insgesamt $\bar{b}^p = 52$ Arbeitseinheiten direkt für die Produktion genutzt werden.

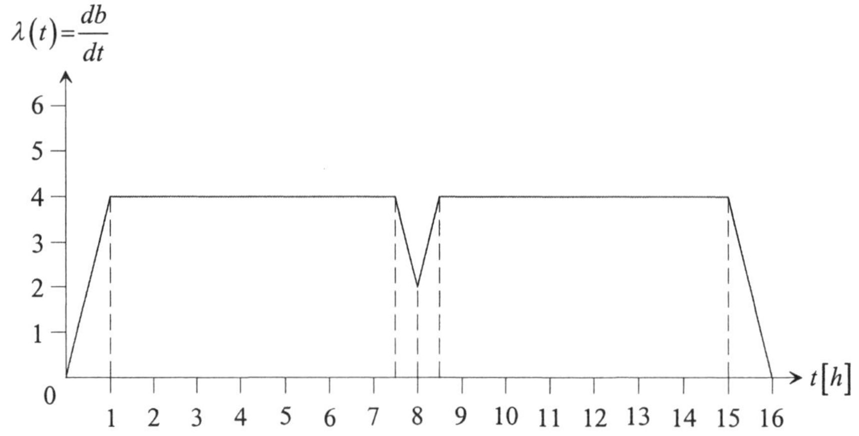

Abb. 6.12.2: Zeitbelastungsbild für $\lambda^0 = 4$

Den Verbrauch des potentialabhängigen Faktors 1 pro Arbeitstag berechnet man durch Integration der Momentanverbrauchsfunktion

$$\frac{dr_1}{dt} = e^{\frac{1}{2}\lambda(t)} - 1$$

über die Zeit (hier: 2 Schichten = 16 Stunden):

$$\begin{aligned} r_1\left(\lambda^0 = 4; \bar{t} = 16\right) &= \int_0^{16} \left(e^{\frac{1}{2}\lambda(t)} - 1\right) dt \\ &= \int_0^{16} e^{\frac{1}{2}\lambda(t)} dt - \int_0^{16} dt \\ &= \int_0^{16} e^{\frac{1}{2}\lambda(t)} dt - 16. \end{aligned} \tag{3}$$

Um das Integral lösen zu können, muss zunächst aus dem Zeitbelastungsbild in Abbildung 6.12.2 die Funktion $\lambda(t)$ bestimmt werden. Der recht einfache Verlauf der Zeitbelastungskurve lässt sich abschnittsweise durch lineare oder sogar konstante Funktionen beschreiben. Die jeweiligen Steigungen in den Bereichen, in denen die Zeitbelastungskurve linear ansteigt oder fällt, ergeben sich hierbei aus der konstanten Veränderungsrate $|\alpha| = 4$ der Intensität im Fall des Anlaufens oder des Abbremsens der Maschine zu Beginn und am Ende eines Arbeitstages sowie während der Justierphasen; die entsprechenden Absolutglieder der linearen Funktionsterme, die im Folgenden mit β bezeichnet werden, können mit Hilfe der einfachen Geradengleichung

$$\begin{aligned} &\lambda(t) = \alpha \cdot t + \beta \\ \Leftrightarrow \quad &\beta = \lambda(t) - \alpha \cdot t \end{aligned}$$

durch Einsetzen jeweils einer der beiden $(t;\lambda(t))$-Kombinationen an den Intervallgrenzen des entsprechenden Geradenabschnitts errechnet werden (Vorzeichen beachten!). Man hat dann:

$$\lambda(t)=\begin{cases}4t & \text{für } 0\le t\le 1,\\ 4 & \text{für } 1\le t\le \frac{15}{2},\\ -4t+34 & \text{für } \frac{15}{2}\le t\le 8,\\ 4t-30 & \text{für } 8\le t\le \frac{17}{2},\\ 4 & \text{für } \frac{17}{2}\le t\le 15,\\ -4t+64 & \text{für } 15\le t\le 16.\end{cases} \tag{4}$$

Setzt man (4) in (3) ein und integriert anschließend abschnittsweise, dann erhält man den pro Arbeitstag entstehenden Verbrauch an Faktor 1:

$$\begin{aligned}
&r_1\left(\lambda^0=4;\bar{t}=16\right)\\
&=\int_0^{16} e^{\frac{1}{2}\lambda(t)}dt-16\\
&=\int_0^1 e^{2t}dt+\int_1^{\frac{15}{2}} e^2dt+\int_{\frac{15}{2}}^{8} e^{-2t+17}dt+\int_8^{\frac{17}{2}} e^{2t-15}dt+\int_{\frac{17}{2}}^{15} e^2dt+\int_{15}^{16} e^{-2t+32}dt-16\\
&=\left[\frac{1}{2}e^{2t}\right]_0^1+\left[e^2t\right]_1^{\frac{15}{2}}+\left[-\frac{1}{2}e^{-2t+17}\right]_{\frac{15}{2}}^8+\left[\frac{1}{2}e^{2t-15}\right]_8^{\frac{17}{2}}+\left[e^2t\right]_{\frac{17}{2}}^{15}+\left[-\frac{1}{2}e^{-2t+32}\right]_{15}^{16}-16\\
&=\frac{1}{2}\left(e^2-1\right)+\frac{13}{2}e^2+\frac{1}{2}\left(-e+e^2\right)+\frac{1}{2}\left(e^2-e\right)+\frac{13}{2}e^2+\frac{1}{2}\left(-1+e^2\right)-16\\
&=15e^2-e-17\\
&\approx 91{,}1176.
\end{aligned}$$

zu f)

(i)

Aus Aufgabenteil d) ist bekannt, dass bei maximaler Ausnutzung der pro Arbeitstag zur Verfügung stehenden Produktionszeit und infolgedessen maximaler Ausbringung sowie einer angestrebten Produktionsintensität von $\tilde{\tilde{\lambda}}^0=8$ die Anzahl der zwischen jeweils zwei (vollen) Produktionsphasen fälligen Justierungen

$\hat{i}\left(\tilde{\tilde{\lambda}}^0 = 8\right) = 2$ beträgt. Darüber hinaus weiß man, dass sich an einem Arbeitstag insgesamt drei Produktionsphasen mit einer Länge von jeweils

$$\frac{26}{\tilde{\tilde{\lambda}}_0} = \frac{26}{8} = 3\tfrac{1}{4}$$

Stunden realisieren lassen. Nach der dritten „vollen" Produktionsphase wird auf die dann fällige Neujustierung der Maschine verzichtet, weil die verbleibende Zeit nicht mehr dazu ausreicht, anschließend mit der Produktion fortzufahren. Dementsprechend wird die Maschine nach der letzten Produktionsphase sofort abgebremst und anschließend ausgeschaltet, um über Nacht wieder für den neuen Produktionstag gerüstet zu werden. Bei einer angestrebten Produktionsintensität von $\tilde{\tilde{\lambda}}^0 = 8$ ergibt sich dann das in Abbildung 6.12.3 dargestellte Zeitbelastungsbild.

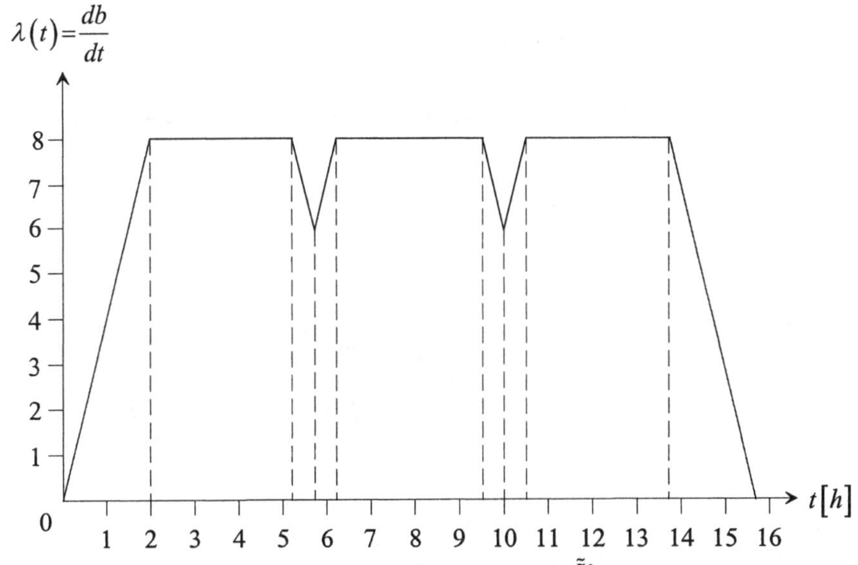

Abb. 6.12.3: Zeitbelastungsbild für $\tilde{\tilde{\lambda}}^0 = 8$

Aus diesem Zeitbelastungsbild lässt sich schließlich analog zur Vorgehensweise in Aufgabenteil e) die Funktion

$$\lambda(t)=\begin{cases}4t & \text{für } 0\le t\le 2,\\ 8 & \text{für } 2\le t\le \frac{21}{4},\\ -4t+29 & \text{für } \frac{21}{4}\le t\le \frac{23}{4},\\ 4t-17 & \text{für } \frac{23}{4}\le t\le \frac{25}{4},\\ 8 & \text{für } \frac{25}{4}\le t\le \frac{19}{2},\\ -4t+46 & \text{für } \frac{19}{2}\le t\le 10,\\ 4t-34 & \text{für } 10\le t\le \frac{21}{2},\\ 8 & \text{für } \frac{21}{2}\le t\le \frac{55}{4},\\ -4t+63 & \text{für } \frac{55}{4}\le t\le \frac{63}{4}\end{cases} \tag{4}$$

ermitteln, die man wieder in Gleichung (3) einsetzt und abschnittweise über die Zeit t, $0\le t\le \overline{t}=16$, integriert, um den bei einer angestrebten Intensität von $\tilde{\bar{\lambda}}^0=8$ pro Arbeitstag entstehenden Verbrauch an Faktor 1 zu berechnen:

$$r_1\left(\tilde{\bar{\lambda}}^0=8;\overline{t}=16\right)$$

$$=\int_0^{16}\left[e^{\frac{1}{2}\lambda(t)}-1\right]dt=\int_0^{\frac{63}{4}}\left[e^{\frac{1}{2}\lambda(t)}-1\right]dt=\int_0^{\frac{63}{4}}e^{\frac{1}{2}\lambda(t)}dt-\frac{63}{4}$$

$$=\int_0^2 e^{2t}dt+\int_2^{\frac{21}{4}}e^4dt+\int_{\frac{21}{4}}^{\frac{23}{4}}e^{-2t+\frac{29}{2}}dt+\int_{\frac{23}{4}}^{\frac{25}{4}}e^{2t-\frac{17}{2}}dt+\int_{\frac{25}{4}}^{\frac{19}{2}}e^4dt+\int_{\frac{19}{2}}^{10}e^{-2t+23}dt+\int_{10}^{\frac{21}{2}}e^{2t-17}dt$$

$$+\int_{\frac{21}{2}}^{\frac{55}{4}}e^4dt+\int_{\frac{55}{4}}^{\frac{63}{4}}e^{-2t+\frac{63}{2}}dt-\frac{63}{4}$$

$$=\left[\frac{1}{2}e^{2t}\right]_0^2+\left[e^4t\right]_2^{\frac{21}{4}}+\left[-\frac{1}{2}e^{-2t+\frac{29}{2}}\right]_{\frac{21}{4}}^{\frac{23}{4}}+\left[\frac{1}{2}e^{2t-\frac{17}{2}}\right]_{\frac{23}{4}}^{\frac{25}{4}}+\left[e^4t\right]_{\frac{25}{4}}^{\frac{19}{2}}+\left[-\frac{1}{2}e^{-2t+23}\right]_{\frac{19}{2}}^{10}$$

$$+\left[\frac{1}{2}e^{2t-17}\right]_{10}^{\frac{21}{2}}+\left[e^4t\right]_{\frac{21}{2}}^{\frac{55}{4}}+\left[-\frac{1}{2}e^{-2t+\frac{63}{2}}\right]_{\frac{55}{4}}^{\frac{63}{4}}-\frac{63}{4}$$

$$
\begin{aligned}
&= \frac{1}{2}\left(e^4 - 1\right) + \frac{13}{4}e^4 + \frac{1}{2}\left(-e^3 + e^4\right) + \frac{1}{2}\left(e^4 - e^3\right) + \frac{13}{4}e^4 + \frac{1}{2}\left(-e^3 + e^4\right) \\
&\quad + \frac{1}{2}\left(e^4 - e^3\right) + \frac{13}{4}e^4 + \frac{1}{2}\left(-1 + e^4\right) - \frac{63}{4} \\
&= \frac{51}{4}e^4 - 2e^3 - \frac{67}{4} \\
&\approx 639{,}2053.
\end{aligned}
$$

(ii)

Nach HEINEN sind entsprechend der Abhängigkeit der Zahl der erforderlichen Wiederholungen von der Ausbringungsmenge primäre, sekundäre und tertiäre Elementarkombinationen zu unterscheiden (vgl. Aufgabe 6.11).

Als primäre Elementarkombinationen, deren Wiederholungszahlen direkt von der angestrebten Ausbringungsmenge abhängen, kommen in der hier betrachteten Situation nur die unmittelbaren Produktionsvorgänge während der Produktionsphasen in Betracht. Da bei beiden Verfahren nur Produktionsphasen mit einem Arbeitsumfang von 26 Arbeitseinheiten auftreten, gibt es pro Verfahren nur eine primäre Elementarkombination, welche bei Erbringung von zwei Arbeitseinheiten pro herzustellender Ausbringungsmengeneinheit jeweils die Fertigung eines Loses von $\frac{26}{2} = 13$ Mengeneinheiten des Endproduktes vorsieht. Ohne Beschränkung der Allgemeinheit beschreibe im Folgenden Elementarkombination 1 die Fertigung eines 13er-Loses bei Realisierung von Verfahren 1 und Elementarkombination 2 die Fertigung eines 13er-Loses gemäß Verfahren 2.

Die jeweilige Anzahl der für die Abarbeitung des Auftrags erforderlichen Anlauf- und Bremsphasen sowie Rüst- und Justiervorgänge hängt von der Auflagen- bzw. Losgröße, weiterhin vom Gesamtumfang des Auftrags bzw. von der Zahl der zur Abarbeitung erforderlichen Arbeitstage sowie von der detaillierten Ausgestaltung des Produktionsverfahrens und dem hieraus resultierenden Zeitbelastungsbild ab. Von daher kann man hier nicht mehr von einem direkten, sondern nur von einem losen bzw. indirekten Zusammenhang zwischen der Durchführungszahl dieser Vorgänge und der realisierten Ausbringungsmenge sprechen. Dementsprechend sind die Anlauf- und Bremsphasen sowie die Justiervorgänge als sekundäre Elementarkombinationen und die nur arbeitstäglich durchzuführenden Rüstvorgänge als tertiäre Elementarkombinationen aufzufassen. Ferner differieren die Anlauf-

und Bremsphasen sowie die Justierphasen der beiden Verfahren hinsichtlich des Faktorverbrauchs und stellen somit verschiedene Elementarkombinationen dar. Dagegen sind die Rüstvorgänge zu Beginn eines Arbeitstages bei beiden Verfahren gleich, so dass im Folgenden die Elementarkombinationen 3, 4 und 5 die Anlauf-, Brems- und Justierphasen bei Verfahren 1 und die Elementarkombinationen 6, 7 und 8 die entsprechenden Arbeitsgänge bei Verwirklichung von Verfahren 2 bezeichnen sollen. Der arbeitstägliche Rüstvorgang entspricht dann Elementarkombination 9.

Der Einsatz der Arbeitskräfte an der Maschine stellt selbst keine eigene Elementarkombination dar, sondern wird durch die Durchführung der oben definierten Elementarkombinationen bedingt. Dabei hängt der Umfang des Arbeitskräfteeinsatzes gemäß Annahme bei beiden Verfahren jeweils nur von der Anzahl der für die Abarbeitung des Auftrags erforderlichen 8-Stunden-Schichten ab. Die Anzahl der Schichten wird wiederum aus dem Auftragsvolumen sowie dem konkreten Zeitbelastungsbild auf der Grundlage des jeweiligen Produktionsverfahrens abgeleitet. Folglich besteht zwischen dem Umfang des Arbeitskräfteeinsatzes und der Gesamtausbringungsmenge nur ein indirekter Zusammenhang. Gleichwohl empfiehlt es sich, analog den Elementarkombinationen für den Arbeitskräfteeinsatz die Zahl der bei Realisierung des jeweiligen Verfahrens erforderlichen 8-Stunden-Schichten zu definieren. Entsprechend bezeichne w_{10} die Zahl der erforderlichen 8-Stunden-Schichten bei Anwendung von Verfahren 1 und w_{11} diejenige bei Anwendung von Verfahren 2.

Es ist nun anschaulich klar, dass man gemäß dem Wirtschaftlichkeitsprinzip versuchen wird, für jede Elementarkombination die Zahl der zur Abarbeitung des Auftrags erforderlichen Wiederholungen so gering wie möglich zu halten. Dies wird erreicht, indem man bis zur vollständigen Abarbeitung des Gesamtauftrags jeden Arbeitstag maximal für die Produktion ausnutzt. Wie die Überlegungen zu den Aufgabenteilen e) und f) (i) gezeigt haben, ist bei beiden Verfahren jeder dieser Arbeitstage durch eine bestimmte Abfolge von Elementarkombinationen gekennzeichnet. So lässt sich ein Arbeitstag gemäß Verfahren 1 durch die Elementarkombinationssequenz $S_1 = (9,3,1,5,1,4)$ beschreiben (vgl. Abb. 6.12.2), während die Sequenz $S_2 = (9,6,2,8,2,8,2,7)$ einen Arbeitstag bei Wahl von Verfahren 2 repräsentiert (vgl. Abb. 6.12.3).

Bei einmaliger Durchführung der Sequenz S_1 werden zwei Lose á 13, also insgesamt $x^{S1} = 26$ Mengeneinheiten des Endproduktes hergestellt. Folglich sind zur Herstellung von $x = 780$ Mengeneinheiten des Endproduktes auf Basis von Verfahren 1 bei einem Ausschusskoeffizienten von $c^{S1} = \frac{110}{100} = 1{,}1$ insgesamt

$$w^{S1} = c^{S1} \cdot \frac{x}{x^{S1}} = 1{,}1 \cdot \frac{780}{26} = 33$$

Wiederholungen der Sequenz S_1 erforderlich. Mit anderen Worten: Für die Bewältigung des gesamten Auftrags benötigt das Unternehmen bei Wahl des ersten Verfahrens 33 Produktionstage. Während dieses Zeitraums müssen

$w_9 = w^{S1} \cdot w_9^{S1} = 33 \cdot 1 = 33$ Rüstvorgänge,

$w_3 = w^{S1} \cdot w_3^{S1} = 33 \cdot 1 = 33$ Anlaufphasen,

$w_1 = w^{S1} \cdot w_1^{S1} = 33 \cdot 2 = 66$ Produktionsphasen,

$w_5 = w^{S1} \cdot w_5^{S1} = 33 \cdot 1 = 33$ Justiervorgänge sowie

$w_4 = w^{S1} \cdot w_4^{S1} = 33 \cdot 1 = 33$ Bremsphasen

durchlaufen werden, wobei w_l^{S1} die Zahl der Wiederholungen der Elementarkombination l pro Durchführung der Sequenz S_1 angibt. Ferner müssen in

$w_{10} = w^{S1} \cdot w_{10}^{S1} = 33 \cdot 2 = 66$ Schichten á 8 Stunden

jeweils vier Arbeitskräfte eingesetzt werden. Die Zahl w_{10}^{S1} gibt hierbei an, über wie viele 8-Stunden-Schichten sich die einmalige Durchführung der Sequenz S_1 erstreckt.

Wählt das Unternehmen dagegen das zweite Verfahren, dann werden bei einmaliger Durchführung der Sequenz S_2 drei Lose á 13, d.h. insgesamt $x^{S2} = 39$ Mengeneinheiten des Endproduktes hergestellt. Dementsprechend muss das Unternehmen bei einem Ausschusskoeffizienten von $c^{S2} = \frac{115}{100} = 1{,}15$

$$w^{S2} = c^{S2} \cdot \frac{x}{x^{S2}} = 1{,}15 \cdot \frac{780}{39} = 23$$

Wiederholungen von S_2 durchführen, also an 23 Tagen produzieren, um das Auftragsvolumen $x = 780$ zu erreichen. Während dieses Zeitraums fallen

$w_9 = w^{S2} \cdot w_9^{S2} = 23 \cdot 1 = 23$ Rüstvorgänge,

$w_6 = w^{S2} \cdot w_6^{S2} = 23 \cdot 1 = 23$ Anlaufphasen,

$w_2 = w^{S2} \cdot w_2^{S2} = 23 \cdot 3 = 69$ Produktionsphasen,

$w_8 = w^{S2} \cdot w_8^{S2} = 23 \cdot 2 = 46$ Justiervorgänge sowie

$w_7 = w^{S2} \cdot w_7^{S2} = 23 \cdot 1 = 23$ Bremsphasen

an, wobei w_l^{S2} die Zahl der Wiederholungen der Elementarkombination l pro Durchführung der Sequenz S_2 angibt. Bezeichne w_{11}^{S2} die Zahl der 8-Stunden-Schichten pro einmaliger Durchführung der Sequenz S_2; dann sind weiterhin für

$w_{11} = w^{S2} \cdot w_{11}^{S2} = 23 \cdot 2 = 46$ Schichten á 8 Stunden

jeweils fünf Arbeitskräfte zu stellen.

(iii)

Die bisher gewonnenen Ergebnisse lassen sich direkt für die Berechnung der Gesamtkosten nutzen, die in Abhängigkeit von dem angewendeten Verfahren bei der Herstellung von $x = 780$ Mengeneinheiten des Endproduktes anfallen. Da in den Aufgabenteilen e) und f) (i) die Faktorverbrauchsmengen auf Tagesbasis ermittelt wurden, ist es zweckmäßig, zunächst die Kosten pro Arbeitstag, d.h. die Kosten K^{S1} bzw. K^{S2} pro einmaliger Durchführung der Sequenzen S_1 bzw. S_2 zu bestimmen. Man erhält dann:

$$\begin{aligned} K^{S1} &= w_9^{S1} \cdot 100 + w_5^{S1} \cdot 50 + w_{10}^{S1} \cdot 4 \cdot 144 + 0{,}4 \cdot r_1\left(\lambda^0 = 4; \bar{t} = 16\right) + x^{S1} \cdot 54 \\ &= 1 \cdot 100 + 1 \cdot 50 + 2 \cdot 4 \cdot 144 + 0{,}4 \cdot 91{,}1176 + 26 \cdot 54 \\ &= 2.742{,}4470\ [€] \end{aligned}$$

bzw.

$$\begin{aligned} K_{S2} &= w_9^{S2} \cdot 100 + w_8^{S2} \cdot 50 + w_{11}^{S2} \cdot 5 \cdot 144 + 0{,}4 \cdot r_1\left(\tilde{\bar{\lambda}}^0 = 8; \bar{t} = 16\right) + x_{S2} \cdot 54 \\ &= 1 \cdot 100 + 2 \cdot 50 + 2 \cdot 5 \cdot 144 + 0{,}4 \cdot 639{,}2053 + 39 \cdot 54 \\ &= 4.001{,}6821\ [€]. \end{aligned}$$

Die Multiplikation dieser Kosten K^{S1} bzw. K^{S2} mit der jeweiligen Zahl w^{S1} bzw. w^{S2} der Wiederholungen der Sequenzen S_1 bzw. S_2 liefert schließlich die bei der Fertigung von $x = 780$ Mengeneinheiten anfallenden Gesamtkosten

$$\begin{aligned} K^1(x=780) &= w^{S1} \cdot K^{S1} \\ &= 33 \cdot 2.742{,}4470 \\ &= 90.500{,}75\,[€] \text{ (gerundet)} \end{aligned}$$

bzw.

$$\begin{aligned} K^2(x=780) &= w^{S2} \cdot K^{S2} \\ &= 23 \cdot 4.001{,}6821 \\ &= 92.038{,}69\,[€] \text{ (gerundet)}. \end{aligned}$$

Demnach ist es für das Unternehmen kostengünstiger, die als Auftrag erhaltene Endproduktmenge von $x = 780$ Mengeneinheiten auf der Grundlage des ersten Produktionsverfahrens herzustellen.

Druck und Bindung: Strauss GmbH, Mörlenbach